Firoz Kaderali

Digitale
Kommunikationstechnik I

W0246582

FSW0830 0221766

Aus dem Programm
Datenkommunikation

Lehrbücher

Signale
von F. R. Connor

Datenkommunikation
von D. Conrads

Weitverkehrstechnik
von K. Kief

Digitalrechner
von W. Ameling

System- und Signaltheorie
von O. Mildenberger

Informationstheorie und Codierung
von O. Mildenberger

Grundlagen der Informatik
von R. Schaback

Signalübertragung
von H. Schumny

Datenfernübertragung
von P. Welzel

Weiterführende Literatur

Elektronische Kommunikation – X.400 MHS
von R. Babatz, M. Bogen und U. Pankoke-Babatz

Sicherheit in netzgestützten Informationssystemen
von H. Lippold, P. Schmitz (Hrsg.)

LAN Lokale PC-Netzwerke
von H. Schumny

Vieweg

2N 6220 KM-1+4

Moderne Kommunikationstechnik

Firoz Kaderali

Digitale Kommunikationstechnik I

Netze – Dienste – Informationstheorie – Codierung

Mit 193 Abbildungen und 52 Aufgaben mit Lösungen

Fachhochschule
W - SW - AB
BIBLIOTHEK
Schweinfurt

Ausgesondert

96 B/S 243

ØS 700√

Die Reihe Moderne Kommunikationstechnik wird herausgegeben von Prof. Dr. Ing. Firoz Kaderali, Hagen.

Der Verlag Vieweg ist ein Unternehmen der Verlagsgruppe Bertelsmann International.

Alle Rechte vorbehalten
© Friedr. Vieweg & Sohn Verlagsgesellschaft mbH, Braunschweig 1991

Das Werk einschließlich aller seiner Teile ist urheberrechtlich geschützt. Jede Verwertung außerhalb der engen Grenzen des Urheberrechtsgesetzes ist ohne Zustimmung des Verlags unzulässig und strafbar. Das gilt insbesondere für Vervielfältigungen, Übersetzungen, Mikroverfilmungen und die Einspeicherung und Verarbeitung in elektronischen Systemen.

Druck: Wilhelm & Adam, Heusenstamm
Buchbinderische Verarbeitung: W. Langelüddecke, Braunschweig
Printed in Germany

ISBN 3-528-04710-0

Vorwort

Das Buch **Digitale Kommunikationstechnik**, das aus zwei Teilen besteht, wendet sich an Studenten nach dem Vordiplom und an berufstätige Ingenieure und Informatiker. Es werden insbesondere mathematische Grundkenntnisse und die Grundlagen der Nachrichtentechnik vorausgesetzt. Das Buch bildet jedoch eine abgeschlossene Einheit, in der alle verwendeten mathematischen Ergebnisse entweder im Text abgeleitet oder explizit als Voraussetzung gekennzeichnet und gegebenenfalls im Anhang aufgelistet werden. Theorie und Praxis stehen gleichermaßen im Mittelpunkt. Die Theorie wird anhand der praktischen Beispiele vermittelt, während die Grenzen der praktischen Verfahren anhand der Theorie aufgezeigt werden.

Der im vorliegenden Buch behandelte Stoff stammt aus drei verwandten und in den letzten Jahren zusammenwachsenden Disziplinen: Übertragungstechnik, Vermittlungstechnik und Datenkommunikation. Ich habe den Versuch unternommen, den Stoff unter einheitlichen Gesichtspunkten darzustellen. Um den Stoff einzugrenzen, habe ich mich bis auf wenige Ausnahmen auf die Digitaltechnik beschränkt. Des weiteren habe ich mich von dem Vorsatz leiten lassen, lieber Einschränkungen beim Stoff, dafür aber eine gründliche Behandlung des Wesentlichen vorzunehmen.

Für die Erstellung vieler Aufgaben und die Durchsicht der Manuskripte danke ich besonders meinen Mitarbeitern Herrn Dipl-Ing. G. Lin, Herrn Dr. rer. nat. W. Poguntke und Herrn Dipl-Ing. H. Winterstein. Für zahlreiche Anmerkungen, Fragen und Diskussionen, die zur Erhöhung der pädagogischen Qualität der Abhandlungen beigetragen haben, danke ich meinen Studenten an der Fernuniversität Hagen und an der Universität Siegen.

Hagen, im Dezember 1990   *F. Kaderali*

Inhaltsverzeichnis

Anhang

1 Netze und Dienste

Das erste Kapitel dient als eine Einführung in die gesamte Thematik der Kommunikationstechnik. Zunächst werden Netze und Dienste im öffentlichen Bereich behandelt. Es folgen dann u.a. die entsprechenden, wesentlich kürzeren Ausführungen für den privaten Bereich. Absicht dieses Kapitels ist es, die Strukturen und Funktionen die hinter den Netzen und Diensten stehen, aufzuzeigen. Wegen der vorhandenen Vielfalt wurde auf Details der einzelnen Netze und Dienste verzichtet – es sei auf die Literatur zum ersten Kapitel am Ende des Buches hingewiesen. Die übertragungs- und vermittlungstechnischen Verfahren und die Kommunikationsprotokolle, die diesen Netzen und Diensten zugrunde liegen, werden, soweit sie von allgemeiner Bedeutung sind, an anderer Stelle im Buch ausführlicher behandelt.

Es ist für das Studium der Kommunikationstechnik von besonderer Bedeutung, daß die theoretischen Kenntnisse durch den praktischen Umgang ergänzt und untermauert werden. Es wird dringend empfohlen, daß der Leser einige der hier behandelten Dienste selbst am Endgerät kennenlernt. Hierzu gibt es heute vielfältige Möglichkeiten. Erwähnt seien die Ausstellungen der Bundespost (auch in Telefonläden) und die diversen Messen. Auch an manchen Universitäten, z.B. am Fachgebiet Kommunikationssysteme der Fernuniversität in Hagen können Studenten einige der neueren Dienste am Endgerät kennenlernen. Die Zahlenbeispiele im ersten Kapitel sollen die Bandbreiten und die Datenübertragungsgeschwindigkeiten der einzelnen Kommunikationsmöglichkeiten aufzeigen. Der Leser soll stets die bei einzelnen Kommunikationsvorgängen umgesetzten Datenmengen vor Augen haben und die der Kommunikation zugrundeliegenden Netzstrukturen und Abläufe kennenlernen.

Das Kapitel schließt mit einer Übersicht über die Entwicklung der Fernmeldeanlagen und deren Klassifizierung. Das Studium des ersten Kapitels übermittelt dem Leser Grundkenntnisse über Netze und Dienste heute und insbesondere über die ihnen unterliegenden Systemstrukturen.

1.1 Einführung

Kommunikationsnetze bestehen aus Übertragungswegen, Übertragungseinrichtungen und Vermittlungseinrichtungen. Meist werden auch Endgeräte zu den Netzen gezählt. Kommunikationsnetze ermöglichen, Nutzinformationen zwischen Endgeräten bzw. Anwendern auszutauschen. Hierbei werden auch Steuerinformationen erzeugt und ausgetauscht.

Zur Kennzeichnung von Netzen können verschiedene Eigenschaften herangezogen werden, wie

- Netztopologie (ggf. auch Hierarchie)
  - Stern- oder Baumstruktur
  - Ring- oder Maschenstruktur

- Kommunikationsrichtung
  - Einwegkommunikation (Simplex, z.B. Verteilnetz)
  - alternative Zweiwegkommunikation (Halbduplex, z.B. Meldenetze)
  - simultane Zweiwegkommunikation (Duplex, z.B. Fernsprechnetz)

— Übertragungstechnik
  - analoge Netze
  - digitale Netze

— Übertragungsbandbreite
  - Schmalbandnetze
  - Breitbandnetze

— Übertragungsmedium
  - Kupferkabelnetze
  - Koaxkabelnetze
  - Funknetze
  - Glasfasernetze

— Vermittlungstechnik
  - Festgeschaltete Leitungen (z.B. Direktrufnetze)
  - Leitungsvermittelte (Durchschalte-) Netze (z.B. Datex-L Netz)
  - Paketvermittelte Netze (z.B. Datex-P Netze)

— Grad der Diensteintegration
  - Dienstspezifische Netze ("dedicated Networks" z.B. Telexnetz)
  - Diensteintegrierende Netze (z.B. "ISDN – Integrated Services Digital Network")

— Versorgungsgebiet
  Im privaten Bereich
  - Lokale Netze ("LAN – Local Area Networks")
  - Flächendeckende Netze ("WAN – Wide Area Networks")
  Im öffentlichen Bereich
  - Ortsnetze
  - Fernnetze.

In der Praxis findet man Netze, die eine Mischung der hier aufgezählten Eigenschaften aufweisen und für verschiedene Kommunikationsaufgaben verwendet werden.

Dienste sind Kommunikationsmöglichkeiten mit festgelegten Eigenschaften, die den Anwendern von öffentlichen Kommunikationsnetzen angeboten werden. Zu einem Dienst gehören Ablaufprotokolle, eine Mindestdienstgüte, die vom Netz garantiert wird, Grundmerkmale, die stets angeboten werden, und Zusatzmerkmale, die wahlweise verfügbar sind.

Früher waren Dienste unmittelbar mit den Netzen gekoppelt, so z.B. der Fernsprechdienst mit Fernsprechnetz und der Telexdienst mit Fernschreibnetz. Es folgten die Hörfunk- und Fernsehdienste in den Sendernetzen. Heute werden zahlreiche Dienste in den verschiedenen Netzen angeboten (Bild 1.1).

Zur Kennzeichnung von Diensten können verschiedene Eigenschaften herangezogen werden, wie:

— Informationstyp
  - Sprache
  - Text
  - Daten
  - Stillbild
  - Bewegtbild

— Kommunikationsart
  - Individualkommunikation
  - Verteilkommunikation

— Kommunikationsrichtung
  - Monologdienste
  - Dialogdienste

— erforderliche Bitrate
  - Sporadische Meldungen mit einigen *bits/s* z.B. Telemetriedienste
  - Schmalbanddienste mit Bitraten < 64 *kbit/s* z.B. Sprach- und Datendienste
  - Schmalbanddienste mit Bitraten = $n \cdot 64$ *kbit/s*, $(n = 2 \ldots 10)$
    z.B. Stillbildübertragung oder Sprachübertragung hoher Güte
  - Breitbanddienste mit einigen *Mbit/s* wie Bewegtbildübertragung oder Bildfernsprechen.

Häufig wird auch zwischen Übermittlungsdiensten, bei denen lediglich der Datentransport angeboten wird (z.B. Dateldienste), und den Standarddiensten, bei denen darüberhinaus auch anwenderorientierte Merkmale festgelegt sind (z.B. Bildschirmtext), unterschieden.

Dienst	Informationstyp	Typische (digitale) Übertragungsrate
Fernsprechdienst	Sprache	64 000 bit/s
Sprachspeicher (Voice – Mail)	Sprache	64 000 bit/s
Rundfunkton (Stereo)	Sprache	768 000 bit/s
Telemetrie	Daten	< 300 bit/s
Datenübermittlung	Daten	
– leitungsvermittelte		50– 48 000 bit/s
– paketvermittelte		300– 48 000 bit/s
Telex	Text	50 Bd
Teletex	Text	2 400 bit/s
Elektron. Briefkasten (Text – Mail)	Text	2 400 bit/s
Bildschirmtext (Videotex)	Text/Graphik	1200/75 bit/s
Videotext/Fernsehtext	Text/Graphik	2 400 bit/s
Telefax (Faksimile)	Text/Graphik	2 400 bit/s
Stillbildübermittlung	Bild	64 000 bit/s
Fernsehen	Bewegtbild	140 Mbit/s
Videokonferenz	Bewegtbild	140 Mbit/s

Bild 1.1: Typische Dienste heute

1.2 Öffentliche Netze

Weltweit kann man zwischen drei Arten von öffentlichen Netzen unterscheiden:

- das Fernsprechnetz mit 1988 ca. 700 Millionen Endeinrichtungen

- die Datennetze vornehmlich bestehend aus dem Telexnetz (1987 ca. 1,7 Millionen Endeinrichtungen) und den wesentlich kleineren leitungsvermittelten und paketvermittelten Datennetzen

- die Rundfunk und Fernsehnetze.

Die beiden ersten Netze dienen der Individualkommunikation, das letztgenannte Netz der Verteilkommunikation. Hinzu kommen festgeschaltete Leitungen (z.B. Mietleitungen, Direktrufnetz), mit denen wir uns nicht weiter beschäftigen wollen. Im folgenden wollen wir auf die im weltweiten Vergleich gut ausgebauten öffentlichen Netze (Bild 1.2) in der Bundesrepublik kurz eingehen.

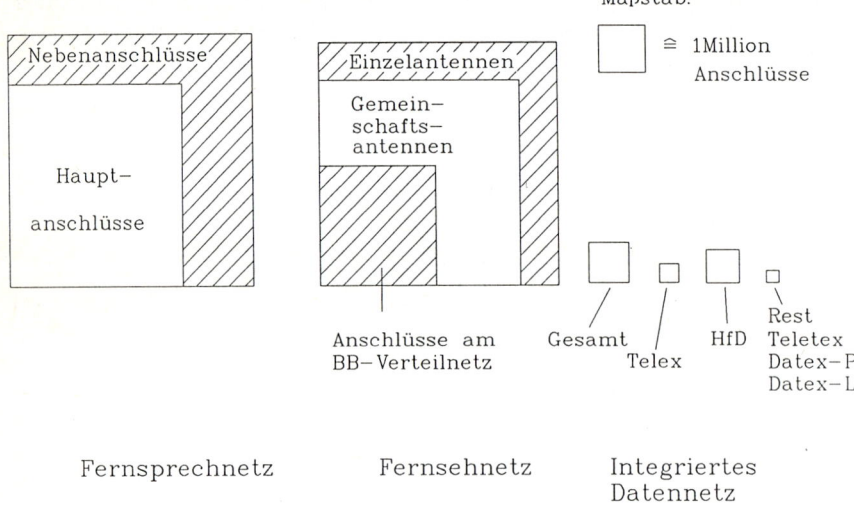

Bild 1.2: Netze in der BRD im Vergleich (Die Flächen entsprechen der Anzahl der Anschlüsse)

1.2.1 Das Fernsprechnetz

Mit der Eröffnung der ersten Fernsprechzentrale in Berlin 1881, also vor gut über 100 Jahren, begann der Aufbau des Fernsprechnetzes in Deutschland. 1989 versorgte das Fernsprechnetz der Deutschen Bundespost (DBP) ca. 28 Millionen Fernsprechhauptanschlüsse und ca. 12 Millionen Nebenanschlüsse. Es werden im Jahr etwa 30 Milliarden Gespräche abgewickelt – seit 1970 bundesweit im Selbstwähldienst. Der Wiederbeschaffungswert des Netzes (einschließlich der Übertragungs- und Vermittlungseinrichtungen) dürfte heute bei ca. 200 Milliarden DM liegen. Ursprünglich wurde das Netz für analoge Sprachübertragung ausgelegt, bietet also für die Nutzsignalübertragung eine vermittelte Bandbreite von 300 bis 3.400 Hz und eine geringe Signalisierkapazität von einigen bit/s. Die mittlere Verbindungsaufbauzeit beträgt ca. 10 Sekunden.

Übertragungstechnisch gesehen besteht das Netz aus drei Teilnetzen:

dem Leitungsnetz

dem Richtfunknetz und

dem Fernmeldesatellitennetz.

Es herrscht im wesentlichen noch die analoge Niederfrequenz (NF)- und Trägerfrequenz (TF)- Technik, es wird jedoch vermehrt die digitale Puls-Code-Modulations (PCM)-Technik eingesetzt. Im Vermittlungsbereich wurden die mechanischen Direktwählsysteme (Dreh-, Hebdreh- und Motordrehwähler) zunächst durch analoge, speichergesteuerte, elektronische Wählsysteme abgelöst. Inzwischen werden vermehrt digitale, elektronische (PCM-Zeitmultiplex) Wählsysteme eingesetzt. Das Fernsprechnetz ist hierarchisch aufgebaut und besteht aus dem Ortsnetz (ca. 6.500 Orts- und Endvermittlungsstellen), dem nationalen Fernnetz (ca. 550 Knoten- und Hauptvermittlungsstellen und 8 Zentralvermittlungsstellen) und dem internationalen Fernnetz. Die 8 Zentralvermittlungsstellen sind voll vermascht, während das restliche Netz eine Baumstruktur mit überlagerten Maschenzweigen (Querwegen) aufweist (Bild 1.3). Die mittlere Anschlußlänge vom Teilnehmer (Endverzweiger) zur Ortsvermittlungsstelle beträgt 2,3 km. Heute werden im Fernsprechnetz außer dem Fernsprechdienst verschiedene Text- und Datendienste (wie Telefax, Bildschirmtext, Datenübertragung über Modems) unter Ausnutzung der analogen Bandbreite

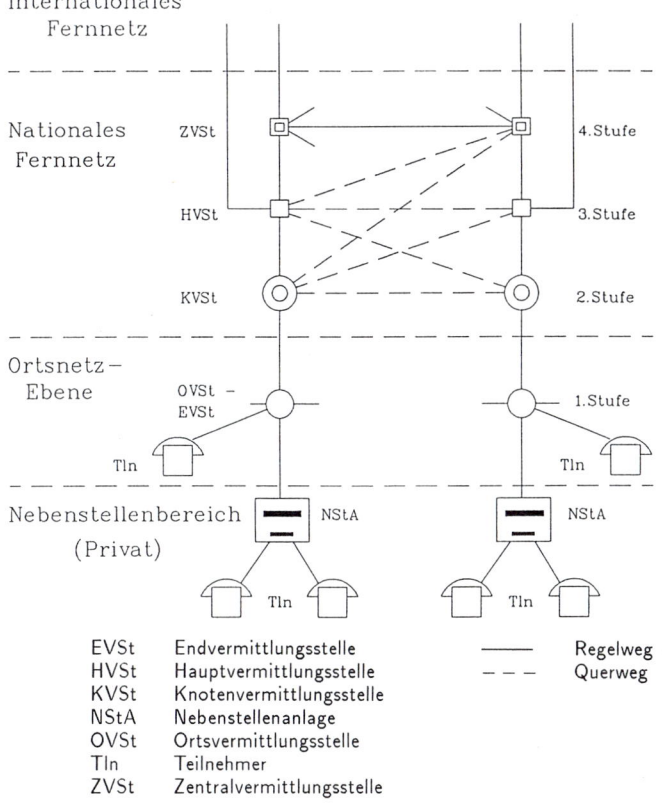

EVSt   Endvermittlungsstelle   ———   Regelweg
HVSt   Hauptvermittlungsstelle   - - -   Querweg
KVSt   Knotenvermittlungsstelle
NStA   Nebenstellenanlage
OVSt   Ortsvermittlungsstelle
Tln   Teilnehmer
ZVSt   Zentralvermittlungsstelle

Bild 1.3: 4-stufige Hierarchie des Fernsprechnetzes der DBP

abgewickelt. Im Mobilfunkbereich (C-Netz) der DBP waren Ende 1989 ca. 186.000 Teilnehmer angeschlossen. Ein europaweites digitales Funknetz (D-Netz) ist zur Zeit in der Planungs- und Erprobungsphase.

1.2.2 Das Integrierte Fernschreib- und Datennetz (IDN)

Vor gut fünfzig Jahren begann in Deutschland der Aufbau des Fernschreibnetzes mit dem Probebetrieb 1933 zwischen Berlin und Hamburg und anschließender planmäßiger Eröffnung des öffentlichen Telexdienstes 1934. Das Netz wurde konzipiert, um schriftliche Mitteilungen unmittelbar, d.h. ohne den Transport von Schriftstücken, schnell und sicher auszutauschen. Es arbeitet im Start-Stop-Betrieb (7.5 *Schritte/Zeichen*) mit einer Schrittgeschwindigkeit von 50 Baud bzw. einer Zeichengeschwindigkeit von $6\frac{2}{3}$ Zeichen/Sek. Das zunächst zweistufig ausgelegte Netz wurde 1956 in Anlehnung an das Fernsprechnetz dreistufig geordnet und besteht heute aus etwa 750 Endvermittlungen, 60 Hauptvermittlungen und 8 Zentralvermittlungen. Für die Übertragung der Fernschreibsignale über große Entfernungen wird überwiegend die Wechselstromtelegrafie mit Amplituden- und Frequenzmodulation für Mehrkanalübertragung im Fernsprechband eingesetzt und heute durch die digitale Zeitmultiplextechnik ergänzt. Das Netz wurde von Anfang an als Selbstwählnetz ausgelegt. Entsprechend der Entwicklung im Fernsprechnetz wurden mechanische Dreh- und Hebdrehwähler durch Edelmetall-Motor-Drehwähler (EMD) und später durch vollelektronische Wähler ersetzt.

Die Entwicklung der digitalen Übertragung- und Vermittlungstechnik und der enorm steigende Bedarf an schnellen Text- und Datenkommunikationen, der durch den technologischen Fortschritt auf dem EDV-Sektor bedingt war, führten Mitte der 60er Jahre zum Konzept eines neuen leitungsvermittelten Datennetzes (Datex-L) mit wählbaren Bitraten und integrierten Text- und Datendiensten. Nach Vorversuchen vollzog sich der Aufbau dieses Netzes zwischen 1975 und 1980. Basis dieses Netzes bilden die vollelektronischen, digitalen, speichergesteuerten Vermittlungsstellen EDS der Firma Siemens, die nach einem speziellen Zeitmultiplexverfahren (mit Codierung des Polaritätswechsels) arbeiten, und die durch digitale PCM 30 D Übertragungsstrecken miteinander verbunden sind. Das Netz ist hierarchisch zweistufig ausgelegt und besteht aus einer Verdichtungsebene und einer Vermittlungsebene (Bild 1.4).

Es ist im Vergleich zum Fernsprechnetz wesentlich kleiner und besteht zur Zeit aus 23 Vermittlungsstellen. In der Verdichtungsebene werden Datenumsetzer (Bild 1.5) in der Zeitmultiplextechnik zur Konzentration des aufkommenden Verkehrs eingesetzt. Die mittlere Teilnehmeranschlußlänge zum Datenumsetzer beträgt 6 km, zur Datenvermittlungsstelle 60 km. Die mittlere Verbindungsaufbauzeit liegt wesentlich unter 1 Sec. Das Netz bietet Wählverbindungen mit den Bitraten von 50 – 300 bit/s asynchron und 300, 2.400, 4.800, 9.600 und 48.000 bit/s synchron. Im Netz werden verschiedene Datendienste (wie Telex, Teletex, transparente leitungsvermittelte Datenübertragung) abgewickelt.

Der Bedarf an Rechnerkommunikation, bedingt insbesondere durch Dezentralisierung der Verarbeitung und die Verfügbarkeit der Paketvermittlungstechnik, führte 1981 nach einjähriger Probezeit zur Einführung des Datenpaketvermittlungsdienstes im Integrierten Datennetz der DBP. Basis dieses Netzes (Datex-P) ist das Multiprozessor-Vermittlungssystem SL 10 der Firma Northern Telcom. Das Netz wurde ursprünglich für 13.000 Teilnehmer ausgelegt und besteht heute aus 50 Vermittlungsstellen an 17 Standorten, die durch 64 und 128 kbit/s Kanäle miteinander verbunden sind. Nach erfolgreicher Systemoptimierung dürfte das Netz heute für ca. 40.000 Teilnehmer ausreichen. Im Netz werden Übertragungsgeschwindigkeiten von 300, 1.200, 2.400, 4.800, 9.600 und 48.000 kbit/s angeboten. Die Verbindungsaufbauzeit im Netz beträgt etwa 400 ms, die Netzlaufzeit von Datenpaketen von 128 Oktetts Benutzerdaten ca. 140 ms. Um die Netzlaufzeit gering zu

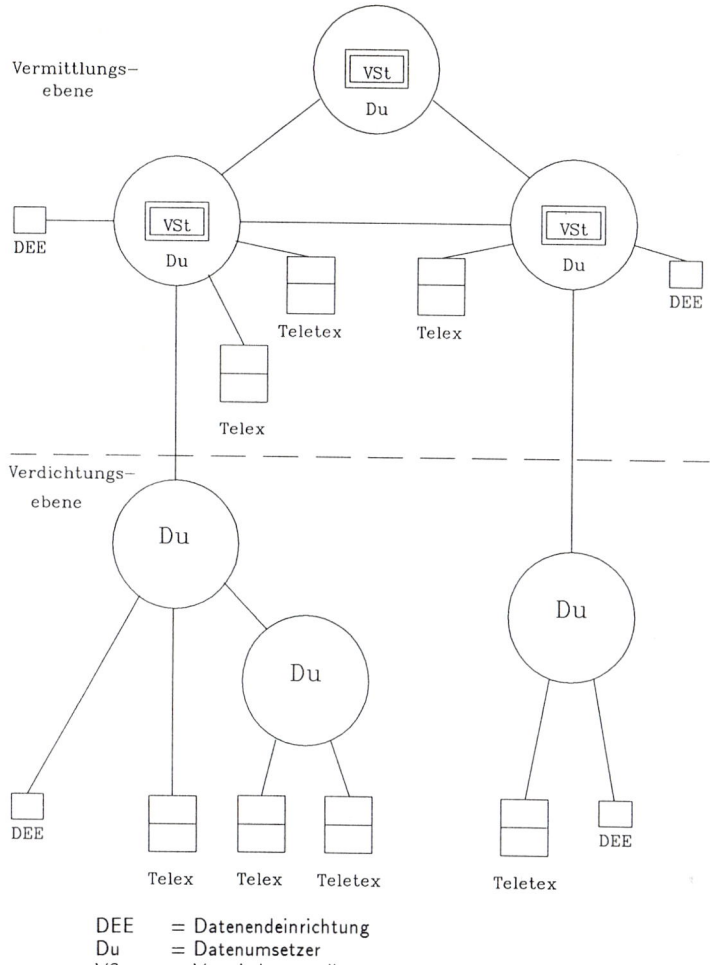

Vermittlungs-
ebene

Verdichtungs-
ebene

DEE   = Datenendeinrichtung
Du   = Datenumsetzer
VSt   = Vermittlungsstelle

Bild 1.4: Struktur des leitungsvermittelten Datennetzes

halten, werden in der Regel maximal drei Übermittlungsabschnitte in einer Verbindung verwendet. Eine zum bestehenden paketvermittelten Datennetz kompatible Erweiterung für 150.000 bis 200.000 Teilnehmer, in der EWS-P Technik der Firma Siemens, ist zur Zeit in der Aufbau- und Erprobungsphase.

Im Integrierten Datennetz der DBP, das wie wir gesehen haben aus verschiedenen, überlagerten Teilnetzen besteht, waren Ende 1989 gut 700.000 Endgeräte angeschlossen, davon waren etwa

167.000	Telex-Anschlüsse
25.000	Teletex-Anschlüsse
25.000	weitere Datex-L Anschlüsse
45.000	Datex-P-Anschlüsse und
500.000	festgeschaltete Verbindungen (HfD).

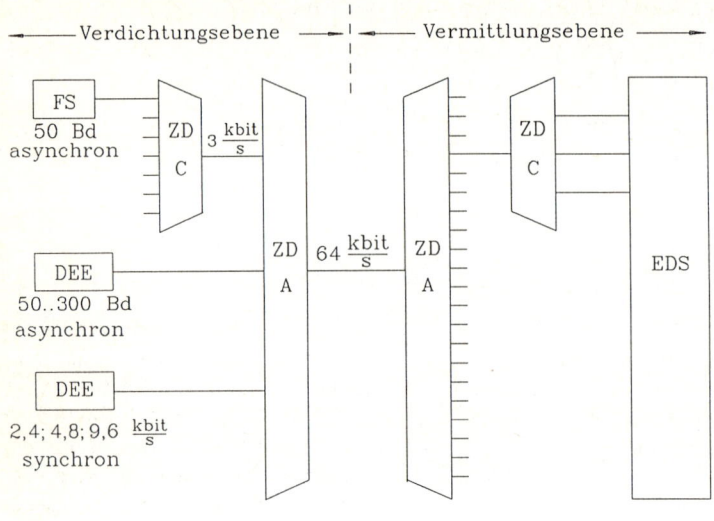

FS	Fernschreiber
DEE	Datenendeinrichtung
EDS	Elektronisches Datenvermittlungssystem
ZD-A	Zeitmultiplex-Datenübertragungseinrichtung für 64 kbit/s
ZD-C	Zeitmultiplex-Datenübertragungseinrichtung für 3 kbit/s

Bild 1.5: Typische Netzanschlüsse über Datenumsetzer im leitungsvermittelten Datennetz

Beispiel 1.1

Zu einem asynchronen Anschluß mit einer Übertragungsrate von 300 bit/s und einem Code von 11 Schritten/Zeichen werden Daten, die über eine synchrone Leitung eintreffen, übertragen. Bei der synchronen Übertragungsrate von 300 bit/s wird jedes Zeichen mit 8 bit codiert. Die eintreffenden Daten werden also zwischengespeichert. Der Zwischenspeicher hat einen Umfang von 1 KByte. Dies bedeutet, daß bei der Ausnutzung der maximalen Übertragungsgeschwindigkeit nach einer Übertragungszeit von

$$1024 \, Zeichen \times \frac{1}{300/8 - 300/11} \, \frac{s}{Zeichen} = 100,12 s$$

und der gesendeten Zahl von

$$100,12 s \times \frac{300}{8} \, \frac{Zeichen}{s} = 3754 \, Zeichen$$

ein Datenverlust eintritt.

1.2.3 Das Rundfunk- und Fernsehnetz

Die ersten Tonrundfunkprogramme für jedermann wurden 1923 etwa gleichzeitig in allen Industriestaaten der Welt im Mittelwellenbereich (526,5 – 1606,5 kHz) unter Verwendung der Amplituden-Modulation (AM) und einer NF-Bandbreite von 4,5 kHz ausgestrahlt. Im Verlauf der nächsten zehn Jahre wurde der Langwellenbereich (150 – 285 kHz) und der Kurzwellenbereich (5,95 MHz – 26,1 MHz) erschlossen. 1949 nahmen die ersten Sender in der BRD Tonrundfunksendungen im UKW-Bereich (87,5 – 100 MHz) unter Verwendung der Frequenzmodulation (FM) und einer NF-Bandbreite von ca. 15 kHz auf. Die erste Fernsehsendung in der BRD wurde 1952 mit der PAL (Phase Alternation Line)-Codierung mit einer Bandbreite von ca. 5 MHz ausgestrahlt.

Heute besteht das Rundfunk- und Fernsehnetz aus drei Teilnetzen:

- dem (im wesentlichen festgeschalteten) Programmaustauschnetz zwischen den Studios, Funkhäusern und Sendern,
- dem Verteilnetz bestehend aus den Tonrundfunksendern, den Fernsehgrundsendern, den Füllsendern (Umsetzern) und den Rundfunksatelliten und
- dem Teilnehmernetz bestehend aus
  - Einzelantennen
  - privaten Gemeinschaftsantennen und
  - Breitbandkabelverteilnetzen (einschließlich Antennenanlagen).

Heute gibt es in der BRD etwa 26 Millionen Fernsehhaushalte, die bundesweit mindestens zwei überregionale Programme und ein regionales Programm empfangen können. Ende 1989 waren 12 Millionen Haushalte an Gemeinschaftsantennen angeschlossen (davon 3,5 Millionen an Anlagen mit mehr als 100 Teilnehmern), während 8 Millionen Haushalte über Einzelantennen versorgt wurden. Zum gleichen Zeitpunkt waren 14 Millionen Haushalte kabelmäßig von der DBP versorgt, etwa 6,3 Millionen waren tatsächlich angeschlossen. Das Breitbandverteilnetz der DBP wird in der herkömmlichen Koaxialkabeltechnik ausgelegt und bietet theoretisch eine Kapazität von 20 bis 24 Fernsehkanälen, von denen regional unterschiedlich 6 bis 19 Kanäle genutzt werden.

1.3 Dienste in öffentlichen Netzen

Im folgenden wollen wir anhand des Dienstangebotes in der BRD (Bild 1.6) einige neuere Dienste näher kennenlernen.

1.3.1 Dateldienste

Dateldienste sind Transportdienste für Datenübertragung, die in den Netzen der DBP angeboten werden. Sieht man von Datenübertragung über festgeschaltete Leitungen (Direktrufnetz) und über das Telexnetz ab, so bestehen die Dateldienste aus:

- Datenübertragung im Fernsprechnetz
- Datenübertragung im leitungsvermittelten Datennetz (Datex-L) und
- Datenübertragung im paketvermittelten Datennetz (Datex-P).

Dienste	Informations-typ	Kommunika-tionsnetz	Kommuni-kationsart
Fernsprechdienst	Sprache	Fesp	I
Warndienst (Sirenen u. Durchsage)	Sprache/Ton	Fesp	V
Funknachrichtendienst (Rundstrahldienst)	Sprache	Fesp	V
Hörfunk	Sprache	RF	V
Datenübermittlungs-dienste (Datel)	Daten	IDN	I
Temex	Daten	Fesp/IDN	I
Funkrufdienst (Europiepser)	Daten	Fesp	I
Telegrammdienst	Text	IDN	I
Telex	Text	IDN	I
Teletex	Text	IDN	I
Telebox	Text	Fesp/IDN	I
Bildschirmtext	Text/Graphik	Fesp/IDN	I
Videotext	Text/Graphik	RF	V
Telefax	Text/Graphik	Fesp	I
Bildübermittlung (Pressebilder)	Bild	Bildübermitt-lungsnetz	V
Fernsehen	Bewegtbild	RF	V
Videokonferenz	Bewegtbild	RF	I

Fesp = Fernsprechnetz
IDN = Integriertes Fernschreib- und Datennetz
RF = Rundfunk- und Fernsehnetz
I = Individualkommunikation
V = Verteilkommunikation

Bild 1.6: Diensteangebot in der BRD

1.3.1.1 Datenübertragung im Fernsprechnetz (Bild 1.7)

Die CCITT Empfehlungen der Serie V bilden die Grundlage für die Datenübertragung im Fernsprechnetz. Für die Datenübertragung werden Modems (Modulatoren-Demodulatoren) verwendet (Bild 1.7), um die von den Datenendeinrichtungen (DEE) abgegebenen binären Signale in bandbegrenzte Signale im Fernsprechband umzusetzen. Im Wählnetz werden bitparallele Geschwindigkeiten von 10, 20 und 40 Zeichen/s und bitserielle Geschwindigkeiten von 300, 1.200, 2.400 und 4.800 bit/s angeboten (Bild 1.8). Die Wahl wird manuell oder automatisch durchgeführt. Außer bundesposteigenen Modems dürfen im Fernsprechnetz seit 1.12.1986 auch private Modems, die eine Postzulassung haben, verwendet werden.

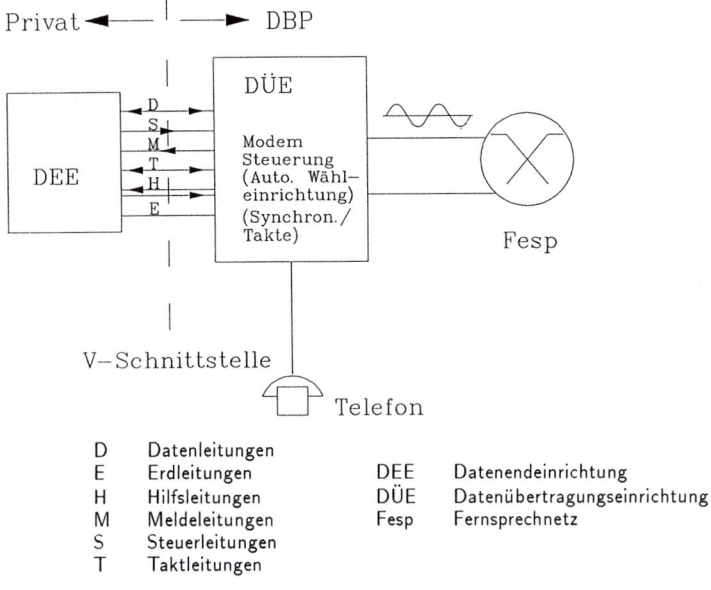

Privat ◄——— | ———► DBP

D Datenleitungen
E Erdleitungen
H Hilfsleitungen   DEE Datenendeinrichtung
M Meldeleitungen   DÜE Datenübertragungseinrichtung
S Steuerleitungen   Fesp Fernsprechnetz
T Taktleitungen

Bild 1.7: Datenübertragung im Fernsprechwählnetz

	Geschwindigkeit umschaltbar auf	Modulationsverfahren	Synchron / Asynchron	Simplex/ m.Rückkanal bzw. Hilfskanal Halbduplex/Duplex	Hilfskanal bzw. Rückkanal
Bitparallele Übertragung	bis 10 $\frac{z}{s}$	4–wertige Frequenzmodulation (2 Gruppen) CCITT V.19	asynchron	Sx (Tastentelefon zur Zentrale)	Sprache zum Telefonhörer im Rückkanal
	bis 20/40 $\frac{z}{s}$	4–wertige Frequenzmodulation (2 oder 3 Gruppen) CCITT V.20	asynchron	Sx (Außenstation zur Zentrale) m.R / Hdx	Sprache zur Außenstation im Rückkanal/digitaler Hilfskanal bis 5 $\frac{bit}{s}$
Bitserielle Übertragung	bis 300 $\frac{bit}{s}$	Binäre Frequenzmodulation CCITT V.21	asynchron	Sx/Dx	
	bis 1200/600 $\frac{bit}{s}$	Binäre Frequenzmodulation CCITT V.23	asynchron/ synchron	Sx/m.H/Hdx/Dx	max 75 $\frac{bit}{s}$
	2400/1200 $\frac{bit}{s}$	4 wertige Phasendifferenzmodulation CCITT V.26 (bis)	synchron	Sx/m.H/Hdx/Dx	max 75 $\frac{bit}{s}$
	4800/2400 $\frac{bit}{s}$	8/4 wertige Phasendifferenzmodulation CCITT V.27 (bis)	synchron	Sx/m.H/Hdx/Dx	max 150 $\frac{bit}{s}$

Bild 1.8: Modemübertragung im Fernsprechnetz

1.3.1.2 Datenübertragung im Datex-L Netz (Bild 1.9)

Die CCITT Empfehlungen der Serie X bilden die Grundlage für die Kommunikation in öffentlichen Datennetzen. Im Bild 1.10 sind die Benutzerklassen für asynchrone und synchrone (leitungsvermittelte) Durchschalte-Verbindungen angegeben, wie sie von der CCITT in der Empfehlung X.1 festgelegt sind und sie die DBP anbietet. Die angegebenen Geschwindigkeiten der Teilnehmerklassen sind die Geschwindigkeiten, wie sie der Datenendeinrichtung (DEE) angeboten werden. In der Datenübertragungseinrichtung (DÜE) werden Bitgruppen von 6 oder 8 Informationsbits und zwei zusätzlichen Bits für Synchronisierung und Anzeige des Zustandes der Datenverbindung gebildet, so daß die Übertragungsgeschwindigkeit der DÜE sich entsprechend erhöht (Bild 1.11).

An Leistungsmerkmalen im Datex-L Netz sind auf Kundenwunsch typisch verfügbar: Kurzwahl, Direktruf, geschlossene Betriebsgruppen, Anschlußkennung, Gebührenübernahme, Rundschreiben, geschriebene Datensignale.

Beispiel 1.2

Zwischen zwei DEE's wird die Datenmenge einer Datei von 20 Kbyte synchron übertragen. Es wird dabei die Benutzerklasse 5 verwendet. Die DÜE überträgt mit einer Übertragungsrate von 6000 bit/s. Die gesamte Übertragung dauert somit:

$$20 \times 1024 \times 8 \text{ bit} \times \frac{1}{4800} \frac{\text{s}}{\text{bit}} = 34,13 \text{ s}$$

und von der DÜE werden 25 Kbyte (8+2) übertragen.

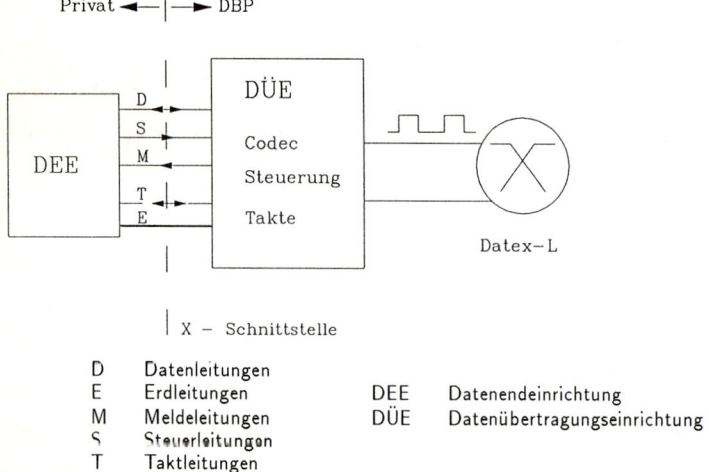

D	Datenleitungen
E	Erdleitungen
M	Meldeleitungen
S	Steuerleitungen
T	Taktleitungen

DEE   Datenendeinrichtung
DÜE   Datenübertragungseinrichtung

Bild 1.9: Datenübertragung in Datennetzen

Benutzerklasse	Datenübertragungs—rate und Code für Nutzdaten in der Verbindungsphase	Übertagungsrate und Code für Dienst—signale in der Verbindungsaufbauphase

Asynchron

1	$300 \frac{bit}{s}$, Start–Stop	$300 \frac{bit}{s}$, Start–Stop
	11 Schritte/Zeichen	11 Schritte/Zeichen I A Nr.5
(2	50 bis $200 \frac{bit}{s}$, Start–Stop	
	Verschiedene Codes	$200 \frac{bit}{s}$, Start–Stop
	(7,5 bis 11 Schritte/Zeichen)	11 Schritte/Zeichen I A Nr.5)

Synchron

(3	$600 \frac{bit}{s}$, transparent	$600 \frac{bit}{s}$ I A Nr.5)
4	$2400 \frac{bit}{s}$, transparent	$2400 \frac{bit}{s}$ I A Nr.5
5	$4800 \frac{bit}{s}$, transparent	$4800 \frac{bit}{s}$ I A Nr.5
6	$9600 \frac{bit}{s}$, transparent	$9600 \frac{bit}{s}$ I A Nr.5
7	$48000 \frac{bit}{s}$, transparent	$48000 \frac{bit}{s}$ I A Nr.5

Bild 1.10: Benutzerklassen für leitungsvermittelte Datendienste in öffentlichen Netzen nach CCITT X.1

( ) ≅ im Bereich der DBP unbedeutend oder nicht angeboten

Benutzer-klasse	Geschwindigkeit in der Teilnehmer-klasse Geschw. [bit/s]	Übertragungsgeschwindigkeit	
		bei Bitgruppen (6+2) bit/s	bei Bitgruppen (8+2) bit/s
3	600	800	750
4	2 400	3 200	3 000
5	4 800	6 400	6 000
6	9 600	12 800	12 000
7	48 000	64 000	60 000

Bild 1.11: Geschwindigkeiten der Teilnehmerklassen für synchrone Datenübertragung

1.3.1.3 Datenübertragung im Datex-P Netz (Bild 1.12)

Die Benutzerklassen für paketvermittelte Datendienste in öffentlichen Netzen entsprechend den CCITT-Empfehlungen sind im Bild 1.13 aufgeführt. Das Angebot an Diensten im Datex-P Netz unterteilt sich in den Basisdienst, bei dem Daten über Hauptanschlüsse

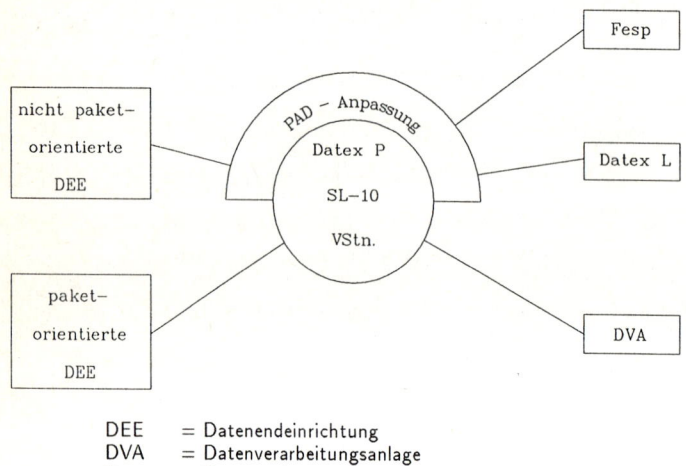

```
DEE  = Datenendeinrichtung
DVA  = Datenverarbeitungsanlage
Fesp = Fernsprechnetz
PAD  = Paket Assemblierer und Deassemblierer
```

Bild 1.12: Anschlüsse an das Datex-P-Netz

Benutzerklasse

Synchron (CCITT X.25)	Datenübertragungsrate und Code für Nutzdaten
8	2 400 bit/s, transparent
9	4 800 bit/s, transparent
10	9 600 bit/s, transparent
11	48 000 bit/s, transparent
12	1 200 bit/s, transparent

Asynchron (CCITT X.28)		
20	50−300 bit/s,	10 oder 11 Schritte/Zeichen
21	75/1200 bit/s,	10 Schritte/Zeichen
22	1200 bit/s,	10 Schritte/Zeichen

Bild 1.13: Benutzerklassen für paketvermittelte Datendienste in öffentlichen Netzen

über die X.25-Schnittstelle ausgetauscht werden, und in die Zusatzdienste, bei denen nicht paketorientierte Datenendeinrichtungen über PAD- (Paket Assemblierer und Deassemblierer) Einrichtungen an dem Paketdatenverkehr teilnehmen können (Bild 1.14). Hierbei unterscheidet man wiederum zwischen Hauptanschlüssen, Zugang über das Datex-L Netz, Zugang über das Fernsprechnetz und speziellen Diensten bei denen IBM- und Siemens-kompatible Endgeräte besondere Unterstützung erhalten. Im Netz werden auf Wunsch weitere Leistungsmerkmale, wie Mehrfachanschluß, feste oder gewählte virtuelle Verbindungen, geschlossene Betriebsgruppen oder Gebührenübernahme angeboten.

BASIS – DIENST		Direktanschluß über X.25	Benutzer-klasse
Datex P10H	2 400	Hauptanschlüsse	8
	4 800		9
	9 600		10
	48 000		11
ZUSÄTZLICHE DIENSTE		Anschluß über PAD	
Datex P20H	300	Hauptanschlüsse	20
	1 200		22
	1200/75		21
Datex P20L	300	Zugang vom Datex–L Netz (asynchron)	2+1
Datex P20F	300	Zugang vom öffentlichen Fesp–Netz	
	1 200		
	1200/75		
Datex P32H	2 400	Unterstützung von	
	4 800	IBM 3270 kompatiblen DEE	
	9 600		
Datex P33H	2 400	Unterstützung von	
	4 800	Siemens 8160 kompatiblen DEE	
	9 600		
Datex P42H	1 200	Unterstützung von	
	2 400	IBM 2780/3780	
	4 800		
	9 600		
Datex P42F	1 200	wie oben, vom Fesp Netz aus	

Bild 1.14: Dienste im Datex-P-Netz

1.3.2   Temex

Seit 1986 bietet die DBP den Temexdienst (<u>Tel</u>emetry <u>Ex</u>change) für das Fernwirken an. Unter **Fernwirken** versteht man das Fernanzeigen (z.B. Feuer-, Einbruchanzeige), das Fernmessen (z.B. Ablesen von Gas- und Stromzähler), das Fernschalten (z.B. von Heizungen) und das Ferneinstellen (z.B. von Verkehrsleitsystemen). Bei Fernwirkanwendungen unterscheidet man zwischen dem Nutzeranschluß (Sensor, Außenstelle) und dem Anbieteranschluß (Leitstelle). Da die Anwendungen regional begrenzt sind, wird der Temexdienst auch in regionalen Teilsystemen, die miteinander nicht gekoppelt sind, angeboten. Die Teilsysteme weisen die in Bild 1.15 dargestellte Struktur auf.

Die Fernwirkinformationen der Sensoren bzw. Außenstationen werden (gegebenenfalls über eine Unterstation gesammelt) dem Temexnetzanschluß (TNA) an der Temexschnittstelle (TSS-N) zur Verfügung gestellt. Die Temexzentrale (TZ), die sich am Ort der Fernsprechvermittlung befindet, fragt diese Informationen zyklisch von dem Temexnetzanschluß (TNA) ab ("polling"). Die Kommunikation zwischen der Zentrale und dem Netzanschluß wird im Frequenzmultiplex über die Teilnehmeranschlußleitung oberhalb des Fernsprechbandes bei ca. 40 kHz abgewickelt ("Data Over Voice"). Auf der Teilnehmeranschlußleitung können also sowohl Fernsprech- als auch Temexverbindungen gleichzeitig betrieben werden. Die Fernwirkinformationen, die in der Temexzentrale einlaufen, werden (gegebenenfalls unter Verwendung der Dateldienste) direkt oder über eine Temexhauptzentrale (THZ) an die Temexschnittstelle (TSS-A) der Leitstelle weitergeleitet. Die Verbindungen können im Simplex- oder Duplexverfahren betrieben werden, so daß sowohl Meldungen als auch Befehle von der Leitzentrale oder auch beide übermittelt werden können. Zur Zeit werden für Temex fünf verschiedene Nutzeranschlüsse und drei Anbieteranschlüsse angeboten. Die Anschlüsse unterscheiden sich bezüglich des Meldungsumfanges, der Dauer des Abfragezyklus und der Verbindungsart (Bild 1.16).

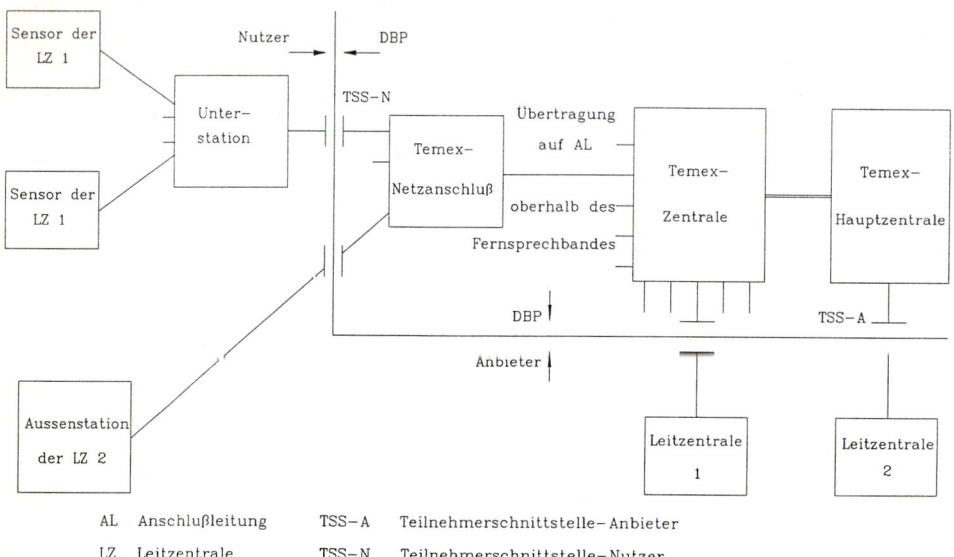

AL   Anschlußleitung   TSS-A   Teilnehmerschnittstelle-Anbieter
LZ   Leitzentrale   TSS-N   Teilnehmerschnittstelle-Nutzer

Bild 1.15: Struktur des Temexsystems an einem Beispiel

Nutzer–Schnittstellen

Typ	Dauer des Abfragezyklusses	Meldungslänge	Funktion
TSS 11	3 Sek.	1 Bit	M
TSS 12	3 Sek.	1 Bit	B
TSS 13	3 Sek.	8/16 Bit	M+B
TSS 14	30 Sek.	3–64 Byte	M+B
TSS 15	3/30 Sek	8/16 Bit/3–64 Byte	M+B

Anbieter–Schnittstellen

Typ	für Nutzer–Schnittstellen	Hinweis
TSS 17	TSS 11–12	Mitbenutzung der Telefonleitung
TSS 31	TSS 11–15	Direktruf HfD
TSS 32	TSS 11–15	Telefonnetz Modemanschluß
TSS 33	TSS 11–15	Datex L–Netz
TSS 34	TSS 11–15	Datex P–Netz

B	Befehlsfunktion
M	Meldefunktion
TSS	Temex Schnittstelle

Bild 1.16: Temexschnittstellen (TSS)

1.3.3   Teletex

Teletex (Bürofernschreiben) wurde erstmals auf der Hannover-Messe 1980 vorgestellt und 1981 als Dienst der DBP angeboten. 1982 wurde er von der DBP auf die inzwischen verabschiedete internationale Norm (s. CCITT Empfehlungen, Bild 1.17) umgestellt. Ende 1989 waren in der BRD etwa 25.000 Teilnehmer an dem Dienst angeschlossen. Der Teletexdienst ermöglicht Textaustausch zwischen beliebigen Teilnehmern im nationalen und internationalen Verkehr ohne vorherige Absprache; entsprechend sind alle Kommunikationsebenen des Grunddienstes festgelegt. Die Textübermittlung ist seitenorientiert und inhalts- und formgetreu. Bei einer Bitübertragungsrate von 2.400 bit/s dauert die Übertragung einer Seite (typisch für Büroanwendungen sind im Mittel ca. 1.660 Zeichen einschließlich ca. 400 Zeichen für Steuerung) etwa 5,5 Sekunden. Im Netz der DBP wird der Dienst im Datex-L Netz abgewickelt, in anderen Ländern auch im paketvermittelten Datennetz oder im Fernsprechnetz über Modemübertragung (z.B. Österreich, Schweiz). Der Zeichenvorrat von Teletex (Bild 1.18) entspricht etwa dem einer Büroschreibmaschine; er beinhaltet Groß- und Kleinbuchstaben, Ziffern und Sonderzeichen. Es ist möglich, Texte zu unterstreichen, zu tabellieren und in verschiedenen Zeilen- und Zeichenabständen (Grunddienst mit Zeichenabstand 1/10 Zoll) und Hoch- oder Querformat darzustellen.

T.60   Teletex   Endeinrichtungen

T.61   Teletex   Zeichenvorrat und Codierung

T.62   Steuerprozeduren für Teletex und
                  Telefax Gruppe IV

T.63   Teletex   Endgerätetest

T.90 / T.91   Telex–Teletex Umsetzungen

F.200   Teletex − Dienst

F.201   Telex − Teletex Umsetzungen

Bild 1.17: CCITT-Empfehlungen für Teletex

Bit-Kombinationen der Spalten (b8 b7 b6 b5) und Zeilen (b4 b3 b2 b1):

b8	0	0	0	0	0	0	0	0	1	1	1	1	1	1	1	1
b7	0	0	0	0	1	1	1	1	0	0	0	0	1	1	1	1
b6	0	0	1	1	0	0	1	1	0	0	1	1	0	0	1	1
b5	0	1	0	1	0	1	0	1	0	1	0	1	0	1	0	1

b4 b3 b2 b1	#	0	1	2	3	4	5	6	7	8	9	10	11	12	13	14	15
0 0 0 0	0			SP	0	@	P		p				·			Ω	K
0 0 0 1	1			!	1	A	Q	a	q			¡	±	`		Æ	æ
0 0 1 0	2			"	2	B	R	b	r			¢	²	´		Đ	đ
0 0 1 1	3			(1)	3	C	S	c	s			£	³	ˆ		a̲	ð
0 1 0 0	4			(2)	4	D	T	d	t			$	×	~		Ħ	ħ
0 1 0 1	5			%	5	E	U	e	u			¥	µ	¯			ı
0 1 1 0	6			&	6	F	V	f	v			#	¶	˘		IJ	ij
0 1 1 1	7			'	7	G	W	g	w			§	·	˙		Ŀ	ŀ
1 0 0 1	8	BS		(	8	H	X	h	x			¤	÷	¨		Ł	ł
1 0 0 0	9			)	9	I	Y	i	y							Ø	ø
1 0 1 1	10	LF		*	:	J	Z	j	z					˚		Œ	œ
1 0 1 1	11			+	;	K	[	k		PLD	CSI	«	»	¸		º	ß
1 1 0 0	12	FF		,	<	L	\	l	l	PLU		¼		(3)		Þ	þ
1 1 0 1	13	CR		−	=	M	]	m				½		˝		Ŧ	ŧ
1 1 1 0	14			.	>	N	^	n				¾		˛		Ŋ	ŋ
1 1 1 1	15			/	?	O	_	o				¿		ˇ		'n	

CCITT − 40401

(1) bei Empfang als # auszuwerten
(2) bei Empfang als ☐ auszuwerten
(3) Die "Untersreichung ohne Schreibschritt" kann mit jedem anderen
    Schriftzeichen kombiniert werden
▨ Gerasterte Felder kennzeichnen Bit–Kombinationen, die einer künftigen
    Normung von Steuerfunktionen vorbehalten sind
☐ Freie Felder kennzeichnen Bit– Kombinationen, die einer künftigen
    Normung von Schriftzeichen vorbehalten sind

Bild 1.18: TELETEX-Schriftzeichensatz

Bild-
schirm
Tastatur
Lokaler
Speicher
Sende
Speicher
Empfänger
Speicher
Über-
tragungs-
einricht-
ung
Netz
Drucker
Steuerung
Steuerung
LOKALTEIL
KOMMUNIKATIONSTEIL

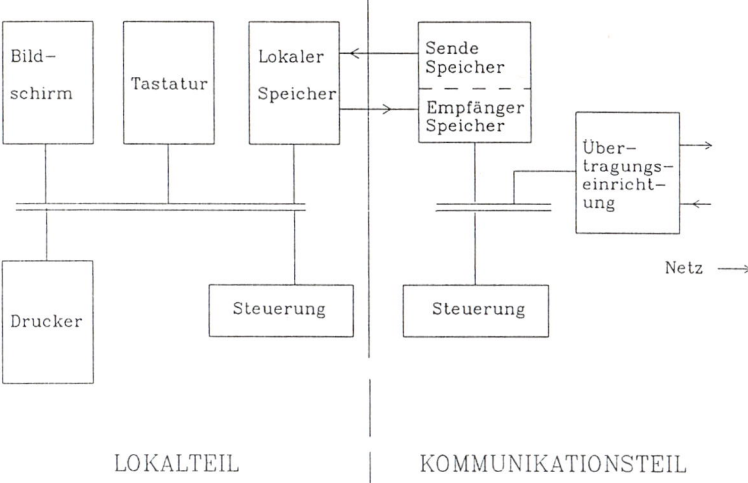

Bild 1.19: Konzept der Teletex-Endeinrichtung

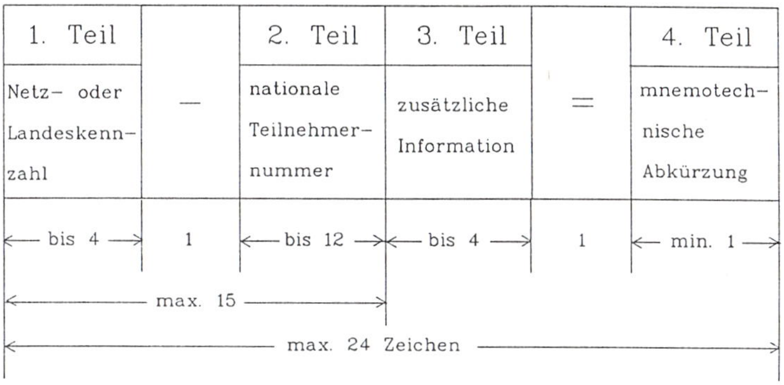

1. Teil
2. Teil
3. Teil
4. Teil
Netz- oder
Landeskenn-
zahl
–
nationale
Teilnehmer-
nummer
zusätzliche
Information
=
mnemotech-
nische
Abkürzung
bis 4
1
bis 12
bis 4
1
min. 1
max. 15
max. 24 Zeichen

Bild 1.20: Aufbau der Teletex-Kennung

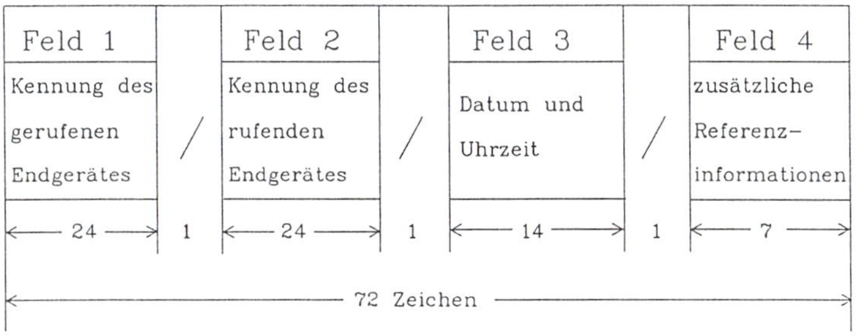

Feld 1
Feld 2
Feld 3
Feld 4
Kennung des
gerufenen
Endgerätes
/
Kennung des
rufenden
Endgerätes
/
Datum und
Uhrzeit
/
zusätzliche
Referenz-
informationen
24
1
24
1
14
1
7
72 Zeichen

Bild 1.21: Kommunikationsdatenzeile

Das Teletexkonzept ist so ausgelegt, daß das Endgerät funktional aus zwei Teilen besteht (Bild 1.19). Ein lokaler Teil, bestehend aus Tastatur, Drucker, Steuerung, Speicher und wahlweise Bildschirm, ermöglicht die ungestörte Abwicklung lokaler Büroarbeiten wie Texterstellung, Textverarbeitung und Textspeicherung und Ein- und Ausgabe der zu übermittelnden Dokumente nach Bedarf. Der Kommunikationsteil, bestehend aus Steuerung, Sende- und Empfangsspeicher und Übertragungseinrichtungen, wickelt den Dokumentenaustausch mit anderen Teilnehmern ab, zeigt den Empfang von Dokumenten optisch an und führt ein Sende- und Empfangsjournal.

Der Aufbau der Teletexverbindung wird mit der Eingabe der Teletexkennung des gewünschten Teilnehmers eingeleitet (Bild 1.20). Um Fehlverbindungen bei der automatischen Speicher-zu-Speicher-Kommunikation zu unterbinden, wird in der Regel nach dem Aufbau der Verbindung der mnemotechnische Teil der Kennung des gewünschten Teilnehmers mit dem des erreichten Endgerätes verglichen. Bevor die Dokumentenübermittlung beginnt, werden noch gerätespezifische Informationen zwischen den Endeinrichtungen ausgetauscht. Diese bestehen (Bild 1.21) aus den Endgeräte-kennungen, Datum und Uhrzeit, in den Normen vorgesehenen optionalen Eigenschaften (z.B. Papierformat, Zeichen- und Zeilenformat) und zusätzlichen, nicht standardisierten (z.B. herstellerspezifischen) Eigenschaften. Pro übermittelter Seite des Dokuments erhält die sendende Endeinrichtung eine Quittung von der empfangenden Endeinrichtung. Hiermit übernimmt die empfangende Endeinrichtung die Verantwortung für diese Seite. Als fehlerhaft erkannte Seiten werden ggf. erneut übermittelt.

Die DBP bietet die Möglichkeit, Telexteilnehmer über den Teletexdienst zu erreichen und umgekehrt. Die Protokollwandlung wird durch Teletex-Telex-Umsetzer im Netz der DBP vorgenommen. Für die Nachrichtenübermittlung können bei einer solchen Verbindung natürlich nur noch die eingeschränkten Eigenschaften des Telexdienstes verwendet werden (zeichenorientierte, d. h. nicht formgetreue Übermittlung, eingeschränkter Zeichensatz, geringe Übertragungsrate u.s.w.).

1.3.4   Telebox

Telebox (**Mailbox**, elektronisches Postfach oder elektronischer Briefkasten) wurde Mitte 1984 probeweise von der DBP eingeführt. Seit Oktober 1984 wird er als regulärer Dienst angeboten und nun an die CCITT-Empfehlungen X.400 angepaßt. Er ermöglicht den Austausch personenorientierter Textmitteilungen. In ASCII-Zeichen codierte Texte können über diverse asynchrone Datenendgeräte (z.B. Schreibterminals, Bildschirmarbeitsplätze, PCs) ein- und ausgegeben werden (Bild 1.22).

Jeder Teilnehmer des Dienstes erhält eine eigene Anschrift und ein Passwort, mit dem er das System benutzen kann. Vom Teilnehmer können Mitteilungen eingegeben, editiert, an andere Teilnehmer verschickt (auch an mehrere Teilnehmer verteilt), ausgelesen, beantwortet, sortiert, gelöscht oder abgelegt werden. Angekommene Mitteilungen werden bis zum Auslesen zwischengespeichert und nach dem Verbindungsaufbau zum System angezeigt. Zum Teleboxdienst gehörten auch eine Benutzerführung, ein Teilnehmerverzeichnis und ein schwarzes Brett (Bild 1.23).

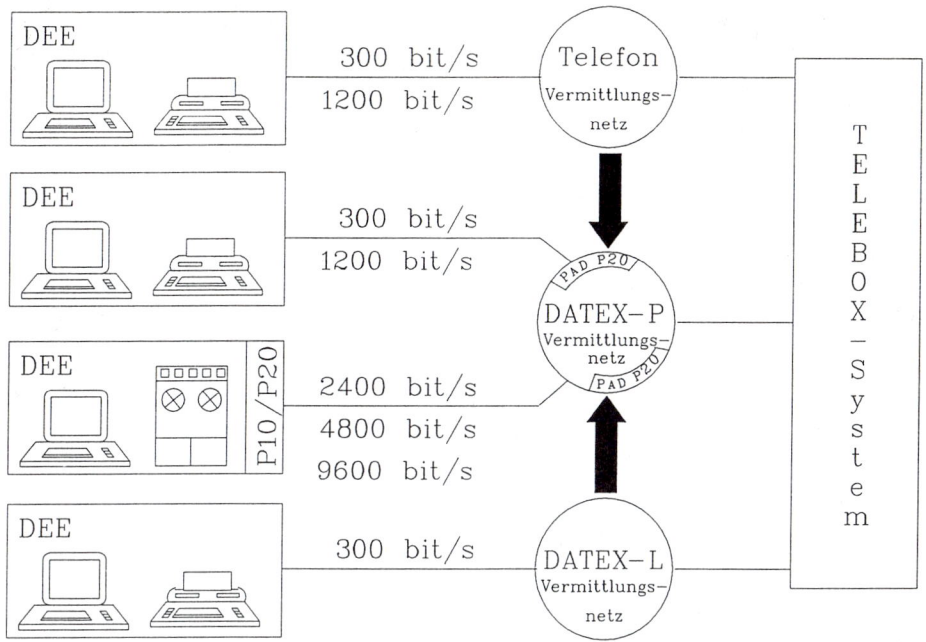

Bild 1.22: Zugänge zum TELEBOX-System

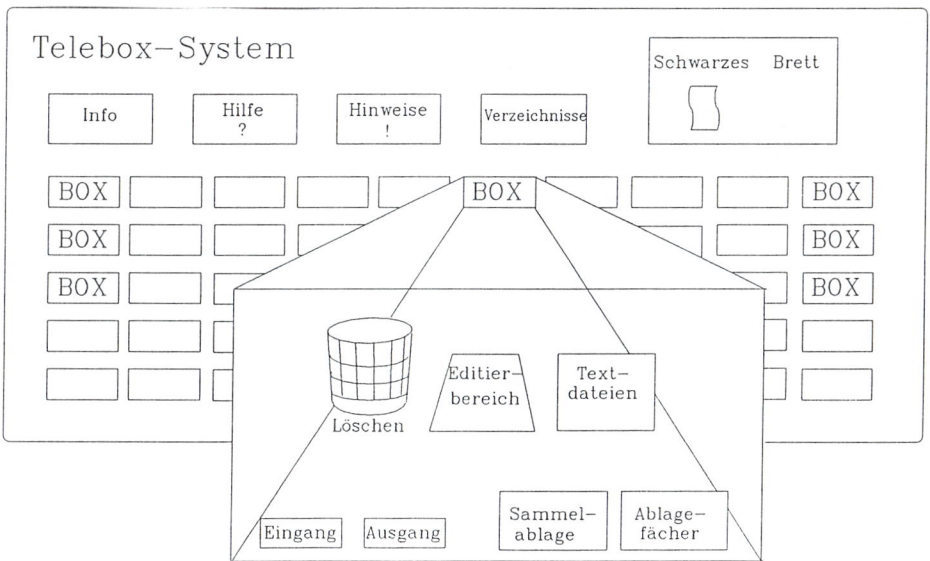

Bild 1.23: Übersicht über die Merkmale von TELEBOX

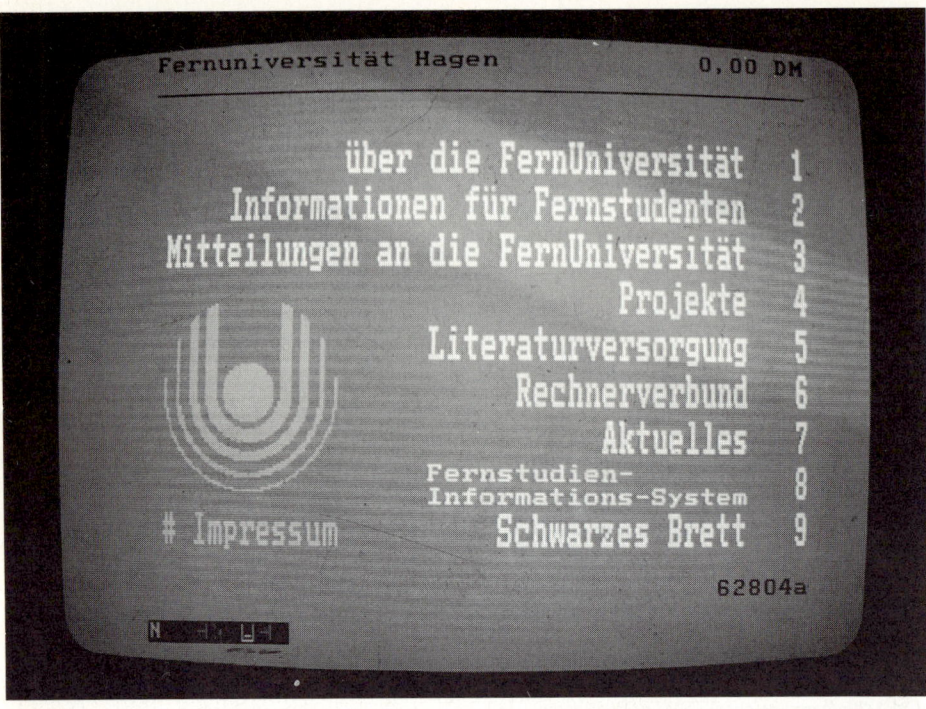

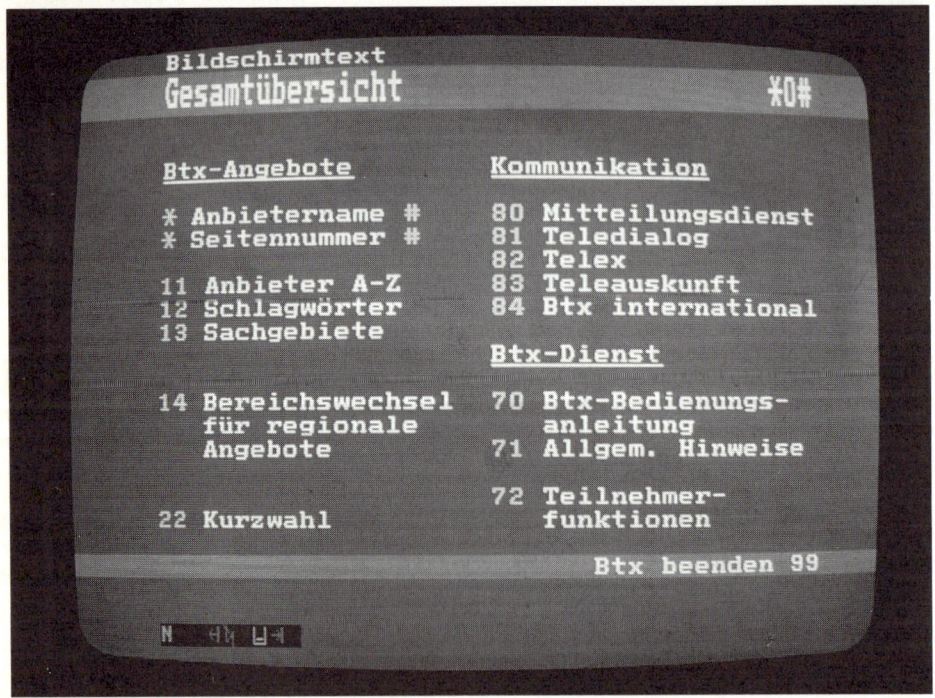

Bild 1.24: Typische Btx-Seiten

1.3.5   Bildschirmtext

Bildschirmtext (Btx abgekürzt und auch **Videotex** genannt) ist ein Individualdienst, der im wesentlichen den Abruf von in Rechnern gespeicherten Informationen über das Fernsprechnetz auf dem Fernsehbildschirm ermöglicht. Die Informationen werden von Informationsanbietern als Btx-Seiten in dem Btx-System der Post (oder privaten externen Rechnern) gespeichert. Die Seiten bestehen aus 24 Zeilen je 40 Zeichen. Der Zeichenvorrat besteht aus ca. 300 alphanumerischen und Graphik- (Mosaik-)zeichen, sowie Steuerzeichen.

Es können unterschiedliche Farb- und Helligkeitsstufen verwendet werden (Bild 1.24). Die Seiten können von Btx-Teilnehmern interaktiv (Benutzerführung über einen Suchbaum) oder direkt durch Angabe der Seitennummer auf den Bildschirm abgerufen werden. Hierbei können menügesteuert auch weitere Informationen zwischen dem Teilnehmer und dem Btx-System ausgetauscht werden. Es können auf diese Weise Informationen (wie Nachrichten, Wetterbericht) abgerufen werden, bestimmte Informationen (z.B. Lexika, Datenbanken) interaktiv gefunden werden, aber auch diverse Vorgänge (wie Bestellungen, Überweisungen, Buchungen) interaktiv ausgelöst werden. Für den Anwender besteht die Möglichkeit, Antwortseiten (z.B. Bestätigungen von Bestellungen oder Überweisungen) abzuschicken. Für den Austausch von Nachrichten zwischen Btx-Teilnehmern wird ein Mitteilungsdienst angeboten. Es können auch geschlossene Benutzergruppen (z.B. Reiseveranstalter/Reisebüros, Großhändler/Einzelhändler, Versicherungen/Agenten) gebildet werden.

Der ursprünglich in England als **Prestel** (auch "Interactive **Viewdata**") eingeführte Dienst wurde 1980 in der BRD (Btx-Zentralen in Berlin und Düsseldorf) als Bildschirmtext erprobt und wird seit 1984 als regulärer Dienst der DBP flächendeckend angeboten. Er wird heute in verschiedenen Ländern in unterschiedlichen Varianten unter diversen Bezeichnungen betrieben. So z.B. in Frankreich als **Antiope** (Annuaire Électronique, Télétel), in Kanada als **Telidon**, in Japan als **Captain**. Die Systeme unterscheiden sich im wesentlichen bezüglich des Zeichendarstellungsverfahrens, des Zeichenvorrates und des Informationsangebotes. 1981 wurden die ersten CEPT Empfehlungen für Videotext verabschiedet und führten 1984 zu internationalen CCITT-Empfehlungen für Videotext (F.300, T.100 und T.101).

Als Mindestausstattung (Bild 1.26) benötigt ein Btx-Teilnehmer einen Bildschirm mit

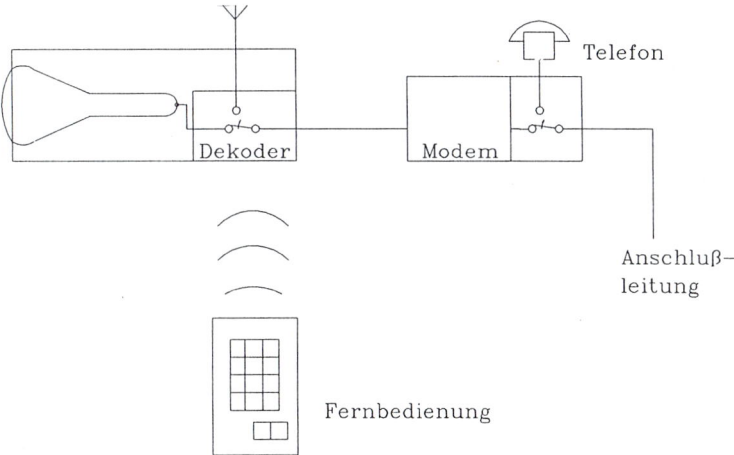

Bild 1.26: Btx-Teilnehmeranschluß

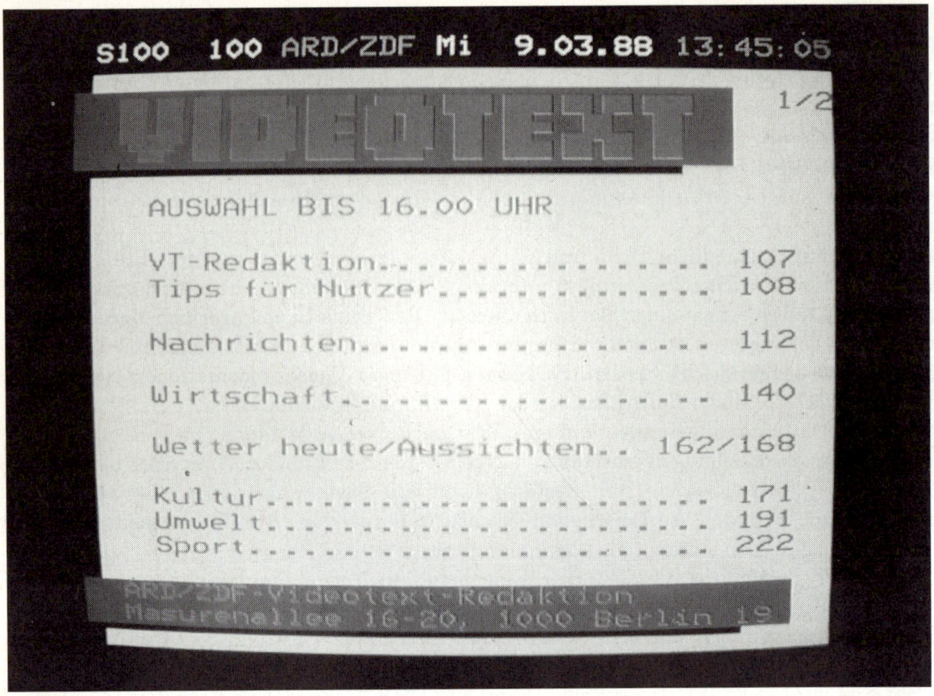

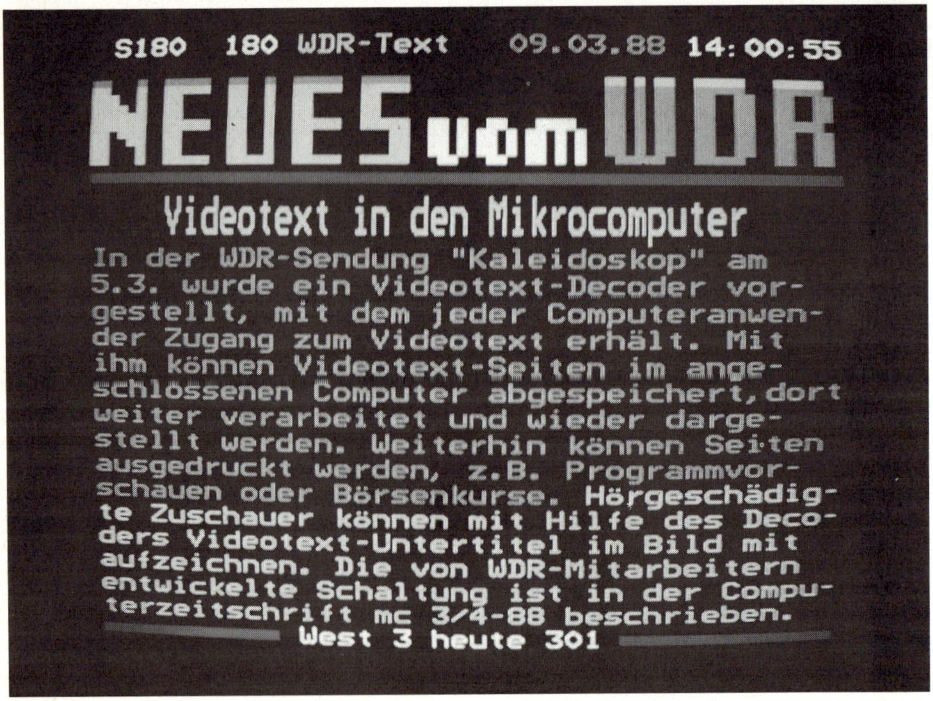

Bild 1.25: Typische Btx-Seiten

Decoder und Bedientastatur (in der Regel Fernbedienung). Als Erweiterungen können
Drucker, Speicher und alphanumerische Tastatur installiert werden. Heute werden Fernsehgeräte mit Btx-Decoder und PCs mit Btx-Erweiterung am Markt angeboten. Das
Btx-Endgerät wird über einen Modem an die Fernsprechanschlußleitung angeschlossen.
Es ermöglicht, alternativ zum Fernsprechen, Verbindungen zur Btx-Vermittlungsstelle
aufzubauen. Durch Tastendruck auf der Fernbedienung des Btx-Endgerätes erfolgt bei
nichtbelegter Fernsprechanschlußleitung die Anschaltung des Modems an die Leitung.
Die Verbindung zur Btx-Vermittlungsstelle wird durch das Modem automatisch aufgebaut, und eine teilnehmerspezifische Kennnummer (die im Modem abgelegt ist) wird
von der Btx-Vermittlungsstelle überprüft. Eine zusätzliche Kennungsprüfung vor Eröffnung der Btx-Sitzung ist möglich. Das Modem arbeitet im Duplexverfahren (nach CCITT
V.23) mit 1.200 bit/s in Richtung BtxVSt-Tln und 75 bit/s in Richtung Tln-BtxVSt. Btx-
Informationsanbieter, denen die Geschwindigkeit von 75 bit/s zur Btx-Vermittlungsstelle
für die Eingabe der Btx-Seiten zu niedrig ist, können auch schnellere Datex-L-Verbindun-
gen zur Btx-Vermittlungsstelle nutzen.
Die Struktur des Btx-Systems ist in Bild 1.27 dargestellt. Btx-Teilnehmer sind an Teil-

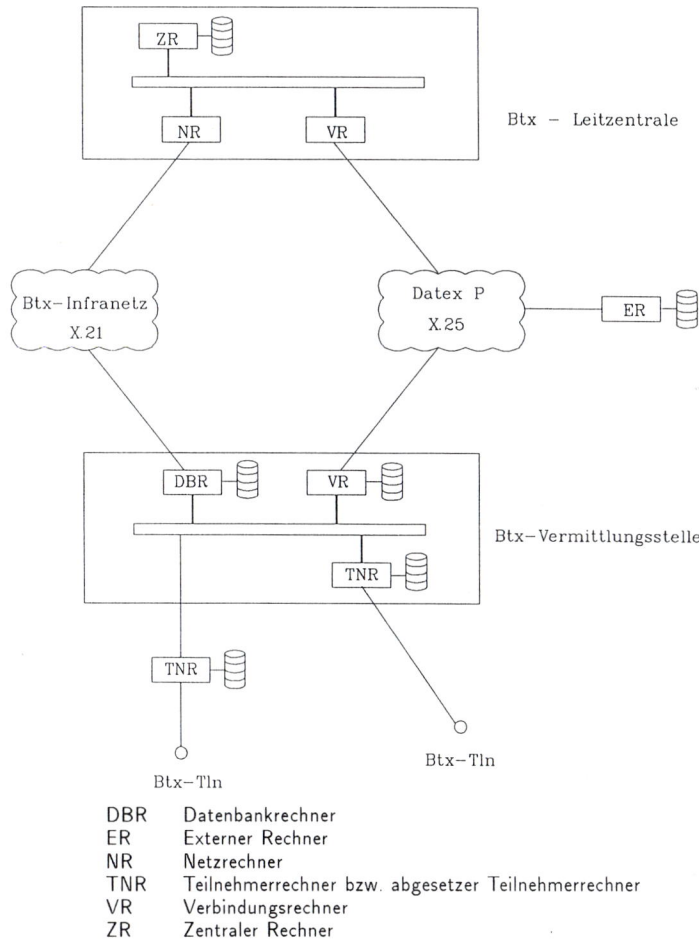

DBR	Datenbankrechner
ER	Externer Rechner
NR	Netzrechner
TNR	Teilnehmerrechner bzw. abgesetzer Teilnehmerrechner
VR	Verbindungsrechner
ZR	Zentraler Rechner

Bild 1.27: Bildschirmtext   Systemkonzept

nehmerrechnern der Btx-Vermittlungsstellen angeschlossen. Häufig benötigte Btx-Seiten werden in Datenbanken, die den Teilnehmerrechnern zugeordnet sind, vorrätig gehalten. In der Btx-Vermittlungsstelle nicht vorhandene Seiten werden aus der Btx-Leitzentrale abgerufen. Dies geschieht entweder über das Btx-Infranetz (im Datex-L) durch den Datenbankrechner oder über das Datex-P Netz durch den Verbundrechner. Informationen aus externen Rechnern werden von den Verbundrechnern über das Datex-P Netz abgerufen. Im Zuge der Regionalisierung des Btx-Dienstes wird eine weitere Dezentralisierung der Systemstruktur stattfinden.

Der Btx-Dienst wurde zunächst für den privaten Haushalt konzipiert, wird jedoch heute hauptsächlich von Geschäftsteilnehmern genutzt. In der BRD waren im Oktober 1989 ca. 180.000 Btx - Teilnehmer angeschlossen. Es waren über 600.000 Btx - Seiten gespeichert, und pro Monat wurden über 3,1 Mio. Anrufe registriert. 305 Externrechner waren am Btx - Verbund beteiligt. In Frankreich liegt der Schwerpunkt der Btx - Anwendungen im privaten Bereich. Dort waren Ende 1988 bereits 3,2 Mio. Teletel-Teilnehmer zu verzeichnen.

1.3.6   Videotext

Videotext ist ein Verteildienst, bei dem eine begrenzte Anzahl gespeicherter Bildschirmseiten zyklisch an die Teilnehmer gesendet werden. Die Zeichendarstellung auf dem Bildschirm entspricht der bei Bildschirmtext (Videotex). Die Verteilung der Informationsseiten wird in der vertikalen Austastlücke des normalen Fernsehsignals vorgenommen (Bild 1.28).

In der europäischen 625-50 Fernsehnorm (625 Zeilen pro Bild, 50 Halbbilder pro Sekunde) besteht die vertikale Austastlücke aus 25 von Bildinformationen freigehaltenen Leerzeilen; 17 davon sind noch unbelegt und können für Videotext genutzt werden. Diese nutzbaren Leerzeilen treten entsprechend der Halbbildwechselperiode 50-mal in der Sekunde auf, so daß bei 24 Videotext-Zeilen pro Bild ca. 35 Seiten pro Sekunde übertragen werden können. Bei einer Zyklusdauer von 8 Sekunden würde dann das gesamte Videotext-Informationsangebot aus ca. 280 Seiten bestehen. Oft abgerufene Seiten können dabei mehrmals pro Zyklus gesendet werden, um die mittlere Wartezeit herunterzudrücken.

Das Videotextempfangsgerät (Bild 1.29) besteht aus einem gewöhnlichen Fernsehbildschirm mit einem Videotextzusatz bestehend aus einem Videotextdecoder, der die über die Fernbedienung ausgewählte Seite aus den empfangenen Informationen auswählt, decodiert und zyklisch an den Seitenspeicher weitergibt. Der Zeichengenerator erzeugt hieraus die gewählte Seite auf dem Bildschirm. Heute werden auf dem Markt Farbfernseher mit kombinierten Bildschirmtext-Videotext Decoder angeboten.

Wie Bildschirmtext wurde auch Videotext erstmals 1971 in Großbritannien vorgestellt; er basiert auf dem Viewdata System und wird heute in zwei Varianten als **Ceefax** (BBC) und **Oracle** (IBA - kommerzieller Sender) angeboten. In der BRD wurde 1980 Videotext gemeinsam von ARD und ZDF eingeführt. Außer Nachrichten und diversen regionalen und überregionalen Informationen (Bild 1.25) bietet Videotext auch Untertitel für verschiedene Fernsehsendungen. Ende 1989 waren 14% der geschätzten 30,3 Mio. Fernsehgeräte in der BRD mit einem Videotext-Decoder ausgestattet.

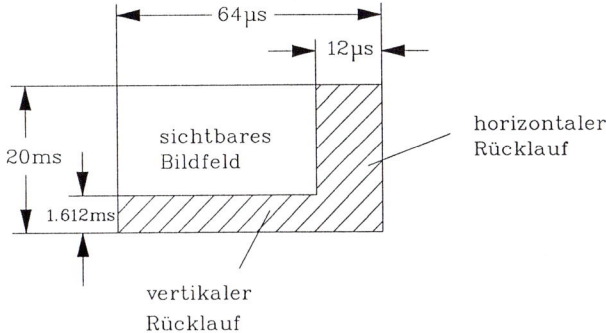

Bild 1.28: Flächenschema des Fernsehrasters

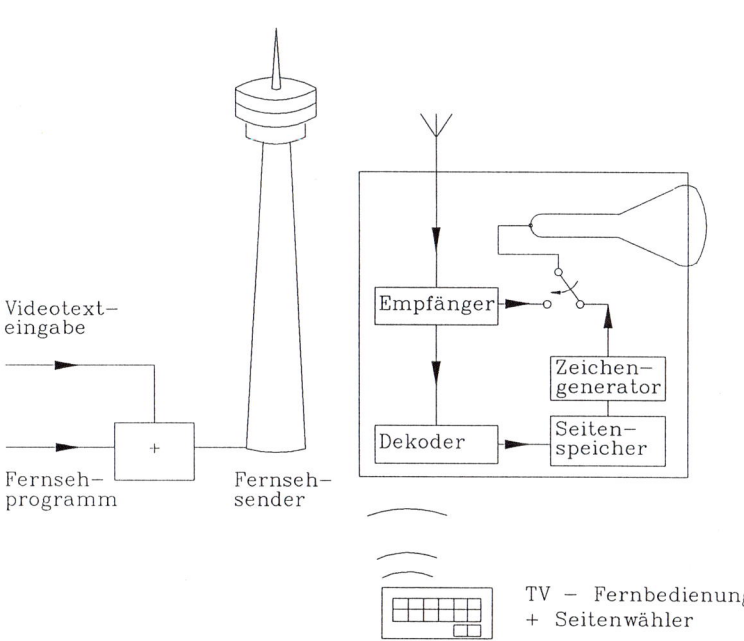

Bild 1.29: Videotext Systemkonzept

1.3.7   Telefax

Telefax, auch **Faksimile** oder **Fernkopieren** genannt, geht zurück auf Bildtelegraphie, die z.B. für die Übertragung von Pressebildern bereits in den 30er Jahren verwendet wurde. Eine zu übertragende Vorlage (Brief, Zeichnung oder Bild) wird abgetastet, (redundanzmindernd) codiert und mit Hilfe von Modem im Fernsprechnetz oder Basisbandverfahren im Datennetz übertragen und am Empfangsort wieder in eine Bildvorlage (Hardcopy) zurückgewandelt. Bisher werden Telefaxgeräte nur für die Übertragung von schwarz-weiß Bildern (ggf. mit Grautönen) verwendet. Der heutige Telefaxdienst basiert auf CCITT-Empfehlungen (Bild 1.30), die zwischen vier Telefax Gerätegruppen unterscheiden:

Gruppe I Geräte nach CCITT Empfehlung T2 benötigen etwa 6 Minuten für die Übertragung einer DIN A 4 Seite. Sie werden in der BRD nicht mehr angeboten.

Gruppe II Geräte nach CCITT Empfehlung T3 benötigen etwa 3 Minuten für die Übertragung einer DIN A 4 Seite. Die Vorlagen werden mit 3,85 Zeilen/mm Vertikal- und 6 Bildpunkte/mm Horizontalauflösung abgetastet. Für die Übertragung im Fernsprechnetz wird das Restseitenband-Amplituden-Phasenmodulations-(RSB AM-PM) Verfahren verwendet. Eine einfache Zeichengabe durch Signaltöne wird als Steuerprozedur verwendet.

Gruppe III Geräte nach CCITT Empfehlung T4 benötigen etwa 1 Minute für die Übertragung einer DIN A 4 Seite. Die Vorlagen werden mit 7,7 Zeilen/mm (alternativ 3,85 Zeilen/mm) Vertikal- und 8 Bildpunkte/mm Horizontalauflösung abgetastet. Für die Bildpunktcodierung wird der modifizierte Huffman Code (Lauflängen-Codierung) verwendet. Für die Übertragung im Fernsprechnetz wird 8/4-wertige Phasen-Differenz-Modulation mit der Übertragungsgeschwindigkeit von 4,8/2,4 kbit/s verwendet. Die Geräte der Gruppe III sind abwärtskompatibel zu den Geräten der Gruppe II.

Gruppe IV Geräte nach CCITT Empfehlung T5 benötigen etwa 10 Sekunden pro DIN A 4 Seite bei einer Übertragung mit 64 kbit/s. Geräte der Gruppe IV befinden sich heute in der Erprobungsphase. Sie sind für den Einsatz in leitungs- und paketvermittelten Netzen bis zu einer Übertragungsgeschwindigkeit von 64 kbit/s konzipiert. Sie ermöglichen außer

T.0	Klassifizierung von Fernkopierern
T.2	Telefax Gruppe I
T.3	Telefax Gruppe II
T.4	Telefax Gruppe III
T.5	Telefax Gruppe IV
T.6	Telefax Codierung für Gruppe IV
T.10	Telefax Übertragung
T.20/T.21	Testvorlagen für Telefax
T.30	Prozeduren für Telefax–Übertragung
T.62	Steuerprozeduren für Teletex u. Telefax Gr. IV
T.72	Mischmode Endgeräte
F.160/ F.170/ F.180	Internationale Telefaxdienste

Bild 1.30: CCITT Empfehlungen für Telefax (Faksimile)

der Übertragung abgetasteter schwarz-weiß Bilder verschiedener Auflösung (Horizontal-
und Vertikalauflösung von 8 bis 16 Punkte/mm) auch die Übertragung von teletexcodier-
ten Schriftzeichen, d.h. es ist eine Mischung von bild- und zeichencodierter Information
innerhalb einer Vorlage möglich.
Der Telefaxdienst in der BRD wird im Fernsprechnetz abgewickelt. Als Basisdienst wird
die jeweilige Auflösung der Geräteklassen und die entsprechende Übertragungsgeschwindigkeit angeboten. Als Ergänzungsmerkmale werden unter anderem Merkmale wie Ken-
nungsaustausch beim Verbindungsaufbau, Senden von mehreren Vorlagen über eine herge-
stellte Verbindung, automatisches (bedienerloses) Senden (z.B. nach Zeit) und Empfangen
u.s.w. angeboten. Ende 1989 waren in der BRD ca. 400.000 Telefaxgeräte am Netz der
DBP angeschlossen; außerdem sind ca. 1200 Telebriefstellen (Telebriefdienst – Übermittlung von Briefen per Telefax) in den Postämtern der DBP installiert. Weltweit waren
Ende 1988 über 8 Mio Telefaxteilnehmer zu verzeichnen – davon 1,7 Mio in Europa, 2
Mio. in USA und 4 Mio. in Japan. In Japan spielt – bedingt durch die Schwierigkeit der
codierten Textübertragung bei chinesischen Schriftzeichen – Telefax eine besondere Rolle.

1.4 Private Netze

Private Netze sind Kommunikationsnetze, die im privaten Bereich eingesetzt werden; im
allgemeinen gehören sie nicht einer öffentlichen Fernmeldeverwaltung an. Private Netze
entstanden, um den innerbetrieblichen Kommunikationsbedarf abzudecken. Zunächst war
es der Bedarf an Sprachkommunikation. Private Unternehmen kauften oder mieteten sich
Vermittlungsanlagen und bauten ihr betriebseigenes Infranetz für das innerbetriebliche
Fernsprechen auf. Natürlich bestand auch ein Bedarf an Sprachkommunikation mit externen – an öffentlichen Netzen angeschlossenen – Teilnehmern. Daher wurden die privaten
Vermittlungsanlagen über Amtsleitungen an öffentliche Vermittlungsstellen angeschlossen. Heute kann man in vielen Ländern die an privaten Netzen angeschlossenen Teilnehmer aus dem öffentlichen Netz direkt anwählen (d. h. durchrufen). Private Vermittlungsanlagen werden **Nebenstellenanlagen**, die daran angeschlossenen Telefonapparate
Nebenstellen genannt.
In der Bundesrepublik werden Nebenstellenanlagen als Ausläufer des öffentlichen Fernsprechnetzes angesehen. Deren technischer Betrieb ist durch die Telekommunikations-
ordnung (TKO) und diverse technische und verwaltungsmäßige Vorschriften der Bundespost geregelt. So werden z.B. Anlagen und Endgeräte von der Bundespost überprüft
und zugelassen. Auch die Güte der Dienste und die zulässigen Leistungsmerkmale sind
festgelegt. Nebenstellenanlagen bieten heute einen recht hohen Stand an Komfort. Dies
wird beim Betrachten des Angebotes an Leistungsmerkmalen besonders deutlich. Zur Zeit
werden über 250 Leistungsmerkmalsvarianten angeboten. Typische Merkmale sind Kurzwahl, Wahlwiederholung, Rückruf, Rufumleitung, Makeln, Aufschalten, Anklopfen und
Gebührenanzeige.
Private Netze für Sprachkommunikation haben eine sternförmige Struktur. Die Nebenstellen werden über zwei Kupferadern mit gewöhnlich 0,6 mm Aderdurchmesser an die Nebenstellenanlage angeschlossen. Die Nebenstellenanlage besteht aus den Anschlußsätzen,
an denen diverse Peripherie (Nebenstellen, Amtsleitungen, Bedienplätze und Konsolen)
angeschlossen werden, dem Koppelfeld, in dem die gewünschten Verbindungen zwischen
den Anschlüssen vorgenommen werden und der Steuerung, die den Verbindungsaufbau
und -abbau steuert und in der die Leistungsmerkmale realisiert werden (Bild 1.31).
Größere private Fernsprechnetze beinhalten mehrere Nebenstellenanlagen, die jeweils ihre
sternförmigen Anschlußbereiche haben und auch untereinander verbunden sind. Solche
Nebenstellenanlagen sind entweder hierarchisch geordnet (Haupt-Unteranlagentechnik)

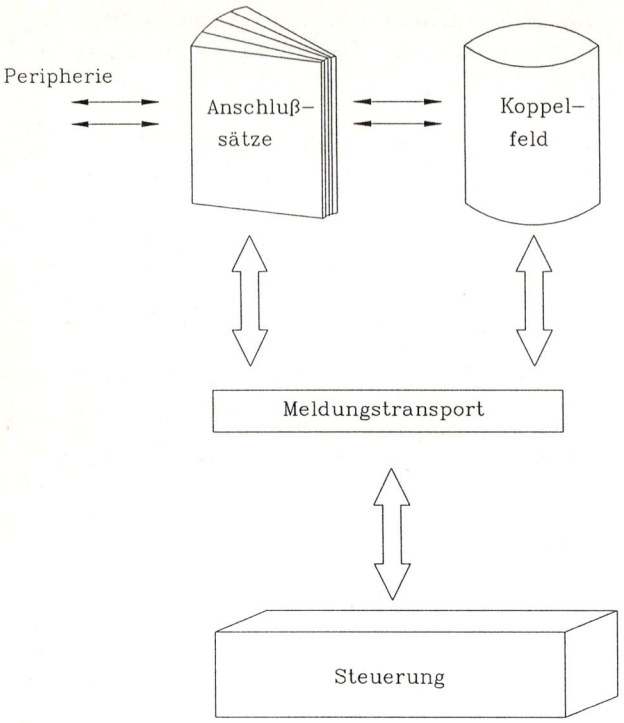

Peripherie

Anschlußsätze

Koppelfeld

Meldungstransport

Steuerung

Bild 1.31: Struktur von zentralgesteuerten Nebenstellenanlagen

oder sie bilden einen Verbund von gleichberechtigten Nebenstellenanlagen und bieten oft anlagenübergreifende Leistungsmerkmale (wie Kurzwahl, Rückruf u.s.w.). Die größten solcher Netze in Europa bestehen aus über 10.000 Nebenstellen.

Die Entwicklung auf dem Datenverarbeitungssektor brachte zunächst Kabelnetze im privaten Bereich, die Großrechner mit ihrer Peripherie verbanden. Solche Verbindungen wurden mit Modemübertragung oder im Basisband auf Fernsprechleitungen oder Koaxkabeln betrieben. Mit dem Aufkommen kleinerer leistungsstarker Rechner, PCs und Bürokommunikationssystemen erhöhte sich der Bedarf an Rechner-Rechner Kommunikation, und lokale Netze (LAN – "Local Area Networks") wie Ethernet kamen zum Einsatz. Heute werden verschiedene lokale Netze angeboten. Im Vergleich zu der Anzahl installierter Nebenstellenanlagen befinden sich lokale Netze erst in der Einführungsphase.

Charakteristisch für **lokale Netze** (**LAN**) ist, daß sie alle Endeinrichtungen mit einem Übertragungsmedium hoher Übertragungskapazität miteinander verbinden. Typisch sind derzeit Koax- und Glasfasersysteme mit Bitraten von 2 bis 10 Mbit/s. Hardwaremäßig werden die Endgeräte in einer Bus-, Ring- oder Sternstruktur angeschlossen (Bild 1.32). Die gesamte Übertragungskapazität wird jeweils kurzfristig einer Endeinrichtung zur Verfügung gestellt. Verschiedene Verfahren, nach denen dieser Zugriff geregelt wird, werden in späteren Abschnitten näher behandelt. Im Bild 1.33 ist die Struktur eines Anschlusses für lokale Netze dargestellt. Der Anschlußsatz (auch Transceiver oder MAU – "Medium Attachment Unit" genannt) regelt den Zugriff zum Übertragungsmedium und übernimmt die physikalische Anpassung an das Medium. Die Steuerung ("Controller") regelt den Austausch von Nachrichten zwischen Endeinrichtungen und dem Netz. Die Endeinrichtung selbst kann ein Gerät oder ein Zusammenschluß mehrerer Geräte sein ("cluster"). Lokale

Netze können über **Anpassungseinheiten** ("Repeater", "Gateway", "Bridge") miteinander verbunden werden, um **globale Netze** (**WAN – "Wide Area Networks"**) zu bilden (Bild 1.34).

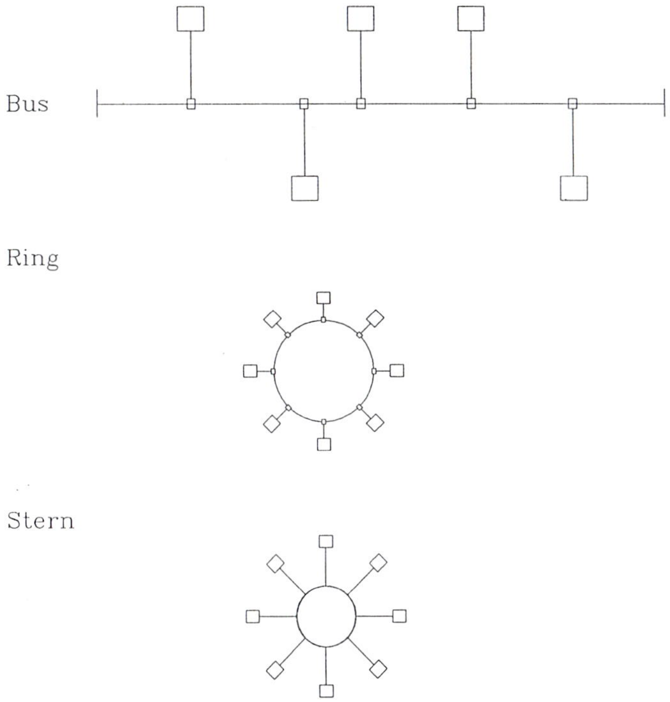

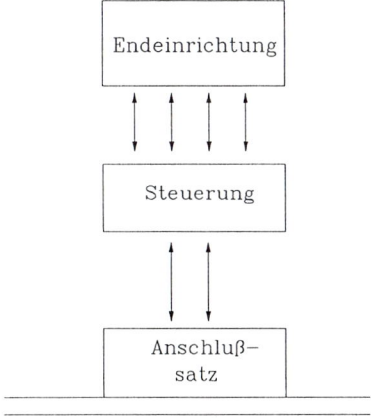

Bus

Ring

Stern

Bild 1.32: Geläufige hardwaremäßige Strukturen von lokalen Netzen

Endeinrichtung

Steuerung

Anschluß-
satz

Medium

Bild 1.33: Struktur eines Anschlusses für lokale Netze

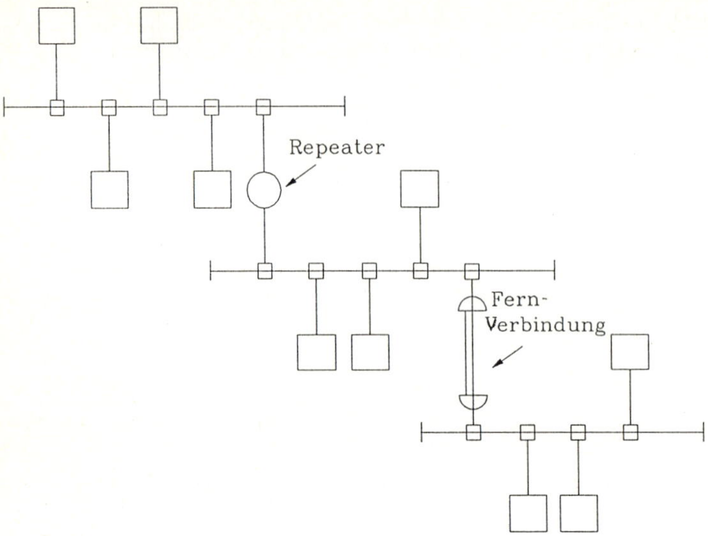

Bild 1.34: Globales Netz (WAN – Wide Area Network)

1.5   Anwendungen in privaten Netzen

Den Begriff "Dienste", wie wir ihn bei öffentlichen Netzen kennengelernt haben, gibt es im privaten Bereich nicht. Vielmehr findet man im privaten Bereich Kommunikationsmöglichkeiten mit Eigenschaften, wie einzelne Anwendungen sie erfordern. Wir wollen nicht alle Anwendungen erörtern, jedoch lediglich versuchen, sie aus technischen Gesichtspunkten etwas zu ordnen.

Transparente Übermittlung von Nachrichten bildet die Grundlage für sehr viele Anwendungen (Bild 1.35). Ein typisches Beispiel hierfür ist der transparente Datenverkehr zwischen Endgeräten oder Endgeräten und Datenverarbeitungsanlagen. Transparente Übermittlung in diesem Zusammenhang bedeutet eine Übermittlung, bei der es dem Anwender bzw. der Anwendung verborgen bleibt, daß es sich überhaupt um eine Übermittlung handelt, an der verschiedene Einrichtungen beteiligt sind. Zur Transparenz gehört unter anderem, daß beliebige Bitkombinationen (bzw. Zeichenkombinationen) ohne Einschränkung verwendet werden dürfen und korrekt übermittelt werden, ferner daß gewisse Einschränkungen bezüglich Übermittlungszeiten eingehalten werden. Die Nachrichtenübermittlung kann über durchgeschaltete Verbindungen (Leitungsvermittlung) oder paketorientiert (virtuelle Verbindungen oder Datagramme) stattfinden.

Das Kommunikationsnetz übernimmt bei allen diesen Anwendungen die Aufgabe, den Transport von Meldungen zu erwirken. Gewöhnlich werden hierfür die X- oder V-Schnittstellen von öffentlichen Netzen verwendet.

Darüberhinaus bieten private Netze auch **Dienste, wie sie in öffentlichen Netzen angeboten werden**, meist jedoch mit erweiterten Leistungsmerkmalen und Eigenschaften. So kennt man im privaten Bereich den Fernsprechdienst (Internverkehr) mit erweiterten Leistungsmerkmalen (z.B. Kurzwahl, Rückruf, Anklopfen), innerbetrieblichen Bildschirmtext, Teletex u.s.w.. Da auch ein Bedarf an Kommunikation mit Teilnehmern an öffentlichen Netzen (Externverkehr) vorhanden ist, bieten private Netze auch den **Zugang zu den öffentlichen Netzen**. Dies bedeutet, daß in privaten Netzen Endgeräten

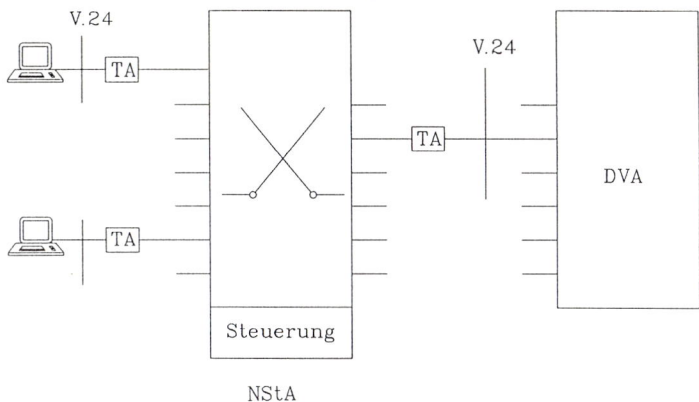

Bild 1.35: Transparenter Datenverkehr über Nebenstellenanlagen

die Kommunikationsmöglichkeiten der öffentlichen Netze angeboten werden. Hierbei wird von den Vermittlungseinrichtungen der privaten Netze eine Konzentration des Verkehrs zum öffentlichen Netz vorgenommen. Es werden außerdem oft Vorkehrungen getroffen, daß Endeinrichtungen des privaten Bereichs auch von den Teilnehmern des öffentlichen Netzes direkt erreicht werden können (Durchwahl).

Bei einer weiteren Kategorie von Anwendungen im privaten Bereich werden Daten über einer **Kopplung zwischen einer Nebenstellenanlage und einer Datenverarbeitungsanlage** ausgetauscht (Bild 1.36). In der einfachsten Form sind diese Daten in der Nebenstellenanlage vorhanden (z.B. Gebührendaten) und werden an die DVA zur Weiterverarbeitung übergeben (z.B. Gebührenerfassung nach diversen Kriterien). In manchen Fällen werden einige Daten über die Endgeräte eingegeben und mit den in der NStA vorhandenen Daten an die DVA weitergegeben. Ein Beispiel aus diesem Bereich ist bei NStA in Hotelanwendungen zu finden. Hier werden z.B. Daten über ein Gästezimmer (das Zimmer ist frei, wurde gereinigt und kann neu belegt werden) vom Hotelpersonal über die Tastatur der Nebenstelle im Zimmer eingegeben und mit Daten (z.B. Zimmernummer = Rufnummer) aus der Nebenstellenanlage an den Hotelrechner weitergegeben. In anderen Fällen werden Steuerbefehle von einem Rechner an die Nebenstellenanlage zur weiteren Bearbeitung

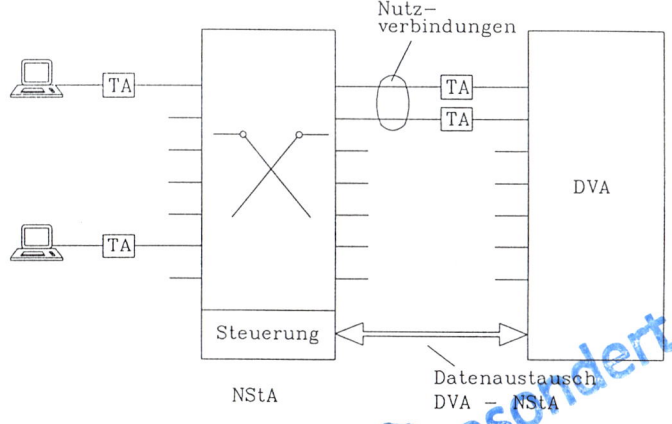

Bild 1.36: Kopplung zwischen NStAnlage und Datenverarbeitungsanlage

Ausgesondert

... SW - AB
Abt. BIBLIOTHEK
Schweinfurt

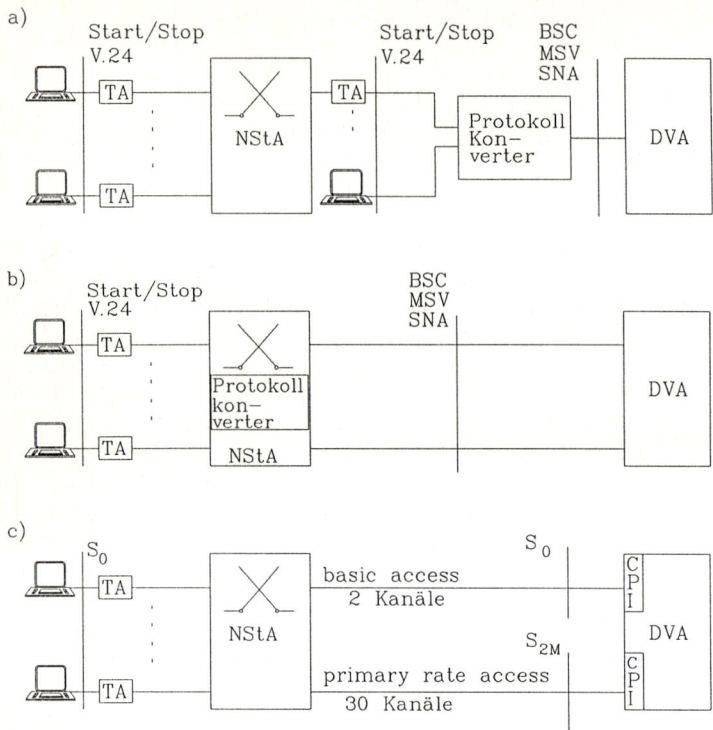

Bild 1.37: Verbindungen von Terminals über eine Nebenstellenanlage an einen Hostrechner

a)   getrennte Protokollanpassung

b)   Protokollanpassung in der NStA

c)   Protokollanpassung nicht erforderlich

übergeben (z.B. von der DVA gesteuerter Verbindungsaufbau zu verschiedenen Bestell-rechnern bei diversen Teilnehmern im öffentlichen Netz).

Bei heutigen Anwendungen, bei denen eine Verarbeitung von Daten erforderlich wird, werden die Daten stets von der Nebenstellenanlage an eine Datenverarbeitungsanlage übergeben und dort verarbeitet. Die Verwendung von Mikrorechnerkonfigurationen für die Implementierung von Steuerungen von Nebenstellenanlagen und der Trend zum Einsatz von Hochsprachen für die Anwendersoftware von Nebenstellenanlagen legt es nahe, daß in Zukunft, bei Beibehaltung einer funktionalen Trennung, auch vermehrt die Verarbeitung von Daten in Nebenstellenanlagen vorgenommen wird. Ein erster Schritt in diese Richtung ist in Bild 1.37 zu erkennen. Bild 1.37a zeigt eine Konfiguration, wie sie heute gelegentlich auftritt. Terminals mit V.24 Schnittstellen werden über eine Nebenstellenanlage an eine Datenverarbeitungsanlage angeschlossen. Ein Protokollkonverter, der die Schnittstelle, wie sie von der Datenverarbeitungsanlage gefordert wird, erzeugt, wird dazwischengeschaltet. Die Nebenstellenanlage wird lediglich verwendet, um den Konzentrationseffekt (Ersparnis von Leitungszugängen an der DVA) zu erzielen. Bild 1.37b zeigt die Alternative, in der die Protokollumsetzung in der Nebenstellenanlage vorgenommen wird. Im Idealfall (Bild 1.37c) wird eine Protokollumsetzung durch Verwendung genormter Schnittstellen gänzlich erspart.

1.6 Digitalisierung der Netze und Integration der Dienste

Die Puls Code Modulation für Sprache wurde bereits 1938 von A. H. Reeves festgelegt und patentiert. Erst durch den Fortschritt auf dem Gebiet der Halbleitertechnik in den letzten Jahren konnten kostengünstige Schaltungen für die PCM-Codierung der Sprache (zunächst als Mehrkanalcodecs und letztlich als Einzelkanalcodecs) erstellt werden. In den frühen siebziger Jahren zeigte sich, daß im Fernbereich oft der Einsatz von PCM Strecken wirtschaftlicher als NF- oder TF-Strecken wurde. Erst in den späten siebziger Jahren zeigte sich weiter, daß auch PCM-Vermittlungen unter Verwendung von PCM-Strecken kostengünstiger wurden als herkömmliche Vermittlungen. Dies liegt unter anderem in folgendem begründet. Für die PCM-Übertragung wird die Abtastung, Quantisierung, Codierung und Speicherung vorgenommen. Die Hinzunahme des wahlfreien Zugriffes beim Auslesen nach der Speicherung ermöglicht bereits eine Vermittlung. Man spricht deshalb auch von der Integration der Übertragungs- und der Vermittlungstechnik, oder von der Übermittlungstechnik. Heute werden neue Netze und Erweiterungen von bestehenden Netzen überwiegend in der Digitaltechnik durchgeführt. Lediglich im Teilnehmeranschlußbereich (Teilnehmer bis zur OVSt oder NStA) bietet die NF-Technik die kostengünstigere Lösung. Die Tendenz zur Digitalisierung auch der Teilnehmeranschlußleitung begründet sich in den Vorteilen, die ein bis zum Teilnehmer volldigitales Netz (ohne analoge Zwischenstrecken) bietet. Diese wurden besonders deutlich, als bei den Feldversuchen 1979/80 in Berlin (unter dem Namen DIGON = Digitales Ortsnetz) gezeigt wurde, daß unter dem Einsatz der Digitaltechnik drei simultane unabhängige Duplex-Kanäle (2 Nutzkanäle und ein Signalisierungskanal) auf der Teilnehmeranschlußleitung (d. h. auf zwei Adern) betrieben werden können.

Die Wirtschaftlichkeit vorausgesetzt, bietet ein volldigitales Netz folgende weitere Vorteile:

— Zwei Nutzkanäle zum Teilnehmer ermöglichen die gleichzeitige Nutzung von zwei Diensten.

— Da die Digitaltechnik zwischen Sprache, Text, Bild und Daten nicht unterscheidet, sondern nur Bitströme übermittelt, können die digitalen Kanäle (und somit auch die übertragungs- und vermittlungstechnischen Einrichtungen) für verschiedene Dienste genutzt werden.

— Der Signalisierungskanal bietet eine von Nutzkanälen unabhängige Möglichkeit der Signalisierung; so können z.B. bei zwei bestehenden Verbindungen weitere Verbindungswünsche über den Signalisierungskanal angezeigt werden.

— Hohe Übertragungskapazität z.B. beim ISDN zwei Nutzkanäle (jeweils $64\,kbit/s$) und ein davon unabhängiger Signalisierkanal ($16\,kbit/s$) ermöglicht die Realisierung neuer Dienste und Leistungsmerkmale. Analoge Netze bieten demgegenüber maximal $2,4\,kbit/s$ (in einigen Ausnahmen $4,8\,kbit/s$) vermittelte digitale Nutzkanäle und etwa 10 Zeichen/Sekunde Signalisierkapazität (gewöhnlich im Sprachband).

— Wegen der Regenerierbarkeit der PCM-Signale hat ein volldigitales Netz eine bessere Sprachqualität und geringere Bitfehlerraten.

— Digitale Einrichtungen sind raum- und stromsparend.

Die Fülle der Vorteile, die ein volldigitales Netz anbietet, führte zu einem Konzept für ein diensteintegrierendes digitales Kommunikationsnetz (**ISDN = "Integrated Services Digital Network"**), das auf einem Teilnehmeranschlußkonzept mit zwei Nutzkanälen (B-Kanäle) von $64\,kbit/s$ und einem Signalisierungskanal (D-Kanal) von $16\,kbit/s$ basiert.

Ende 1984 wurden CCITT Empfehlungen (der Serie I) für das ISDN verabschiedet. Im Bild 1.38 ist der Einsatz eines ISDN Teilnehmeranschlusses (Basis Anschluß) in heutiger Umgebung für die gleichzeitige Nutzung von Bildschirmtext, Sprache oder Daten und Telemetrie (d. h. Anwendungen mit geringen Bitraten und sporadisch auftretenden Nachrichten) dargestellt.

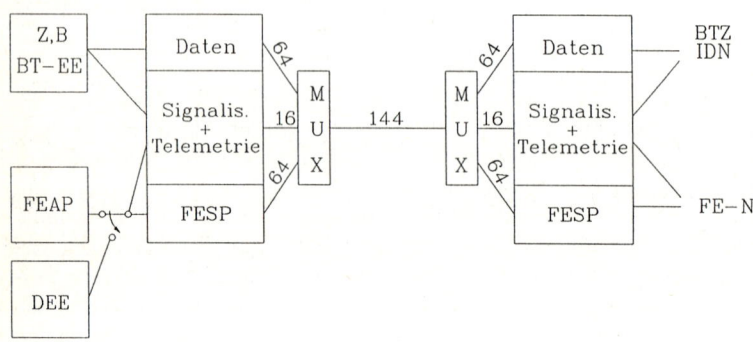

(Zahlenangaben in kbit/s)

BT−EE	Bildschirmtextendeinrichtung
BTZ	Bildschirmtextzentrale
DEE	Datenendeinrichtung
FEAP	Fernsprechapparat
FE−N	Fernsprechnetz
FESP	Fernsprechen
IDN	integriertes Datennetz
MUX	Multiplexeinrichtung

Bild 1.38: Systemkonzept digitaler Teilnehmeranschluß im ISDN

Beispiel 1.3

Die Vergrößerung der Übertragungsgeschwindigkeit im ISDN wollen wir am Beispiel der Übertragung einer Diskette mit einem Umfang von 360 KByte verdeutlichen. Im herkömmlichen Datex-L-Netz Benutzerklasse 4 (2400 bit/s) wird die Diskette in

$$360 \cdot 1024 \cdot 8 \, bit \cdot \frac{1}{2400} \frac{s}{bit} = 1228, 8 \, s = 20, 5 \, min$$

übertragen. Das ISDN erbringt die gleiche Leistung in

$$360 \cdot 1024 \cdot 8 \, bit \cdot \frac{1}{64000} \frac{s}{bit} = 46, 08 \, s$$

Außer von der **Digitalisierung der Nutz- und Signalisierungskanäle**, die wir bisher betrachtet haben, spricht man gelegentlich von der **Digitalisierung der Steuerung**. Gemeint ist der Einsatz der digitalen Halbleitertechnologie in Steuerungen von Fernmeldeanlagen. Elektromechanische Steuerungen, wie sie in den früheren Jahren der Fernmeldetechnik eingesetzt wurden, sind heute noch in Betrieb. In den sechziger und siebziger Jahren wurden zentrale (Großrechner-) Steuerungen für Vermittlungsanlagen (wie EWSO von Siemens) eingesetzt. Ab den siebziger Jahren wurden zunehmend neben dem Großrechner für die zentrale Steuerung Mikrorechner zur Verrichtung einzelner Aufgaben hinzugenommen. In den letzten Jahren werden vermehrt Systeme entworfen, deren Steuerungen aus lose gekoppelten, dezentral angeordneten Mikrorechnern im Verbund bestehen (z.B. System 12 von SEL).

Der Begriff **"Diensteintegration"** kennzeichnet in erster Linie die Tatsache, daß verschiedene Dienste in einem Kommunikationsnetz angeboten werden. Er impliziert aber

auch, daß die Dienste möglichst gleichartig (homogen) betrieben bzw. aneinander ange-
glichen werden. So erwartet man möglichst gleiche Benutzeroberflächen, Güte, Zeitver-
halten, Dienstabwicklung und Leistungsmerkmale. Seit Mitte der achtziger Jahre werden
in verschiedenen Ländern Breitband-Versuchsnetze (in der BRD BIGFON = "Breitband
Integriertes Glasfaser Fernmelde Ortsnetz", BIGFern = "Breitband Integriertes Glasfaser
Fernnetz" und Berkom in Berlin) installiert. Soweit es sich um Kommunikationsnetze für
Individualkommunikation handelt, werden in diesen Netzen auch dieselben Dienste wie
im ISDN angeboten, obwohl hier die Übertragungs- und Vermittlungstechnik völlig an-
ders ist. Zu den ISDN-Diensten kommen typische Breitbanddienste wie Bildtelefon und
Bewegtbildübertragung hinzu.

Die angesprochenen Kriterien der Digitalisierung und der Diensteintegration bieten eine
Möglichkeit für die **Klassifizierung von Fernmeldeanlagen** in verschiedenen Generationen (Bild 1.39). Die Anlagen der ersten Generation hatten ein analoges, mechanisches

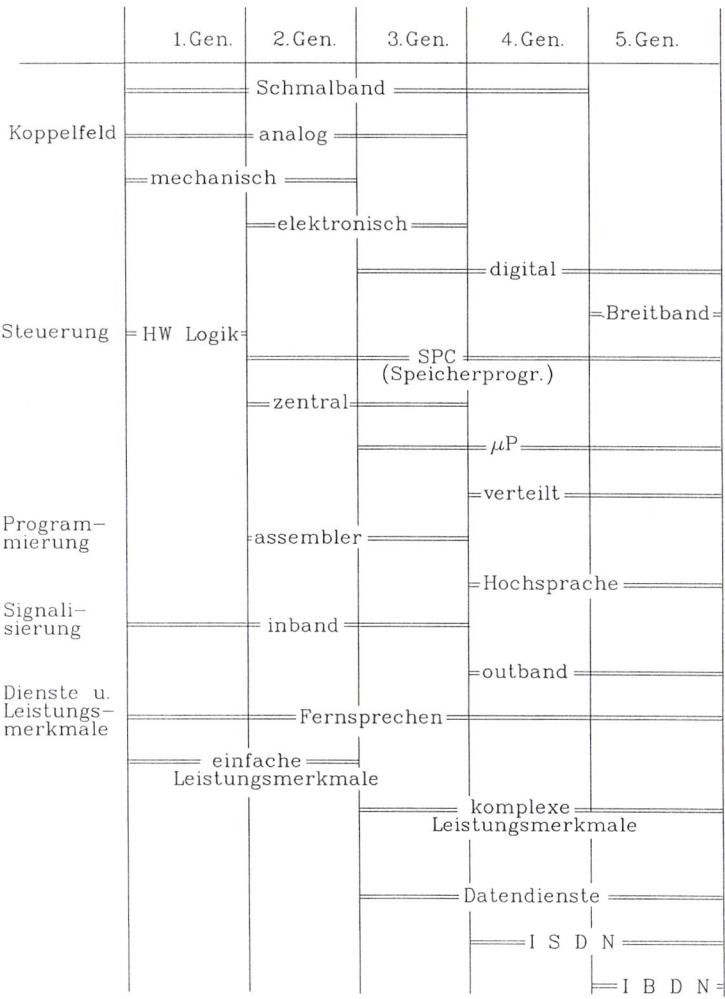

Bild 1.39: Fernmeldeanlagen der verschiedenen Generationen

Schmalband-Koppelfeld, eine verdrahtete Logik als Steuerung, die Signalisierung im Sprachband und wurden für das Fernsprechen mit einfachen Leistungsmerkmalen (Intern-, Externverkehr) verwendet. Charakteristisch für die zweite Generation war die speicherprogrammierte zentrale Steuerung, die in Assembler programmiert wurde; im Koppler wurden die ersten elektronischen Koppelpunkte verwendet. In den Fernmeldeanlagen der dritten Generation, die heute überwiegend eingesetzt werden, findet man digitale (PCM Raum- und Zeit-) Koppelfelder, Mikrorechner für Einzelaufgaben, komplexe Fernsprechleistungsmerkmale und einzelne Datenanwendungen. Die vierte Generation, die sich heute im Probebetrieb befindet, hat ausschließlich PCM Raum- und Zeitkoppelfelder, eine mehr oder weniger verteilte Mikrorechnersteuerung mit Anwendersoftware in einer Hochsprache (Pascal oder Chill) und bietet eine gewisse Diensteintegration (meist einige ISDN-Teilnehmeranschlüsse), so daß sie als eine digitale diensteintegrierende Kommunikationsanlage bezeichnet wird. Die fünfte Generation, die auf Glasfaser basiert und sich auch im Probebetrieb befindet, wird als eine integrierte Breitband- Fernmeldeanlage bezeichnet (**IBDN** – "**Integrated Broadband Digital Network**").

1.7   Aufgaben zu Kapitel 1

Aufgabe 1.1
Über eine Telex-Verbindung werden unter maximaler Ausnutzung der Übertragungsgeschwindigkeit Nachrichten übertragen.
 (a) Erläutern Sie das bei Telex verwendete Übertragungsverfahren.
 (b) Welche Schritt- und Zeichengeschwindigkeiten werden genutzt?
 (c) Erklären Sie den Unterschied zwischen Schrittgeschwindigkeit und Bitübertragungsrate.
 (d) Wieviele Nutzbit werden in einer Sekunde maximal übertragen?

Lösung 1.1
 (a) Es wird ein asynchrones (Start-Stop) Verfahren mit 7,5 Schritte je Zeichen benutzt.
 (b) Schrittgeschwindigkeit: $50 \text{ Bd} = 50 \frac{\text{Schritte}}{\text{s}}$

 Zeichengeschwindigkeit: $50 \frac{\text{Schritte}}{\text{s}} \cdot \frac{1}{7,5} \frac{\text{Zeichen}}{\text{Schritte}} = 6\frac{2}{3} \frac{\text{Zeichen}}{\text{s}}$

 (c) Bitübertragungsrate = Schrittgeschwindigkeit × Anzahl der Bit je Schritt = $\frac{\text{Schritte}}{\text{s}} \cdot \frac{\text{bit}}{\text{Schritt}}$
 (d) Je Zeichen werden 5 Nutzbit übertragen, d. h. $6\frac{2}{3} \cdot 5$ bit = $33,33$ bit werden in einer Sekunde maximal gesendet.

Aufgabe 1.2
 (a) Bei der Datenübertragung im Datex-L Netz werden die Nutzdaten der Teilnehmer je nach Klasse mit unterschiedlichen Geschwindigkeiten übertragen.
    Unterscheidet sich diese Geschwindigkeit von der tatsächlichen Übertragungsgeschwindigkeit der DÜE? Begründen Sie Ihre Aussage.
 (b) In einer TEMEX-Außenstation liegen Meldungen zur Übertragung vor. Nach welchem Verfahren wird die TEMEX-Zentrale hierüber informiert? Wie nennt man dieses Verfahren?
 (c) Welche wesentlichen Gemeinsamkeiten und Unterschiede sind zwischen dem Videotext - und Btx-Dienst festzustellen?
 (d) Ein Btx-Teilnehmer will Daten abrufen, die auf dem Rechner eines privaten Anbieters zur Verfügung stehen. Welche Verbindung wird hierfür aufgebaut?
 (e) Ein bestimmtes Videotextangebot soll erweitert werden. Ist dies beliebig möglich? Begründen Sie Ihre Aussage.

Lösung 1.2
 (a) Die eigentliche Übertragungsgeschwindigkeit erhöht sich, da zusätzliche Bit für Synchronisierung und Zustandsanzeige der Datenverbindung mit übertragen werden; im DBP-Netz 2 zusätzliche Bit pro 8 Nutzbit.

(b) Die TEMEX-Station wird zyklisch abgefragt. Dies Verfahren wird als Polling bezeichnet.

(c) Gemeinsam ist den beiden Diensten Zeichensatz und Bildschirmdarstellung.
Als Unterschiede sind das Übertragungsverfahren, der Angebotsumfang und die Nutzung unterschiedlicher öffentlicher Netze aufzuführen.

(d) Es wird eine Verbindung über Btx-Vst und Datex-P Netz zum externen Rechner aufgebaut (s. Bild 1.27).

(e) Eine beliebige Angebotserweiterung ist nicht möglich, da die Zykluszeiten zu groß würden.

Aufgabe 1.3

Eine Nachricht von 500 Zeichen (alle Steuerzeichen enthalten) wird zum einen über eine Telexverbindung und zum anderen über eine Teletexverbindung übertragen.

(a) Unter Annahme der maximal möglichen Geschwindigkeit für Telex ist zu berechnen, welche Übertragungszeiten sich für beide Verfahren ergeben.

(b) Nennen Sie zwei weitere Unterschiede zwischen Telex und Teletex.

Lösung 1.3

(a) Bei Telex erhält man für 500 Zeichen:

$$500 \text{ Zeichen} \cdot \frac{1}{6\frac{2}{3}} \frac{\text{s}}{\text{Zeichen}} = 75 \text{ s} = 1,25 \text{ min}$$

Bei Teletex erhält man für 500 Zeichen:

$$500 \text{ Zeichen} \cdot 8 \frac{\text{bit}}{\text{Zeichen}} \cdot \frac{1}{2400} \frac{\text{s}}{\text{bit}} = 1,66 \text{ s}$$

(b) Zeichensatzumfang, Übertragungsverfahren (asynchron, synchron)

Aufgabe 1.4

Eine DIN-A4 Seite (210 mm × 297 mm) soll mit einem Telefax-Gerät übertragen werden.

(a) Wieviele Bildpunkte ergeben sich bei einem Gerät der Gruppe 2 und der Gruppe 3?

(b) Wie lange dauert die direkte Übertragung dieser Schwarz/Weiß Bildpunkte mit einer Übertragungsrate von 4,8 kbit/s?

(c) Gruppe 3 Geräte verwenden die Lauflängen - Codierung und benötigen für die Übertragung einer DIN-A4 Seite bei einer Übertragungsrate von 4,8 kbit/s nur etwa eine Minute. Welche Redundanzreduktion wird hierbei gegenüber der direkten Übertragung erreicht?

Lösung 1.4

(a) Gruppe 2: $210 \cdot 6 \cdot 297 \cdot 3,85 = 1440747 \dfrac{\text{Bildpunkte}}{\text{Seite}}$.

Gruppe 3: $210 \cdot 8 \cdot 297 \cdot 7,7 = 3841992 \dfrac{\text{Bildpunkte}}{\text{Seite}}$.

(b) Je Bildpunkt muß mindestens ein Bit vorgesehen werden, d.h. es ergäbe sich eine Übertragungszeit von

$$\frac{1440747}{4800} \text{ s} = 300,15 \text{ s} = 5 \text{ min}$$

bei Gruppe 2 Auflösung und

$$\frac{3841992}{4800} \text{ s} = 800,41 \text{ s} = 13,34 \text{ min}$$

bei Gruppe 3 Auflösung.

(c) Die Übertragungszeit wird von 13,34 min auf 1 min reduziert,
d. h. es erfolgt eine Reduktion von

$$\frac{100 - \frac{100}{13,4}}{100} = 0,925 \text{ oder } 93\%.$$

Aufgabe 1.5

Berechnen Sie für die nachfolgenden Datenmengen die Übertragungszeiten für alle aufgeführten Übertragungsnetze und listen Sie diese in einer Tabelle auf (1 KByte = 1024 Byte; 1 MByte = 1024 × 1024 Byte). Datenmengen:

(a) Eine Bildschirmseite (z.B. PC) mit 25 Zeilen à 80 Zeichen.

(b) Eine Datei von 20 KByte

(c) Eine Diskette von 1,2 MByte

Netze:

(a) Datex-L mit Benutzerklasse 1 (höchst mögliche Geschwindigkeit) und Benutzerklasse 7.

(b) ISDN B-Kanal.

(c) LAN mit 10 $\frac{\text{Mbit}}{\text{s}}$

Lösung 1.5:

	Datex-L		ISDN	LAN
	Kl 1 $\left(\text{Start/Stop } 300 \frac{\text{bit}}{\text{s}}\right)^{*}$	Kl 7 $\left(48000 \frac{\text{bit}}{\text{s}}\right)$	B-Kanal $\left(64 \frac{\text{kbit}}{\text{s}}\right)$	$\left(10 \frac{\text{Mbit}}{\text{s}}\right)$
Bildschirm 2000 Zeichen· 8 bit	73,33 s	0,3 s	0,25 s	1,6 ms
Datei 20 Kbyte	750,93 s = 12,51 min	3,41 s	2,56 s	16 ms
Diskette 1,2 Mbyte	46137 s = 769 min = 12,8 h	209,7 s = 3,5 min	157,3 s = 2,62 min	1 s

* hierbei sind 11 Schritte pro Zeichen zu berücksichtigen!

Aufgabe 1.6

Für die gegebenen Bitfehlerhäufigkeiten von 10^{-5} und 10^{-8} ist zu berechnen nach wievielen

(a) typischen Fernschreibseiten (Teletex) mit ca. 1660 $\frac{\text{Zeichen}}{\text{Seite}}$

(b) vollen Bildschirmseiten (25 Zeilen/Seite à 80 Zeichen/Zeile)

(c) Dateien (20 KByte)

(d) Disketten (360 KByte)

(e) HD-Disketten (1,2 MByte)

mit dem Auftreten eines Fehlers zu rechnen ist.

Lösung 1.6

(a) 10^{-5}: ein Fehler pro 7 Seiten Teletex
    10^{-8}: ein Fehler pro 7530 Seiten Teletex

(b) 10^{-5}: ein Fehler pro 6 Bildschirmseiten
    10^{-8}: ein Fehler pro 6250 Bildschirmseiten

(c) 10^{-5}: in der ersten Datei
    10^{-8}: ein Fehler pro 610 Dateien

(d) 10^{-5}: in der ersten Datei
    10^{-8}: ein Fehler pro 33,9 Dateien

(e) 10^{-5}: in der ersten Diskette
    10^{-8}: ein Fehler pro 9,9 Disketten

2 Kommunikationsmodelle

Im Kapitel 2 wird die Modellierung von Kommunikationsanlagen behandelt. Es werden zunächst die Aufgaben der technischen Kommunikation und deren Klassifizierungsmöglichkeiten erörtert. Am Beispiel der Briefübermittlung wird dann die prinzipielle Abwicklung entsprechend dem ISO-Modell erläutert. Es folgen die Grundbegriffe des ISO-Modells, wobei sowohl die verbindungslose als auch die verbindungsorientierte Datenübertragung behandelt werden. Das Adressierungsverfahren und die Meldungsformate werden erläutert, die typischen Aufgaben der einzelnen Schichten und die entsprechenden Dienste und Funktionen aufgezählt.

Die Modellierung von Kommunikationssystemen nach dem ISO-Modell hat sich seit Anfang der 80er Jahre zunehmend durchgesetzt. Heute werden fast alle neuen Systeme entsprechend dem Modell entworfen und implementiert. Deshalb ist dieses Kapitel für das Studium der Kommunikationstechnik von besonderer Bedeutung.

2.1 Einführung

Kommunikation zwischen Menschen beinhaltet Nachrichtenaustausch zwischen Menschen mit einer Nachrichtenverarbeitung im Sinne von Verständigung. Formal definieren wir jedoch Kommunikation lediglich als Austausch von Nachrichten. Im folgenden werden wir stets technische Kommunikation, also Kommunikation mit Hilfe der Technik betrachten. Typische Beispiele von technischer Kommunikation sind: Sprachkommunikation über das Telefonnetz, Textübermittlung via Telex oder Teletex, Nachrichtenaustausch zwischen mehreren PCs in einer technischen Anwendung.

Kommunikationssysteme sind Einrichtungen, die an der technischen Kommunikation beteiligt sind. Wir unterscheiden zwischen **Endsystemen** (wie Endgeräte, PCs, Hostrechner), die Nachrichtenquellen oder -senken enthalten und **Subsystemen** (wie Übertragungseinrichtungen, Vermittlungseinrichtungen, Protokollwandler), die nur Teilaufgaben der Kommunikation übernehmen. Endsysteme und Subsysteme und die sie verbindenden Leitungen bilden Kommunikationsnetze.

Außer den zwischen den Endsystemen zu übermittelnden Nachrichten (auch Nutzinformationen genannt) werden bei der technischen Kommunikation Steuerinformationen im Netz erzeugt und ausgetauscht. Beim Telefonieren z. B. beinhaltet die Sprache die Nutzinformation, während die Rufnummer, der Ruf und die Hörtöne die Steuerinformationen darstellen.

Kommunikationssysteme übernehmen Aufgaben wie Eingabe, Ausgabe, Übertragung, Vermittlung und Speicherung der Nutzinformationen. Hierbei werden stets Steuerinformationen verarbeitet und soweit erforderlich auch eingegeben, ausgegeben, gespeichert, übertragen und vermittelt. Eine weitere Detaillierung und Klassifizierung der Aufgaben eines Kommunikationssystems unter verschiedenen Gesichtspunkten führt zu Systemarchitekturen, die sich in den Implementierungen der Produkte einzelner Hersteller widerspiegeln. Ein wesentlicher Aspekt dabei ist das Bestreben der Hersteller, gleichartige Kommunikationsaufgaben in einer Hardware- oder Software-Implementierung (Modul) zusammenzufassen.

Solche Module können dann in unterschiedlichsten Kommunikationssystemen eingesetzt werden.

1978 begann eine Expertengruppe (ISO TC 97 SC 16 - International Standardisation Organisation, Technical Committee 97 Subcommittee 16) ein Modell für die Strukturierung von Kommunikationssystemen zu erstellen. Bereits 1980 wurde ein Entwurf vorgestellt, der 1983 als ISO-Norm verabschiedet wurde. Das **ISO-Modell** ist unter der Bezeichnung OSI (Open Systems Interconnection) bekannt. Heute existieren bereits mehrere dieses Modell unterstützende Normen (Bild 2.1), und es wird an einer Detaillierung und Erweiterung des Modells gearbeitet.

ISO 7498	OSI Reference Model
ISO 8649/50	OSI Common Application Service Elements
ISO 8571	OSI File Transfer
ISO 8831/32	OSI Job Transfer
ISO 9040/41	OSI Virtual Terminals
ISO 8822/23	OSI Presentation Service & Protocol
ISO 8824/25	OSI Transfer Syntax
ISO 8505/06	OSI Message Oriented Text
ISO 8613	Document Structure
ISO 646, 2022 6937	Character Repertoire
ISO 8326/27	OSI Session Service & Protocol
ISO 8072/73	OSI Transport Service & Protocol
ISO 8602	OSI Connectionless Transport Service
ISO 8348	OSI Network Service
ISO 8473	OSI Connectionless Network Service
ISO 8878	X.25 Network Service
ISO 8808	X.25 Network Protocol
ISO 8880	LAN Network Service
ISO 8886	OSI Data Link Service
ISO 7776	X.25 Link Layer
ISO 3309/ 4335/ 7809	High Level Data Link Control (HDLC)
ISO 8802/2	LAN Logical Link Control
ISO 8802/3,4,5,6,7	LAN Media Access & Physical Layer

Bild 2.1: ISO-Normen zur Systemmodellierung

Im Bild 2.2 sind zwei herstellerspezifische Modelle und das ISO-Modell für Kommunikationssysteme dargestellt. Allen diesen Modellen ist gemeinsam, daß die Kommunikationsaufgaben in Gruppen zusammengefaßt und hierarchisch (aufeinander aufbauend) gegliedert werden. Man nennt eine solche Gruppe von Kommunikationsaufgaben eine **Schicht** des Kommunikationsmodells. Durch das Zurückführen auf ein einziges Schichtenmodell - das ISO-Modell für Kommunikationssysteme - besteht die Aussicht, daß Produkte (sowohl Endsysteme als auch Subsysteme) verschiedener Hersteller zueinander kompatibel werden,

SNA	ISO		DEC NET
End user	7	Anwendungs–schicht	Application
Presentation services	6	Darstellungs–schicht	Application
Data flow control	5	Kommunikations–steuerungs (sitzungs) schicht	Session control
Transmission control	5	Kommunikations–steuerungs (sitzungs) schicht	Session control
Transmission control	4	Transport–schicht	End–to–end communication
Path control	4	Transport–schicht	End–to–end communication
Path control	3	Vermittlungs–schicht	Routing
Data link control	2	Sicherungs–schicht	Data link control
Physical	1	Bitübertragungs–schicht	Physical

Bild 2.2: SNA (System Network Architecture) von IBM und DEC NET von Digital Equipment im Vergleich zum ISO-Referenzmodell

d. h. freizügig miteinander kommunizieren können; daher auch die Bezeichnung "Offene Systeme" (Open Systems) für Systeme, die nach dem ISO-Modell strukturiert sind.
Bei der Zerlegung der Aufgaben eines Kommunikationssystems in logisch aufeinander aufbauende Schichten werden folgende Aspekte berücksichtigt:

— Gleiche Funktionen werden in einer Schicht zusammengefaßt.

— Jede Schicht hat nur direkte Interaktion mit den beiden benachbarten Schichten.

— Zwischen den einzelnen Schichten soll die Interaktion möglichst gering sein.

— Die von einer Schicht für die nächst höhere Schicht zu erbringenden Aufgaben werden in dieser Schicht gegebenenfalls unter Zuhilfenahme der jeweils niedrigeren Schicht realisiert.

— Kommunikationsmodelle sind logische Modelle. Sie legen keine Implementierungen fest, sondern beschreiben lediglich die jeweiligen Funktionen und deren logischen Zusammenhänge. Bei der Festlegung der einzelnen Schichten wird jedoch darauf geachtet, daß sie (hard- und softwaremäßig) jeweils einzeln implementiert werden können.

Durch das beschriebene Vorgehen wird impliziert, daß eine (hard- oder softwaremäßige) Änderung in einer Schicht lediglich durch die Modifizierung dieser Schicht abgefangen wird

- die anderen Schichten müssen nicht geändert werden. Das Vorgehen bei der Festlegung der einzelnen Aufgaben des Systems impliziert zudem, daß jeweils höhere Schichten die logischen Funktionen des Systems auf einer jeweils höheren Abstraktionsebene darstellen.

2.1.1 Ein Beispiel zur Abwicklung der Kommunikation zwischen Systemen nach dem ISO-Modell

Im folgenden wollen wir die Abwicklung des Nachrichtenaustausches an einem Beispiel der Briefübermittlung zwischen zwei Teilnehmern darstellen. Die hierbei anfallenden Aufgaben werden anhand des OSI-Schichtenmodells erläutert. Hierzu betrachten wir zwei Endsysteme A und B, bestehend aus zwei Teilnehmern an Bildschirmendgeräten. Teilnehmer A möchte eine Mitteilung in Form von einem Brief an den Teilnehmer B übermitteln. Außer den beiden Endsystemen ist an der Kommunikation ein weiteres Transitsystem (d. h. eine die Kommunikation zwischen zwei Systemen unterstützende eigenständige Einrichtung) nämlich eine Vermittlungseinrichtung beteiligt. Die einzelnen Systeme sind über elektrische Leitungen miteinander verbunden (Bild 2.3).

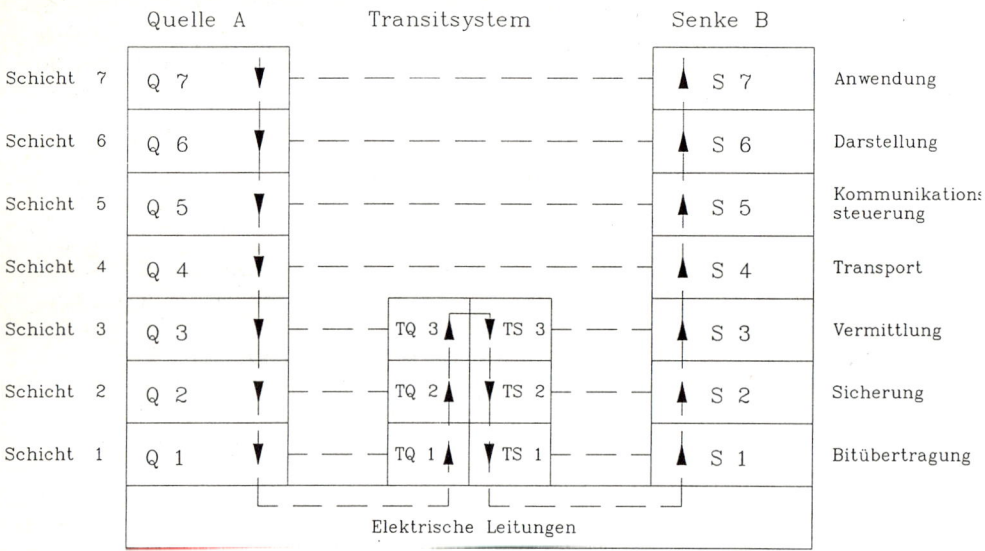

Bild 2.3: Kommunikationsaufgaben bei der Briefübermittlung von A nach B nach dem ISO-Modell

Teilnehmer A, der als Quelle angesehen wird, erstellt eine Mitteilung in Form von einem Brief an seinem Terminal für den Teilnehmer B. Die Darstellungsschicht überprüft die lokalen begrifflichen und darstellungsmäßigen Vereinbarungen (z. B. Alphabet, Zeichenabstand, Zeilenabstand, Leerzeilen, Absatz u.s.w.) und aktiviert nach (interaktiver) Korrektur, die Kommunikationssteuerungsschicht. Diese stößt die Eröffnung einer Textübermittlungssitzung an, indem sie die Transportschicht aktiviert. Die Transportschicht stößt die Vermittlungsschicht an, die ihrerseits die Sicherungsschicht aktiviert. Diese aktiviert daraufhin die Bitübertragungsschicht. Die zwischen den benachbarten Schichten ausgetauschten Meldungen wollen wir **Primärmeldungen** ("primitives") nennen. Sie bestehen allgemein aus Nutz- und Steuerinformationen. Primärmeldungen stellen Ereignisse (Aktionen) bei dem Kommunikationsablauf dar. Die Schicht 1 des Teilnehmers A treibt nun einen Bitstrom über die elektrische Leitung und aktiviert so die Schicht 1 des Transitsystems. Die Bitübertragungsschichten der Quelle und des Transitsystems sorgen nun dafür, daß Bitströme in beiden Richtungen (Quelle zum Transitsystem und umgekehrt) fließen. Über diese Bitströme können nun die Sicherungsschichten der Quelle und des Transitsystems Meldungen miteinander austauschen. Im wesentlichen vereinbaren sie, welche Sicherungsmethode zur Vermeidung von Verfälschungen der übertragenen Bits anzuwenden ist, und verfahren dann entsprechend, indem sie z.B. Bitfehler durch Überprüfung gewisser redundanter Bits erkennen und gegebenenfalls korrigieren. Nun können die Vermittlungsschichten der Quelle und des Transitsystems die gesicherte Strecke verwenden, um Meldungen miteinander auszutauschen. Insbesondere teilt die Schicht 3 der Quelle der Schicht 3 des Transitsystems nun mit, daß eine Schicht 3-Verbindung zu der Senke B aufgebaut werden soll. Analog wird nun nacheinander die Bitübertragungsschicht, die Sicherungsschicht und die Vermittlungsschicht zwischen dem Transitsystem und der Senke aufgebaut. Damit steht den Transportschichten der Quelle und der Senke eine vermittelte Strecke, die gewöhnlich durch ein größeres Kommunikationsnetz führt, zum Meldungsaustausch zur Verfügung. Die Transportschichten der Quelle und Senke nehmen eine Ende-zu-Ende Sicherung vor, indem jede von der Quelle zur Senke fehlerfrei übertragene Seite des Briefes von der Transportschicht der Senke quittiert wird. Bei Übertragung mit Fehlern wird die Seite neu abgerufen. Den Kommunikationssteuerungsschichten der Quelle und der Senke steht somit eine Ende-zu-Ende gesicherte Verbindung, über die sie einzelne quittierte Seiten austauschen können, zur Verfügung. Aufgabe der Kommunikationssteuerungsschicht ist es, nun die Briefübermittlungssitzung zu steuern. Es muß sichergestellt werden, daß wirklich die gewünschten Teilnehmer miteinander verbunden sind und daß die Endgeräte empfangsbereit sind (d. h. Seiten auch wirklich ankommen). Meist wird auch das Datum und die Uhrzeit der Sitzungseröffnung mit den Teilnehmerkennzahlen ausgetauscht. Wie wir bereits am Anfang gesehen haben, überprüft die Schicht 6 die lokalen, begrifflichen und darstellungsmäßigen Vereinbarungen. Es ist auch ihre Aufgabe, entsprechende (mit den lokalen Vereinbarungen verträgliche) Vereinbarungen zwischen der Quelle und der Senke zu treffen. Auf diese Weise wird der Brief von der Schicht 7 der Quelle (dem Teilnehmer A) zur Schicht 7 der Senke (dem Teilnehmer B) übermittelt. Anschließend wird, beginnend mit der Schicht 7, die jeweilige Verbindung zwischen den Schichten wieder abgebaut.

An diesem vereinfachten und doch recht detaillierten Beispiel der Briefübermittlung haben wir einige Eigenschaften des Kommunikationsablaufes entsprechend dem ISO-Modell beobachten können. Die beiden wichtigsten sind:

— Physikalisch werden die einzelnen Meldungen (senkrecht) zwischen den Schichten des jeweiligen Systems ausgetauscht. Lediglich über das Medium selbst werden physikalische Meldungen zwischen den Systemen (waagerecht) ausgetauscht.

— Logisch werden Meldungen (horizontal) zwischen den gleichen Schichten der an der Kommunikation beteiligten Systemen ausgetauscht.

Die Regeln für den logischen Meldungsaustausch (zeitliche Abwicklung einbezogen) zwischen zwei gleichen Schichten von Systemen, die an der Kommunikation beteiligt sind, nennt man ein **Protokoll**.

2.2 Grundbegriffe des ISO-Modells

Bisher haben wir die Begriffe Schicht, Protokoll und Primärmeldungen (Bild 2.4) kennengelernt. Es sei besonders darauf hingewiesen, daß der Begriff Schicht einmal innerhalb
eines Systems, zum zweiten aber auch über das gesamte Kommunikationsnetz hinweg
verwendet wird.

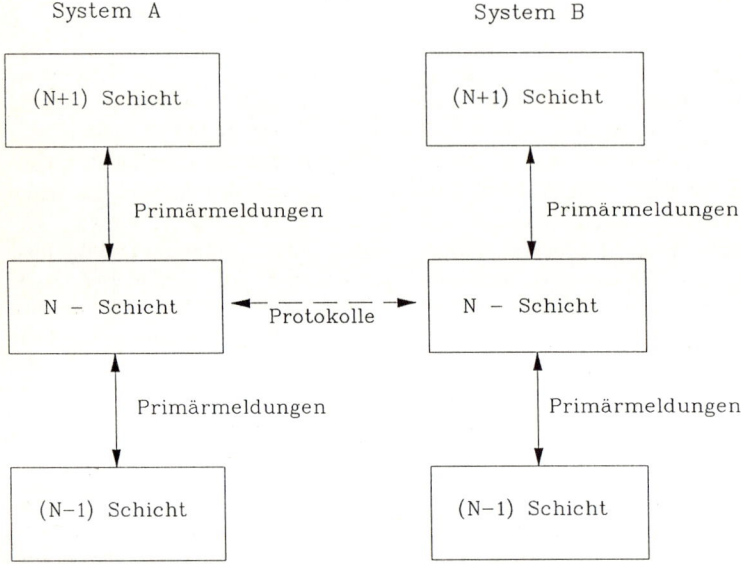

Bild 2.4: Zu den Begriffen Schicht, Primärmeldungen und Protokolle

Eine **Instanz** einer Schicht ist eine aktive Einheit einer Schicht. Sie bietet der nächst
höheren Schicht Kommunikationsfunktionen (auch **OSI-Dienste**[1] genannt) an und/oder
beteiligt sich an der Kommunikation mit einer anderen Instanz der gleichen Schicht eines
anderen Systems über Protokolle. Eine Instanz kann auch lediglich eine Aufgabe innerhalb einer Schicht wahrnehmen, ohne einer höheren Schicht einen Dienst anzubieten (z.B.
gewisse Fehler- oder Verwaltungsaufgaben behandelnde Instanzen). In Implementierungen werden Instanzen mit hard- oder softwaremäßigen Modulen identifiziert, obwohl dies
nicht zwingend ist.
Die Dienste, die eine Instanz der Schicht N (wir bezeichnen die Instanz als eine N-Instanz)
einer (N+1)-Instanz anbietet, können Funktionen beinhalten, die die N-Instanz selbst erbringt, mit Hilfe der nächst niedrigeren Schicht erbringt oder auch (über die Protokollab-
wicklung) mit Hilfe einer anderen N-Instanz der Schicht N erbringt.
Jede N-Schicht-Instanz hat einen über das gesamte Netz eindeutigen (N-Schicht) Namen.
Eine (N+1)-Instanz kann einen Dienst, der von einer N-Instanz angeboten wird, über
einen durch seine N-Adresse eindeutig gekennzeichneten **Dienstzugangspunkt** zwischen
den beiden Schichten in Anspruch nehmen. Ein Dienstzugangspunkt kann jeweils nur von
einer N-Instanz bedient werden. Eine N-Instanz kann mehrere N-Dienstzugangspunkte
bedienen und eine (N+1)-Instanz mehrere N-Dienstzugangspunkte benutzen. Der Sachverhalt ist in Bild 2.5 dargestellt.
Sollen Nachrichten zwischen verschiedenen Instanzen der Schicht (N+1) ausgetauscht werden, so werden von der Schicht N logische Verknüpfungen zwischen den Dienstzugangs-

---

1. Nicht zu verwechseln mit Diensten in öffentlichen Netzen (s. Kapitel 1)

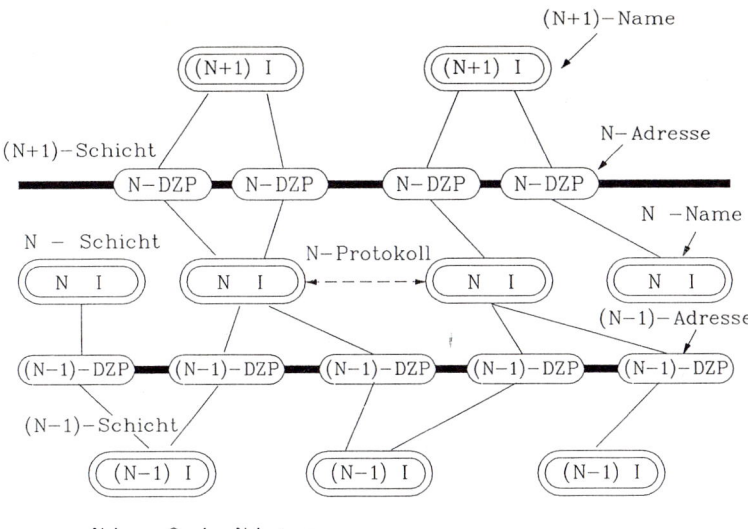

N I   ≙ eine N-Instanz
N-DZP ≙ ein N-Dienstzugangspunkt

Bild 2.5: Kennzeichnung der N-Instanzen durch N-Name und der N-Dienstzugangspunkte durch die N-Adresse

punkten (zur Schicht N), über die die Nachrichten ausgetauscht werden, erstellt. Besteht die Nachricht nur aus einzelnen Meldungen, die alle Adressierungs- und Sequenzierungsinformationen enthalten, so sind keine weiteren Kennzeichnungen als die Verknüpfung der Dienstzugangspunkte erforderlich, und man spricht von der **verbindungslosen Datenübermittlung.**

Im anderen Falle wird eine (logische) Verbindung zwischen den Dienstzugangspunkten aufgebaut. Sie wird durch eine Zuordnung zwischen den **Verbindungsendpunkten,** die zu

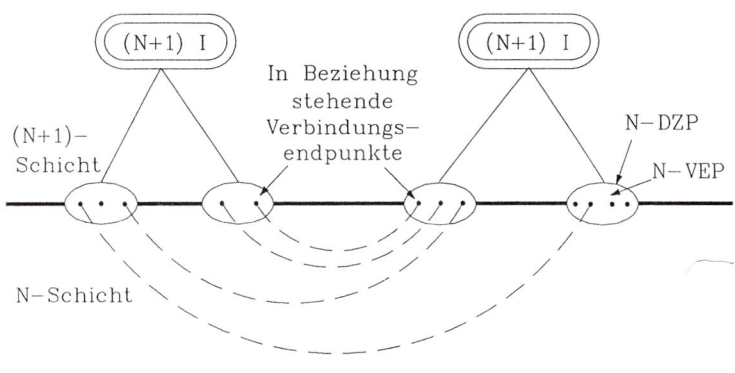

(N+1) I ≙ (N+1)-Instanz
N-DZP   ≙ N-Dienstzugangspunkt
N-VEP   ≙ N-Verbindungsendpunkt

Bild 2.6: N-Verbindungen zwischen N-Dienstzugangspunkten werden durch Verknüpfung zwischen eindeutig bezeichneten N-Verbindungspunkten gekennzeichnet

den jeweiligen Dienstzugangspunkten führen, identifiziert (Bild 2.6). Verbindungen stellen somit eine logische Kommunikationsbeziehung zwischen den Verbindungsendpunkten, den Dienstzugangspunkten und letztlich, den diese Dienstzugangspunkte verwendenden Instanzen dar. Gewöhnlich werden Punkt-zu-Punkt Verbindungen verwendet, jedoch auch Mehrpunktverbindungen (z.B. für globale Mitteilungen) sind möglich. Zwischen zwei Dienstzugangspunkten können auch gleichzeitig mehrere Verbindungen bestehen.

Die **verbindungsorientierte Datenübermittlung** verläuft in drei Phasen:

1. Eine Verbindungsaufbauphase, in der die Verbindung erstellt wird.

2. Eine Verbindungsphase, in der Nutzdaten übermittelt werden.

3. Eine Verbindungsabbauphase, in der die Verbindung wieder abgebaut wird.

Beispiele der verbindungsorientierten Datenübermittlung sind: Durchschalteverbindungen (Leitungsvermittlung) und virtuelle Verbindungen bei der Datenpaketübermittlung. Im Bild 2.7 ist der typische Ablauf einer solchen Verbindung für eine verbindungsorientierte Datenpaketübermittlung mit den dabei verwendeten Primärmeldungen dargestellt.

Ein wesentlicher Punkt bei der **verbindungslosen Datenübermittlung** ist, daß die Zeitbedingungen gegenüber der verbindungsorientierten Datenübermittlung (insbesondere gegenüber der Durchschalteverbindung) gelockert werden. Die einzelnen Instanzen einer Schicht müssen nicht unmittelbar zur Verfügung stehen; lediglich eine Maximalzeit für den Übermittlungsvorgang sollte nicht überschritten werden. Obwohl eine zeitlich begrenzte Verbindung im Falle der verbindungslosen Datenübermittlung nicht existiert, wollen wir den Begriff "Route" auch für verbindungslose Datenübermittlung verwenden, um im fol-

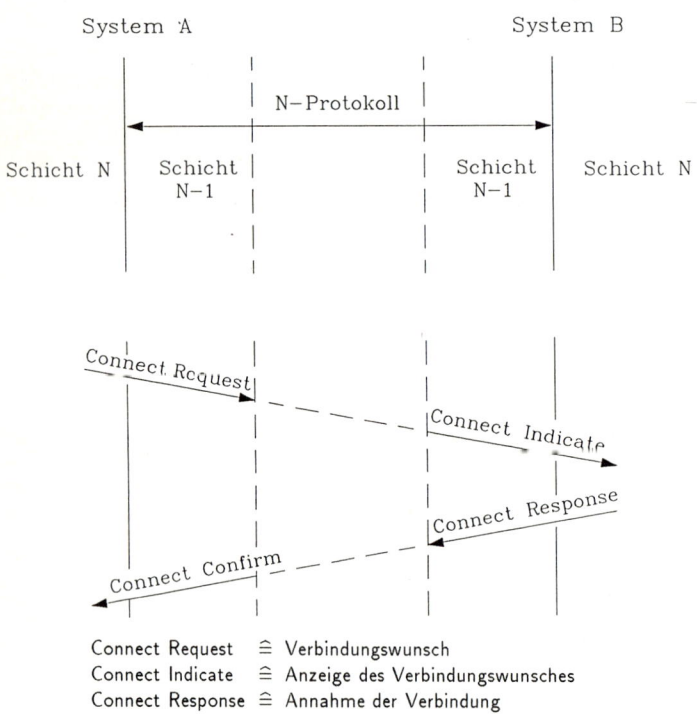

Connect Request	$\cong$	Verbindungswunsch
Connect Indicate	$\cong$	Anzeige des Verbindungswunsches
Connect Response	$\cong$	Annahme der Verbindung
Connect Confirm	$\cong$	Bestätigung des Verbindungsaufbaus

Bild 2.7: Typische Primärmeldungen bei verbindungsorientierter Schicht-N Kommunikation
a) Verbindungsaufbau

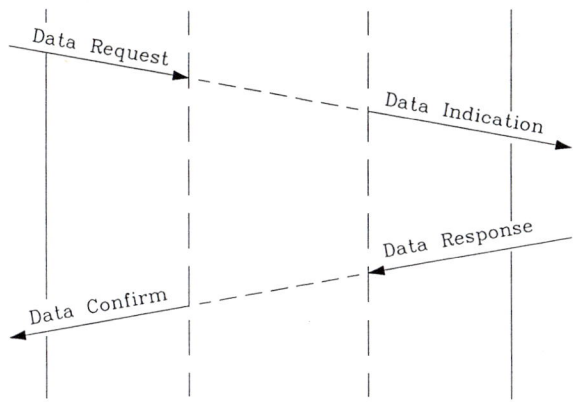

Der Datenaustausch wird mehrfach, ggf. auch verschachtelt durchgeführt.

Data Request $\hat{=}$ Wunsch. Datenpaket zu vermitteln
Data Indication $\hat{=}$ Anzeige des Datenpakets
Data Response $\hat{=}$ Annahme des Datenpakets
Data Confirm $\hat{=}$ Bestätigung des Übermittlung des Datenpakets

Bild 2.7: Typische Primärmeldungen bei verbindungsorientierter Schicht-N Kommunikation
b) Verbindungsphase

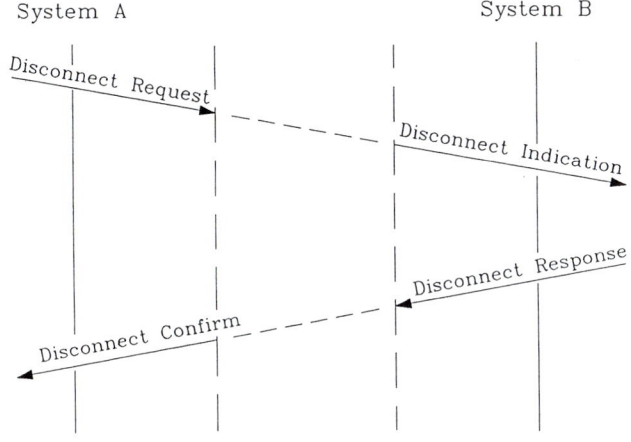

Disconnect Request $\hat{=}$ Wunsch, Verbindung abzubauen
Disconnect Indication $\hat{=}$ Anzeige des Abbauwunsches
Disconnect Response $\hat{=}$ Annahme des Abbauwunsches
Disconnect Confirm $\hat{=}$ Bestätigung des Verbindungsabbaus

Bild 2.7: Typische Primärmeldungen bei verbindungsorientierter Schicht-N Kommunikation
c) Verbindungsabbau

genden einheitliche Formulierungen verwenden zu können. Als **Route** bezeichnen wir den Weg, den eine Meldung zwischen zwei Endsystemen durch das Kommunikationsnetz benutzt.

Für die Adressierung im ISO-Modell gilt folgendes: Instanzen, Dienstzugangspunkte und Verbindungsendpunkte werden jeweils eindeutig gekennzeichnet (adressiert). Über die Zuordnung von N-Instanzen und den (N-1)-Dienstzugangspunkten, über die sie kommunizieren können, wird (in der N-Schicht) ein Verzeichnis geführt. Die N-Verbindungen (d.h. die Verknüpfungen zwischen den N-Verbindungsendpunkten) werden in der N-Schicht verwaltet. Ihr sind jeweils auch die Dienstzugangspunkte, die eine N-Instanz bedient und die (N-1)-Dienstzugangspunkte, deren Dienste sie hierfür in Anspruch nimmt, bekannt. Die jeweiligen Zuordnungen können einfach (eins zu eins oder hierarchisch) oder aber auch recht kompliziert sein. Wesentlich ist, daß die (N+1)-Schicht diese Zuordnungen nicht kennt und nicht zu verwalten braucht. Für die Schicht (N+1) sind lediglich die Dienste, die ihr von der Schicht-N angeboten werden, relevant. Wie sie erbracht, d.h. auch implementiert werden, ist für sie irrelevant und bleibt ihr verborgen.

Im Bild 2.8 sind typische **Formate von Meldungen**, wie sie bei der Kommunikation zwischen zwei Systemen verwendet werden, dargestellt. Charakteristisch für einen solchen Meldungsaustausch ist, daß jede Schicht eine Meldung von der jeweils höheren Schicht übernimmt, Steuerinformationen der eigenen Schicht hinzufügt und die neue Meldung an die jeweils niedrigere Schicht weitergibt. Auf der Empfangsseite werden dann jeweils die Steuerinformationen von der Meldung abgenommen, verwertet und die Meldung an die jeweils höhere Schicht weitergegeben. Die Steuerinformationen einer Schicht werden somit nur in dieser Schicht verwendet. Sie sind für die jeweils höhere und niedrigere Schicht irrelevant.

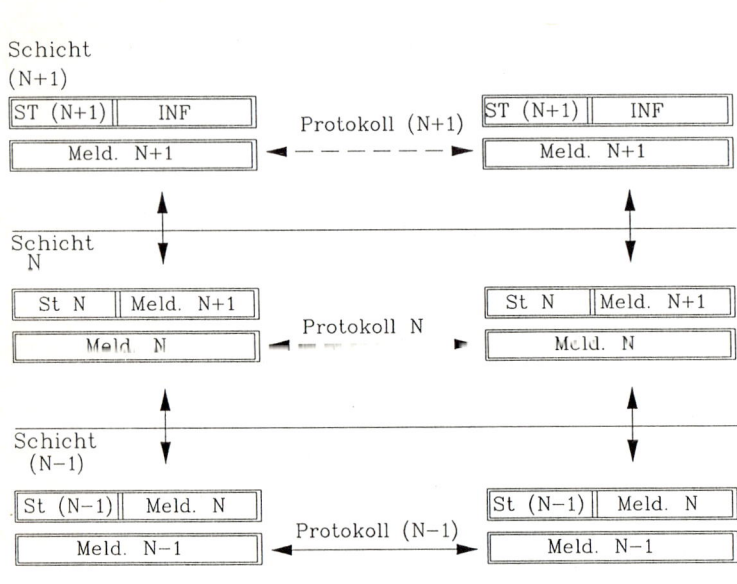

St N $\widehat{=}$ Steuerinformation der Schicht N
Meld N $\widehat{=}$ Meldung der Schicht N
INF $\widehat{=}$ Zwischen der Schicht (N+1) der Systeme A und B auszutauschende Information

Bild 2.8: Formate der Meldungen bei der Kommunikation zwischen Systemen

2.3   Schichten des ISO-Modells

Im folgenden wollen wir die einzelnen Schichten des ISO-Modells ansehen. Wir wollen dabei die Aufgabe der jeweiligen Schicht, die Dienste, die diese Schicht der nächst höheren Schicht anbietet und die Funktionen, die in der jeweiligen Schicht ausgeführt werden, zusammenstellen. Wir haben die Formulierungen so gewählt, daß sowohl verbindungsorientierte als auch verbindungslose Datenübermittlung abgedeckt werden. Es sei hier darauf hingewiesen, daß in konkreten Fällen die Aufgaben, Dienste und Funktionen abhängig von den jeweiligen Anwendungen sind und über die Zuordnung einiger Funktionen zu bestimmten Schichten verschiedene Auffassungen herrschen.

Die ersten vier Schichten bewältigen im wesentlichen den Transport von Nachrichten, sie werden deshalb auch **transportorientierte Schichten**, ihre Protokolle Transportprotokolle genannt. Sie sind streng hierarchisch gegliedert. Die jeweiligen Funktionen sind sehr ähnlich aufgebaut und in konkreten Implementierungen oft austauschbar (so kann z.B. eine gute Fehlersicherung auf Teilstrecken eine Ende-zu-Ende Sicherung in der Schicht 4 überflüssig machen). Wir haben uns jeweils auf wesentliche Funktionen und Dienste beschränkt. Die oberen drei Schichten orientieren sich an den Anwendungen. Sie werden deshalb **anwendungsorientierte Schichten**, ihre Protokolle Anwendungsprotokolle genannt. Sie können hierarchisch dargestellt werden, dies ist jedoch keineswegs zwingend. Auch hier haben wir uns auf wesentliche Funktionen und Dienste begrenzt.

2.3.1 Bitübertragungsschicht (Schicht 1)

— Englisch: Physical Layer

— Aufgabe: Bitübertragung zwischen benachbarten Systemen (unter Verwendung des Übertragungsmediums)

— Dienste:
  - Aufbau, Abbau und Unterhaltung von (ungesicherten) physikalischen Verbindungen zwischen benachbarten Systemen
  - Physikalische Bitübertragung
  - Fehlermeldungen

— Funktionen:
  - Aktivieren und Deaktivieren der physikalischen Strecken
  - Bitübertragung auf der Strecke (Speisung, Leitungscodierung, Bitsynchronisierung)
  - Verwaltung von physikalischen Verbindungen (z.B. Zuordnung nach Güteparametern)
  - Fehlerbehandlung und -verwaltung (z.B. Resynchronisierung, Notspeisung)

2.3.2 Sicherungsschicht (Schicht 2)

— Englisch: Data Link Layer

— Aufgabe: Gesicherte Datenübertragung auf Teilstrecken zwischen benachbarten Systemen (unter Verwendung der Dienste der Schicht 1)

— Dienste:
  - Auf- und Abbau von gesicherten Verbindungen auf Teilstrecken
  - Gesicherte Datenübertragung auf Teilstrecken
  - Flußkontrolle
  - Fehlermeldung

- Funktionen:
  - Strukturierung der Bitübertragungsschicht (Wort- und Rahmenbildung sowie Wort- und Rahmensynchronisierung)
  - Sequenzierung (Sicherung der Reihenfolge von Bits, Wörtern und Meldungen)
  - Multiplexbildung (Splitten oder Zusammenfassen der Bitübertragungsstrecken)
  - Verwaltung von gesicherten Verbindungen (Aufbau, Abbau und Zuordnung von Verbindungen nach Prioritäten und Güteparametern. Meist wird auch der Zugang zur Strecke, d.h. Verwaltung des Mediums hier angesiedelt)
  - Sicherung der Teilstrecken (durch Fehlererkennungs- und Fehlerbehebungsmaßnahmen)
  - Flußregelung zwischen den benachbarten Systemen
  - Umsetzung der zwischen den Instanzen der Schicht 3 auszutauschenden Nachrichten auf die gesicherten Strecken
  - Fehlerbehandlung und -verwaltung (der Schicht 2-Funktionen)

2.3.3 Vermittlungsschicht (Schicht 3)

- Englisch: Network Layer
- Aufgabe: Erstellung und Unterhaltung von Netzverbindungen (für verbindungsorientierte Datenübertragung) und von Netzrouten (für verbindungslose Datenübertragung) zwischen Endsystemen im Kommunikationsnetz unter Verwendung von gesicherten Teilstrecken (d.h. unter Verwendung der Schicht 2-Dienste:)
- Dienste:
  - Auf- und Abbau von Verbindungen zwischen Endsystemen
  - Datenübermittlung über Netzverbindungen und Netzrouten (mit Mindest-Güteparametern wie Kosten, Durchsatz, Verzögerungen u.s.w. sowie Prioritäten)
  - Fehlermeldung und -verwaltung
- Funktionen:
  - Splitten oder Zusammenfassen von gesicherten Teilstrecken (Multiplexbildung)
  - Sequenzierung und Sicherung auf zusammengefaßten oder gesplitteten Teilstrecken (um z.B. die erforderliche Güte der Schicht 3-Dienste zu erhalten)
  - Wegesuche, Leitweglenkung, Routen- und Ersatzroutenbestimmung
  - Verwaltung von Netzverbindungen (Zuteilung nach Güteparametern und Prioritäten)
  - Betrieb von Netzverbindungen und Netzrouten zwischen Endsystemen
  - Flußregelung und Optimierungen im Kommunikationsnetz (z.B. Kostenminimierung, Verzögerungsminimierung, Überlast–behandlung, Blockierungsauflösung)
  - Fehlerbehandlung und -verwaltung (der Schicht 3-Funktionen)

2.3.4 Transportschicht (Schicht 4)

- Englisch: Transport Layer
- Aufgabe: Gesicherte transparente Datenübertragung auf Netzverbindungen oder Netzrouten (d.h. unter Verwendung der Schicht 3-Dienste) zwischen Endsystemen
- Dienste:
  - Auf- und Abbau von Ende-zu-Ende Transportverbindungen
  - Datenübertragung auf Ende-zu-Ende Transportverbindungen und Transportrouten
  - Fehlerbehandlung und -verwaltung

— Funktionen:
  - Splitten oder Zusammenfassen von Netzverbindungen zu Transportverbindungen
  - Sequenzierung und Sicherung auf Ende-zu-Ende Transportverbindungen oder Transportrouten
  - Flußregelung zwischen Endsystemen
  - Verschlüsselung von Meldungen zwischen Endsystemen
  - Betrieb von Transportverbindungen und -routen
  - Verwaltung von Transportverbindungen (Zuteilung nach Güteparametern und Prioritäten)
  - Fehlerbehandlung und -verwaltung (der Schicht 4-Funktionen)

2.3.5 Kommunikationssteuerungsschicht (Sitzungsschicht, Schicht 5)

— Englisch: Session Layer

— Aufgabe: Betrieb und Verwaltung von Sitzungen zwischen Anwenderinstanzen (unter Verwendung von Diensten der Transportschicht)

— Dienste:
  - Auf- und Abbau von Sitzungen zwischen Anwenderinstanzen
  - Durchführung von Sitzungen (Dialogverwaltung, Synchronisation, Datenübermittlung)
  - Fehlermeldung und -verwaltung

— Funktionen:
  - Umsetzung von Sitzungen auf Transportverbindungen oder Transportrouten und entsprechende Datenübermittlung
  - Dialogverwaltung (z.B. Verwaltung des Senderechtes oder Abgrenzung von Aktivitäten innerhalb eines Dialoges)
  - Synchronisation des Dialoges (Setzen von Synchronisationspunkten, Rücksetzung des Dialoges auf einen Synchronisationspunkt)
  - Verwaltung von Sitzungen (Zuordnung nach Güteparametern und Prioritäten)
  - Fehlerbehandlung und -verwaltung (der Schicht 5-Funktionen)

2.3.6 Darstellungsschicht (Schicht 6)

— Englisch: Presentation Layer

— Aufgabe: Einheitliche Darstellung von Informationen der Anwendungsinstanzen, um die Kommunikation zwischen verschiedenen Endsystemen während einer Sitzung zu ermöglichen

— Dienste:
  - Festlegung der lokalen (systeminternen) Darstellung für eine Sitzung
  - Festlegung der (globalen) neutralen Darstellung für eine Sitzung
  - Austausch von Informationen zwischen den Anwendungsinstanzen (ggf. mit Darstellungsumsetzungen) während einer Sitzung
  - Fehlerbehandlung und -verwaltung

— Funktionen:
  - Vereinbarungen über die lokalen (systeminternen) Darstellungen von Informationen für eine Sitzung (z.B. Zeichencodierung, Darstellung auf Bildschirm)
  - Vereinbarungen über die (globale) neutrale Informationsdarstellung für eine Sitzung (z.B. Codierung der Anwenderinformationen, Codierung der Darstellungsinformationen)
  - Überprüfung der Einhaltung lokaler Darstellungsvereinbarungen

– Umsetzungen zwischen lokalen und neutralen Darstellungen während einer Sitzung
– Fehlerbehandlung und -verwaltung (der Schicht 6-Funktionen)

2.3.7 Anwendungsschicht (Schicht 7)

– Englisch: Application Layer
– Aufgabe: Wahrnehmung der kommunikationsrelevanten Aspekte des Anwendungsprozesses. Quelle und Senke für die Kommunikation
– Funktionen: Die Funktionen können je nach Anwendung sehr verschieden sein, so daß wir nur einige Beispiele aufzählen:

- Identifikation des Kommunikationspartners
- Nachfrage, ob der Partner verfügbar ist
- Schutzmechanismen
- Kostenregelung
- Synchronisation der Anwendungsprozesse
- File Transfer
- Remote Job Entry
- Message Handling
- Virtual Terminal Function

2.4   Aufgaben zu Kapitel 2

Aufgabe 2.1

Bei der Betrachtung von Kommunikationssystemen, die nach dem ISO-Modell strukturiert sind, werden die Begriffe offene Systeme, Schicht, Protokoll und Primärmeldung verwendet. Erläutern Sie deren Bedeutung.

Lösung 2.1

In offenen Systemen sind die Produkte unterschiedlicher Hersteller nach dem ISO-Modell konzipiert und deshalb zueinander annähernd kompatibel, d.h. eine freizügige Kommunikation ist möglich.
Eine Schicht stellt eine Gruppe von Kommunikationsaufgaben eines Kommunikationssystems dar.
Ein Protokoll besteht aus den Regeln (einschließlich den zeitlichen Bedingungen), nach denen der logische Meldungsaustausch zwischen zwei gleichen Schichten von Kommunikationssystemen abgewickelt wird.
Primärmeldungen sind Meldungen, die zwischen zwei benachbarten Schichten ausgetauscht werden.

Aufgabe 2.2

Das ISO-Modell für Kommunikationssysteme besteht aus 7 Schichten, die jeweils bestimmte Gruppen von Kommunikationsaufgaben übernehmen. Zeigen Sie an Beispielen jeweils eine dieser Aufgaben für jede einzelne Schicht auf.

Lösung 2.2

Schicht 1: Bitsynchronisation auf Teilübertragungsstrecken.
Schicht 2: Flußregelung beim Verbindungsaufbau zwischen einem Teletex-Endgerät und der Vermittlungsstelle.
Schicht 3: Wegesuche für den Verbindungsaufbau zwischen zwei Fernsprechteilnehmern.
Schicht 4: Flußregelung für einen Drucker, dessen Druckgeschwindigkeit geringer als die Übertragungsgeschwindigkeit des Systems ist.
Schicht 5: Dialogverwaltung für zwei Datenendgeräte, die z.B. über ein System mit Halbduplexübertragung Nachrichten austauschen wollen.
Schicht 6: Bei der Datenübertragung zwischen zwei PC's mit unterschiedlicher Codierung für die Bildschirmdarstellung wird die Umsetzung für ein globales Darstellungsformat durchgeführt.
Schicht 7: Bei der Benutzung einer Datenbank wird zu Beginn die Identifikation und Autorisierung des Benutzers überprüft.

Aufgabe 2.3

In einem Kommunikationsnetz sollen N verschiedene Systeme miteinander kommunizieren. Jedes einzelne System hat eigene Schnittstellen bzw. Protokolle. Für die Kommunikation untereinander bieten sich drei Alternativen für die Protokollumsetzung an:

1. Jedes System macht die Protokollumsetzungen für alle abgehenden Verbindungen.
2. Ein Universalumsetzer führt alle Protokollumsetzungen aus.
3. Die Protokollumsetzung erfolgt jeweils über eine genormte Schnittstelle.

Skizzieren Sie den Sachverhalt für $N = 4$ Systeme.
Wieviel Protokollumsetzungen müssen insgesamt bei der jeweiligen Lösung vorgenommen werden?

Lösung 2.3

(1.)

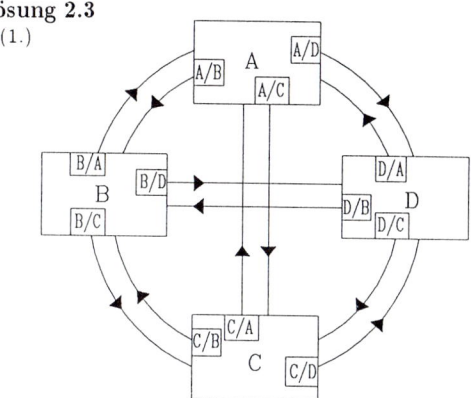

Es müssen $n(n-1)$ Umsetzungen erfolgen, d.h., für $n = 4$, $4 \cdot 3 = 12$ Umsetzungen.

(2.)

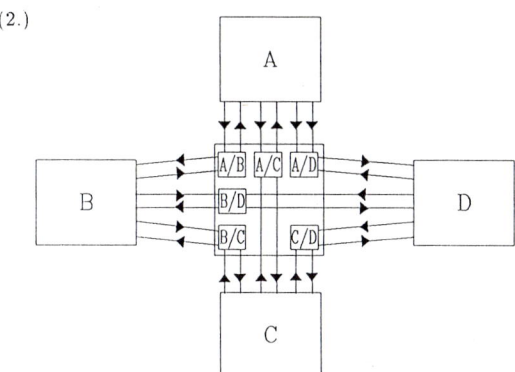

Es müssen $\sum_{i=0}^{n} i = \frac{n(n-1)}{2}$ Umsetzungen erfolgen, d.h. für $n = 4$, $\frac{4 \cdot 3}{2} = 6$ Umsetzungen.

alternativ:

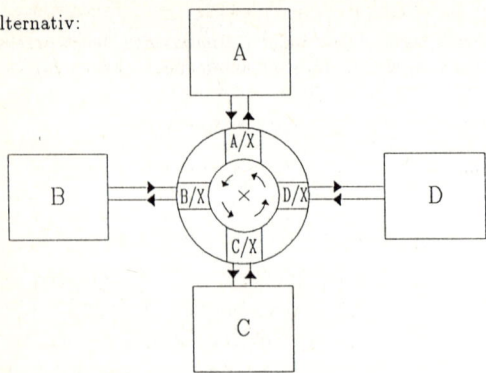

n Umsetzungen erforderlich, d.h. bei $n = 4$, 4 Umsetzungen.

(3)

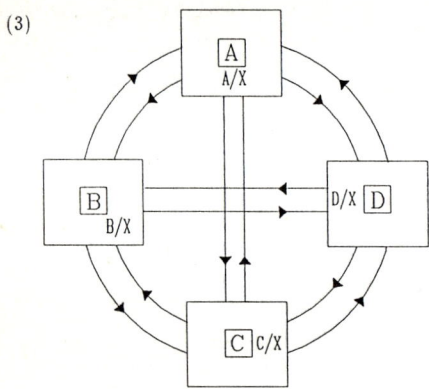

n Umsetzungen, bei $n = 4$, 4 Umsetzungen.

Aufgabe 2.4

Welche der folgenden Aussagen treffen bei der ISO-Modellierung zu?

1. Die Modellierung nach OSI von ISO ist
   (a) die einzige logische Möglichkeit zur Strukturierung eines Systems,
   (b) eine logische Möglichkeit zur Strukturierung eines Systems.
2. Nach der ISO-Norm kann eine Aufgabe (z.B. die Fehlersicherung bei der Datenübertragung)
   (a) genau in einer Schicht wahrgenommen werden,
   (b) in verschiedenen Schichten wahrgenommen werden.
3. Die Tatsache, daß bei der ISO-Modellierung jede Schicht genau zwei benachbarte Schichten hat, mit denen sie kommunizieren kann, liegt
   (a) an den Systemen, die modelliert werden,
   (b) an dem ISO-Modell.

Lösung 2.4

1.a falsch

1.b richtig

2.a falsch

2.b richtig – z.B. kann die Fehlersicherung in Schicht 2 (auf Teilstrecken) alternativ in der Schicht 4 (Ende zu Ende) realisiert werden.

3.a falsch

3.b richtig

Aufgabe 2.5

Für die nachstehend aufgelisteten Kommunikationsbeispiele sind die Aufgaben so in Schichten aufzuteilen, daß sie dem ISO-Modell entsprechen, bzw. analog zu diesem sind. Für jedes Beispiel ist ein Schichtenmodell zu entwerfen und graphisch (d.h. für jede Schicht einen Block mit Kennzeichnung der Kommunikationsbeziehung) darzustellen.

1. Ein japanischer Philosoph telefoniert mit einem deutschen Philosoph. Jeder Philosoph hat einen Übersetzer, der außer der Sprache seines Philosophen Englisch beherrscht.

2. Ein chinesischer Philosoph telefoniert mit einem deutschen Philosophen, welchem ein Übersetzer für Englisch zur Verfügung steht. Der chinesische Philosoph hingegen hat einen Übersetzer für Chinesisch-Japanisch und einen für Japanisch-Englisch.

3. Es soll eine Nachricht über den ISDN B-Kanal zwischen zwei PC's ausgetauscht werden. Auf dem einen PC wird der Text mit 40 Zeichen/Zeile und dem anderen mit 80 Zeichen/Zeile editiert.

Lösung 2.5

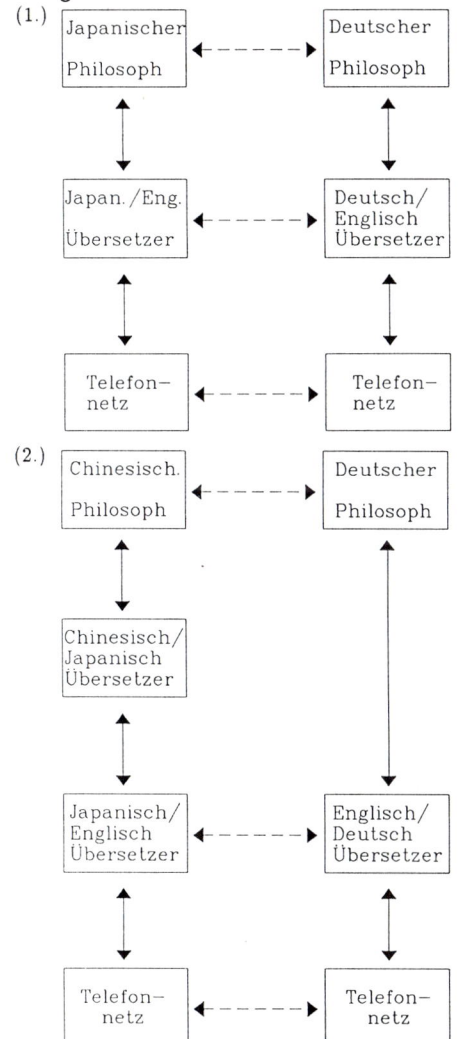

(1.)

(2.)

Entspricht nur dann dem ISO - Modell wenn der Chinesisch/Japanisch Übersetzer und der Japanisch/Englisch Übersetzer als eine Schicht dargestellt werden.

(3.)

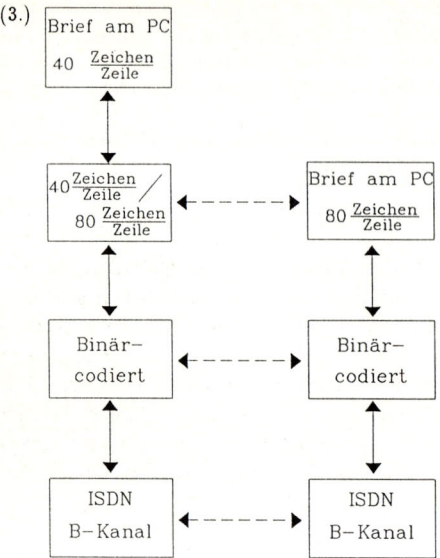

Aufgabe 2.6

Nachfolgend sind zwei ISO-Schichten (n, $n-1$) zweier miteinander kommunizierender Systeme A und B mit ihren Verarbeitungsinstanzen I, den Dienstzugangspunkten DZP und den Verbindungsendpunkten VEP dargestellt.

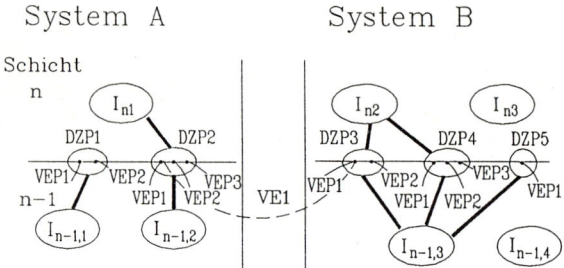

Es wird eine Verbindung VE1 zwischen I_{n1} und I_{n2} aufgebaut. Welche der folgenden Aussagen sind richtig und welche Aussagen sind falsch?

1. I_{n1} muß die Adresse von I_{n2} kennen.
2. I_{n1} muß nicht wissen, ob sie DZP1 oder DZP2 in Anspruch nehmen muß.
3. I_{n1} muß wissen, daß I_{n2} über DZP3 oder DZP4 zu erreichen ist.
4. $I_{n-1,2}$ muß wissen, über welchen DZP I_{n2} zu erreichen ist.
5. $I_{n-1,2}$ hätte statt VE1=[VEP1 (DZP2), VEP1 (DZP3)] auch
   VE2=[VEP2 (DZP2), VEP2 (DZP3)] nehmen können.
6. Falls Aussage 5 richtig ist, muß $I_{n-1,2}$ I_{n1} über die Wahl informieren.

Lösung 2.6

1. richtig
2. falsch
3. richtig
4. falsch
5. richtig
6. falsch

3 Wahrscheinlichkeitslehre

Die Wahrscheinlichkeitslehre bildet die Grundlage der modernen Nachrichtentechnik. Sowohl in der Übertragungstechnik als auch in der Vermittlungstechnik kommt ihr heute eine besondere Bedeutung zu. Der Leser wird ihr in verschiedenen Grund- und Pflichtvorlesungen bereits begegnet sein. Ich habe mich hier um eine knappe Darstellung bemüht, die Ingenieuren zugänglich sein sollte und dennoch durchweg mathematisch korrekt ist. Das Kapitel ist so aufgebaut, daß es für den Leser mit Vorkenntnissen eine Zusammenfassung der für die weitere Abhandlung erforderlichen mathematischen Grundlagen bietet. Er sollte sein Wissen anhand der Beispiele testen, damit er sicher ist, daß er den Stoff wirklich beherrscht. Für den Leser ohne Vorkenntnisse bietet das Kapitel eine knappe Einführung in den Stoff. Der Leser ohne Vorkenntnisse sollte sich unbedingt ausführlich mit dem Stoff befassen, denn die hier behandelten Grundlagen sind unerläßlich für das Verständnis der folgenden Kapitel.
Die Theorie der verallgemeinerten Funktionen und der Fouriertransformation sind heute Inhalt der Grundvorlesungen der Elektrotechnik bzw. der Nachrichtentechnik. Ich habe im Anhang einige Sätze, die im Kurs verwendet werden, zusammengestellt. Für eine ausführliche Abhandlung sei auf das Literaturverzeichnis hingewiesen.

3.1 Zufallsexperiment und Wahrscheinlichkeiten

Ein **Zufallsexperiment** wird durch das Tripel (H, E, P) gekennzeichnet.
H ist die **Menge der Ausgänge** des Experiments: $\eta_i \in H$, $i \in I$, wobei $I \subseteq N$ eine Indexmenge in der Menge N der natürlichen Zahlen ist.
Eine Durchführung des Experiments liefert genau einen Ausgang (das **Ergebnis**) $\eta_i \in H$, $i \in N$.

Beispiel 3.1
In einem Körbchen befinden sich n Widerstände gleicher Bauart, die von eins bis n durchnumeriert sind. Das Experiment besteht darin, daß ein Widerstand dem Körbchen zufällig entnommen wird. Das Experiment kann beliebig wiederholt werden, wenn der entnommene Widerstand wieder zurückgelegt wird. Dieses Experiment liegt den folgenden Beispielen zugrunde.
Die Menge der Ausgänge ist

$$H = \{R_1, R_2, \ldots, R_n\} \ .$$

Bei einer Durchführung des Zufallsexperiments wurde R_3 entnommen, $R_3 \in H$.

E ist eine nichtleere Menge von Teilmengen aus H mit den beiden Eigenschaften:

1. Mit A ist auch sein Komplement $\overline{A}$ ein Element von E, d.h.
$$A \in E \Rightarrow \overline{A} \in E \tag{3.1}$$

2. Eine Vereinigung von (endlich oder unendlich vielen) Elementen von E ist ein Element von E, d.h. für jede Familie $\{A_i \mid i \in I\}$ mit $I \subseteq N$ gilt
$$\bigcup\{A_i \mid i \in I\} \in E \ . \tag{3.2}$$

Aus (3.1) und (3.2) folgt, daß auch
$$\bigcap\{A_i \mid i \in I\} \in E. \tag{3.3}$$

E wird ein **Ereignisfeld**, ein Element von E ein **Ereignis** genannt. Aus der Definition folgt, daß die Leermenge $\emptyset$ und die Menge H Elemente von E sind. $\emptyset$ wird das **unmögliche Ereignis**, H das **sichere Ereignis** genannt.

Beispiel 3.2

Ein Ereignis, z.B. $A = \{R_1, R_2, R_3\}$ tritt genau dann auf, wenn der entnommene Widerstand entweder R_1 oder R_2 oder R_3 ist. Das Ereignis H ist ein sicheres Ereignis, weil jede Durchführung des Experiments einen Ausgang $R_i \in H$ liefert.

Das Ereignis $\emptyset$ ist ein unmögliches Ereignis. Das Ereignis bestünde z.B. daraus, daß eine Durchführung einen Ausgang "Kondensator" liefert.

Die Potenzmenge von H liefert ein Ereignisfeld E, das 2^n Elemente enthält. Sei $n = 4$. Alle Elemente von E sind:

$\{R_1\}$, $\{R_2\}$, $\{R_3\}$, $\{R_4\}$, $\{R_1, R_2\}$, $\{R_1, R_3\}$, $\{R_1, R_4\}$, $\{R_2, R_3\}$, $\{R_2, R_4\}$, $\{R_3, R_4\}$, $\{R_1, R_2, R_3\}$, $\{R_1, R_2, R_4\}$, $\{R_1, R_3, R_4\}$, $\{R_2, R_3, R_4\}$, $\{R_1, R_2, R_3, R_4\}$, $\emptyset$.

Diese Elemente werden mit A_i, $i = 1, 2, \ldots, 16$ bezeichnet, z.B. $A_{15} = H = \{R_1, R_2, R_3, R_4\}$, $A_{16} = \emptyset$. Man kann leicht bestätigen, daß die Gleichungen (3.1) bis (3.3) für E erfüllt werden.

$E' = \{A_1, A_2, \ldots, A_{15}\}$ ist kein Ereignisfeld, da $\overline{A_{15}} = \overline{H} = \emptyset = A_{16}$ nicht zu E' gehört.

P ist eine Abbildung, die jedem Ereignis $A \in E$ eine reelle Zahl $P(A) \in R$ zuordnet und folgende drei Eigenschaften besitzt. $P(A)$ wird die **Wahrscheinlichkeit** von A genannt und die drei Eigenschaften die **Axiome der Wahrscheinlichkeit**:

(a) Die Wahrscheinlichkeit eines Ereignisses ist stets nicht negativ, d.h.

$$P(A) \geq 0, \quad A \in E. \tag{3.4}$$

(b) Die Wahrscheinlichkeit des sicheren Ereignisses ist gleich eins, d.h.

$$P(H) = 1. \tag{3.5}$$

(c) Die Wahrscheinlichkeiten von paarweise disjunkten Ereignissen addieren sich, d.h. für jede (endliche oder unendliche) Familie $\{A_i \mid i \in I\}$ gilt

$$P(\bigcup \{A_i \mid i \in I\}) = \sum_{i \in I} P(A_i) \tag{3.6}$$

falls $A_j \cap A_k = \emptyset$ für $j \neq k$ und $j, k \in I$.

Beispiel 3.3

Wir nehmen wieder $n = 4$ an. Da alle Widerstände gleich aufgebaut sind, können wir $P(\{R_i\}) = \frac{1}{4}$, für $i = 1, 2, 3, 4$ setzen. Man kann die Wahrscheinlichkeit für ein Ereignis auch über seine relative Häufigkeit definieren:

$$P(A) = \frac{\text{Anzahl der für } A \text{ günstigen Ausgänge}}{\text{Anzahl aller Ausgänge}}.$$

Dann ist offensichtlich:

$$P(A_i) \geq 0, \quad A_i \in E.$$

Wir können noch bestätigen:

$$P(H) = \frac{4}{4} = 1.$$

A_1, A_2, A_3 und A_4 sind paarweise disjunkte Ereignisse.

$$P(\bigcup_{i=1}^{4} A_i) = P(\{R_1, R_2, R_3, R_4\}) = 1$$

und

$$\sum_{i=1}^{4} P(A_i) = P(A_1) + P(A_2) + P(A_3) + P(A_4) = \frac{1}{4} + \frac{1}{4} + \frac{1}{4} + \frac{1}{4} = 1.$$

Aus den Axiomen der Wahrscheinlichkeit folgt für das komplementäre Ereignis $\overline{A}$,

$$P(\overline{A}) = 1 - P(A) \tag{3.7}$$

und somit für das unmögliche Ereignis

$$P\{\emptyset\} = 0. \tag{3.8}$$

Für nicht disjunkte Ereignisse A und B folgt aus den Axiomen außerdem

$$P(A \cup B) = P(A) + P(B) - P(A \cap B). \tag{3.9}$$

Für $A \supset B$ mit $A, B \in E$ folgt wegen $P(A) = P(B) + P(A \setminus B)$

$$P(A) \geq P(B). \tag{3.10}$$

Beispiel 3.4

Es gilt:

$$\overline{A}_1 = H - A_1 = \{R_2, R_3, R_4\} = A_{14}.$$

So ist

$$P(\overline{A}_1) = P(\{R_2, R_3, R_4\}) = \frac{3}{4} = 1 - \frac{1}{4} = 1 - P(A_1).$$

Für das unmögliche Ereignis gilt $\emptyset = \overline{H}$. Daraus folgt:

$$P(\emptyset) = P(\overline{H}) = 1 - P(H) = 1 - 1 = 0.$$

Wir betrachten zwei Ereignisse $A_5 = \{R_1, R_2\}$ und $A_{12} = \{R_1, R_2, R_4\}$ mit $A_5 \cap A_{12} \neq \emptyset$, dann gilt

$$P(A_5 \cup A_{12}) = P(\{R_1, R_2\} \cup \{R_1, R_2, R_4\}) = P(\{R_1, R_2, R_4\}) = \frac{3}{4}$$

$$P(A_5) + P(A_{12}) - P(A_5 \cap A_{12}) = \frac{2}{4} + \frac{3}{4} - \frac{2}{4} = \frac{3}{4}$$

$$P(A_{12}) = \frac{3}{4} > \frac{2}{4} = P(A_5), \text{ und } A_{12} \supset A_5.$$

3.2 Bedingte Wahrscheinlichkeiten

Die Wahrscheinlichkeit des Ereignisses A unter der Bedingung, daß das Ereignis B eingetreten ist, wird als die **bedingte Wahrscheinlichkeit** bezeichnet und ist definiert als:

$$P(A \mid B) = \frac{P(A \cap B)}{P(B)} \quad \text{für} \quad P(B) > 0. \tag{3.11}$$

Beispiel 3.5

Wir berechnen die Wahrscheinlichkeit $P(A \mid B)$ für $A = \{R_3\}$ und
$B = \{\text{alle Widerstände mit Index kleiner als 4}\} = \{R_1, R_2, R_3\}$.

$$P(A \cap B) = P\{R_3\} = \frac{1}{4}$$

$$P(B) = \frac{3}{4}$$

und somit:

$$P(A \mid B) = \frac{P(A \cap B)}{P(B)} = \frac{\frac{1}{4}}{\frac{3}{4}} = \frac{1}{3}.$$

Zwei Ereignisse A und B mit der Eigenschaft

$$P(A \cap B) = P(A) \cdot P(B) \tag{3.12}$$

nennt man **statistisch unabhängig**, denn für sie folgt aus der Definition und (3.11)

$$P(A \mid B) = P(A) \text{ und } P(B \mid A) = P(B), \tag{3.13}$$

d.h. die Ereignisse haben keinen Einfluß aufeinander.

Beispiel 3.6

Wir betrachten die Ereignisse $A_5 = \{R_1, R_2\}$, $A_6 = \{R_1, R_3\}$ und $A_9 = \{R_2, R_4\}$.
Es gelten:

$$P(A_5) = \frac{1}{2}, \ P(A_6) = \frac{1}{2}, \ P(A_9) = \frac{1}{2}.$$

Wir berechnen nun die Wahrscheinlichkeiten $P(A_5 \cap A_6)$, $P(A_6 \mid A_5)$ und $P(A_6 \mid A_9)$:

$$P(A_5 \cap A_6) = P(\{R_1\}) = \frac{1}{4}$$

$$P(A_5 \mid A_6) = \frac{P(A_5 \cap A_6)}{P(A_6)} = \frac{\frac{1}{4}}{\frac{1}{2}} = \frac{1}{2}$$

$$P(A_6 \mid A_5) = \frac{P(A_5 \cap A_6)}{P(A_5)} = \frac{1}{2}$$

$$P(A_6 \mid A_9) = \frac{P(A_6 \cap A_9)}{P(A_9)} = \frac{P(\emptyset)}{P(A_9)} = \frac{0}{\frac{1}{2}} = 0.$$

Daraus folgen:

$$P(A_5 \cap A_6) = P(A_5) \cdot P(A_6)$$

$$P(A_5 \mid A_6) = P(A_5)$$

$$P(A_6 \cap A_9) \neq P(A_6) \cdot P(A_9).$$

Die Ergebnisse zeigen: A_5 und A_6 sind statistisch unabhängig, obwohl $A_5 \cap A_6 \neq \emptyset$, während A_6 und A_9 nicht statistisch unabhängig sind, obwohl $A_6 \cap A_9 = \emptyset$.

Bilden paarweise disjunkte Ereignisse $\{A_1, \ldots, A_i, \ldots, A_n\}$ mit $A_i \in E$ zusammen das sichere Ereignis, so folgt aus (3.5) und (3.6)

$$\sum_{i=1}^{n} P(A_i) = 1.$$

Ist B ein beliebiges Ereignis, so folgt

$$B = B \cap H = B \cap (\bigcup_{i=1}^{n} A_i) = \bigcup_{i=1}^{n} (B \cap A_i).$$

Mit (3.6) folgt daraus

$$P(B) = \sum_{i=1}^{n} P(B \cap A_i)$$

und mit (3.11) folgt hieraus **der Satz über die absolute Wahrscheinlichkeit**

$$P(B) = \sum_{i=1}^{n} P(B \mid A_i) \cdot P(A_i). \tag{3.14}$$

für A_i paarweise disjunkt und $\bigcup_{i=1}^{n} A_i = H$.

Beispiel 3.7

Die Ereignisse $A_1 = \{R_1\}$, $A_2 = \{R_2\}$, $A_3 = \{R_3\}$ und $A_4 = \{R_4\}$ bilden das sichere Ereignis H. $A_{14} = \{R_2, R_3, R_4\}$ ist ein Ereignis von E. Wir bestätigen die Gleichung (3.14).

$$P(A_{14}) = \frac{3}{4}$$

Wenn A_1 eingetreten ist, kann A_{14} unmöglich eingetreten sein, d.h. $P(A_{14} \mid A_1) = 0$. Wenn A_2 eingetreten ist, ist A_{14} sicher eingetreten, d.h. $P(A_{14} \mid A_2) = 1$.
Analog gilt:

$$P(A_{14} \mid A_3) = 1 \text{ und } P(A_{14} \mid A_4) = 1.$$

Mit $P(A_i) = \frac{1}{4}$ für $i = 1, 2, 3, 4$:

$$\sum_{i=1}^{4} P(A_{14} \mid A_i) \cdot P(A_i) = 0 \cdot \frac{1}{4} + 1 \cdot \frac{1}{4} + 1 \cdot \frac{1}{4} + 1 \cdot \frac{1}{4} = \frac{3}{4} = P(A_{14}).$$

Aus (3.11) folgt wegen der Symmetrie

$$P(B \mid A_i) \cdot P(A_i) = P(A_i \mid B) \cdot P(B).$$

$P(B)$ aus (3.14) eingesetzt ergibt

$$P(B \mid A_i) \cdot P(A_i) = P(A_i \mid B) \cdot \sum_{i=1}^{n} P(B \mid A_i) \cdot P(A_i)$$

oder den **Bayes'schen Satz**

$$P(A_i \mid B) = \frac{P(B \mid A_i) \cdot P(A_i)}{\sum_{i=1}^{n} P(B \mid A_i) \cdot P(A_i)}. \tag{3.15}$$

für A_i paarweise disjunkt und $\bigcup_{i=1}^{n} A_i = H$.

Beispiel 3.8

Wir setzen Beispiel 3.7 fort und bestätigen die Gleichung (3.15):

$$P(A_3 \mid A_{14}) = \frac{1}{3},$$

$$P(A_{14} \mid A_3) \cdot P(A_3) = 1 \cdot \frac{1}{4} = \frac{1}{4}$$

und (siehe Beispiel 3.7)

$$\sum_{i=1}^{4} P(A_{14} \mid A_i) \cdot P(A_i) = \frac{3}{4},$$

so daß

$$\frac{P(A_{14} \mid A_3) \cdot P(A_3)}{\sum\limits_{i=1}^{4} P(A_{14} \mid A_i) \cdot P(A_i)} = \frac{\frac{1}{4}}{\frac{3}{4}} = \frac{1}{3} = P(A_3 \mid A_{14})$$

gilt.

3.3 Zufallsvariable, Wahrscheinlichkeitsverteilung und Wahrscheinlichkeitsdichte

Eine **Zufallsvariable** x ordnet jedem Ausgang η_i des Zufallsexperiments (H, E, P) eine reelle Zahl $\mathrm{x}(\eta_i)$ zu und erfüllt die Eigenschaften:

(a) Die Menge $\{\eta_i \mid \mathrm{x}(\eta_i) \leq x\}$ ist ein Ereignis für alle $x \in R$

(b) $P\{\eta_i \mid \mathrm{x}(\eta_i) = +\infty\} = 0$ und $P\{\eta_i \mid \mathrm{x}(\eta_i) = -\infty\} = 0$.

Die Eigenschaft (a) ermöglicht für jedes $x \in R$ eine Wahrscheinlichkeit anzugeben, daß die Zufallsvariable $\mathrm{x}(\eta_i)$ kleiner oder gleich x ist. Die Eigenschaft (b) bedingt, daß eine Zufallsvariable nur endliche Werte mit einer von Null verschiedenen Wahrscheinlichkeit annehmen darf.

Beispiel 3.9

Es befinden sich n Widerstände, die von eins bis n durchnumeriert sind, in einem Körbchen. Von den Widerständen wissen wir, daß 15% davon 47 Ohm, 5% davon 220 Ohm, 25% davon 680 Ohm, 40% davon 1000 Ohm und 15% davon 2200 Ohm aufweisen. In den folgenden Beispielen werden alle Widerstände in Ohm angegeben. Wir definieren eine Zufallsvariable x, die jedem Ausgang R_i dessen Widerstandswert zuordnet. Bei einer Durchführung des Experiments wird der Widerstand R_k entnommen, dessen Wert z.B. 1000 (Ohm) beträgt, d.h. $\mathrm{x}(R_k) = 1000$.

Die Menge $\{R_i \mid \mathrm{x}(R_i) \leq 300\}$ stellt das Ereignis dar, in dem der Wert eines entnommenen Widerstands kleiner oder gleich 300 Ohm ist.

Die **Wahrscheinlichkeitsverteilung** $F_{\mathrm{x}}(x)$ einer Zufallsvariable x ist definiert als

$$F_{\mathrm{x}}(x) = P\{\eta_i \mid \mathrm{x}(\eta_i) \leq x\}, \quad x \in R. \tag{3.16}$$

Aus der Definition folgt, daß $F_{\mathrm{x}}(x)$ eine Funktion von $x \in R$ ist; aus (3.10) weiter, daß $F_{\mathrm{x}}(a) \geq F_{\mathrm{x}}(b)$ für $a \geq b$, $a, b \in R$ ist.

Ferner gilt $F_{\mathrm{x}}(-\infty) = 0$, $F_{\mathrm{x}}(x) \leq 1$, $F_{\mathrm{x}}(\infty) = 1$.

Beispiel 3.10

Wir bleiben beim Beispiel 3.9. Gegeben sind $b = 500$, $a = 1000$. Es sind die Wahrscheinlichkeiten $F_{\mathbf{x}}(a)$ und $F_{\mathbf{x}}(b)$ gesucht.

Die Menge $\{R_i \mid \mathbf{x}(R_i) \leq 500\}$ ist die Menge der Widerstände, deren Widerstandswerte kleiner oder gleich 500 (Ohm) sind. Diese Menge enthält insgesamt $(15 \cdot \frac{1}{100} \cdot n + 5 \cdot \frac{1}{100} \cdot n) = 20 \cdot \frac{1}{100} \cdot n$ Widerstände.

$$F_{\mathbf{x}}(b) = P\{R_i \mid \mathbf{x}(R_i) \leq 500\} = 0,2.$$

Analog gilt

$$F_{\mathbf{x}}(a) = P\{R_i \mid \mathbf{x}(R_i) \leq 1000\}$$

$$= \frac{1}{n} \cdot \left(15 \cdot \frac{1}{100} \cdot n + 5 \cdot \frac{1}{100} \cdot n + 25 \cdot \frac{1}{100} \cdot n + 40 \cdot \frac{1}{100} \cdot n \right)$$

$$= 85 \cdot \frac{1}{100} = 0,85.$$

Es bestätigt sich, daß für $a \geq b$ gilt:

$$F_{\mathbf{x}}(a) \geq F_{\mathbf{x}}(b).$$

Die **Wahrscheinlichkeitsdichte** $f_{\mathbf{x}}(x)$ einer Zufallsvariable $\mathbf{x}$ ist definiert als

$$f_{\mathbf{x}}(x) = \frac{dF_{\mathbf{x}}(x)}{dx}. \tag{3.17}$$

Da

$$F_{\mathbf{x}}(x) = \int_{-\infty}^{x} f_{\mathbf{x}}(\xi)\, d\xi \leq 1 \tag{3.18}$$

für alle $x \in R$ gilt, kann man $f_{\mathbf{x}}$ als eine **verallgemeinerte Funktion (Distribution)** auffassen (s. Anhang A.1). An Stellen x_k an denen $F_{\mathbf{x}}(x)$ Sprünge aufweist, wird $f_{\mathbf{x}}(x)$ durch die δ-Funktion, gewichtet mit der Höhe des Sprunges h_k, dargestellt, d.h.

$$f_{\mathbf{x}}(x) = \sum_k h_k \cdot \delta(x - x_k). \tag{3.19}$$

$\delta(x)$ ist dabei durch die Eigenschaft

$$\int_{-\infty}^{+\infty} f(x) \cdot \delta(x - x_k) \cdot dx = f(x_k) \tag{3.20}$$

definiert, wobei $f(x)$ eine beliebige Grundfunktion ist (s. Anhang A.1).

Beispiel 3.11

Wir setzen Beispiel 3.9 fort und bestimmen die Wahrscheinlichkeitsdichte $f_{\mathbf{x}}(x)$. Die Wahrscheinlichkeitsdichte $f_{\mathbf{x}}(x)$ ist hier diskret, da die Widerstandswerte diskret sind.

$$f_{\mathbf{x}}(x) = \sum_k h_k\, \delta(x - x_k).$$

Es sind

$$x_1 = 47,\ x_2 = 220,\ x_3 = 680,\ x_4 = 1000,\ x_5 = 2200$$

und damit

$$h_1 = 0,15,\ h_2 = 0,05,\ h_3 = 0,25,\ h_4 = 0,4,\ h_5 = 0,15.$$

Die Wahrscheinlichkeitsdichte lautet nun

$$f_{\mathbf{x}}(x) = 0,15 \cdot \delta(x - 47) + 0,05 \cdot \delta(x - 220) + 0,25 \cdot \delta(x - 680)$$
$$+ 0,4 \cdot \delta(x - 1000) + 0,15 \cdot \delta(x - 2200).$$

$$F_{\mathbf{x}}(\infty) = \int_{-\infty}^{+\infty} f_{\mathbf{x}}(x)\, dx$$

$$= \int_{-\infty}^{+\infty} 0,15 \cdot \delta(x - 47)\, dx + \int_{-\infty}^{+\infty} 0,05 \cdot \delta(x - 220)\, dx + \int_{-\infty}^{+\infty} 0,25 \cdot \delta(x - 680)\, dx$$

$$+ \int\limits_{-\infty}^{+\infty} 0,4 \cdot \delta(x - 1000)\, dx + \int\limits_{-\infty}^{+\infty} 0,15 \cdot \delta(x - 2200)\, dx$$

$$= 0,15 + 0,05 + 0,25 + 0,4 + 0,15 = 1.$$

Die folgende Skizze stellt die Wahrscheinlichkeitsdichte qualitativ dar.

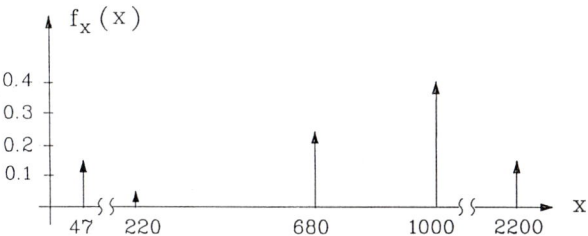

Entsprechend der bedingten Wahrscheinlichkeit (3.11) definieren wir die **bedingte Wahrscheinlichkeitsverteilung**

$$F_{\mathsf{x}}(x \mid A) = \frac{P((\mathsf{x} \le x) \cap A)}{P(A)} \text{ für } P(A) > 0 \tag{3.21}$$

und die **bedingte Wahrscheinlichkeitsdichte**

$$f_{\mathsf{x}}(x \mid A) = \frac{d\, F_{\mathsf{x}}(x \mid A)}{dx}. \tag{3.22}$$

Beispiel 3.12
Über die im Beispiel 3.9 gemachten Angaben hinaus nehmen wir noch an, daß jede Widerstandssorte bezüglich der Genauigkeit aus 4 Klassen besteht. Davon sind, unabhängig vom Widerstandswert, 4% von der Klasse 0,05%, 16% von der Klasse 0,1%, 30% von der Klasse 0,5% und 50% von der Klasse 1%. Wir bestimmen die bedingte Wahrscheinlichkeit $F_{\mathsf{x}}(1000 \mid A)$ wobei A die Bedingung darstellt, daß ein entnommener Widerstand von der Klasse 0,1% ist, $A = \{R_i \mid R_i \text{ von Klasse } 0,1\%\}$.
Gemäß Gleichung (3.21):

$$F_{\mathsf{x}}(1000 \mid A) = \frac{P(\{(\mathsf{x} \le 1000) \cap A\})}{P(A)}$$

$$= \frac{0,85 \cdot 0,16}{0,16} = 0,85.$$

3.4 Funktion einer Zufallsvariablen und Erwartungswerte

Wir betrachten eine **Funktion** $g(\mathsf{x})$ **einer Zufallsvariablen** x, die wir bilden, indem wir für jeden Ausgang des Experiments η_i der reellen Zahl $\mathsf{x}(\eta_i)$ eine neue reelle Zahl y zuordnen. Erfüllt $\mathsf{y}(\eta_i)$ auch die Eigenschaften (a) und (b) des Abschnitts 3.3, so kann

$$\mathsf{y} = g(\mathsf{x}) \tag{3.23}$$

als eine neue Zufallsvariable aufgefaßt werden; wir bezeichnen y als Funktion der Zufallsvariablen x. Für einen Ausgang η_i gilt dann

$$\mathsf{y}(\eta_i) = g(\mathsf{x}(\eta_i)). \tag{3.24}$$

Beispiel 3.13
Wir betrachten folgendes Experiment:
   In einem Korb befindet sich eine große Anzahl von Widerständen, die von gleichem Widerstandswert und von gleicher Genauigkeitsklasse sind. Ein Widerstand wird zufällig entnommen und an eine Konstantstromquelle angeschlossen.

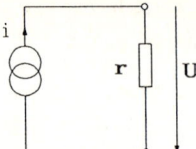

Es wird angenommen, daß die tatsächlichen Widerstandswerte normalverteilt sind, d.h.

$$f_\mathbf{r}(r) = \frac{1}{\sqrt{2\pi} \cdot b} \cdot \exp\left(-\frac{(r-a)^2}{2 \cdot b^2}\right).$$

Dieses Experiment liegt den folgenden Beispielen zugrunde.

Die Normalverteilung (auch Gaußverteilung genannt) ist eine in der Praxis häufig vorkommende Verteilung. In der Darstellung $f_\mathbf{r}(r)$ sind a und b Konstanten, deren Bedeutung wir im nächsten Beispiel kennenlernen werden.

Der Widerstand stellt eine Zufallsvariable dar. Die Spannung $\mathbf{U}$ an ihm ist eine Funktion von $\mathbf{r}$,

$$\mathbf{U} = g(\mathbf{r}).$$

Die zugehörige Abbildung lautet

$$U = i \cdot r.$$

Der **Erwartungswert** der Funktion $g(\mathbf{x})$ einer Zufallsvariablen $\mathbf{x}$ mit der Wahrscheinlichkeitsdichte $f_\mathbf{x}$ ist definiert als [2]

$$E\{g(\mathbf{x})\} = \int\limits_{-\infty}^{+\infty} g(x)\, f_\mathbf{x}(x)\, dx, \tag{3.25}$$

soweit das Integral existiert.

Beispiel 3.14
Der Erwartungswert von $\mathbf{U}$ liegt bei

$$E\{\mathbf{U}\} = E\{g(\mathbf{r})\} = \int\limits_{-\infty}^{+\infty} g(r) \cdot f_\mathbf{r}(r)\, dr = i \cdot \int\limits_{-\infty}^{+\infty} r \cdot f_\mathbf{r}(r)\, dr = i \cdot E\{\mathbf{r}\},$$

wobei $E\{\mathbf{r}\}$ der Erwartungswert von $\mathbf{r}$ ist.

Wir betrachten nun einige Sonderfälle von $g(\mathbf{x})$. Der **lineare Mittelwert** (auch erstes Moment genannt) einer Zufallsvariablen $\mathbf{x}$ ist definiert als $E\{\mathbf{x}\}$, d.h.

$$m_\mathbf{x} = E\{\mathbf{x}\} = \int\limits_{-\infty}^{+\infty} x\, f_\mathbf{x}(x)\, dx. \tag{3.26}$$

Der **quadratische Mittelwert** (auch zweites Moment genannt) einer Zufallsvariablen $\mathbf{x}$ ist definiert als $E\{\mathbf{x}^2\}$, d.h.

$$m_\mathbf{x}^{(2)} = E\{\mathbf{x}^2\} = \int\limits_{-\infty}^{+\infty} x^2\, f_\mathbf{x}(x)\, dx. \tag{3.27}$$

Entsprechend können höhere Momente definiert werden.

Die **Varianz** (auch zweites zentrales Moment genannt) einer Zufallsvariablen $\mathbf{x}$ ist definiert als $E\{(\mathbf{x} - m_\mathbf{x})^2\}$, d.h.

$$\sigma_\mathbf{x}^2 = E\{(\mathbf{x} - m_\mathbf{x})^2\} = \int\limits_{-\infty}^{+\infty} (x - m_\mathbf{x})^2 \cdot f_\mathbf{x}(x)\, dx$$

---

2. Wir werden den Erwartungswert stets mit $E\{\}$ angeben, damit keine Verwechslung mit dem Ereignisfeld E auftritt (s. Abschnitt 3.1).

$$= \int\limits_{-\infty}^{+\infty} (x^2 + m_\mathbf{x}^2 - 2\,m_\mathbf{x} \cdot x) \cdot f_\mathbf{x}(x)\,dx \qquad (3.28)$$

$$\sigma_\mathbf{x}^2 = m_\mathbf{x}^{(2)} - m_\mathbf{x}^2.$$

Die positive Wurzel der Varianz nennt man die **Standardabweichung** $\sigma_\mathbf{x}$ oder **Streuung** der Zufallsvariablen $\mathbf{x}$.

Beispiel 3.15

Einige wichtige statistische Mittelwerte von $\mathbf{r}$ werden nun ermittelt. Das sind der lineare Mittelwert $m_\mathbf{r}$, der quadratische Mittelwert $m_\mathbf{r}^{(2)}$ und die Varianz $\sigma_\mathbf{r}^2$. Wir setzen dabei als bekannt voraus, daß für das folgende Integral gilt:

$$\int\limits_{-\infty}^{+\infty} e^{-a\cdot\eta^2}\,d\eta = \sqrt{\frac{\pi}{a}}.$$

(a) Der lineare Mittelwert bzw. das erste Moment:

$$m_\mathbf{r} = E\{\mathbf{r}\} = \int\limits_{-\infty}^{+\infty} r \cdot f_\mathbf{r}(r)\,dr = \int\limits_{-\infty}^{+\infty} r \cdot \frac{1}{\sqrt{2\pi} \cdot b} \cdot \exp\left(-\frac{(r-a)^2}{2 \cdot b^2}\right) \cdot dr,$$

durch die Substitution

$$\eta = \frac{r-a}{\sqrt{2} \cdot b}$$

ergibt sich

$$m_\mathbf{r} = \frac{1}{\sqrt{\pi}} \cdot \int\limits_{-\infty}^{+\infty} (\sqrt{2} \cdot b \cdot \eta + a) \cdot e^{-\eta^2}\,d\eta$$

$$= \frac{\sqrt{2} \cdot b}{\sqrt{\pi}} \cdot \int\limits_{-\infty}^{+\infty} \eta \cdot e^{-\eta^2}\,d\eta + \frac{a}{\sqrt{\pi}} \cdot \int\limits_{-\infty}^{+\infty} e^{-\eta^2}\,d\eta$$

$$= 0 + \frac{a}{\sqrt{\pi}} \cdot \sqrt{\pi} = a$$

(das erste Integral ist gleich Null, weil $f(\eta) = \eta \cdot e^{-\eta^2}$ eine ungerade Funktion ist). Die Konstante a ist somit der Mittelwert der Gaußverteilten Zufallsvariablen $\mathbf{r}$.

(b) Der quadratische Mittelwert bzw. das zweite Moment:

$$m_\mathbf{r}^2 = E\{\mathbf{r}^2\} = \int\limits_{-\infty}^{+\infty} r^2 \cdot \frac{1}{\sqrt{2\pi} \cdot b} \cdot \exp\left(-\frac{(r-a)^2}{2 \cdot b^2}\right)\,dr$$

$$= \frac{1}{\sqrt{\pi}} \cdot \int\limits_{-\infty}^{+\infty} (\sqrt{2} \cdot b \cdot \eta + a)^2 \cdot e^{-\eta^2}\,d\eta$$

$$= \frac{1}{\sqrt{\pi}} \cdot \left(\int\limits_{-\infty}^{+\infty} 2 \cdot b^2 \cdot \eta^2 \cdot e^{-\eta^2}\,d\eta \right.$$

$$+ \int\limits_{-\infty}^{+\infty} 2 \cdot \sqrt{2} \cdot a \cdot b \cdot \eta \cdot e^{-\eta^2}\,d\eta$$

$$\left. + \int\limits_{-\infty}^{+\infty} a^2 \cdot e^{-\eta^2}\,d\eta \right)$$

$$= \frac{1}{\sqrt{\pi}} \cdot \left(b^2 \cdot \int\limits_{-\infty}^{+\infty} 2 \cdot \eta^2 \cdot e^{-\eta^2}\,d\eta + 0 + a^2 \cdot \sqrt{\pi} \right)$$

$$= b^2 + a^2,$$

wobei wir berücksichtigt haben, daß:

$$\int\limits_{-\infty}^{+\infty} 2 \cdot \eta^2 \cdot e^{-\eta^2}\, d\eta = \int\limits_{-\infty}^{+\infty} 2 \cdot \eta \cdot \eta \cdot e^{-\eta^2}\, d\eta$$

$$= -\int\limits_{-\infty}^{+\infty} \eta \cdot d(e^{-\eta^2})$$

$$= \left[-\eta \cdot e^{-\eta^2}\right]_{-\infty}^{+\infty} + \int\limits_{-\infty}^{+\infty} e^{-\eta^2}\, d\eta$$

$$= 0 + \sqrt{\pi} = \sqrt{\pi}.$$

(c) Die Varianz bzw. das zweite zentrale Moment:

$$\sigma_\mathbf{r}^2 = E\{(r-a)^2\} = \int\limits_{-\infty}^{+\infty} (r-a)^2 \cdot \frac{1}{\sqrt{2\pi} \cdot b} \cdot \exp\left(\frac{(r-a)^2}{2 \cdot b^2}\right)\, dr$$

$$= \frac{1}{\sqrt{\pi}} \cdot \int\limits_{-\infty}^{+\infty} (\sqrt{2} \cdot b \cdot \eta)^2 \cdot e^{-\eta^2} \cdot d\eta$$

$$= \frac{b^2}{\sqrt{\pi}} \cdot \int\limits_{-\infty}^{+\infty} 2 \cdot \eta^2 \cdot e^{-\eta^2}\, d\eta$$

$$= b^2.$$

Die Konstante b ist somit die Standardabweichung der Zufallsvariablen $\mathbf{r}$.

Mit den ermittelten Werten kann man die Wahrscheinlichkeitsdichte einer Normalverteilung so darstellen:

$$f_\mathbf{r}(r) = \frac{1}{\sqrt{2\pi} \cdot \sigma_\mathbf{r}} \cdot \exp\left(-\frac{(r-m_\mathbf{r})^2}{2 \cdot \sigma_\mathbf{r}^2}\right).$$

Die **charakteristische Funktion** einer Zufallsvariablen x ist definiert als

$$\Phi_\mathbf{x}(\omega) = E\{e^{j\omega \mathbf{x}}\} = \int\limits_{-\infty}^{+\infty} f_\mathbf{x}(x)\, e^{j\omega x}\, dx. \qquad (3.29)$$

Ein Vergleich mit Gleichung (3) in Anhang A.2 zeigt, daß die charakteristische Funktion die konjugiert komplexe Fouriertransformierte der Wahrscheinlichkeitsdichte ist. Bei Berechnungen kann anstatt mit der Dichte einer Zufallsvariablen mit der charakteristischen Funktion gearbeitet werden - man hat dieselben Vorteile wie bei den Berechnungen mit der Fouriertransformierten. Aus der charakteristischen Funktion kann die Dichte durch die Rücktransformation

$$f_\mathbf{x}(x) = \frac{1}{2\pi} \int\limits_{-\infty}^{+\infty} \Phi_\mathbf{x}(\omega)\, e^{-j\omega x}\, d\omega \qquad (3.30)$$

bestimmt werden.

Beispiel 3.16

Wir bestimmen nun mit Hilfe der charakteristischen Funktion die Wahrscheinlichkeitsdichte $f_\mathbf{U}(U)$ im Beispiel 3.13.
U ist eine Funktion der Zufallsvariablen $\mathbf{r}$:

$$\mathbf{U} = g(\mathbf{r})$$

mit der reellen Abbildung

$$U = i \cdot r.$$

Die charakteristische Funktion von **U** lautet

$$\Phi_{\mathbf{U}}(\omega) = \int\limits_{-\infty}^{+\infty} e^{j\omega U} \cdot f_{\mathbf{U}}(U) \cdot dU. \tag{$*$1}$$

Entsprechend Gleichung (3.25) können wir auch schreiben

$$\Phi_{\mathbf{U}}(\omega) = E\left\{e^{j\omega\mathbf{U}}\right\} = \int\limits_{-\infty}^{+\infty} e^{j\omega g(r)} \cdot f_{\mathbf{r}}(r) \cdot dr. \tag{$*$2}$$

Wir führen eine Substitution durch

$$r = \frac{U}{i}$$

und formen ($*$2) um:

$$\Phi_{\mathbf{U}}(\omega) = \int\limits_{-\infty}^{+\infty} e^{j\omega U} \cdot \frac{1}{\sqrt{2\pi} \cdot b} \cdot \exp\left(-\frac{(r-a)^2}{2b^2}\right) \cdot dr$$

$$= \int\limits_{-\infty}^{+\infty} e^{j\omega U} \cdot \frac{1}{\sqrt{2\pi} \cdot b} \cdot \exp\left(-\frac{(U/i-a)^2}{2b^2}\right) \cdot \frac{1}{i} \cdot dU.$$

Daraus folgt

$$\Phi_{\mathbf{U}}(\omega) = \int\limits_{-\infty}^{+\infty} e^{j\omega U} \cdot \frac{1}{\sqrt{2\pi} \cdot ib} \cdot \exp\left(-\frac{(U-ia)^2}{2(ib)^2}\right) \cdot dU. \tag{$*$3}$$

Durch Vergleich der beiden Gleichungen ($*$1) und ($*$3) erhalten wir

$$f_{\mathbf{U}}(U) = \frac{1}{\sqrt{2\pi} \cdot ib} \cdot \exp\left(-\frac{(U-ia)^2}{2(ib)^2}\right),$$

denn $\Phi_{\mathbf{U}}(\omega)$ und $f_{\mathbf{U}}(U)$ bilden ein Fouriertransformationspaar.

3.5 Zwei Zufallsvariablen

Für zwei Zufallsvariablen x und y sind die Mengen $\{\eta_i \mid \mathbf{x}(\eta_i) \le x\}$ und $\{\eta_i \mid \mathbf{y}(\eta_i) \le y\}$ Ereignisse. Das Produkt $\{\eta_i \mid \mathbf{x}(\eta_i) \le x\}\{\eta_i \mid \mathbf{y}(\eta_i) \le y\}$ wird als $\{\eta_i \mid \mathbf{x}(\eta_i) \le x \wedge \mathbf{y}(\eta_i) \le y\}$ definiert und ist auch ein Ereignis. Die **gemeinsame Wahrscheinlichkeitsverteilung** für die beiden Zufallsvariablen x und y ist definiert als

$$F_{\mathbf{xy}}(x,y) = P(\{\eta_i \mid \mathbf{x}(\eta_i) \le x\} \cap \{\eta_i \mid \mathbf{y}(\eta_i) \le y\}) \tag{3.31}$$

und ferner die **gemeinsame Wahrscheinlichkeitsdichte** als

$$f_{\mathbf{xy}}(x,y) = \frac{\partial^2 F_{\mathbf{xy}}(x,y)}{\partial x\, \partial y} \tag{3.32}$$

wobei die partiellen Ableitungen entsprechend Abschnitt 3.3 gegebenenfalls als verallgemeinerte Funktionen aufgefaßt werden. Entsprechend (3.18) gilt dann

$$F_{\mathbf{xy}}(x,y) = \int\limits_{-\infty}^{x} \int\limits_{-\infty}^{y} f_{\mathbf{xy}}(\xi,\eta)\, d\eta\, d\xi. \tag{3.33}$$

Ferner gelten zwischen den einzelnen und den gemeinsamen Wahrscheinlichkeitsdichten die Zusammenhänge

$$f_{\mathbf{x}}(x) = \int\limits_{-\infty}^{+\infty} f_{\mathbf{xy}}(x,\eta)\, d\eta \tag{3.34}$$

$$\text{und } f_{\mathbf{y}}(y) = \int\limits_{-\infty}^{+\infty} f_{\mathbf{xy}}(\xi,y)\, d\xi. \tag{3.35}$$

Entsprechend (3.12) nennt man zwei Zufallsvariablen **statistisch unabhängig**, wenn gilt

$$f_{\mathbf{xy}}(x,y) = f_{\mathbf{x}}(x) \cdot f_{\mathbf{y}}(y). \tag{3.36}$$

Man nennt zwei Zufallsvariablen **linear unabhängig** oder auch unkorreliert, wenn gilt

$$E\{xy\} = E\{x\} \cdot E\{y\}.$$

Die statistische Unabhängigkeit ist die stärkere Bedingung, d.h. aus der statistischen Unabhängigkeit folgt die lineare Unabhängigkeit.

Beispiel 3.17

Wir berücksichtigen nun eine Rauschquelle in dem Stromkreis des Beispiels 3.13. Die Ersatzschaltung sieht wie folgt aus:

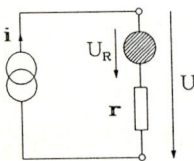

U_R stellt die Rauschspannung dar und $E\{U_R\} = 0$ wird als bekannt vorausgesetzt.
Der Widerstandswert r und die Rauschspannung U_R können als zwei statistisch voneinander unabhängige Zufallsvariablen aufgefaßt werden.
Die Spannung U ist somit eine Funktion der beiden Zufallsvariablen U_R und r:

$$U = U_R + i \cdot r.$$

Die gemeinsame Wahrscheinlichkeitsdichte ist gegeben durch

$$f_{U_R r}(U_R, r) = f_{U_R}(U_R) \cdot f_r(r).$$

Wir integrieren $f_{U_R r}(U_R, r)$ über r von $-\infty$ bis $+\infty$ und erhalten

$$\int_{-\infty}^{+\infty} f_{U_R r}(U_R, r)\, dr = \int_{-\infty}^{+\infty} f_{U_R}(U_R) \cdot f_r(r)\, dr$$

$$= f_{U_R}(U_R) \cdot \int_{-\infty}^{+\infty} f_r(r)\, dr = f_{U_R}(U_R).$$

Analog erhalten wir

$$\int_{-\infty}^{+\infty} f_{U_R r}(U_R, r)\, dU_R = f_r(r).$$

Als Maß der Korreliertheit zweier Zufallsvariablen dient der **Korrelationskoeffizient** der definiert ist als

$$\rho_{xy} = \frac{E\{(x - m_x)(y - m_y)\}}{\sigma_x \cdot \sigma_y}. \tag{3.37}$$

Zwei Zufallsvariablen nennt man **orthogonal**, wenn gilt :

$$E\{xy\} = 0.$$

Beispiel 3.18

Wir setzen Beispiel 3.17 fort und untersuchen die Korrelationseigenschaft der beiden Zufallsvariablen U_R und r.

$$E\{U_R r\} = \int_{-\infty}^{+\infty}\int_{-\infty}^{+\infty} U_R \cdot r\, f_{U_R r}(U_R, r)\, dU_R\, dr$$

$$= \int_{-\infty}^{+\infty}\int_{-\infty}^{+\infty} U_R \cdot r\, f_{U_R}(U_R) \cdot f_r(r)\, dU_R\, dr$$

$$= \left(\int_{-\infty}^{+\infty} U_R\, f_{U_R}(U_R)\, dU_R \right) \cdot \left(\int_{-\infty}^{+\infty} r\, f_r(r)\, dr \right)$$

$$= E\{\mathbf{U}_R\} \cdot E\{\mathbf{r}\}$$

$\mathbf{U}_R$ und $\mathbf{r}$ sind also unkorreliert, was auch zu erwarten war, denn zwei statistisch unabhängige Zufallsvariablen sind stets unkorreliert.

Man kann leicht bestätigen

$$E\{(\mathbf{r} - m_{\mathbf{r}})(\mathbf{U}_R - m_{\mathbf{U}_R})\} = E\{(\mathbf{r} - m_{\mathbf{r}})\} \cdot E\{(\mathbf{U}_R - m_{\mathbf{U}_R})\} = 0.$$

Somit ist der Korrelationskoeffizient

$$\rho = \frac{E\{(\mathbf{r} - m_{\mathbf{r}})(\mathbf{U}_R - m_{\mathbf{U}_R})\}}{\sigma_{\mathbf{r}} \cdot \sigma_{\mathbf{U}_R}} = 0.$$

Wegen $E\{\mathbf{U}_R\} = 0$, ist auch $E\{\mathbf{r}\mathbf{U}_R\} = 0$, d.h. sind $\mathbf{r}$ und $\mathbf{U}_R$ orthogonal. Zwei statistisch unabhängige Zufallsvariablen sind stets orthogonal, wenn mindestens ein Mittelwert Null ist.

3.6 Tschebyscheff'sche und Bernoulli'sche Ungleichungen

Ist die Varianz $\sigma_{\mathbf{x}}^2$ einer Zufallsvariablen x endlich, so gilt für ein beliebiges festes $k > 0$,

$$\sigma_{\mathbf{x}}^2 = \int\limits_{-\infty}^{+\infty} (x - m_{\mathbf{x}})^2 \cdot f_{\mathbf{x}}(x)\, dx \geq \int\limits_{|x-m_{\mathbf{x}}|>k\sigma_{\mathbf{x}}} (x - m_{\mathbf{x}})^2 \cdot f_{\mathbf{x}}(x)\, dx$$

$$\geq k^2 \sigma_{\mathbf{x}}^2 \int\limits_{|x-m_{\mathbf{x}}|>k\sigma_{\mathbf{x}}} f_{\mathbf{x}}(x)\, dx = k^2 \sigma_{\mathbf{x}}^2 \cdot P\{|\,\mathbf{x} - m_{\mathbf{x}}\,| \geq k\sigma_{\mathbf{x}}\}$$

oder

$$P\{|\,\mathbf{x} - m_{\mathbf{x}}\,| \geq k\sigma_{\mathbf{x}}\} \leq \frac{1}{k^2} \tag{3.38}$$

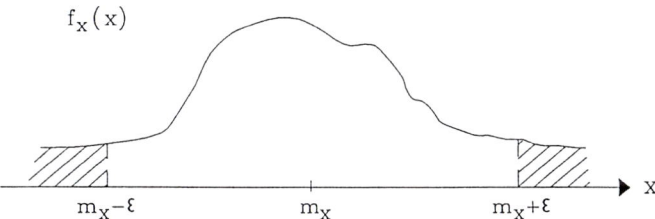

Bild 3.1: Zur Tschebyscheff'schen Ungleichung

oder mit $k\sigma_{\mathbf{x}} = \varepsilon$

$$P\{|\,\mathbf{x} - m_{\mathbf{x}}\,| \geq \varepsilon\} \leq \frac{\sigma_{\mathbf{x}}^2}{\varepsilon^2}.$$

Wir können dies auch für das komplementäre Ereignis schreiben

$$P\{|\,\mathbf{x} - m_{\mathbf{x}}\,| < \varepsilon\} \geq 1 - \frac{\sigma_{\mathbf{x}}^2}{\varepsilon^2}. \tag{3.39}$$

Dieses Ergebnis ist als **Tschebyscheff'sche Ungleichung** bekannt und besagt, daß unabhängig vom tatsächlichen Verlauf der Funktion $f_{\mathbf{x}}(x)$, die Wahrscheinlichkeit, daß x innerhalb des Streifens $\pm\varepsilon$ um den Mittelwert $m_{\mathbf{x}}$ liegt, nahe bei Eins liegt, sofern $\varepsilon \gg \sigma_{\mathbf{x}}$ gewählt wird.

Beispiel 3.19

Wir betrachten die Zufallsvariable $\mathbf{r}$ (vgl. Beispiel 3.15). Die zugehörige Wahrscheinlichkeitsverteilung $F_{\mathbf{r}}(r)$ hat die Form

$$F_{\mathbf{r}}(r) = \int\limits_{-\infty}^{r} f_{\mathbf{r}}(\eta) \cdot d\eta = \frac{1}{2} + \mathrm{erf}\left(\frac{r - m_{\mathbf{r}}}{\sigma}\right),$$

wobei erf() als Fehlerfunktion wie folgt definiert ist,

$$\text{erf}(x) = \frac{1}{\sqrt{2\pi}} \cdot \int\limits_0^x e^{-\eta^2/2} \cdot d\eta.$$

Für die Fehlerfunktion gelten

$$\text{erf}(-x) = -\text{erf}(x) \quad \text{und} \quad \text{erf}(\infty) = \frac{1}{2}.$$

Wir berechnen nun die Wahrscheinlichkeit

$$P\{|\, \mathbf{r} - m_{\mathbf{r}}\, |< \varepsilon\}$$

für ein beliebiges $\varepsilon > 0$ und prüfen die Tschebyscheff'sche Ungleichung.

$$P\{|\, \mathbf{r} - m_{\mathbf{r}}\, |< \varepsilon\} = P\{m_{\mathbf{r}} - \varepsilon < \mathbf{r} < m_{\mathbf{r}} + \varepsilon\}$$

$$= \int\limits_{m_{\mathbf{r}}-\varepsilon}^{m_{\mathbf{r}}+\varepsilon} f_{\mathbf{r}}(r) \cdot dr$$

$$= \int\limits_{-\infty}^{m_{\mathbf{r}}+\varepsilon} f_{\mathbf{r}}(r) \cdot dr + \int\limits_{m_{\mathbf{r}}-\varepsilon}^{-\infty} f_{\mathbf{r}}(r) \cdot dr$$

$$= F_{\mathbf{r}}(m_{\mathbf{r}} + \varepsilon) - F_{\mathbf{r}}(m_{\mathbf{r}} - \varepsilon)$$

$$= \text{erf}\left(\frac{\varepsilon}{\sigma}\right) - \text{erf}\left(\frac{-\varepsilon}{\sigma}\right)$$

$$= 2 \cdot \text{erf}\left(\frac{\varepsilon}{\sigma}\right)$$

Wir nehmen die folgenden Zahlenwerte an:

$$\varepsilon = 0,015 \quad \text{und} \quad \sigma = 0,01.$$

Somit beträgt

$$P\{|\, \mathbf{r} - m_{\mathbf{r}}\, |< \varepsilon\} = 2 \cdot \text{erf}\left(\frac{0,015}{0,01}\right) = 0,86638.$$

Anmerkung: Der Wert der Fehlerfunktion wurde aus der zugehörigen Wertetabelle entnommen. Die rechte Seite der Tschebyscheff'schen Ungleichung hat den Wert

$$\text{erf}(x) = \frac{1}{\sqrt{2\pi}} \cdot \int\limits_0^x e^{-\eta^2/2} \cdot d\eta.$$

x	$\text{erf}(x)$	x	$\text{erf}(x)$	x	$\text{erf}(x)$
0,05	0,01994	1,05	0,35314	2,05	0,47982
0,10	0,03983	1,10	0,36433	2,10	0,48214
0,15	0,05962	1,15	0,37493	2,15	0,48422
0,20	0,07926	1,20	0,38493	2,20	0,48610
0,25	0,08971	1,25	0,39435	2,25	0,48778
0,30	0,11791	1,30	0,40320	2,30	0,48928
0,35	0,13683	1,35	0,41149	2,35	0,49061
0,40	0,15542	1,40	0,41924	2,40	0,49180
0,45	0,17364	1,45	0,42647	2,45	0,49286
0,50	0,19146	1,50	0,43319	2,50	0,49379
0,55	0,20884	1,55	0,43943	2,55	0,49461
0,60	0,22575	1,60	0,44520	2,60	0,49534
0,65	0,24215	1,65	0,45053	2,65	0,49597
0,70	0,25804	1,70	0,45543	2,70	0,49653
0,75	0,27337	1,75	0,45994	2,75	0,49702
0,80	0,28814	1,80	0,46407	2,80	0,49744
0,85	0,30234	1,85	0,46784	2,85	0,49781
0,90	0,31594	1,90	0,47128	2,90	0,49813
0,95	0,32894	1,95	0,47441	2,95	0,49841
1,00	0,34134	2,00	0,47726	3,00	0,49865

$$1 - \frac{\sigma^2}{\varepsilon^2} = 0,5556.$$

Die Zahlenwerte zeigen

$$P\{|\ \mathbf{r} - m_{\mathbf{r}}\ | < \varepsilon\} > 1 - \frac{\sigma^2}{\varepsilon^2}.$$

Wir betrachten nun die n-fache Wiederholung eines Experiments und insbesondere ein Ereignis, $A \in E$, das mit der Wahrscheinlichkeit P_a auftritt. Die Zufallsvariable

$$\mathbf{x}_i = \begin{cases} 1 \text{ falls } A \text{ im } i\text{-ten Versuch auftritt} \\ 0 \text{ sonst} \end{cases}$$

hat die Erwartungswerte

$$E\{\mathbf{x}_i\} = 1 \cdot P_a + 0 \cdot (1 - P_a) = P_a$$
$$E\{\mathbf{x}_i^2\} = 1^2 \cdot P_a + 0^2(1 - P_a) = P_a$$

und die Varianz

$$\sigma_{\mathbf{x}_i}^2 = P_a - P_a^2 = P_a(1 - P_a).$$

Für die Varianz gilt ferner $\sigma_{\mathbf{x}_i}^2 \leq 1/4$, denn das Maximum liegt bei $P_a = 1/2$. Wir bilden nun eine neue Zufallsvariable

$$\underline{\mathbf{x}}_n = \frac{\mathbf{x}_1 + \mathbf{x}_2 \dots \mathbf{x}_n}{n} = \frac{\mathbf{k}}{n},$$

wobei $\mathbf{k}$ die Anzahl der Versuche ist, bei denen das Ereignis A bei n Wiederholungen eintritt. Für die Zufallsvariable $\underline{\mathbf{x}}_n$ erhalten wir nach einer kurzen Umrechnung $\sigma_{\underline{\mathbf{x}}_n}^2 = \frac{1}{n} \cdot \sigma_{\mathbf{x}_i}^2$.

Die Tschebyscheff'sche Ungleichung für $\bar{\mathbf{x}}_n$ ergibt somit

$$P\{|\ \underline{\mathbf{x}}_n - P_a\ | < \varepsilon\} \geq 1 - \frac{P_a(1 - P_a)}{n\varepsilon^2} \geq 1 - \frac{1}{4n\varepsilon^2} \qquad (3.40)$$

oder

$$\lim_{n \to \infty} P\{|\ \frac{\mathbf{k}}{n} - P_a\ | < \varepsilon\} = 1. \qquad (3.41)$$

Dieses Ergebnis wird das schwache Gesetz der großen Zahlen (auch **Bernoulli'sche Ungleichung**) genannt und besagt, daß für große n sich die relative Häufigkeit k/n der Wahrscheinlichkeit P_a annähert.

Beispiel 3.20
Wir wollen die Wahrscheinlichkeit P_a eines Ereignisses A durch seine relative Häufigkeit $\frac{k}{n}$ abschätzen. Wir führen hierzu das zugrundeliegende Zufallsexperiment n-mal durch. Möchten wir, daß unsere Abschätzung mit einer Wahrscheinlichkeit von 98% unter einer Fehlerschranke von 1% liegt, so fordern wir $P\{|\ \bar{\mathbf{x}}_n - P_a\ | < \varepsilon\} \geq 0,98$ und $\varepsilon = 0,01$ und erhalten entsprechend (3.40)

$$1 - \frac{1}{4n\varepsilon^2} \geq 0,98$$

oder

$$n \geq \frac{1}{0,08\varepsilon^2} = 125000.$$

Dies bedeutet, daß wir unsere Anforderung an die Abschätzung erfüllen, wenn wir für ihre Gewinnung das Experiment 125000-mal durchführen.

3.7 Zufallsprozesse

Wir gehen von einem Zufallsexperiment (H, E, P) aus und ordnen jedem Ausgang $\eta_i \in H$ des Experiments eine eindeutige Zeitfunktion $x(\eta_i, t)$ zu. Ist $\mathbf{x}(\eta, t)$ für alle t aus dem betrachteten Zeitintervall $T_{\mathbf{x}}$ eine Zufallsvariable, so nennen wir $\mathbf{x}(\eta, t)$ einen **Zufallsprozeß** oder einen **stochastischen Prozeß**.

Ein Zufallsprozeß kann aus verschiedenen Sichten interpretiert werden:

1. Man kann ihn als eine Familie von Funktionen x(η, t) ansehen, wobei η und t Variablen sind.

2. Man kann ihn als eine einfache reelle Funktion der Zeit für einen festen Ausgang η_i des Experiments ansehen. In diesem Fall ist t eine Variable und η fest. Die einzelnen Zeitfunktionen nennt man **Musterfunktionen.**

3. Man kann ihn als eine Zufallsvariable ansehen. In diesem Fall ist der Zeitpunkt t fest und η eine Variable, x somit eine Zufallsvariable.

4. Man kann ihn als eine einzige reelle Zahl ansehen, wenn t und η beide fest vorgegeben sind.

Sprechen wir von zwei oder mehr Zufallsprozessen, so setzen wir stets voraus, daß sie über dem selben Ergebnisraum definiert sind und über dem gleichen Zeitintervall betrachtet werden.

Da ein Zufallsprozeß als eine Zufallsvariable für jeden festen Zeitpunkt aufgefaßt wird, können wir für einen festen Zeitpunkt jeweils die statistischen Eigenschaften betrachten. Entsprechend Abschnitt 3.3 und Abschnitt 3.4 erhalten wir

die **Wahrscheinlichkeitsverteilung**

$$F_{\mathbf{x}}(x,t) = P\{\eta_i \mid \mathbf{x}(\eta_i, t) \leq x\}, \tag{3.42}$$

die **Wahrscheinlichkeitsdichte**

$$f_{\mathbf{x}}(x,t) = \frac{\partial F_{\mathbf{x}}(x,t)}{\partial x}, \tag{3.43}$$

den **linearen Mittelwert**

$$m_{\mathbf{x}}(t) = E\{\mathbf{x}(\eta, t)\} = \int\limits_{-\infty}^{+\infty} x\, f_{\mathbf{x}}(x,t)\, dx, \tag{3.44}$$

den **quadratischen Mittelwert**

$$m_{\mathbf{x}}^{(2)}(t) = E\{[\mathbf{x}(\eta, t)]^2\} = \int\limits_{-\infty}^{+\infty} x^2 f_{\mathbf{x}}(x,t)\, dx \tag{3.45}$$

und die **Varianz**

$$\sigma_{\mathbf{x}}^2(t) = E\{(\mathbf{x} - m_{\mathbf{x}})^2\} = \int\limits_{-\infty}^{+\infty} (x - m_{\mathbf{x}})^2 f_{\mathbf{x}}(x,t)\, dx. \tag{3.46}$$

Beispiel 3.21

Es werden n Widerstände nacheinander entnommen und n Schaltungen wie im Beispiel 3.17 aufgebaut. Es wird angenommen, daß die Widerstandswerte normalverteilt sind, wie im Beispiel 3.13.

Es entsteht eine Familie von Funktionen $U(r_j, t)$, für $j = 1, 2, \ldots, n$. Sie stellt einen Zufallsprozeß dar. Jede $U(r_j, t)$ ist eine Musterfunktion des Zufallsprozesses. Für einen festen Zeitpunkt t ist U eine Zufallsvariable, die abhängig von dem gewählten Widerstand r_j ist.

Wir betrachten die Rauschspannung $\mathbf{U}_R$ näher, bevor wir uns mit $U(r, t)$ beschäftigen.

Es gelte für $\mathbf{U}_R$ als schmalbandiges Rauschen

$$\mathbf{U}_R = \mathbf{U}_S \cdot \sin \omega_0 t + \mathbf{U}_C \cdot \cos \omega_0 t,$$

$$E\{\mathbf{U}_S\} = E\{\mathbf{U}_C\} = 0,$$

mit

$$E\{\mathbf{U}_S^2\} = E\{\mathbf{U}_C^2\} = \sigma^2$$

und

$$E\{\mathbf{U}_S \mathbf{U}_C\} = 0.$$

(a) $E\{\mathbf{U}_R\} = E\{\mathbf{U}_C \cdot \cos\omega_0 t + \mathbf{U}_S \cdot \sin\omega_0 t\}$

$\qquad = E\{\mathbf{U}_C\} \cdot \cos\omega_0 t + E\{\mathbf{U}_S\} \cdot \sin\omega_0 t$

$\qquad = 0 + 0 = 0,$

(b) $E\{\mathbf{U}_R^2\} = E\{(\mathbf{U}_C \cdot \cos\omega_0 t + \mathbf{U}_S \cdot \sin\omega_0 t)^2\}$

$\qquad = E\{\mathbf{U}_C^2\} \cdot \cos^2\omega_0 t + 2 \cdot E\{\mathbf{U}_C \mathbf{U}_S\} \cdot \cos\omega_0 t \sin\omega_0 t$

$\qquad\quad + E\{\mathbf{U}_S^2\} \cdot \sin^2\omega_0 t$

$\qquad = \sigma^2 \cos^2\omega_0 t + 0 + \sigma^2 \sin^2\omega_0 t$

$\qquad = \sigma^2.$

Wir bestimmen nun für einen festen Zeitpunkt t die Erwartungswerte $m_\mathbf{U}$, $m_\mathbf{U}^{(2)}$ und $\sigma_\mathbf{U}^2$. Die diversen Erwartungswerte der Zufallsvariablen $\mathbf{r}$ werden dem Beispiel 3.15 entnommen.

(a) Der lineare Mittelwert:

$$m_\mathbf{U}(t) = E\{\mathbf{U}(r,t)\} = E\{\mathbf{U}_R + i \cdot \mathbf{r}\}$$

$$= \int\limits_{-\infty}^{+\infty}\int\limits_{-\infty}^{+\infty} (U_R + i \cdot r)\, f_{U_R,\mathbf{r}}(U_R, r)\, dU_R\, dr$$

$$= \int\limits_{-\infty}^{+\infty} U_R \cdot f_{\mathbf{U}_R}(U_R)\, dU_R + \int\limits_{-\infty}^{+\infty} i \cdot r \cdot f_\mathbf{r}(r)\, dr$$

$$= E\{\mathbf{U}_R\} + i \cdot E\{\mathbf{r}\}$$

$$= i \cdot a$$

(b) Der quadratische Mittelwert:

$$m_\mathbf{U}^{(2)}(t) = E\{[\mathbf{U}(r,t)]^2\}$$

$$= \int\limits_{-\infty}^{+\infty}\int\limits_{-\infty}^{+\infty} (U_R + i \cdot r)^2\, f_{U_R,\mathbf{r}}(U_R, r)\, dU_R\, dr$$

$$= \int\limits_{-\infty}^{+\infty}\int\limits_{-\infty}^{+\infty} (U_R^2 + 2 \cdot i \cdot U_R \cdot r + i^2 \cdot r^2)\, f_{\mathbf{U}_R}(U_R) \cdot f_\mathbf{r}(r)\, dU_R\, dr$$

$$= E\{\mathbf{U}_R^2\} + 2 \cdot i \cdot E\{\mathbf{U}_R\}\, E\{\mathbf{r}\} + i^2 \cdot E\{\mathbf{r}^2\}$$

$$= \sigma^2 + 0 + i^2 \cdot (a^2 + b^2)$$

$$= \sigma^2 + i^2 \cdot (a^2 + b^2)$$

(c) Die Varianz:

$$\sigma_\mathbf{U}^2(t) = E\{(\mathbf{U}(r,t) - i \cdot a)^2\}$$

$$= \int\limits_{-\infty}^{+\infty}\int\limits_{-\infty}^{+\infty} (U_R + i \cdot (r - a))^2\, f_{U_R,\mathbf{r}}(U_R, r)\, dU_R\, dr$$

$$= E\{\mathbf{U}_R^2\} + 2 \cdot i \cdot E\{\mathbf{U}_R\}\, E\{(r-a)\} + i^2 \cdot E\{(r-a)^2\}$$

$$= \sigma^2 + i^2 \cdot b^2.$$

Da für verschiedene feste Zeitpunkte $t_1, t_2, \ldots, t_n$ der Zufallsprozeß $\mathbf{x}(\eta, t_i)$ jeweils als eine Zufallsvariable aufgefaßt wird, können wir für verschiedene feste Zeitpunkte die gemeinsame Statistik betrachten. Entsprechend Abschnitt 3.6 definieren wir für zwei (gleiche oder verschiedene) Zufallsprozesse $\mathbf{x}$ und $\mathbf{y}$ die gemeinsame **Wahrscheinlichkeitsverteilung**

$$F_{\mathbf{xy}}(x, y, t_1, t_2) = P(\{\eta_i \mid \mathbf{x}(\eta_i, t_1) \le x\} \cap \{\eta_i \mid \mathbf{y}(\eta_i, t_2) \le y\}) \tag{3.47}$$

und die gemeinsame **Wahrscheinlichkeitsdichte**

$$f_{\mathbf{xy}}(x, y, t_1, t_2) = \frac{\partial^2 F_{\mathbf{xy}}(x, y, t_1, t_2)}{\partial x\, \partial y}, \tag{3.48}$$

und können somit diverse Erwartungswerte bilden.

Die **Autokorrelationsfunktion** eines Zufallsprozesses $x(\eta, t)$ ist definiert als

$$R_{xx}(t_1, t_2) = E\{x(\eta, t_1)x(\eta, t_2)\}$$

$$= \int\limits_{-\infty}^{+\infty} \int\limits_{-\infty}^{+\infty} x_1 x_2 \, f_{xx}(x_1, x_2, t_1, t_2) \, dx_1 \cdot dx_2. \tag{3.49}$$

Der ihr verwandte Autokorrelationskoeffizient ρ_{xx} entsprechend Gl.(3.37) ist ein Maß für die (lineare) Abhängigkeit des Zufallsprozesses für zwei verschiedene Zeitpunkte.

Die **Kreuzkorrelationsfunktion** zweier Zufallsprozesse $x(\eta, t)$ und $y(\eta, t)$ ist entsprechend definiert als

$$R_{xy}(t_1, t_2) = E\{x(\eta, t_1)y(\eta, t_2)\}$$

$$= \int\limits_{-\infty}^{+\infty} \int\limits_{-\infty}^{+\infty} xy \, f_{xy}(x, y, t_1, t_2) \, dx \cdot dy. \tag{3.50}$$

Der ihr verwandte Kreuzkorrelationskoeffizient ρ_{xy} entsprechend Gl.(3.37) ist ein Maß für die (lineare) Abhängigkeit zwischen den beiden Prozessen für zwei verschiedene Zeitpunkte.

Beispiel 3.22

Wir setzen Beispiel 3.21 fort und berechnen die Autokorrelationsfunktion von $\mathbf{U}$:

$$R_{\mathbf{U}\,\mathbf{U}}(t_1, t_2) = E\{\mathbf{U}(r, t_1)\mathbf{U}(r, t_2)\}$$

$$= \int\limits_{-\infty}^{+\infty} \int\limits_{-\infty}^{+\infty} (U_R(t_1) + i \cdot r) \cdot (U_R(t_2) + i \cdot r) \cdot f_{\mathbf{U}_R,\mathbf{r}}(U_R, r) \, dU_R \, dr$$

$$= \int\limits_{-\infty}^{+\infty} \int\limits_{-\infty}^{+\infty} (U_R(t_1) \cdot U_R(t_2) + i \cdot r \cdot (U_R(t_1) + U_R(t_2)) + i^2 \cdot r^2)$$

$$\cdot f_{\mathbf{U}_R, r}(U_R, r) \, dU_R \cdot dr$$

$$= \int\limits_{-\infty}^{+\infty} (U_R(t_1) \cdot U_R(t_2)) \cdot f_{\mathbf{U}_R}(U_R) \, dU_R$$

$$+ \int\limits_{-\infty}^{+\infty} \int\limits_{-\infty}^{+\infty} i \cdot r \cdot (U_R(t_1) + U_R(t_2)) \cdot f_{\mathbf{U}_R}(U_R) \cdot f_{\mathbf{r}}(r) \, dU_R \cdot dr$$

$$+ \int\limits_{-\infty}^{+\infty} i^2 \cdot r^2 \cdot f_{\mathbf{r}}(r) \, dr$$

$$= \int\limits_{-\infty}^{+\infty} U_R(t_1) \; U_R(t_2) \cdot f_{\mathbf{U}_R}(U_R) \, dU_R + 0 \; + i^2 \cdot (a^2 + b^2).$$

Für den ersten Term gilt

$$\int\limits_{-\infty}^{+\infty} U_R(t_1) \cdot U_R(t_2) \cdot f_{\mathbf{U}_R}(u_R) \, dU_R$$

$$= \int\limits_{-\infty}^{+\infty} \int\limits_{-\infty}^{+\infty} (U_C \cdot \cos \omega_0 t_1 + U_S \cdot \sin \omega_0 t_1) \cdot (U_C \cdot \cos \omega_0 t_2 + U_S \cdot \sin \omega_0 t_2) \cdot$$

$$\cdot f_{\mathbf{U}_C, \mathbf{U}_S}(U_C, U_S) \, dU_C \cdot dU_S$$

$$= \int\limits_{-\infty}^{+\infty} (U_C^2 \cdot \cos \omega_0 t_1 \cdot \cos \omega_0 t_2) f_{\mathbf{U}_C}(U_C) \, dU_C$$

$$+ \int\limits_{-\infty}^{+\infty} \int\limits_{-\infty}^{+\infty} (U_C \cdot \cos\omega_0 t_1 \cdot U_S \cdot \sin\omega_0 t_2) \cdot f_{\mathbf{U}_C}(U_C) \cdot f_{\mathbf{U}_S}(U_S) \, dU_C \, dU_S$$

$$+ \int\limits_{-\infty}^{+\infty} \int\limits_{-\infty}^{+\infty} (U_S \cdot \sin\omega_0 t_1 \cdot U_C \cdot \cos\omega_0 t_2) \cdot f_{\mathbf{U}_C}(U_C) \cdot f_{\mathbf{U}_S}(U_S) \, dU_C \, dU_S$$

$$+ \int\limits_{-\infty}^{+\infty} (U_S^2 \cdot \sin\omega_0 t_1 \cdot \sin\omega_0 t_2) f_{\mathbf{U}_S}(U_S) \, dU_S$$

$$= \sigma^2 \cdot (\cos\omega_0 t_1 \cdot \cos\omega_0 t_2 + \sin\omega_0 t_1 \cdot \sin\omega_0 t_2)$$

$$= \sigma^2 \cdot \cos\omega_0(t_1 - t_2) = \sigma^2 \cdot \cos\omega_0(t_2 - t_1) \,.$$

Insgesamt gilt somit für $R_{UU}(t_1, t_2)$:

$$R_{UU}(t_1, t_2) = \sigma^2 \cdot \cos\omega_0(t_2 - t_1) + i^2 \cdot (a^2 + b^2) \,.$$

Gilt für zwei beliebige Zeitpunkte t_1, t_2

$$E\{\mathbf{x}(\eta, t_1)\mathbf{y}(\eta, t_2)\} = E\{\mathbf{x}(\eta, t_1)\} \cdot E\{\mathbf{y}(\eta, t_2)\}, \tag{3.51}$$

so nennt man $\mathbf{x}(\eta, t)$ und $\mathbf{y}(\eta, t)$ **unkorrelierte** (linear unabhängige) **Zufallsprozesse**.
Gilt für zwei beliebige Zeitpunkte t_1, t_2

$$E\{\mathbf{x}(\eta, t_1) \cdot \mathbf{y}(\eta, t_2)\} = 0, \tag{3.52}$$

so nennt man $\mathbf{x}(\eta, t)$ und $\mathbf{y}(\eta, t)$ **orthogonale Zufallsprozesse**.
Zwei Prozesse $\mathbf{x}(\eta, t)$ und $\mathbf{y}(\eta, t)$ nennt man **statistisch unabhängig**, wenn für beliebige Zeitpunkte t_1, t_2 die Zufallsvariable $\mathbf{x}(\eta, t_1)$ und $\mathbf{y}(\eta, t_2)$ voneinander statistisch unabhängig sind, d.h. wenn Gl.(3.36) entsprechend gilt.
Im allgemeinen sind die Statistiken von Zufallsprozessen, die wir betrachtet haben, zeitabhängig. Man kann also außer Erwartungswerten (**Scharmittelwerten**) auch über die einzelnen Zeitfunktionen (Musterfunktionen) mitteln. Diese **Zeitmittelwerte** können wiederum als Zufallsvariablen aufgefaßt werden, da sie im allgemeinen von den betrachteten Musterfunktionen abhängen. Wir definieren entsprechende Zeitmittelwerte, soweit die jeweiligen Integrale existieren:
Linearer Zeitmittelwert

$$\widetilde{\mathbf{m}}_{\mathbf{x}}(\eta) = \lim_{T \to \infty} \frac{1}{2T} \int\limits_{-T}^{+T} \mathbf{x}(\eta, t) \, dt \tag{3.53}$$

Quadratischer Zeitmittelwert

$$\widetilde{\mathbf{m}}_{\mathbf{x}}^{(2)}(\eta) = \lim_{T \to \infty} \frac{1}{2T} \int\limits_{-T}^{+T} \mathbf{x}^2(\eta, t) \, dt \tag{3.54}$$

Beispiel 3.23
Die Mittelwerte, die in den vorigen Beispielen ermittelt wurden, sind Scharmittelwerte. Neben den Scharmittelwerten werden diverse Zeitmittelwerte für Zufallsprozesse definiert.
Wir nehmen $U(r_6, t)$ als Musterfunktion. Es gelten für die Rauschspannung bekanntlich folgende Gleichungen:

$$\lim_{T \to \infty} \frac{1}{2T} \int_{-T}^{T} U_S \cdot \sin \omega_0 t \, dt = 0,$$

$$\lim_{T \to \infty} \frac{1}{2T} \int_{-T}^{T} U_C \cdot \cos \omega_0 t \, dt = 0,$$

$$\lim_{T \to \infty} \frac{1}{2T} \int_{-T}^{T} U_S \cdot U_C \cdot \cos \omega_0 t \cdot \sin \omega_0 t \, dt = 0,$$

$$\lim_{T \to \infty} \frac{1}{2T} \int_{-T}^{T} U_C^2 \cdot \cos^2 \omega_0 t \, dt = \frac{1}{2} \cdot \sigma^2,$$

und

$$\lim_{T \to \infty} \frac{1}{2T} \int_{-T}^{T} U_S^2 \cdot \sin^2 \omega_0 t \, dt = \frac{1}{2} \cdot \sigma^2.$$

Wir ermitteln die Zeitmittelwerte $\tilde{m}_U(r_6)$ und $\tilde{m}_U^{(2)}(r_6)$.

(a) Der lineare Zeitmittelwert:

$$\tilde{m}_U(r_6) = \lim_{T \to \infty} \frac{1}{2T} \int_{-T}^{T} U(r_6, t) \, dt$$

$$= \lim_{T \to \infty} \frac{1}{2T} \int_{-T}^{T} (U_R(t) + i \cdot r_6) \, dt$$

$$= \lim_{T \to \infty} \frac{1}{2T} \int_{-T}^{T} (U_C \cdot \cos \omega_0 t + U_S \cdot \sin \omega_0 t + i \cdot r_6) \, dt$$

$$= 0 + i \cdot r_6 = i \cdot r_6$$

(b) Der quadratische Mittelwert:

$$\tilde{m}_U^{(2)}(r_6) = \lim_{T \to \infty} \frac{1}{2T} \int_{-T}^{T} U^2(r_6, t) \, dt$$

$$= \lim_{T \to \infty} \frac{1}{2T} \int_{-T}^{T} (U_C \cdot \cos \omega_0 t + U_S \cdot \sin \omega_0 t + i \cdot r_6)^2 \, dt$$

$$= \lim_{T \to \infty} \frac{1}{2T} \left[\int_{-T}^{T} (U_C^2 \cdot \cos^2 \omega_0 t + U_S^2 \cdot \sin^2 \omega_0 t) \, dt \right.$$

$$+ \int_{-T}^{T} 2 \cdot U_S \cdot U_C \cdot \sin \omega_0 t \cdot \cos \omega_0 t \, dt$$

$$+ \int_{-T}^{T} 2 \cdot i \cdot r_6 \cdot (U_C \cdot \cos \omega_0 t + U_S \cdot \sin \omega_0 t) \, dt$$

$$\left. + \int_{-T}^{T} i^2 \cdot r_6^2 \, dt \right]$$

$$= \frac{1}{2} \cdot \sigma^2 + \frac{1}{2} \cdot \sigma^2 + 0 + 0 + i^2 \cdot r_6^2$$

$$= \sigma^2 + i^2 \cdot r_6^2.$$

Sind die Statistiken eines Zufallsprozesses invariant gegenüber einer Zeitverschiebung, so nennt man den Zufallsprozeß **streng stationär**. Dies bedeutet, daß die Prozesse $x(\eta, t)$ und $x(\eta, t + \tau)$ für beliebige τ die gleichen Statistiken haben. Ein Prozeß $x(\eta, t)$ wird **schwach stationär** genannt, wenn der lineare Mittelwert konstant ist, und die Autokorrelationsfunktion lediglich von der Zeitverschiebung $\tau = |t_1 - t_2|$ abhängt, d.h. wenn gelten

$$E\{x(\eta, t)\} = E\{x(\eta, t + \tau)\} = m_x \tag{3.55}$$

und

$$R_{xx}(t_1, t_2) = E\{x(\eta, t_1)x(\eta, t_2)\} = R_{xx}(\tau). \tag{3.56}$$

Für den quadratischen Mittelwert gilt dann

$$E\{x^2(\eta, t)\} = R_{xx}(o) = m_x^{(2)}. \tag{3.57}$$

Der Begriff der Stationarität kann auch für mehrere Prozesse erweitert werden. Man spricht dann von **gemeinsamer Stationarität**. So gilt entsprechend (3.56) für zwei Prozesse $x(\eta, t)$ und $y(\eta, t)$ die gemeinsam schwach stationär sind, daß ihre Kreuzkorrelationsfunktion lediglich von der Zeitspanne τ abhängt, d.h. es gilt

$$R_{xy}(t_1, t_2) = E\{x(\eta, t_1)y(\eta, t_1 + \tau)\} = R_{xy}(\tau) \tag{3.58}$$

Beispiel 3.24

Wir überprüfen die Stationarität des Zufallsprozesses. Man sieht im Beispiel 3.21, daß die Ergebnisse von $m_U(t)$ und $m_U^{(2)}(t)$ für beliebiges t konstant sind, d.h. es gelten auch für $(t + \tau)$ mit der Zeitverschiebung τ die folgenden Gleichungen:

$$E\{U(t + \tau)\} = i \cdot a$$

und

$$E\{U^2(t + \tau)\} = \sigma^2 + i^2 \cdot (a^2 + b^2).$$

Die Autokorrelationsfunktion von U wurde im Beispiel 3.22 ausgerechnet. Das Ergebnis lautete

$$\begin{aligned} R_{UU}(t_1, t_2) &= \sigma^2 \cdot \cos \omega_0(t_1 - t_2) + i^2 \cdot (a^2 + b^2) \\ &= \sigma^2 \cdot \cos \omega_0(t_2 - t_1) + i^2 \cdot (a^2 + b^2) \\ &= \sigma^2 \cdot \cos \omega_0 \tau + i^2 \cdot (a^2 + b^2) \\ &= R_{UU}(\tau), \end{aligned}$$

wobei $\tau = |t_1 - t_2|$ ist.

Die Autokorrelationsfunktion hängt also nur von der Zeitspanne τ zwischen t_1 und t_2 aber nicht unmittelbar von t_1 und t_2 ab. Dieses Ergebnis zeigt, daß der Prozeß schwach stationär ist.

Für stationäre Prozesse ist die Autokorrelationsfunktion eine Funktion eines Parameters τ. Es bietet sich daher die Möglichkeit, die Fouriertransformierte von $R_{xx}(\tau)$ zu bilden. Diese wird das **Leistungsdichtespektrum** genannt und mit S_{xx} bezeichnet, d.h.

$$S_{xx}(\omega) = \int\limits_{-\infty}^{+\infty} R_{xx}(\tau) e^{-j\omega\tau} d\tau. \tag{3.59}$$

Die Rücktransformation ergibt dann

$$R_{xx}(\tau) = \frac{1}{2\pi} \int\limits_{-\infty}^{+\infty} S_{xx}(\omega) e^{j\omega\tau} d\omega. \tag{3.60}$$

Wie allgemein bei den Fouriertransformationspaaren (s. Anhang A.2), sind die Autokorrelationsfunktion und das Leistungsspektrum gleichwertig, insbesondere hinsichtlich ihrer Aussage über die statistischen Eigenschaften eines Zufallsprozesses.

Für zwei gemeinsame stationäre Prozesse $x(\eta, t)$ und $y(\eta, t)$ wird entsprechend (3.59) das **Kreuzleistungsdichtespektrum** definiert, mit

$$S_{\mathbf{xy}}(\omega) = \int\limits_{-\infty}^{+\infty} R_{\mathbf{xy}}(\tau)\, e^{-j\omega\tau}\, d\tau \tag{3.61}$$

und der Rücktransformation

$$R_{\mathbf{xy}}(\tau) = \frac{1}{2\pi} \int\limits_{-\infty}^{+\infty} S_{\mathbf{xy}}(\omega)\, e^{j\omega\tau}\, d\omega. \tag{3.62}$$

Beispiel 3.25

Im Beispiel 3.24 haben wir die Autokorrelationsfunktion $R_{\mathbf{UU}}(\tau)$ ermittelt,

$$R_{\mathbf{UU}}(\tau) = \sigma^2 \cdot \cos\omega_0\tau + i^2 \cdot (a^2 + b^2)\,.$$

(a) Aus $|\cos\omega_0\tau| \leq \cos 0 = 1$ folgt
$$|R_{\mathbf{UU}}(\tau)| \leq R_{\mathbf{UU}}(0)$$

(b) Da cos eine gerade Funktion ist, haben wir
$$R_{\mathbf{UU}}(\tau) = R_{\mathbf{UU}}(-\tau).$$

Das Leistungsdichtespektrum erhalten wir durch die Fouriertransformation (Anhang A.4) der Autokorrelationsfunktion $R_{\mathbf{UU}}(\tau)$:

$$S_{\mathbf{UU}}(\omega) = \pi \cdot (\delta(\omega - \omega_0) + \delta(\omega + \omega_0)) \cdot \sigma^2$$
$$+ 2\pi \cdot \delta(\omega) \cdot i^2 \cdot (a^2 + b^2)\,.$$

(a) Es gilt
$$S_{\mathbf{UU}}(\omega) = S_{\mathbf{UU}}(-\omega),$$
weil $\delta(\omega) = \delta(-\omega)$ ist.

(b) $S_{\mathbf{UU}}(\omega)$ ist reell.

(c) Weil die Gewichtungen der einzelnen δ–Funktionen nicht kleiner als Null sind, ergibt sich stets
$$S_{\mathbf{UU}}(\omega) \geq 0.$$

Wie wir gesehen haben, sind für stationäre Zufallsprozesse die Erwartungswerte konstant oder Funktionen von Zeitdifferenzen. Die Zeitmittelwerte sind jedoch Zufallsvariablen, die wiederum zeitunabhängig oder Funktionen von Zeitdifferenzen sein können. Gilt für die Zeitmittelwerte, daß sie mit der Wahrscheinlichkeit Eins mit den entsprechenden Erwartungswerten (Scharmittelwerten) übereinstimmen, so nennt man den Zufallsprozeß **ergodisch**. Wie bei der Stationarität kann man auch hier strenge und schwache Ergodizität definieren.

Für einen schwach ergodischen Zufallsprozeß gilt also z.B.

$$E\{\mathbf{x}(\eta, t)\} = m_{\mathbf{x}} \doteq \lim_{T\to\infty} \frac{1}{2T} \int\limits_{-T}^{+T} \mathbf{x}(\eta, t)\, dt,$$

$$E\{\mathbf{x}^2(\eta, t)\} = m_{\mathbf{x}}^{(2)} \doteq \lim_{T\to\infty} \frac{1}{2T} \int\limits_{-T}^{+T} \mathbf{x}^2(\eta, t)\, dt,$$

$$E\{\mathbf{x}(\eta, t_1)\,\mathbf{x}(\eta, t_2)\} = R_{\mathbf{xx}}(\tau) \doteq \lim_{T\to\infty} \frac{1}{2T} \int\limits_{-T}^{+T} \mathbf{x}(\eta, t) \cdot \mathbf{x}(\eta, t + \tau)\, dt,$$

wobei das Zeichen $\doteq$ als Gleichheit mit der Wahrscheinlichkeit Eins zu lesen ist, d.h. die Zufallsvariable auf der einen Seite der Gleichung mit der Wahrscheinlichkeit Eins den Wert auf der anderen Seite der Gleichung annimmt.

Beispiel 3.26

Wir listen hier einige Ergebnisse aus den Beispielen 3.21, 3.22 und 3.23 auf.

(a) Die Scharmittelwerte:
$$m_{\mathbf{U}}(t) = E\{\mathbf{U}(r,t)\} = i \cdot a$$
$$m_{\mathbf{U}}^{(2)}(t) = E\{\mathbf{U}^2(r,t)\} = \sigma^2 + i^2 \cdot (a^2 + b^2)$$
$$R_{\mathbf{U}\,\mathbf{U}}(\tau) = \sigma^2 \cdot \cos\omega_0\tau + i^2 \cdot (a^2 + b^2)$$

(b) Die Zeitmittelwerte:
$$\tilde{m}_{\mathbf{U}}(r_6) = i \cdot r_6$$
$$\tilde{m}_{\mathbf{U}}^{(2)}(r_6) = \sigma^2 + i^2 \cdot r_6^2$$

Man kann die folgende Gleichung leicht bestätigen:

$$\lim_{T\to\infty} \frac{1}{2T} \int\limits_{-T}^{+T} U(r_6,t) \cdot U(r_6, t+\tau)\, dt = \sigma^2 \cos\omega_0\tau + i^2 \cdot r_6^2.$$

Die obigen Ergebnisse besagen, daß der Zufallsprozeß schwach stationär aber nicht ergodisch ist, weil die Scharmittelwerte mit den entsprechenden Zeitmittelwerten nicht mit der Wahrscheinlichkeit Eins übereinstimmen.

3.8 Aufgaben zu Kapitel 3

Aufgabe 3.1

(a) Welche Eigenschaften weist ein Ereignisfeld E auf?

(b) Was ist ein Ereignis?

(c) Man erkläre die Begriffe
 — sicheres Ereignis
 — unmögliches Ereignis
 — Ereignis mit der Wahrscheinlichkeit Null.

(d) Ist es möglich, das zwei Ergebnisse gleichzeitig statistisch unabhängig und disjunkt sind? Begründen Sie Ihre Aussage.

Lösung 3.1

(a) Ein Ereignisfeld **E** ist eine nicht leere Menge von Teilmengen der Ausgänge eines Experiments und erfüllt die folgenden Eigenschaften:
 — Wenn **A** ein Element von **E** ist, ist sein Komplement $\bar{A}$ auch ein Element von E.
 — Eine Vereinigung von (endlich oder abzählbar unendlich vielen) Elementen von **E** ist ein Element von E.

(b) Ein Ereignis ist Element aus dem Ereignisfeld E.

(c) — Das sichere Ereignis ist ein Ereignis, das bei jeder Durchführung des Experiments eintritt - es ist identisch mit der Menge der Ausgänge des Experiments H. Die Wahrscheinlichkeit des sicheren Ereignisses ist 1. Es muß jedoch nicht jedes Ereignis mit der Wahrscheinlichkeit 1 das sichere Ereignis sein.
 — Das unmögliche Ereignis ist ein Ereignis, das bei keiner Durchführung des Experiments eintritt - es ist identisch mit $\overline{H}$, oder der leeren Menge $\emptyset$. Die Wahrscheinlichkeit des unmöglichen Ereignisses ist Null.
 — Ein Ereignis mit der Wahrscheinlichkeit Null ist ein Ereignis, das fast nie auftritt. Es muß nicht immer identisch $\overline{H}$ oder $\emptyset$ sein, sondern es gilt lediglich $P(A) = 0$.

(d) Für statistisch unabhängige Ereignisse A und B gilt
$$P(A \cap B) = P(A) \cdot P(B)\,.$$
Sind A und B disjunkt, so gilt $A \cap B = \emptyset$ und somit
$$P(\emptyset) = P(A) \cdot P(B) = 0\,.$$
Dies ist nur erfüllt, wenn entweder $P(A) = 0$ oder $P(B) = 0$ ist.
Zwei Ereignisse können somit dann sowohl statistisch unabhängig als auch disjunkt sein, wenn eines der beiden Ereignisse die Wahrscheinlichkeit Null hat.

Aufgabe 3.2

(a) Welche Bedingung müssen zwei Ereignisse erfüllen, damit sie statistisch unabhängig sind?

(b) Wie berechnet man die bedingte Wahrscheinlichkeit $P(A \mid B)$?

(c) Wie lautet der Bayes'sche Satz?

Lösung 3.2

(a) A und B seien zwei Ereignisse. Die erforderliche Bedingung für die statistische Unabhängigkeit ist
$$P(A \cap B) = P(A) \cdot P(B) \, .$$

(b) $$P(A \mid B) = \frac{P(A \cap B)}{P(B)}, \quad \text{für } P(B) > 0$$

(c) Der Bayes'sche Satz für paarweise disjunkte Ereignisse mit $\bigcup A_i = H$ lautet
$$P(A_i \mid B) = \frac{P(B \mid A_i) \cdot P(A_i)}{\sum\limits_{i=1}^{n} P(B \mid A_i) \cdot P(A_i)} \, .$$

Er gestattet, die Wahrscheinlichkeit des Ereignisses $(A_i \mid B)$ aus den Wahrscheinlichkeiten der Ereignisse $(B \mid A_i)$ und A_i auszurechnen.

Aufgabe 3.3

(a) Was bedeutet das Ereignis $A = \{\eta_i \mid \mathbf{x}(\eta_i) \leq x_0\}$?

(b) Welcher Zusammenhang besteht zwischen der Wahrscheinlichkeitsverteilung $F_\mathbf{x}$ und der Wahrscheinlichkeit P?

(c) Wie wird die Wahrscheinlichkeitsdichte $f_\mathbf{x}$ definiert?

Lösung 3.3

(a) A ist die Menge aller Ausgänge, die die Bedingung erfüllen, daß die Zufallsvariable $\mathbf{x}$ einen Wert $\leq x_0$ annimmt.

(b) $$F_\mathbf{x}(x) = P(\{\eta_i \mid \mathbf{x}(\eta_i) \leq x\}), \quad x \in \mathbb{R}$$

(c) $$f_\mathbf{x}(x) = \frac{d\, F_\mathbf{x}(x)}{d\, x}$$

Aufgabe 3.4

(a) Wie wird eine Funktion $\mathbf{y}$ einer Zufallsvariablen $\mathbf{x}$ definiert?

(b) Wie berechnet man den Erwartungswert von $\mathbf{y}$, wenn $f_\mathbf{x}$ bekannt ist ?

Lösung 3.4

(a) Sei $\mathbf{x}$ eine Zufallsvariable. Eine Funktion $g(\mathbf{x})$ ordnet der reellen Zahl $\mathbf{x}(\eta_i)$ für jedes η_i einen Funktionswert $\mathbf{y}(\eta_i) = g(\mathbf{x}(\eta_i))$ zu. Wenn $\mathbf{y}(\eta_i)$ auch die beiden Eigenschaften erfüllt:
  − Die Menge $\{\eta_i \mid \mathbf{y}(\eta_i) \leq y\}$ ist ein Ereignis für alle $y \in R$
  − $P\{\eta_i \mid \mathbf{y}(\eta_i) = +\infty\} = 0$ und $P\{\eta_i \mid \mathbf{y}(\eta_i) = -\infty\} = 0$,
bezeichnet man $\mathbf{y}$ als Funktion der Zufallsvariablen $\mathbf{x}$. Man faßt $\mathbf{y}$ als eine neue Variable auf:
$$\mathbf{y} - g(\mathbf{x})$$
mit der reellen Abbildung
$$y = g(x) \, .$$

(b) Der Erwartungswert von $\mathbf{y}$ ergibt sich:
$$E\{\mathbf{y}\} = \int\limits_{-\infty}^{\infty} g(x) \cdot f_\mathbf{x}(x)\, dx \, .$$

Aufgabe 3.5

(a) Was versteht man unter dem Ausdruck $F_{\mathbf{xy}}(x, y)$?

(b) Was versteht man unter linear unabhängigen Zufallsvariablen?

(c) Was sagt der Korrelationskoeffizient aus?

Lösung 3.5

(a) $$F_{\mathbf{xy}}(x, y) = P(\{\eta_i \mid \mathbf{x}(\eta_i) \leq x\} \cap \{\eta_i \mid \mathbf{y}(\eta_i) \leq y\})$$
ist die Wahrscheinlichkeit dafür, daß die beiden Ereignisse $\{\eta_i \mid \mathbf{x}(\eta_i) \leq x\}$ und $\{\eta_i \mid \mathbf{y}(\eta_i) \leq y\}$ gemeinsam eintreten.

(b) Zwei linear unabhängige Variablen x und y erfüllen die Bedingung
$$E\{\mathbf{xy}\} = E\{\mathbf{x}\} \cdot E\{\mathbf{y}\}.$$

(c) Der Korrelationskoeffizient ist ein Maß für die Korreliertheit zweier Zufallsvariablen, z.B.

$\rho_{\mathbf{xy}} = 0$ heißt, daß x und y nicht korreliert sind;

$\rho_{\mathbf{xy}} = \pm 1$ heißt, daß x und y vollständig korreliert sind;

$\rho_{\mathbf{xy}} = 0,2$ heißt, daß x und y weniger korreliert sind als bei $\rho_{\mathbf{xy}} = \pm 1$.

Aufgabe 3.6

(a) Man erkläre den Begriff "Musterfunktion".

(b) Wofür steht der Ausdruck $R_{\mathbf{xx}}(t_1, t_2)$? Wie wird $R_{\mathbf{xx}}(t_1, t_2)$ definiert?

(c) Man erkläre den Unterschied zwischen einem schwach stationären Prozeß und einem streng stationären Prozeß.

Lösung 3.6

(a) $\mathbf{x}(\eta, t)$ stellt einen stochastischen Prozeß dar. Für jedes feste η_i("Muster") ist $x(\eta_i, t)$ eine Zeitfunktion. Eine derartige Zeitfunktion eines stochastischen Prozesses wird als Musterfunktion bezeichnet.

(b) Der Ausdruck $R_{\mathbf{xx}}(t_1, t_2)$ steht für die Autokorrelationsfunktion des Prozesses $\mathbf{x}(\eta, t)$; sie wird definiert als
$$R_{\mathbf{xx}}(t_1, t_2) = E\{\mathbf{x}(\eta, t_1)\mathbf{x}(\eta, t_2)\}$$

(c) Ein streng stationärer Prozeß ist ein Prozeß, dessen Statistiken invariant gegenüber einer Zeitverschiebung sind.

Ein schwach stationärer Prozeß weist lediglich die Zeitinvarianz seines linearen Mittelwerts auf, und dessen Autokorrelationsfunktion hängt nur noch von der Zeitverschiebung ab.

Aufgabe 3.7

Die folgende Skizze charakterisiert eine Wahrscheinlichkeitsdichte $f_{\mathbf{x}}(x)$.

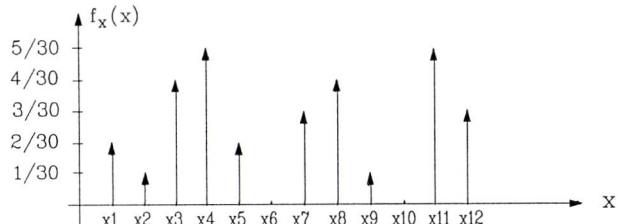

Geben Sie die Wahrscheinlichkeitsdichte $f_{\mathbf{x}}(x)$ an. Ermitteln Sie die folgenden Wahrscheinlichkeiten

(a) $F_{\mathbf{x}}(x_6)$

(b) $F_{\mathbf{x}}(x_6 \mid A)$ wobei $A = \{\eta_i \mid x_2 \leq \mathbf{x}(\sigma_i) \leq x_{10}\}$ ist.

Lösung 3.7

$$f_{\mathbf{x}}(x) = \sum_{k=1}^{12} h_k \cdot \delta(x - x_k)$$

h_1	$\frac{2}{30}$	h_5	$\frac{2}{30}$	h_9	$\frac{1}{30}$
h_2	$\frac{1}{30}$	h_6	0	h_{10}	0
h_3	$\frac{4}{30}$	h_7	$\frac{3}{30}$	h_{11}	$\frac{5}{30}$
h_4	$\frac{5}{30}$	h_8	$\frac{4}{30}$	h_{12}	$\frac{3}{30}$

1. $F_{\mathbf{x}}(x_6) = \dfrac{14}{30}$

2. $F_{\mathbf{x}}(x_6 \mid A) = \dfrac{P(\{\sigma_i \mid x_2 \leq \mathbf{x}(\sigma_i) \leq x_6\})}{P(\{\sigma_i \mid x_2 \leq \mathbf{x}(\sigma_i) \leq x_{10}\})} = 0,6$

Aufgabe 3.8

Gegeben ist die Funktion einer Zufallsvariablen $\mathbf{y}$, $y = -\frac{1}{c} \cdot \ln x$.
$\mathbf{x}$ ist im Intervall $(0, T]$ gleichverteilt mit der Wahrscheinlichkeitsdichte $f_{\mathbf{x}}(x) = \frac{1}{T}$. Gesucht ist die Wahrscheinlichkeitsdichte $f_{\mathbf{y}}(y)$.

Ermitteln Sie außerdem den Mittelwert und die Varianz der Zufallsvariablen $\mathbf{y}$ für $T = 1$.

Hinweis:
Der folgende Satz steht für die Lösung der Aufgabe zur Verfügung:
$\mathbf{y}$ sei eine Funktion der Zufallsvariablen $\mathbf{x}$ mit $y = g(x)$. Wenn $x_1, x_2, \ldots, x_i, \ldots$, reelle Lösungen von $y_0 = g(x)$ sind, d.h.

$$y_0 = g(x_1) = g(x_2) = \ldots = g(x_i) = \ldots,$$

dann gilt

$$f_{\mathbf{y}}(y_0) = \frac{f_{\mathbf{x}}(x_1)}{\mid g'(x_1) \mid} + \ldots + \frac{f_{\mathbf{x}}(x_i)}{\mid g'(x_i) \mid} + \ldots .$$

Im folgenden wird der verwendete Satz für den Fall einer reellen Lösung, $y_0 = g(x_1)$, bildlich interpretiert.

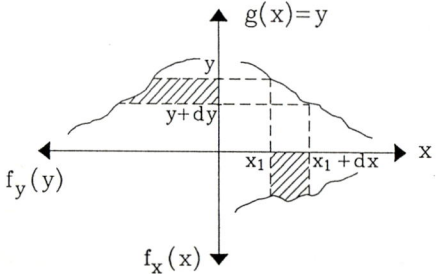

Wir können im Bild ablesen, daß die Wahrscheinlichkeit $P\{g(x_1) + dy < \mathbf{y} \leq g(x_1)\}$ gleich der Wahrscheinlichkeit $P\{x_1 < \mathbf{x} \leq x_1 + dx\}$ ist, d.h.

$$f_{\mathbf{y}} \cdot \mid dy \mid = f_{\mathbf{x}} \cdot dx .$$

Mit

$$dy = g'(x_1) \cdot dx \quad \Longrightarrow \quad \mid dy \mid = \mid g'(x_1) \mid \cdot dx$$

erhalten wir

$$f_{\mathbf{y}}(y_0) \cdot \mid dy \mid = \frac{f_{\mathbf{x}}(x_1)}{\mid g'(x_1) \mid} \cdot \mid dy \mid ,$$

damit auch

$$f_{\mathbf{y}}(y_0) = \frac{f_{\mathbf{x}}(x_1)}{\mid g'(x_1) \mid} .$$

Lösung 3.8

Da die Funktion $y = -\frac{1}{c} \cdot \ln x$ für $x \in (0, 1]$ eindeutig ist, haben wir nur eine Lösung, d.h. es gilt

$$f_{\mathbf{y}}(y) = \frac{f_{\mathbf{x}}(x_1)}{\mid g'(x_1) \mid} .$$

Aus $y = -\frac{1}{c} \cdot \ln x$ folgt

$$g'(x_1) = -\frac{1}{c} \cdot \frac{1}{x_1}$$

mit $x_1 = e^{-cy}$.

Somit ist

$$f_{\mathbf{y}}(y) = \frac{f_{\mathbf{x}}(x_1)}{\mid y'(x_1) \mid} = \frac{c}{T} \cdot e^{-cy} .$$

Für $T = 1$ gilt
$$f_{\mathbf{y}}(y) = c \cdot e^{-cy}.$$
Da
$$y = -\frac{1}{c} \cdot \ln x$$
mit $x \in (0, 1]$, liegt y im Intervall $[0, \infty)$.
Der Mittelwert von $\mathbf{y}$:

$$E\{\mathbf{y}\} = \int\limits_0^\infty y \cdot f_y(y) \cdot dy$$

$$= c \int\limits_0^\infty y \cdot e^{-cy} \cdot dy$$

$$= -\left(\left[y \cdot e^{-cy} \right]_0^\infty - \int\limits_0^\infty e^{-cy} \, dy \right)$$

$$= -\left(0 + \frac{1}{c} \left[e^{-cy} \right]_0^\infty \right) = -\frac{1}{c}(0 - 1)$$

$$= \frac{1}{c}.$$

Bevor wir die Varianz bestimmen, berechnen wir zunächst den Erwartungswert $E\{\mathbf{y}^2\}$:

$$E\{\mathbf{y}^2\} = \int\limits_0^\infty y^2 \cdot f_{\mathbf{y}}(y) dy = \int\limits_0^\infty y^2 \cdot c \cdot e^{-cy} \, dy$$

$$= -\left(\left[y^2 \cdot e^{-cy} \right]_0^\infty - \int\limits_0^\infty 2y \cdot e^{-cy} \cdot dy \right)$$

$$= 0 + \frac{2}{c} \int\limits_0^\infty y \cdot c \cdot e^{-cy} \, dy$$

$$= \frac{2}{c} \cdot \frac{1}{c} = \frac{2}{c^2}.$$

Für die Varianz gilt dann (vgl. (3.28))
$$\sigma_{\mathbf{y}}^2 = E\{\mathbf{y}^2\} - m_{\mathbf{y}}^2 = \frac{2}{c^2} - \frac{1}{c^2} = \frac{1}{c^2}.$$

Aufgabe 3.9

Die gemeinsame Wahrscheinlichkeitsdichte von zwei Zufallsvariablen r und φ ist vorgegeben:
$$f_{\mathbf{r}\varphi}(r, \varphi) = \frac{1}{2\pi} \cdot \frac{r}{\sigma^2} \cdot \exp\left(-\frac{r^2}{2\sigma^2} \right)$$
mit
$$r \in [0, \infty) \quad \text{und} \quad \varphi \in [0, 2\pi].$$

(a) Ermitteln Sie die Wahrscheinlichkeitsdichten $f_{\mathbf{r}}$ und f_φ .

(b) Bestimmen Sie weiter den Mittelwert und die Varianz von $\mathbf{r}$.

(c) Ermitteln Sie den Korrelationskoeffizienten $\rho_{r\varphi}$.

Lösung 3.9

(a) Ausgehend von Gleichungen (3.38) und (3.39) ergeben sich:

$$f_{\mathbf{r}}(r) = \int\limits_0^{2\pi} f_{\mathbf{r}\varphi}(r, \varphi) \, d\varphi = \frac{r}{\sigma^2} \cdot \exp\left(-\frac{r^2}{2\sigma^2} \right)$$

$$f_\varphi(\varphi) = \int\limits_0^\infty f_{\mathbf{r}\varphi}(r, \varphi) dr = \int\limits_0^\infty \frac{1}{2\pi} \cdot \frac{r}{\sigma^2} \exp\left(-\frac{r^2}{2\sigma^2} \right) \, dr$$

$$= \frac{1}{2\pi} \int_0^\infty \exp\left(-\frac{r^2}{2\sigma^2}\right) \cdot \frac{2r}{2\sigma^2}\, dr = \frac{1}{2\pi} \int_0^\infty \exp\left(-\frac{r^2}{2\sigma^2}\right) \cdot d\left(\frac{r^2}{2\sigma^2}\right)$$

$$= \frac{1}{2\pi}\left(-\left[\exp\left(-\frac{r^2}{2\sigma^2}\right)\right]_0^\infty\right)$$

$$= \frac{1}{2\pi}\left(-[0-1]\right) = \frac{1}{2\pi}.$$

(b) Der Mittelwert beträgt

$$E\{\mathbf{r}\} = \int_0^\infty r \cdot f_{\mathbf{r}}(r)\, dr = \int_0^\infty r \cdot \frac{r}{\sigma^2} \cdot \exp\left(-\frac{r^2}{2\sigma^2}\right) \cdot dr$$

$$= -\left(\left[r \cdot \exp\left(-\frac{r^2}{2\sigma^2}\right)\right]_0^\infty - \int_0^\infty \exp\left(-\frac{r^2}{2\sigma^2}\right) \cdot dr\right)$$

$$= 0 + \int_0^\infty \exp\left(-\frac{r^2}{2\sigma^2}\right) \cdot dr\ .$$

Durch die Substitution

$$\eta = \frac{r}{\sqrt{2}\sigma} \quad \Longrightarrow \quad dr = \sqrt{2} \cdot \sigma \cdot d\eta$$

erhalten wir

$$E\{\mathbf{r}\} = \sqrt{2} \cdot \sigma \int_0^\infty e^{-\eta^2} \cdot d\eta\ .$$

Es gilt (vgl. Beispiel 3.15)

$$\int_{-\infty}^\infty e^{-\eta^2} \cdot d\eta = \sqrt{\pi}\ .$$

Weil die Funktion $f(\eta) = e^{-\eta^2}$ eine gerade Funktion ist, ergibt sich

$$\int_{-\infty}^\infty e^{-\eta^2} \cdot d\eta = 2 \cdot \int_0^\infty e^{-\eta^2} \cdot d\eta = \sqrt{\pi}$$

oder

$$\int_0^\infty e^{-\eta^2} \cdot d\eta = \frac{\sqrt{\pi}}{2}\ .$$

Somit beträgt

$$E\{\mathbf{r}\} = \sqrt{2} \cdot \sigma \cdot \frac{\sqrt{\pi}}{2} = \sqrt{\frac{\pi}{2}} \cdot \sigma\ .$$

Für die Varianz gilt (vgl. (3.28))

$$\sigma_{\mathbf{r}}^2 = m_{\mathbf{r}}^{(2)} - m_{\mathbf{r}}^2\ ,$$

wobei gilt

$$m_{\mathbf{r}}^{(2)} = \int_0^\infty r^2 \cdot f_{\mathbf{r}}(r) \cdot dr$$

$$= \int_0^\infty r^2 \cdot \frac{r}{\sigma^2} \cdot \exp\left(-\frac{r^2}{2\sigma^2}\right) \cdot dr$$

$$= -\left(\left[r^2 \cdot \exp\left(-\frac{r^2}{2\sigma^2}\right)\right]_0^\infty - \int_0^\infty 2 \cdot r \cdot \exp\left(-\frac{r^2}{2\sigma^2}\right) \cdot dr\right)$$

$$= 2 \cdot \sigma^2 \cdot \int_0^\infty \frac{r}{\sigma^2} \cdot \exp\left(-\frac{r^2}{2\sigma^2}\right) \cdot dr \ .$$

$$= 2 \cdot \sigma^2 \cdot \int_0^\infty f_{\mathbf{r}}(r) \cdot dr = 2 \cdot \sigma^2 \ .$$

Somit erhalten wir
$$\sigma_{\mathbf{r}}^2 = 2\sigma^2 - \frac{\pi}{2}\sigma^2 = \left(2 - \frac{\pi}{2}\right) \cdot \sigma^2 \ .$$

(c) Wegen (siehe (a))
$$f_{\mathbf{r}\varphi}(r, \varphi) = f_{\mathbf{r}}(r) \cdot f_\varphi(\varphi)$$

sind $\mathbf{r}$ und φ statistisch unabhängig. Daraus folgt direkt

$$\rho_{\mathbf{r}\varphi} = 0.$$

Aufgabe 3.10

Ein binäres on–off–Signal $\mathbf{x}(t)$ wird über einen rauschbehafteten Kanal übertragen. Das übertragene Signal am Eingang des Empfängers hat die Form,

$$\mathbf{y}(t) = \mathbf{x}(t) + \mathbf{n}(t) \ ,$$

wobei $\mathbf{n}(t)$ weißes Rauschen darstellt, d.h. für die Wahrscheinlichkeitsdichte $f_{\mathbf{n}}$ gilt

$$f_{\mathbf{n}}(n) = \frac{1}{\sqrt{2\pi}\sigma} \cdot \exp\left(-\frac{n^2}{2\sigma^2}\right) \ .$$

Es wird angenommen, daß Bits "1" und "0" in $\mathbf{x}(t)$ gleich wahrscheinlich sind.
Eine vereinfachte Übertragungsstrecke mit einem Empfänger, bestehend aus einem Abtaster und einem Entscheider, kann wie folgt dargestellt werden.

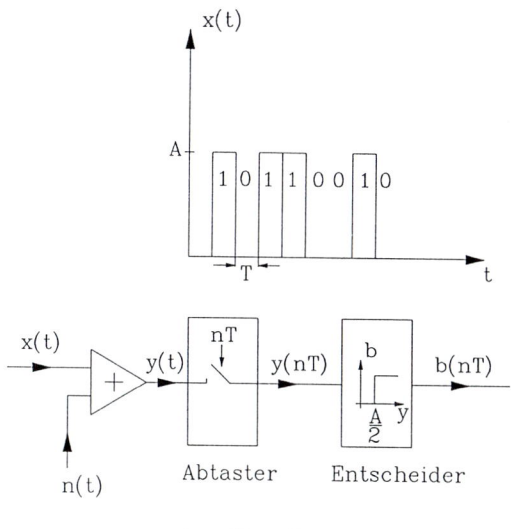

Im Empfänger wird der Schwellwert von $A/2$ festgelegt, d.h.

$$\begin{cases} b(nT) = 1, \text{ wenn } y(nT) > \dfrac{A}{2} \\[2mm] b(nT) = 0, \text{ wenn } y(nT) \le \dfrac{A}{2}. \end{cases}$$

Die Wahrscheinlichkeitsdichte von $\mathbf{y}$ lautet:

$$\begin{cases} f_{y0}(y) = \dfrac{1}{\sqrt{2\pi}\sigma} \cdot \exp\left(-\dfrac{y^2}{2\sigma^2}\right) , & \text{``0'' gesendet} \\[3mm] f_{y1}(y) = \dfrac{1}{\sqrt{2\pi}\sigma} \cdot \exp\left(-\dfrac{(y-A)^2}{2\sigma^2}\right) , & \text{``1'' gesendet.} \end{cases}$$

Geben Sie die Fehlerwahrscheinlichkeit an, die bei der Übertragung des Bits "0" und der Übertragung des Bits "1" eintritt.

Hinweis: Die Fehlerwahrscheinlichkeit der Übertragung des Bits "0" wird definiert als

$$P_{e0} = P\left\{ y > \frac{A}{2} \,\middle|\, \text{es wurde ``0'' gesendet} \right\} .$$

Lösung 3.10
Der Empfänger entscheidet zum Abtastzeitpunkt nT, daß

$$\begin{cases} b(nT) = 1, & \text{wenn} \quad y(nT) > \dfrac{A}{2} \\[3mm] b(nT) = 0, & \text{wenn} \quad y(nT) \le \dfrac{A}{2}. \end{cases}$$

Ein Bitfehler entsteht, wenn Bit "0" gesendet wurde, aber das empfangene Signal $y(nT)$ größer als $\frac{A}{2}$ ist; entsprechend, wenn Bit "1" gesendet wurde, aber das empfangene Signal $y(nT)$ kleiner oder gleich $\frac{A}{2}$ ist. Die Wahrscheinlichkeitsdichte von y lautet:

$$\begin{cases} f_{y0}(y) = \dfrac{1}{\sqrt{2\pi}\sigma} \cdot \exp\left(-\dfrac{y^2}{2\sigma^2}\right), & \text{``0'' gesendet} \\[3mm] f_{y1}(y) = \dfrac{1}{\sqrt{2\pi}\sigma} \cdot \exp\left(-\dfrac{(y-A)^2}{2\sigma^2}\right), & \text{``1'' gesendet.} \end{cases}$$

Für eine normalverteilte Zufallsvariable x gilt (vgl. Beispiel 3.19)

$$F(x) = \frac{1}{2} + \text{erf}\left(\frac{x - m_x}{\sigma}\right) ,$$

wobei m_x der Mittelwert und σ die Varianz der Zufallsvariablen x ist.
Im Fall unserer Aufgabenstellung gelten

$$\begin{cases} F_{y0}(y) = \dfrac{1}{2} + \text{erf}\left(\dfrac{y}{\sigma}\right) & \text{``0'' gesendet} \\[3mm] F_{y1}(y) = \dfrac{1}{2} + \text{erf}\left(\dfrac{y-A}{\sigma}\right) & \text{``1'' gesendet .} \end{cases}$$

Die Fehlerwahrscheinlichkeit, die bei der Übertragung des Bits "0" eintritt, wird definiert als

$$P_{e0} = P\left\{ y0 > \frac{A}{2} \right\} = 1 - P\left\{ y0 \le \frac{A}{2} \right\}$$
$$= 1 - F_{y0}(A/2)$$
$$= 1 - \left(\frac{1}{2} + \text{erf}\left(\frac{A/2}{\sigma}\right) \right)$$
$$- \frac{1}{2} - \text{erf}\left(\frac{A}{2\sigma}\right) .$$

Die Fehlerwahrscheinlichkeit, die bei der Übertragung des Bits "1" eintritt, wird definiert als

$$P_{e1} = P\left\{ y1 \le \frac{A}{2} \right\} = F_{y1}\left(\frac{A}{2}\right)$$
$$= \frac{1}{2} + \text{erf}\left(\frac{A/2 - A}{\sigma}\right)$$
$$= \frac{1}{2} - \text{erf}\left(\frac{A}{2\sigma}\right) .$$

Anmerkung: Die Fehlerfunktion erf() wurde im Beispiel 3.19 angegeben.

4 Informationstheorie

In diesem Kapitel werden zunächst Grundbegriffe der Informationstheorie eingeführt und an Anwendungsbeispielen erläutert. Wesentliche Begriffe sind dabei die Informations-Quelle, modelliert als Markoff-Quelle, ihre Entropie und die Begriffe der Redundanz und der Irrelevanz bei Kommunikationsvorgängen.

Als nächstes wird der Nachrichtenkanal nach seinen statistischen Eigenschaften modelliert und durch die Kanalmatrix dargestellt. Dann wird das Maximum-Likelihood-Verfahren zum Rückschluß auf das gesendete Signal aus dem empfangenen Signal erörtert. Die diversen Entropien an einem Kanal werden definiert, Zusammenhänge zwischen ihnen abgeleitet und ihre Bedeutung an Beispielen diskutiert.

Im letzten Abschnitt wird die Kaskadierung von zwei Kanälen betrachtet, der Hauptsatz der Datenverarbeitung abgeleitet und seine praktischen Konsequenzen erörtert. Der Begriff der Kanalkapazität wird nun eingeführt, an Beispielen numerisch ausgewertet und seine Bedeutung dargelegt. Zum Abschluß wird die n-fache Erweiterung eines Kanals behandelt, sie dient als Vorbereitung zur Ableitung des Shannonschen Quellencodierungssatzes im Kapitel 6. Die Kommunikationsstrecke, wie sie hier behandelt wird, kann in Form der folgenden Skizze dargestellt werden.

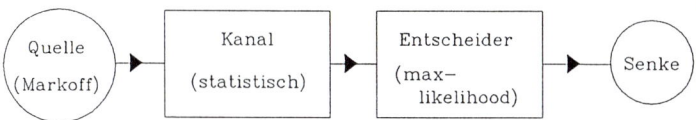

Wir werden diese Skizze im Laufe der Abhandlung entsprechend den zu behandelnden Themen erweitern oder modifizieren.

4.1 Nachrichtenquellen und -senken

Information im herkömmlichen Sinne ist eine Aussage über einen Zustand oder eine Zustandsänderung. Als Modell für den Kommunikationsprozeß betrachten wir zwei Kommunikationspartner, die Symbole oder Symbolfolgen als Nachrichten austauschen. Informationen sind in den Symbolen bzw. Symbolfolgen eingebettet. Die Menge der verwendeten Symbole nennen wir das **Alphabet**. Die Bedeutung der Symbole oder Symbolfolgen wird die **Semantik** genannt. Regeln, die unabhängig von der Semantik für die Zusammensetzung von Symbolen zu Symbolfolgen gelten, werden die **Syntax** (oder Grammatik) genannt. Unsere Alltagserfahrung lehrt, daß verschiedene Menschen einer Symbolkette (z.B. einem Satz) oft verschiedene Bedeutungen zuordnen. Um jedoch eine quantitative Auswertung zu ermöglichen, gehen wir davon aus, daß die Abbildung von Informationen auf die Symbolfolgen eindeutig ist. Wir können somit anstatt Kommunikation als Informationsaustausch Kommunikation als Symbolaustausch betrachten. Wir betrachten im folgenden jeweils nur eine Richtung des Informationsaustausches und sprechen von einem Kommunikationspartner als die Quelle und dem anderen als die Senke.

Wir betrachten nun eine (diskrete) **Quelle**, die alle T Sekunden ein Symbol erzeugt. Wir können den Vorgang als ein wiederholtes Zufallsexperiment auffassen und das jeweilige Symbol als einen Ausgang des Experimentes ansehen. x_i sei ein solcher Ausgang des

Experimentes zu einem festen Zeitpunkt nT. Ist $P(x_i)$ die Wahrscheinlichkeit, daß das Element x_i als Ausgang auftritt, so definieren wir den **Informationsgehalt** des Symbols x_i als

$$I(x_i) = -\operatorname{ld} P(x_i), \tag{4.1}$$

wobei ld den Logarithmus mit der dualen Basis darstellt.
Für eine Symbolkette $(x_1 x_2 x_3 \ldots x_n)$ gilt entsprechend

$$I(x_1 x_2 x_3 \ldots x_n) = -\operatorname{ld} P(x_1 x_2 x_3 \ldots x_n). \tag{4.2}$$

Diese Definition des Informationsgehaltes hat folgende Eigenschaften:

— Der Informationsgehalt eines Symbols, das mit der Wahrscheinlichkeit $\frac{1}{2}$ auftritt, ist gleich Eins. Diese Pseudoeinheit der Information wird ein Bit genannt.

— Der Informationsgehalt ist stets nicht negativ, d.h.

$$I(x_i) \geq 0, \quad \text{da } 0 \leq P(x_i) \leq 1. \tag{4.3}$$

— Ein seltenes Symbol enthält mehr Information als ein häufiges Symbol, d.h.

$$I(x_1) \geq I(x_2), \quad \text{falls} \quad P(x_1) \leq P(x_2). \tag{4.4}$$

— Der Informationsgehalt eines Symbols, das mit der Wahrscheinlichkeit Eins auftritt, ist gleich Null, d.h.

$$I(x_i) = 0, \quad \text{falls} \quad P(x_i) = 1. \tag{4.5}$$

— Der Informationsgehalt eines Symbols, das mit der Wahrscheinlichkeit Null auftritt, ist gleich unendlich, d.h.

$$I(x_i) = \infty, \quad \text{falls} \quad P(x_i) = 0. \tag{4.6}$$

— I ist eine stetige Funktion von P.

— Sind zwei Symbole der Symbolketten statistisch unabhängig, so addiert sich der Informationsgehalt, d.h. aus

$$P(x_1 x_2) = P(x_1) \cdot P(x_2)$$

folgt

$$I(x_1 x_2) = I(x_1) + I(x_2). \tag{4.7}$$

Betrachten wir eine Quelle mit einem Alphabet aus n Symbolen $X = \{x_1, x_2, \ldots, x_n\}$, so ist jedem Ausgang x_i ein Informationsgehalt $I(x_i)$, also eine reelle Zahl zugeordnet. Man kann $I(\mathbf{x})$ entsprechend Abschnitt 3.3 als eine Zufallsvariable auffassen. Der Erwartungswert $E\{I(\mathbf{x})\}$ ist der mittlere Informationsgehalt der Quelle pro Symbol und errechnet sich als

$$H = E\{I(\mathbf{x})\} = -\sum_{i=1}^{n} P(x_i) \operatorname{ld} P(x_i). \tag{4.8}$$

H ist also der Informationsgehalt, den ein Symbol der Quelle im Mittel enthält. Man nennt H die **Symbolentropie** der Quelle, oft auch **Entropie**, und gibt sie in der Einheit Bit pro Symbol an. Sie ist stets positiv, da $0 \leq P \leq 1$ gilt.
Wir zeigen nun, daß H den maximalen Wert annimmt, wenn die Symbole gleichverteilt sind, wir benutzen dabei die Ungleichung für den natürlichen Logarithmus $\ln \omega \leq \omega - 1$ für jede positive reelle Zahl $\omega \neq 0$.
Wir erhalten für

$$\sum_{i=1}^{n} P_i \cdot \operatorname{ld} \frac{1}{n P_i} = \frac{1}{\ln 2} \cdot \sum_{i=1}^{n} P_i \cdot \ln \frac{1}{n P_i}$$

$$\leq \frac{1}{\ln 2} \cdot \sum_{i=1}^{n} P_i \cdot \left(\frac{1}{n P_i} - 1 \right)$$

$$= \frac{1}{\ln 2} \cdot \left(\sum_{i=1}^{n} \frac{1}{n} - \sum_{i=1}^{n} P_i \right)$$

$$= \frac{1}{\ln 2} \cdot (1 - 1) = 0,$$

wobei das Gleichheitszeichen in der Ungleichung oben genau dann gilt, wenn für alle i gilt

$$\frac{1}{n\,P_i} = 1 \text{ oder } P_i = \frac{1}{n}.$$

Der Ausdruck

$$\sum_{i=1}^{n} P_i \cdot \operatorname{ld} \frac{1}{n\,P_i} = \sum_{i=1}^{n} P_i \cdot \operatorname{ld} \frac{1}{P_i} - \operatorname{ld} n$$

wird jedoch genau dann maximal, wenn

$$\sum_{i=1}^{n} P_i \operatorname{ld} \frac{1}{P_i} = H$$

maximal wird. Wir haben somit gezeigt, daß H den maximalen Wert annimmt, wenn die Symbole gleichverteilt sind und

$$H_{\mathrm{max}} = - \sum_{i=1}^{n} \frac{1}{n} \cdot \operatorname{ld} \frac{1}{n} = \operatorname{ld} n. \tag{4.9}$$

Man erhält eine anschauliche Interpretation der **maximalen Entropie** H_{max}, wenn man eine Quelle mit n verschiedenen Symbolen betrachtet, für die $\operatorname{ld} n$ eine ganze Zahl ist. Dann ist $\operatorname{ld} n$ gerade die Anzahl der Binärstellen, die erforderlich sind, die Symbole unabhängig von deren Auftrittswahrscheinlichkeiten zu kennzeichnen bzw. zu codieren. Manchmal wird die Differenz

$$H_{\mathrm{max}} - H = R \tag{4.10}$$

als die **Redundanz einer Quelle** bezeichnet. Sie ist ein Maß, um das die Entropie einer Quelle lediglich durch die Veränderung der Auftrittswahrscheinlichkeiten der Symbole erhöht werden kann. Warum $H_{\mathrm{max}} - H$ Redundanz genannt wird, wird deutlich, wenn man folgendes betrachtet. Wenn eine Quelle die Redundanz Null hat, sind alle Symbole gleichwahrscheinlich. Ist die Redundanz ungleich Null, so treten gewisse Symbole mit größerer Wahrscheinlichkeit auf als andere: sie werden also häufiger wiederholt. Betrachtet man Symbolketten, so treten nun gewisse Ketten häufiger auf als andere.

Beispiel 4.1

Wir betrachten eine Quelle mit dem Quellenalphabet
$A = \{a, b, c, d, e, f, g, h\}$. Die einzelnen Wahrscheinlichkeiten der Symbole sind durch

$$P(a) = P(b) = \frac{1}{4},$$
$$P(c) = P(d) = \frac{1}{8}$$

und

$$P(e) = P(f) = P(g) = P(h) = \frac{1}{16}$$

gegeben.
Wir berechnen die Informationsgehalte der einzelnen Symbole, die max. Entropie und die Redundanz der Quelle.
Die einzelnen Informationsgehalte ergeben sich zu:

$$I(a) = I(b) = -\operatorname{ld} P(a) = -\operatorname{ld} P(b) = -\operatorname{ld} \frac{1}{4} = 2\,\mathrm{Bit},$$
$$I(c) = I(d) = -\operatorname{ld} P(c) = -\operatorname{ld} P(d) = -\operatorname{ld} \frac{1}{8} = 3\,\mathrm{Bit},$$
$$I(e) = I(f) = I(g) = I(h) = -\operatorname{ld} \frac{1}{16} = 4\,\mathrm{Bit}.$$

Die max. Entropie ergibt sich dann, wenn alle Symbole des Alphabetes gleich wahrscheinlich sind, d.h.

$$P(a) = P(b) = P(c) = P(d) = P(e) = P(f) = P(g) = P(h) = \frac{1}{8}.$$

Somit ist

$$H_{\max} = -8 \cdot \frac{1}{8} \cdot \operatorname{ld} \frac{1}{8} = 3 \,\text{Bit/Symbol}.$$

Die Symbolentropie der Quelle liegt bei

$$H = -\sum_{i=1}^{8} P(x_i) \operatorname{ld} P(x_i) = 2,75 \,\text{Bit/Symbol}.$$

Daraus folgt für die Redundanz

$$R = H_{\max} - H = 0,25 \,\text{Bit/Symbol}.$$

Im allgemeinen sind die Symbolwahrscheinlichkeiten $P(x_i)$ invariant gegenüber einer Zeitverschiebung, man spricht dann von einer **stationären Quelle**. Die Wahrscheinlichkeit, daß in einer Symbolkette ein bestimmtes Symbol auftritt, ist im allgemeinen jedoch nicht unabhängig von den vorangegangenen Symbolen. Reicht diese Abhängigkeit k Symbole zurück, so spricht man von einer **Markoff-Quelle k-ter Ordnung**. Wird die Auswahl des nächsten Symbols nur noch vom momentanen Wert beeinflußt, so spricht man von einer **Markoff-Quelle** (genauer einer Markoff-Quelle erster Ordnung). Für eine Markoff-Quelle gilt demnach

$$P(x_{(n+1)T} \mid x_T, \ldots x_{(n-1)T}, x_{nT}) = P(x_{(n+1)T} \mid x_{nT}), \tag{4.11}$$

wobei wir mit x_{nT} das Auftreten eines Symboles x zum Zeitpunkt nT bezeichnet haben[3]. Betrachten wir nun den Vorgang der Kommunikation, so ist nicht jede von der Quelle erzeugte Information für die Senke von Interesse. Die für die Senke interessante Information nennt man **relevante Information**; die uninteressante **irrelevante Information**. So sind beim Fernsprechen Sprachsignale über 3400 Hz irrelevant, beim Rundfunk Tonsignale über ca. 15 kHz. Die Relevanz einer Informationsquelle hängt entscheidend von den Anforderungen der Senke ab, und beim Prozeß der Kommunikation ist es sinnvoll, nach dieser Relevanz zu fragen, um gegebenenfalls die irrelevante Information vor der Übermittlung zu eliminieren, um somit kostensparende Systeme zu erhalten. Ein weiteres Beispiel ist die Bewegtbildübertragung. Hier ist die menschliche Aufnahmefähigkeit so geartet, daß bereits eine Folge von ca. 25 Bildern pro Sekunde für die Bewegtbildübertragung genügt. Die in einer schnelleren Bildfolge enthaltene Information ist für den Menschen also irrelevant, wenn man diese Qualität als ausreichend ansieht.

Außer irrelevanter Information erzeugt eine Quelle auch redundante Information. Während die Irrelevanz von der Senke abhängig ist, ist die Redundanz eine Eigenschaft der Quelle. Eine vollständige Elimination der Redundanz einer Quelle ist jedoch nicht sinnvoll, denn die Aufnahmefähigkeit der Senke Mensch ist unvollständig; die Redundanz wird dann benutzt, um die nicht explizit aufgenommene Information aus den empfangenen Nachrichten zu rekonstruieren. Auch die Syntax benotigt eine gewisse Redundanz und trägt entsprechend zur Verständlichkeit bei.

Wir betrachten nun eine Markoff-Quelle 1. Ordnung, die alle T Sekunden ein Symbol erzeugt. Unter der Annahme der Stationarität ist die Symbolentropie unabhängig von dem betrachteten Zeitpunkt nT, und es gilt

$$H(X) = -\sum_i P(x_i) \cdot \operatorname{ld} P(x_i).$$

Für die Wahrscheinlichkeit, daß zwei Symbole x_i, y_j hintereinander auftreten gilt

$$P(x_i \, y_j) = P(y_j \mid x_i) \cdot P(x_i) \tag{4.12}$$

---

3. Genauer muß es hier heißen $x_{i,(n+1)T}$, $x_{j,nT}$ usw. Um die Schreibweise zu vereinfachen, haben wir den ersten Index, der das betrachtete Symbol kennzeichnet, unterdrückt.

und somit für die **Entropie von zwei Symbolen**

$$H(XY) = -\sum_{i,j} P(x_i\,y_j) \cdot \mathrm{ld}\, P(x_i\,y_j)$$

$$= -\sum_{i,j} P(y_j \mid x_i) \cdot P(x_i) \cdot \mathrm{ld}\,[P(y_j \mid x_i) \cdot P(x_i)] \qquad (4.13)$$

$$= -\sum_{i,j} P(y_j \mid x_i) \cdot P(x_i) \cdot \mathrm{ld}\, P(y_j \mid x_i) - \sum_{i,j} P(y_j \mid x_i) \cdot P(x_i) \cdot \mathrm{ld}\, P(x_i)\,.$$

Wegen $\sum_j P(y_j \mid x_i) = 1$ gilt dann

$$H(XY) = -\sum_i P(x_i) \sum_j P(y_j \mid x_i) \cdot \mathrm{ld}\, P(y_j \mid x_i)$$

$$- \sum_i P(x_i) \cdot \mathrm{ld}\, P(x_i),$$

oder mit

$$H(Y \mid X) = -\sum_i P(x_i) \sum_j P(y_j \mid x_i) \cdot \mathrm{ld}\, P(y_j \mid x_i)$$

haben wir

$$H(XY) = H(Y \mid X) + H(X)\,. \qquad (4.14)$$

Für statistisch unabhängige Symbole gilt

$$P(x_i\,y_j) = P(x_i) \cdot P(y_j)$$

und somit

$$H(XY) = H(X) + H(Y), \qquad (4.15)$$

während für vollständig statistisch abhängige Symbole gilt

$$P(y \mid x) = 1 \quad \text{d.h. } P(xy) = P(y \mid x) \cdot P(x) = P(x)$$

und somit

$$H(XY) = H(X)\,. \qquad (4.16)$$

Die **Synentropie** einer Quelle bzw. zwei aufeinander folgender Symbole ist definiert als

$$H(X;Y) = -\sum_{i,j} P(x_i\,y_j) \cdot \mathrm{ld}\, \frac{P(x_i) \cdot P(y_j)}{P(x_i\,y_j)}\,. \qquad (4.17)$$

Mit $P(x_i\,y_j) = P(y_j \mid x_i) \cdot P(x_i)$ erhält man

$$H(X;Y) = -\sum_{i,j} P(x_i\,y_j) \cdot \mathrm{ld}\, \frac{P(y_j)}{P(y_j \mid x_i)}$$

$$= -\sum_{i,j} P(x_i\,y_j) \cdot \mathrm{ld}\, P(y_j)$$

$$+ \sum_{i,j} P(x_i\,y_j) \cdot \mathrm{ld}\, P(y_j \mid x_i),$$

$$H(X;Y) = H(Y) - H(Y \mid X). \qquad (4.18)$$

Die Synentropie ist also die Entropie des zweiten Symbols, verringert um die bedingte Entropie dieses Symbols unter der Bedingung, daß das erste Symbol bekannt ist. Die Synentropie ist somit ein Maß für die statistische Abhängigkeit zweier Symbole im Mittel und wird auch als die **Redundanz zweier Symbole** einer Quelle bezeichnet. Mit (4.14) erhält man

$$H(XY) = H(Y) + H(X) - H(X;Y). \qquad (4.19)$$

Dies besagt, daß die gemeinsame Entropie zweier Symbole die Summe der Einzelentropien verringert um die Redundanz ist.

Beispiel 4.2

Wir betrachten eine Markoff-Quelle 1.Ordnung mit 3 Symbolen, die alle T Sekunden ein Symbol erzeugt. Die Quelle hat somit 3 Zustände, die jeweils durch das zuletzt erzeugte Symbol (x_1, x_2 oder x_3) gekennzeichnet werden. Diese Zustände mit den einzelnen Übergangswahrscheinlichkeiten im stationären Fall sind in dem nachstehenden Zustandsgraphen angegeben.

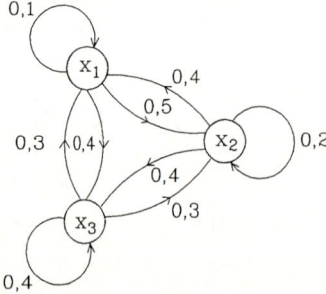

Gesucht sind die jeweiligen Wahrscheinlichkeiten der Symbole $P(x_i)$, die einzelnen Informationsgehalte und die Entropien $H(X)$, $H(XY)$ und $H(Y \mid X)$.
Es gelten im stationären Fall:

$$P(x_1) = P(x_1 \mid x_1)P(x_1) + P(x_1 \mid x_2)P(x_2) + P(x_1 \mid x_3)P(x_3),$$
$$P(x_2) = P(x_2 \mid x_1)P(x_1) + P(x_2 \mid x_2)P(x_2) + P(x_2 \mid x_3)P(x_3),$$
$$P(x_1) + P(x_2) + P(x_3) = 1,$$

wobei z.B. $P(x_1 \mid x_2)$ die Übergangswahrscheinlichkeit vom Zustand x_2 in den Zustand x_1 bedeutet.
Nach Einsetzen der Zahlenwerte ergeben sich

$$P(x_1) = 0,1 \cdot P(x_1) + 0,4 \cdot P(x_2) + 0,3 \cdot P(x_3),$$
$$P(x_2) = 0,5 \cdot P(x_1) + 0,2 \cdot P(x_2) + 0,3 \cdot P(x_3),$$
$$P(x_1) + P(x_2) + P(x_3) = 1.$$

Die Lösung des Gleichungssystems lautet

$$\begin{cases} P(x_1) = \dfrac{18}{65} \\[2mm] P(x_2) = \dfrac{21}{65} \\[2mm] P(x_3) = \dfrac{26}{65}. \end{cases}$$

Somit sind die einzelnen Informationsgehalte:

$$I(x_1) = 1,8524 \text{ Bit},$$
$$I(x_2) = 1,6301 \text{ Bit}$$

und

$$I(x_3) = 1,3219 \text{ Bit}.$$

Die Entropie der Quelle beträgt

$$H = -\sum_{i=1}^{3} P(x_i)\,\mathrm{ld}\,P(x_i) = 1,5684 \text{ Bit/Symbol}$$

und die bedingte Entropie

$$H(Y \mid X) = -\sum_{i} P(x_i) \sum_{j} P(y_j \mid x_i) \cdot \mathrm{ld}\,P(y_j \mid x_i)$$
$$= 1,497 \text{ Bit/Symbolpaar}.$$

Daraus folgt die Verbundentropie

$$H(XY) = H(Y \mid X) + H(X) = 3,0654 \text{ Bit/Symbolpaar}.$$

Beispiel 4.3

Wir wollen nun die Entropie der deutschen Schrift abschätzen. Das Alphabet setzt sich aus 26 Buchstaben zusammen. Vereinfachend werden Sonderzeichen vernachlässigt und zunächst eine Quelle ohne Gedächtnis angenommen. In der Tabelle([Küp]) sind die Häufigkeiten der einzelnen Buchstaben angegeben.

Buchstabe	Häufigkeit	Buchstabe	Häufigkeit	Buchstabe	Häufigkeit
E	0,1669	U	0,0370	W	0,0140
N	0,0992	G	0,0365	V	0,0107
I	0,0782	M	0,0301	Z	0,0100
S	0,0678	C	0,0284	P	0,0094
T	0,0674	L	0,0283	J	0,0019
R	0,0654	B	0,0257	Q	0,0007
A	0,0651	O	0,0229	Y	0,0003
D	0,0541	F	0,0204	X	0,0002
H	0,0406	K	0,0188		

Aus der Tabelle errechnet sich die Entropie:

$$H = 4,097 \text{ Bit/Symbol}.$$

Die maximale Entropie ergibt sich, wenn alle Symbole gleichwahrscheinlich sind:

$$H_{max} = -26 \cdot \frac{1}{26} \cdot \text{ld} \frac{1}{26} = 4,7 \text{ Bit/Symbol}.$$

Somit liegt die Redundanz bei

$$R = H_{max} - H = 0,6 \text{ Bit/Symbol}.$$

In Wirklichkeit ist das Auftreten eines Symbols von k direkt vorher erzeugten Symbolen abhängig. Für $k = 1$ ist z.B. $P(u \mid q) = 1$, für $k = 2$ z.B. $P(h \mid sc) = 0,98$ usw. Wenn derartige Abhängigkeiten und noch die Abhängigkeiten zwischen den Silben bzw. Wörtern berücksichtigt werden, wobei das Modell der Quelle entsprechend modifiziert wird (d.h. mehrere Buchstaben zu einem neuen Symbol zusammengefaßt werden), liegt die Entropie deutscher Texte ungefähr bei

$$H = 1,6 \text{ Bit/Symbol}.$$

Die Redundanz ist in diesem Fall

$$R = H_{max} - H = 3,1 \text{ Bit/Symbol}.$$

4.2 Nachrichtenkanäle

Bei der technischen Kommunikation sind die Kommunikationspartner gewöhnlich räumlich getrennt. Übertragungs- und vermittlungstechnische Einrichtungen werden verwendet, um diese Entfernungen zu überbrücken. Aus informationstheoretischer Sicht können die Einrichtungen durch Nachrichtenkanäle modelliert werden. Hierbei wird bei einer spezifischen Aufgabe festgelegt, welche Einrichtungen tatsächlich durch den Kanal modelliert werden und welche außerhalb der Modellierung bleiben - dies ist oft bei Codierungseinrichtungen der Fall.

Ein (diskreter) **Nachrichtenkanal** besteht aus einem Eingang, an dem alle T Sekunden ein Symbol $x_i \in X$ angelegt wird, und aus einem Ausgang, an dem alle T Sekunden ein Symbol $y_i \in Y$ herausgegeben wird. Man nennt X das Eingangsalphabet und Y das Ausgangsalphabet - oft sind beide Alphabete identisch. Im allgemeinen sind die statistischen Verknüpfungen zwischen den Ein- und Ausgängen des Kanals invariant gegenüber einer Zeitverschiebung - der Kanal also stationär. Wir setzen dies stets voraus.

In vielen Fällen hängt die Statistik des Ausgangssymbols außer vom momentanen Eingangssymbol auch von der Vergangenheit des Kanals (d.h. von vorangegangenen Ein- und Ausgangswerten am Kanal) ab. Läßt sich die bedingte Wahrscheinlichkeitsmatrix $P(Y \mid X)$ in Abhängigkeit von k vorangegangenen Ein-/Ausgangswerten angeben, so spricht man von einem (diskreten) **Kanal mit einem Gedächtnis k-ter Ordnung**. Für die Modellierung eines solchen Kanals sind k Zustandsvariablen und die jeweils zu jedem Zustand gehörigen bedingten Übergangswahrscheinlichkeiten $P(Y \mid X)$ erforderlich.

Im einfachsten Fall ist der Kanal gedächtnislos - d.h. er besitzt nur einen Zustand. Bei einem solchen **gedächtnislosen Kanal** sind die Ausgangswahrscheinlichkeiten durch die bedingte Wahrscheinlichkeitsmatrix $P(Y \mid X)$ festgelegt. Nimmt man an, daß die Quelle am Eingang eines solchen Kanals stationär ist, so ist, wenn man die Eingangsquelle mit dem Kanal wiederum als eine neue Quelle betrachtet, diese auch stationär.

Beispiel 4.4

Das Eingangsalphabet X und das Ausgangsalphabet Y sind durch

$$X = \{x_1, x_2, \ldots x_m\}, \quad m \in N$$

und

$$Y = \{y_1, y_2, \ldots y_n\}, \quad n \in N$$

angegeben.

$P(y_j \mid x_i)$ ist die Wahrscheinlichkeit dafür, daß das Symbol y_j am Kanalausgang empfangen wird, wenn das Symbol x_i am Kanaleingang gesendet wird.

Die Kanalmatrix sieht wie folgt aus:

$$P(Y \mid X) = \begin{bmatrix} P(y_1 \mid x_1) & P(y_2 \mid x_1) & \ldots & P(y_n \mid x_1) \\ P(y_1 \mid x_2) & P(y_2 \mid x_2) & \ldots & P(y_n \mid x_2) \\ \vdots & \vdots & \ldots & \vdots \\ P(y_1 \mid x_m) & P(y_2 \mid x_m) & \ldots & P(y_n \mid x_m) \end{bmatrix}.$$

Ein wichtiges Merkmal einer beliebigen Kanalmatrix ist, daß die Zeilensumme gleich eins ist, z.B. für die erste Zeile gilt:

$$\sum_{i=1}^{n} P(y_i \mid x_1) = P(Y \mid x_1) = 1,$$

weil $\{Y \mid x_1\}$ ein sicheres Ereignis ist, d.h. daß irgendein $y_i \in Y$ sicher empfangen wird, wenn das Symbol x_1 gesendet wird.

Wir nehmen $m = 2$ und $n = 3$ und die folgenden Übergangswahrscheinlichkeiten an:

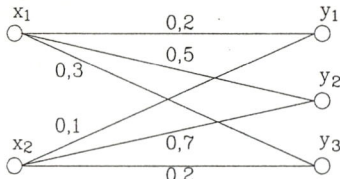

Somit sieht die Kanalmatrix wie folgt aus:

$$P(Y \mid X) = \begin{bmatrix} 0,2 & 0,5 & 0,3 \\ 0,1 & 0,7 & 0,2 \end{bmatrix}.$$

Die einzelnen Wahrscheinlichkeiten der Eingangssymbole sind wie folgt gegeben:

$$P(x_1) = 0,5$$

und

$$P(x_2) = 0,5 .$$

Wir rechnen nun die Wahrscheinlichkeiten $P(y_i)$ für $i = 1, 2, 3$ aus.

$$P(y_1) = \sum_{i=1}^{2} P(y_1 \mid x_i) \cdot P(x_i) = 0,15,$$

$$P(y_2) = 0,6$$

und

$$P(y_3) = 0,25 .$$

Gilt bei einem gedächtnislosen Kanal mit jeweils q Ein- und Ausgängen für die bedingte Wahrscheinlichkeitsmatrix $P(Y \mid X)$, die den Kanal charakterisiert,

$$P(y_j \mid x_i) = \begin{cases} 1 - p & \text{für } i = j \\ \dfrac{p}{q-1} & \text{für } i \neq j \end{cases} \tag{4.20}$$

wobei $0 \leq p \leq 1$, so spricht man von einem **symmetrischen Kanal** mit der Fehlerwahrscheinlichkeit p.

Beispiel 4.5

Die Kanalmatrix P eines symmetrischen Kanals mit jeweils 3 Ein- und Ausgangssymbolen und $p = 0{,}05$ ist gegeben durch

$$P(Y \mid X) = \begin{bmatrix} 0{,}95 & 0{,}025 & 0{,}025 \\ 0{,}025 & 0{,}95 & 0{,}025 \\ 0{,}025 & 0{,}025 & 0{,}95 \end{bmatrix}.$$

Am Eingang des Kanals sei eine Quelle mit den Symbolwahrscheinlichkeiten $P(x_1) = \frac{1}{2}$, $P(x_2) = P(x_3) = \frac{1}{4}$ angeschlossen.

Wir bestimmen die (Fehler-)Wahrscheinlichkeit dafür, daß y_i nicht empfangen wird, wenn x_i gesendet wird.

Für $i = 1$ ist diese Wahrscheinlichkeit gegeben durch

$$P(\{y_2, y_3\} \mid x_1) = 1 - P(y_1 \mid x_1) = 0{,}05 \ .$$

Analog für $i = 2, 3$ sind die Fehlerwahrscheinlichkeiten gegeben durch

$$P(\{y_1, y_3\} \mid x_2) = 0{,}05$$

und

$$P(\{y_1, y_2\} \mid x_3) = 0{,}05 \ .$$

Die Fehlerwahrscheinlichkeit P_f des Kanals errechnet sich zu

$$P_f = 0{,}05 \cdot \frac{1}{2} + 0{,}05 \cdot \frac{1}{4} + 0{,}05 \cdot \frac{1}{4} = 0{,}05.$$

Die Fehlerwahrscheinlichkeit des symmetrischen Kanals liegt also bei 5 Prozent. Sie ist unabhängig von den Symbolwahrscheinlichkeiten der Quelle.

Oft besteht bei der Datenübertragung die Aufgabe, aus einem empfangenen Symbol darauf zu schließen, welches Symbol gesendet wurde. Will man die **Fehlerwahrscheinlichkeit** bei der Auswahl **minimieren**, so sucht man beim Empfang eines Symbols y_j aus allen möglichen Sendesignalen x_i das Signal x^* aus, für welches gilt

$$P(x^* \mid y_j) \geq P(x_i \mid y_j). \tag{4.21}$$

Wegen $P(x \mid y) \cdot P(y) = P(y \mid x) \cdot P(x)$ (s. Def. 3.11) erhalten wir

$$\frac{P(y_j \mid x^*) \cdot P(x^*)}{P(y_j)} \geq \frac{P(y_j \mid x_i) \cdot P(x_i)}{P(y_j)}$$

oder

$$P(y_j \mid x^*) \cdot P(x^*) \geq P(y_j \mid x_i) P(x_i). \tag{4.22}$$

Gleichung (4.22) zeigt, daß die Auswahl abhängig von der a priori Wahrscheinlichkeit $P(x_i)$ ist. Nimmt man an, daß die Eingangssymbole gleichwahrscheinlich sind, so erhält man als Kriterium

$$P(y_j \mid x^*) \geq P(y_j \mid x_i). \tag{4.23}$$

Dieses Entscheidungsverfahren wird als **Maximum-Likelihood-Verfahren** bezeichnet.

Beispiel 4.6

Wir betrachten einen Kanal mit der Kanalmatrix

$$P(Y \mid X) = \begin{bmatrix} 0{,}6 & 0{,}2 & 0{,}2 \\ 0{,}2 & 0{,}2 & 0{,}6 \\ 0{,}3 & 0{,}2 & 0{,}5 \end{bmatrix}.$$

Ausgehend von der Kanalmatrix $P(Y|X)$ können wir gemäß des Maximum-Likelihood-Verfahrens wie folgt schließen:

1. Wenn das Symbol y_1 empfangen wird, wurde das Symbol x_1 gesendet.

2. Wenn das Symbol y_2 empfangen wird, wurde das Symbol x_1 oder x_2 oder x_3 gesendet, d.h. die Auswahl ist nicht eindeutig. Wir entscheiden uns für x_3.

3. Wenn das Symbol y_3 empfangen wird, wurde das Symbol x_2 gesendet.

$P(R)$ sei nun die Wahrscheinlichkeit, daß richtig entschieden wird. Die Fehlerwahrscheinlichkeit P_f ist dann

$$P_f = 1 - P(R).$$

Da x_1, x_2, x_3 paarweise disjunkt sind und gemeinsam das sichere Ergebnis bilden, gilt entsprechend Gl. (3.14)

$$P(R) = P(R|x_1) \cdot P(x_1) + P(R|x_2) \cdot P(x_2) + P(R|x_3) \cdot P(x_3).$$

Wurde nun x_1 gesendet, so tritt y_1 mit der Wahrscheinlichkeit $P(y_1|x_1)$ auf und die gefällte Entscheidung ist richtig, d.h. $P(R|x_1) = P(y_1|x_1)$. Entsprechend gilt $P(R|x_2) = P(y_3|x_2)$ und $P(R|x_3) = P(y_2|x_3)$. Somit haben wir

$$P(R) = P(y_1|x_1) \cdot P(x_1) + P(y_3|x_2) \cdot P(x_2) + P(y_2|x_3) \cdot P(x_3).$$

Sind die Symbole x_1, x_2, x_3 gleichwahrscheinlich, so erhalten wir mit $P(x_1) = P(x_2) = P(x_3) = \frac{1}{3}$

$$P(R) = 0{,}6 \cdot \frac{1}{3} + 0{,}6 \cdot \frac{1}{3} + 0{,}2 \cdot \frac{1}{3} = 0{,}47 \quad \text{und } P_f = 0{,}53.$$

Sind jedoch die Wahrscheinlichkeiten der Eingangssymbole $P(x_1) = 0{,}4$, $P(x_2) = 0{,}3$ und $P(x_3) = 0{,}3$ so erhalten wir

$$P_f = 1 - [0{,}6 \cdot 0{,}4 + 0{,}6 \cdot 0{,}3 + 0{,}2 \cdot 0{,}3] = 0{,}52.$$

Um die Fehlerwahrscheinlichkeit zu minimieren, sollte man in diesem Fall beim Auftreten des Symbols y_2 auf das Symbol x_1 schließen. Man erhält dann

$$P(R) = [P(y_1|x_1) + P(y_2|x_1)] \cdot P(x_1) + P(y_3|x_2) \cdot P(x_2)$$

und

$$P_f = 1 - [(0{,}6 + 0{,}2) \cdot 0{,}4 + 0{,}6 \cdot 0{,}3] = 0{,}50.$$

Nach (4.8) ist die Entropie der Eingangsquelle an einem Kanal

$$H(X) = - \sum_i P(x_i) \cdot \operatorname{ld} P(x_i). \tag{4.24}$$

Die Eingangsquelle und der Kanal können zusammen wiederum als eine Quelle betrachtet werden, für deren Entropie gilt

$$H(Y) = - \sum_i P(y_i) \cdot \operatorname{ld} P(y_i). \tag{4.25}$$

Wie bei den Markoff-Quellen können wir für einen Nachrichtenkanal auch Verbund- und bedingte Entropien definieren.

Die **Verbundentropie** des Kanals ist definiert als[4]

$$H(X,Y) = - \sum_{i,j} P(x_i, y_j) \cdot \operatorname{ld} P(x_i, y_j). \tag{4.26}$$

Sie ist ein Maß für die in einem Ein/Ausgangssymbolpaar im Mittel enthaltene Information.

Die **Äquivokation oder Rückschlußentropie** ist definiert als

$$H(X \mid Y) = - \sum_{i,j} P(x_i, y_j) \cdot \operatorname{ld} P(x_i \mid y_j). \tag{4.27}$$

Sie ist ein Maß für die im Mittel in einem Eingangssymbol für einen Beobachter, der den Ausgang kennt, enthaltene zusätzliche Information.

Die **Streuentropie oder Irrelevanz** ist definiert als

$$H(Y \mid X) = - \sum_{i,j} P(x_i, y_j) \cdot \operatorname{ld} P(y_j \mid x_i). \tag{4.28}$$

---

4. Wir kaben ein Komma zwischen den Symbolen gesetzt, um zu verdeutlichen, daß die Symbole nicht wie bei Symbolfolgen zeitlich nacheinander auftreten, sondern als Paare am Kanaleingang und Kanalausgang. $P(x,y)$ ist lediglich die Wahrscheinlichkeit, daß x und y gemeinsam auftreten. Deshalb ist $P(x,y) = P(y,x)$.

Sie ist ein Maß für die im Mittel in einem Ausgangssymbol für einen Beobachter, der den Eingang kennt, enthaltene zusätzliche Information.

Die **Transinformation** ist entsprechend der Synentropie (4.17) definiert als

$$H(X;Y) = -\sum_{i,j} P(x_i, y_j) \cdot \operatorname{ld} \frac{P(x_i) \cdot P(y_j)}{P(x_i, y_j)}. \tag{4.29}$$

Aus der Definition sieht man, daß die Transinformation in X und Y symmetrisch ist, und wie in (4.18) erhält man

$$H(X;Y) = H(Y) - H(Y \mid X) \tag{4.30}$$

und

$$H(X;Y) = H(X) - H(X \mid Y). \tag{4.31}$$

Die Transinformation ist entsprechend (4.30) ein Maß für die im Mittel in einem Ausgangssymbol enthaltene Information verringert um die Streuentropie. Wie bei den Markoff-Quellen (4.14), (4.19) gelten auch hier die Beziehungen

$$\begin{aligned} H(X,Y) &= H(Y \mid X) + H(X) \\ &= H(X \mid Y) + H(Y) \end{aligned} \tag{4.32}$$

und

$$H(X, Y) = H(X) + H(Y) - H(X;Y). \tag{4.33}$$

Gleichung (4.33) läßt sich wie folgt interpretieren. Die Verbundentropie der Ein- und Ausgangssymbole eines Kanals ist die Summe der Einzelentropien verringert um die Transinformation.

Wir zeigen nun, daß wie zu erwarten, die Transinformation stets größer oder gleich 0 ist. Hierzu verwenden wir wieder die Ungleichung für den natürlichen Logarithmus

$$\ln w \leq w - 1 \qquad \text{für } w > 0, \tag{4.34}$$

wobei das Gleichheitszeichen genau dann gegeben ist, wenn $w = 1$ ist.

Aus der Definition der Transinformation folgt

$$-H(X;Y) = \sum_{i,j} P(x_i, y_j) \cdot \operatorname{ld} \frac{P(x_i) \cdot P(y_j)}{P(x_i, y_j)},$$

mit $\operatorname{ld} z = (\ln 2)^{-1} \cdot \ln z$ erhalten wir

$$-H(X;Y) = \sum_{i,j} (\ln 2)^{-1} \cdot P(x_i, y_j) \cdot \ln \frac{P(x_i) \cdot P(y_j)}{P(x_i, y_j)}.$$

Die Ungleichung (4.34) ergibt daraus

$$\begin{aligned} -H(X;Y) &\leq (\ln 2)^{-1} \cdot \sum_{i,j} P(x_i, y_j) \cdot [\frac{P(x_i) \cdot P(y_j)}{P(x_i, y_j)} - 1] \\ &= (\ln 2)^{-1} [\sum_{i,j} P(x_i) P(y_j) - \sum_{i,j} P(x_i, y_j)] = 0. \end{aligned}$$

Somit gilt

$$H(X;Y) \geq 0, \tag{4.35}$$

wobei das Gleichheitszeichen genau dann gilt, wenn

$$P(x_i, y_j) = P(x_i) \cdot P(y_j) \qquad \text{für alle } i \text{ und } j,$$

d.h. X und Y statistisch unabhängig sind.

Mit (4.35) folgt aus der Definition der Transinformation (4.30) und (4.31) ferner, daß

$$H(Y) \geq H(Y \mid X) \qquad \text{und} \qquad H(X) \geq H(X \mid Y) \tag{4.36}$$

sind, was ja auch zu erwarten war.

Wegen (4.33)

$$H(X, Y) + H(X;Y) = H(X) + H(Y)$$

folgt nun, da alle Terme ≥ 0 sind,

$$H(X, Y) \leq H(X) + H(Y),$$ (4.37)

wobei das Gleichheitszeichen wiederum gilt, wenn X und Y statistisch unabhängig sind. Der gesamte Sachverhalt ist im Bild 4.1 dargestellt. $H(X)$ ist die Eingangsentropie am Kanal. Sie besteht aus der Rückschlußentropie $H(X \mid Y)$, die im Kanal verloren geht, und der Transinformation $H(X;Y)$, die zum Kanalausgang gelangt. Der Kanal fügt die Irrelevanz $H(Y \mid X)$ dem Ausgang zu, so daß am Kanalausgang die Ausgangsentropie als die Summe der Transinformation und der Irrelevanz vorliegt. Die Verbundentropie des Kanals besteht aus der Rückschlußentropie, der Transinformation und der Irrelevanz.

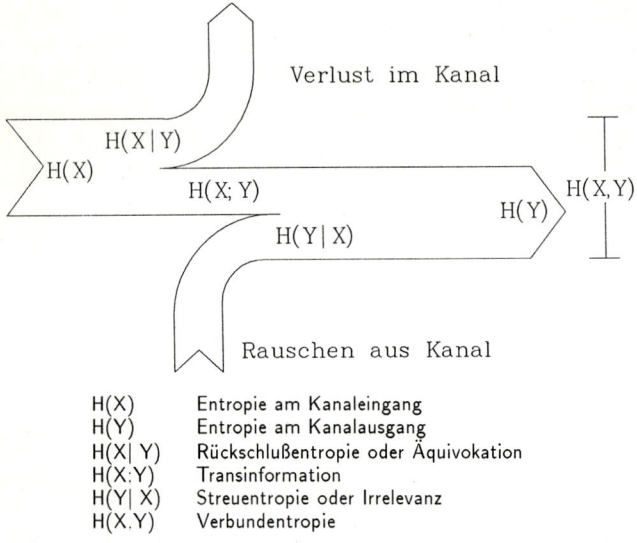

H(X)	Entropie am Kanaleingang
H(Y)	Entropie am Kanalausgang
H(X| Y)	Rückschlußentropie oder Äquivokation
H(X:Y)	Transinformation
H(Y| X)	Streuentropie oder Irrelevanz
H(X.Y)	Verbundentropie

Bild 4.1: Die Entropien am Kanal

Man nennt einen Kanal **rauschfreier Kanal**, wenn es für jedes Eingangssymbol des Kanals $x_i \in X$ mit $P(x_i) \neq 0$ genau ein Ausgangssymbol $y_j \in Y$ mit $P(y_j \mid x_2) = 1$ gibt.

Beispiel 4.7

Ein rauschfreier Kanal ist z.B. beschrieben durch die folgende Kanalmatrix.

$$P(Y \mid X) = \begin{bmatrix} 1 & 0 & 0 \\ 0 & 1 & 0 \\ 0 & 0 & 1 \end{bmatrix}.$$

$$x_1 \xrightarrow{\quad 1 \quad} y_1$$

$$x_2 \xrightarrow{\quad 1 \quad} y_2$$

$$x_3 \xrightarrow{\quad 1 \quad} y_3$$

Die Wahrscheinlichkeiten der Eingangssymbole seien:

$$P(x_1) = \frac{1}{4},$$

$$P(x_2) = \frac{1}{4}$$

und

$$P(x_3) = \frac{1}{2}.$$

Daraus folgt für die Wahrscheinlichkeiten der Ausgangssymbole:

$$P(y_1) = \frac{1}{4},$$

$$P(y_2) = \frac{1}{4}$$

und

$$P(y_3) = \frac{1}{2}.$$

Mit diesen Angaben wurden die folgenden Entropien berechnet.

    1. Entropie am Kanaleingang:

$$H(X) = 1,5 \text{ Bit/Symbol.}$$

    2. Entropie am Kanalausgang:

$$H(Y) = 1,5 \text{ Bit/Symbol.}$$

    3. Streuentropie:

$$H(Y \mid X) = 0 \text{ Bit/Symbolpaar.}$$

    4. Rückschlußentropie :

$$H(X \mid Y) = 0 \text{ Bit/Symbolpaar.}$$

    5. Verbundentropie:

$$H(X,Y) = 1,5 \text{ Bit/Symbolpaar.}$$

    6. Transinformation:

$$H(X;Y) = 1,5 \text{ Bit/Symbolpaar.}$$

Diese Ergebnisse besagen, daß die Eingangsinformation über den betrachteten rauschfreien Kanal vollständig zum Kanalausgang gelangt und der Kanal dem Ausgang keine irrelevante Information hinzufügt, weil

$$H(X) = H(X;Y) = H(Y) \quad \text{und} H(X \mid Y) = H(Y \mid X) = 0$$

sind.

Man nennt einen Kanal **verlustfreier Kanal** (auch **ungestörter Kanal**), wenn für alle Eingangssymbole $x_i \in X$ mit $P(x_i) \neq 0$ es eine Untermenge $Y_{x_i} \subset Y$ derart gibt, daß gilt

$$Y_{x_i} \cap Y_{x_k} = \emptyset \quad \text{für} \quad x_i \neq x_k; x_i, x_k \in X$$

und

$$P(x_i) = \sum_{y_k \in Y_{x_i}} P(y_k \mid x_i)$$

Dies bedeutet, daß bei einem ungestörten Kanal aus einem Ausgangssymbol mit Sicherheit (d.h. mit Wahrscheinlichkeit 1) Rückschlüsse auf das Eingangssymbol gezogen werden können. Rauschfreie Kanäle sind laut Definition auch verlustfrei.

Beispiel 4.8

Ein verlustfreier, rauschbehafteter Kanal ist z.B. durch die folgende Kanalmatrix beschrieben:

$$P(Y \mid X) = \begin{bmatrix} 1 & 0 & 0 \\ 0 & \frac{1}{2} & \frac{1}{2} \end{bmatrix}.$$

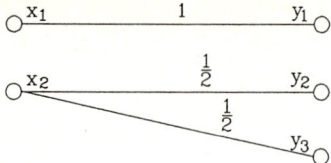

Die Wahrscheinlichkeiten der Eingangssymbole seien:

$$P(x_1) = \frac{1}{2}$$

und

$$P(x_2) = \frac{1}{2}.$$

Daraus folgen für die Wahrscheinlichkeiten der Ausgangssymbole:

$$P(y_1) = \frac{1}{2},$$

$$P(y_2) = \frac{1}{4}$$

und

$$P(y_3) = \frac{1}{4}.$$

Die einzelnen Entropien sind:
1. Entropie am Kanaleingang:

$$H(X) = 1 \text{ Bit/Symbol}.$$

2. Entropie am Kanalausgang:

$$H(Y) = 1{,}5 \text{ Bit/Symbol}.$$

3. Streuentropie:

$$H(Y \mid X) = 0{,}5 \text{ Bit/Symbolpaar}.$$

4. Rückschlußentropie :

$$H(X \mid Y) = 0 \text{ Bit/Symbolpaar}.$$

5. Verbundentropie:

$$H(X, Y) = 1{,}5 \text{ Bit/Symbolpaar}.$$

6. Transinformation:

$$H(X; Y) = 1 \text{ Bit/Symbolpaar}.$$

Die Eingangsinformation gelangt über den verlustfreien, rauschbehafteten Kanal vollständig $(H(X \mid Y) = 0)$ zum Kanalausgang. Es gelangt noch irrelevante Information aus dem Kanal zum Ausgang, weil

$$H(Y \mid X) = 0{,}5 \text{ Bit/Symbolpaar}$$

ist.

Beispiel 4.9
Ein verlust- und rauschbehafteter Kanal ist z.B. durch die folgende Kanalmatrix beschrieben:

$$P(Y \mid X) = \begin{bmatrix} \frac{2}{3} & \frac{1}{3} & 0 \\ \frac{1}{3} & \frac{2}{3} & 0 \\ 0 & 0 & 1 \end{bmatrix}.$$

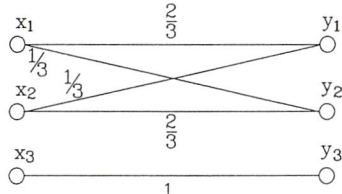

Die Wahrscheinlichkeiten der Eingangssymbole seien:

$$P(x_1) = \frac{1}{3},$$

$$P(x_2) = \frac{1}{3}$$

und

$$P(x_3) = \frac{1}{3}.$$

Daraus folgt für die Wahrscheinlichkeiten der Ausgangssymbole:

$$P(y_1) = \frac{1}{3},$$

$$P(y_2) = \frac{1}{3}$$

und

$$P(y_3) = \frac{1}{3}.$$

Die einzelnen Entropien sind:

1. Entropie am Kanaleingang:

$$H(X) = 1{,}585 \text{ Bit/Symbol.}$$

2. Entropie am Kanalausgang:

$$H(Y) = 1{,}585 \text{ Bit/Symbol.}$$

3. Streuentropie:

$$H(Y \mid X) = 0{,}6122 \text{ Bit/Symbolpaar.}$$

4. Rückschlußentropie :

$$H(X \mid Y) = 0{,}6122 \text{ Bit/Symbolpaar.}$$

5. Verbundentropie:

$$H(X, Y) = 2{,}1972 \text{ Bit/Symbolpaar.}$$

6. Transinformation:

$$H(X; Y) = 0{,}9728 \text{ Bit/Symbolpaar.}$$

Ein Teil der Eingangsinformation gelangt über den verlust- und rauschbehafteten Kanal nicht zum Kanalausgang, da $H(X \mid Y) \neq 0$ ist, d.h. dieser Teil geht verloren. Weil $H(Y \mid X) \neq 0$ ist, fügt der Kanal dem Ausgang noch irrelevante Information hinzu.

Für einen **total gestörten Kanal** und beliebige $x \in X, y \in Y$ gilt $p(x \mid y) = p(x)$ und somit $p(x, y) = p(x) \cdot p(y)$. Die Ein- und Ausgangssymbole des Kanals sind also statistisch unabhängig. Ferner gilt $H(X \mid Y) = H(X)$, $H(X, Y) = H(X) + H(Y)$, $H(Y \mid X) = H(Y)$ und insbesondere $H(X; Y) = 0$, d.h. es wird keine Information im Mittel vom Eingang zum Ausgang übertragen.

4.3 Transinformation und Kanalkapazität

Wir betrachten nun eine Kaskadierung von zwei Kanälen, wobei das Ausgangsalphabet des
ersten Kanals gleich dem Eingangsalphabet des zweiten Kanals ist. Wir nehmen ferner
an, daß der Ausgang Z statistisch mit dem Eingang X lediglich über Y gekoppelt ist
(Bild 4.2). Dies bedeutet, daß

$$P(x \mid (y \text{ und } z)) = P(x \mid y) \tag{4.38}$$

und

$$P(z \mid (x \text{ und } y)) = P(z \mid y) \tag{4.39}$$

für alle $x \in X, y \in Y, z \in Z$.

Bild 4.2: Kaskadierung zweier Kanäle

Wir können nun die bedingte Transinformation $H(X; Y \mid Z)$ analog zu (4.29) definieren

$$H(X; Y \mid Z) = - \sum_{i,j,k} P(x_i, y_j, z_k) \cdot \operatorname{ld} \frac{P(x_i \mid z_k) \cdot P(y_j \mid z_k)}{P((x_i, y_j) \mid z_k)},$$

und erhalten gemäß (4.31) dann

$$H(X; Y \mid Z) = H(X \mid Z) - H(X \mid YZ), \tag{4.40}$$

wobei wie bei (4.35) gilt

$$H(X; Y \mid Z) \geq 0. \tag{4.41}$$

Aus (4.40) erhält man wegen (4.38)

$$H(X; Y \mid Z) = H(X \mid Z) - H(X \mid Y)$$

oder

$$H(X; Y \mid Z) + H(X) - H(X \mid Z) = H(X) - H(X \mid Y)$$

und mit (4.31)

$$H(X; Y \mid Z) + H(X; Z) = H(X; Y). \tag{4.42}$$

In (4.42) sind alle Terme ≥ 0, und wir erhalten deshalb insbesondere

$$H(X; Z) \leq H(X; Y). \tag{4.43}$$

Gleichung (4.43) ist als der **Hauptsatz der Datenverarbeitung** bekannt und besagt, daß im
ersten Kanal als Äquivokation verlorene Information durch die Verarbeitung im zweiten
Kanal nicht wiedergewonnen werden kann. Im übrigen erhält man durch Definieren von
$H(Y; Z \mid X)$, entsprechend (4.40),

$$H(Y; Z \mid X) = H(Z \mid X) - H(Z \mid XY) \tag{4.44}$$

und daraus analog zu (4.43)

$$H(X; Z) \leq H(Y; Z). \tag{4.45}$$

Dies bedeutet, daß die Transinformation über eine **Kaskadierung von zwei Kanälen** immer
höchstens gleich der Transinformation über einem der beiden Kanäle ist.

Die Transinformation ist im allgemeinen eine Funktion sowohl der bedingten Wahrscheinlichkeiten $P(y_j \mid x_i)$, die den Kanal charakterisieren, als auch der Wahrscheinlichkeitsverteilung der Kanaleingangssymbole $P(x_i)$. Bildet man das Maximum der Transinformation
über alle möglichen (zulässigen) Eingangswahrscheinlichkeitsverteilungen, so erhält man
eine von der Quelle am Eingang unabhängige Größe. Sie ist ein Maß für den Informationsgehalt, den ein Kanal maximal übertragen kann und wird deshalb die Kapazität des
Kanals genannt. Die **Kanalkapazität** ist definiert als

$$C = \max_{P(X)} H(X;Y),\tag{4.46}$$

wobei das Maximum über alle zulässigen Eingangswahrscheinlichkeitsverteilungen zu bilden ist.

Ein solches Maximum existiert stets, denn die Transinformation ist eine stetige Funktion der n-Variablen $P(x_i)$, und ihr Definitionsbereich ist beschränkt und abgeschlossen (wegen $P(x_i) \geq 0$ und $\sum_i P(x_i) = 1$).

Beispiel 4.10

Für einen total gestörten Kanal gilt

$$P(x_i \mid y_j) = P(x_i) \quad \text{für alle} \quad x_i, y_j.$$

Wegen

$$H(X;Y) = H(X) - H(X \mid Y) = H(X) - H(X) = 0$$

ist die Transinformation $H(X;Y)$ stets gleich Null. Daraus folgt

$$C = \max_{P(X)} H(X;Y) = 0 \,.$$

Beispiel 4.11

Ein ungestörter Kanal ist z.B. durch die nachstehende Kanalmatrix beschrieben.

$$P(Y \mid X) = \begin{bmatrix} 1 & 0 & 0 \\ 0 & \dfrac{1}{2} & \dfrac{1}{2} \end{bmatrix} \cdot$$

Die Wahrscheinlichkeiten der Eingangssymbole sind wie folgt gegeben:

$$P(x_1) = p$$

und

$$P(x_2) = 1 - p.$$

Die Wahrscheinlichkeiten der Ausgangssymbole liegen somit bei

$$P(y_1) = p,$$
$$P(y_2) = \frac{1}{2} \cdot (1 - p)$$

und

$$P(y_3) = \frac{1}{2} \cdot (1 - p).$$

Für die Kanalkapazität gilt

$$C = \max_{P(X)} (H(Y) - H(Y \mid X)),$$

wobei

$$H(Y) - H(Y \mid X) = -\sum_{i=1}^{3} P(y_i) \cdot \operatorname{ld} P(y_i)$$
$$+ \sum_{i=1}^{2} P(x_i) \cdot \sum_{j=1}^{3} P(y_j \mid x_i) \cdot \operatorname{ld} P(y_j \mid x_i)$$
$$= -p \cdot \operatorname{ld} p - (1 - p) \cdot \operatorname{ld}(1 - p).$$

Mit

$$\frac{d}{dp}(H(Y) - H(Y \mid X)) = 0$$

ergibt sich

$$-\frac{\ln p}{\ln 2} + \frac{\ln (1-p)}{\ln 2} = 0$$

oder

$$\ln \frac{1-p}{p} = 0.$$

Die Lösung der letzten Gleichung lautet

$$p = \frac{1}{2}.$$

Es gilt

$$\frac{d^2}{dp^2}(H(Y) - H(Y \mid X)) = -\frac{1}{\ln 2} \cdot \frac{1}{p(1-p)} < 0,$$

für $0 < p < 1$.

Mit $p = \frac{1}{2}$ ergibt sich also das Maximum von $(H(Y) - H(Y \mid X))$, damit liegt die Kanalkapazität bei

$$C = 1 \, \text{Bit/Symbol}.$$

Beispiel 4.12

Ein symmetrischer Kanal mit jeweils q Ein- und Ausgangssymbolen wird beschrieben durch

$$P(Y \mid X) = \begin{bmatrix} 1-p & \frac{p}{q-1} & \cdots & \frac{p}{q-1} \\ \frac{p}{q-1} & 1-p & \cdots & \frac{p}{q-1} \\ \vdots & \vdots & \cdots & \vdots \\ \frac{p}{q-1} & \frac{p}{q-1} & \cdots & 1-p \end{bmatrix}.$$

Wir betrachten zunächst die Streuentropie $H(Y \mid X)$.

$$H(Y \mid X) = -\sum_{i=1}^{q} P(x_i) \cdot \left[\sum_{j=1}^{q} P(y_j \mid x_i) \cdot \text{ld} \, P(y_j \mid x_i) \right].$$

Die Summe der eckigen Klammern ist für jedes i gleich groß, weil die Elemente in jeder Zeile bis auf eine Permutation gleich sind. Somit ist

$$\begin{aligned} H(Y \mid X) &= -\sum_{i=1}^{q} P(x_i) \cdot \left[\sum_{j=1}^{q} P(y_j \mid x_i) \cdot \text{ld} \, P(y_j \mid x_i) \right] \\ &= -1 \cdot \left[(1-p) \, \text{ld} \, (1-p) + (q-1) \cdot \frac{p}{q-1} \cdot \text{ld} \, \frac{p}{q-1} \right] \end{aligned}$$

von $P(x_i)$ unabhängig.

Der Ausdruck $H(Y) - H(Y \mid X)$ wird maximal, wenn $H(Y)$ maximal wird. Das ist nur der Fall, wenn alle Symbole des Alphabetes Y gleichwahrscheinlich sind,

$$H(Y)_{\text{max}} = \text{ld} \, q.$$

Die Kanalkapazität errechnet sich zu:

$$\begin{aligned} C &= \max H(Y) - H(Y \mid X) \\ &= \text{ld} \, q + \left[(1-p) \, \text{ld} \, (1-p) + p \cdot \text{ld} \, \frac{p}{q-1} \right]. \end{aligned}$$

Wir betrachten nun einen gedächtnislosen Kanal, der n Symbole $(x_1, x_2, \ldots, x_n)$ hintereinander überträgt und die Ausgangswerte $(y_1, y_2, \ldots, y_n)$ erzeugt. Man kann dies als eine einzige Übertragung an einem neuen Kanal betrachten, dessen Eingangsalphabet U aus allen Kombinationen der Länge n der X-Symbole und dessen Ausgangsalphabet V aus allen Kombinationen der Länge n der Y-Symbole besteht. War der ursprüngliche Kanal durch die bedingten Wahrscheinlichkeiten $P(y_j \mid x_i)$ definiert, so gilt für den neuen Kanal mit $u = (x_1, x_2, \ldots, x_n)$ und $v = (y_1, y_2, \ldots, y_n)$

$$P(v \mid u) = P(y_1 \mid x_1) \cdot P(y_2 \mid x_2) \cdot \cdots \cdot P(y_n \mid x_n). \tag{4.47}$$

Die Bedingung (4.47) besagt, daß die einzelnen Übertragungen $(y_k \mid x_k)$ statistisch unabhängig sind, d.h. daß auch die Störungen bei Folgeübertragungen voneinander unabhängig sind. Einen solchen Kanal, der n Symbole gemeinsam überträgt, nennt man die **n-te Erweiterung eines Kanals** (Bild 4.3).

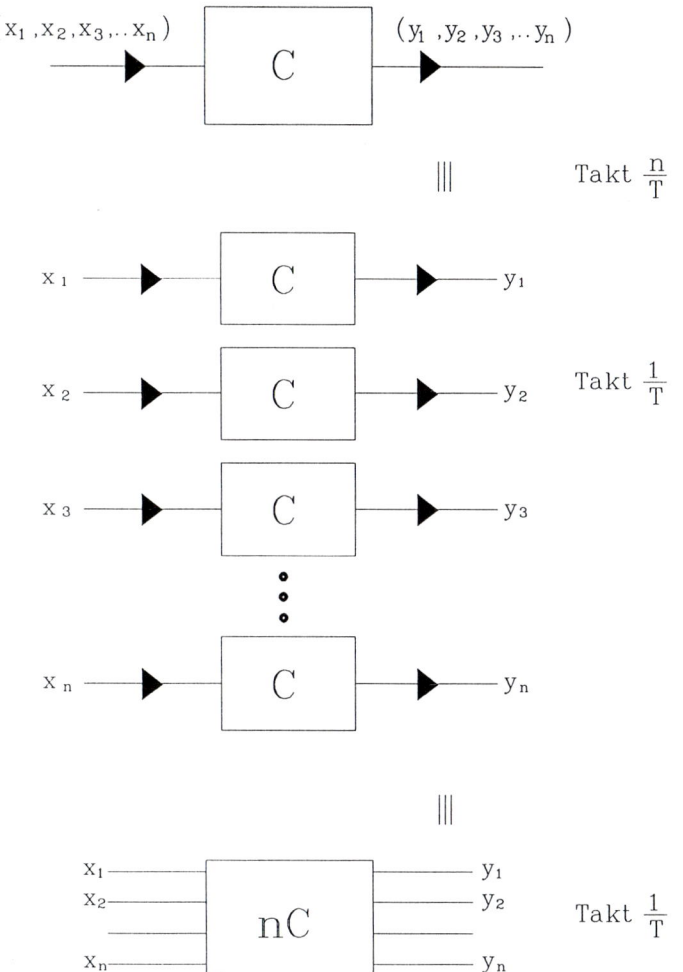

Bild 4.3: n-te Erweiterung eines Kanals

Die Transinformation der n-ten Erweiterung ist entsprechend (4.30)

$$H(U;V) = H(V) - H(V \mid U),\qquad (4.48)$$

dabei ist

$$H(V) = H(Y_1, Y_2, \ldots, Y_n).\qquad (4.49)$$

$H(Y_1, Y_2 \ldots Y_n)$ ist in Erweiterung der Gleichung (4.26) als Verbundentropie erklärt. Wir haben gezeigt (4.37), daß für zwei Variablen gilt

$$H(X, Y) \leq H(X) + H(Y),$$

wobei das Gleichheitszeichen gilt, wenn X und Y statistisch unabhängig sind. Entsprechend gilt für n Variablen

$$H(Y_1, Y_2, \ldots, Y_n) \leq \sum_{i=1}^{n} H(Y_i),\qquad (4.50)$$

wobei das Gleichheitszeichen genau dann gilt, wenn die Ausgangssymbole y_k statistisch unabhängig sind. Da die einzelnen Übertragungen statistisch unabhängig vorausgesetzt werden, ist dies insbesondere dann der Fall, wenn die Eingangssymbole x_k statistisch unabhängig sind.

Für $H(V \mid U)$ gilt somit

$$\begin{aligned} H(V \mid U) &= H(Y_1, Y_2, \ldots, Y_n \mid X_1, X_2, \ldots, X_n) \\ &= -\sum_{x_1} \cdots \sum_{x_n} \sum_{y_1} \cdots \sum_{y_n} \cdot P(x_1, \ldots, x_n, y_1, \ldots, y_n) \cdot \\ & \quad \operatorname{ld} P(y_1, \ldots, y_n \mid x_1, \ldots, x_n) \end{aligned} \qquad (4.51)$$

Wegen (4.47) gilt

$$\operatorname{ld} P(y_1, \ldots, y_n \mid x_1, \ldots, x_n) = \sum_{i=1}^{n} \operatorname{ld} P(y_i \mid x_i) \,. \qquad (4.52)$$

Setzt man (4.52) in (4.51) ein und berücksichtigt man, daß man aus $P(x_1, \ldots, x_n, y_1, \ldots, y_n)$ die Verbundwahrscheinlichkeit $P(x_k, y_k)$ genau dann erhält, wenn man über alle x und y außer x_k, y_k summiert, so erhält man

$$H(V \mid U) = \sum_{i=1}^{n} H(Y_i \mid X_i) \,. \qquad (4.53)$$

(4.50) und (4.53) eingesetzt in (4.48) ergeben schließlich

$$\begin{aligned} H(U; V) &\leq \sum_{i=1}^{n} H(Y_i) - \sum_{i=1}^{n} H(Y_i \mid X_i) \\ &= \sum_{i=1}^{n} H(X_i; Y_i) \end{aligned} \qquad (4.54)$$

wobei das Gleichheitszeichen für statistisch unabhängige y_i gilt, was insbesondere für statistisch unabhängige x_i gegeben ist.

Bildet man nunmehr das Maximum, so erhält man für die Kanalkapazität der n-ten Erweiterung des Kanals

$$\max_{P(U)} H(U; V) = \sum_{i=1}^{n} C = n \cdot C, \qquad (4.55)$$

d.h. die n-te Kanalerweiterung hat die n-fache Kapazität.

Beispiel 4.13

Wir betrachten die 2-te Erweiterung eines symmetrischen gedächtnislosen Kanals mit je 2 Ein- und Ausgangssymbolen.

Das Eingangsalphabet U und das Ausgangsalphabet V des "neuen" Kanals sind angegeben durch

$$U = \{(x_1, x_1), (x_1, x_2), (x_2, x_1), (x_2, x_2)\} = \{u_1, u_2, u_3, u_4\} \qquad (*1)$$

und

$$V = \{(y_1, y_1), (y_1, y_2), (y_2, y_1), (y_2, y_2)\} = \{v_1, v_2, v_3, v_4\} \,. \qquad (*2)$$

Es gelten für die 2-te Erweiterung des symmetrischen Kanals mit

$$u_i = (x_{i_1}, x_{i_2}) \quad und \quad v_j = (y_{j_1}, y_{j_2}) \,, \ i_1, i_2, j_1, j_2 \in \{1, 2\},$$

die folgenden Gleichungen:

$$P(u_i) = P(x_{i_1}) \cdot P(x_{i_2}), \qquad (*3)$$

und

$$P(v_j \mid u_i) = P(y_{j_1} \mid x_{i_1}) \cdot P(y_{j_2} \mid x_{i_2}). \qquad (*4)$$

Daraus folgt für ein festes $v_j = (y_{j_1}, y_{j_2})$

$$
\begin{aligned}
P(v_j) &= \sum_{i=1}^{4} P(v_j | u_i) \cdot P(u_i) \\
&= \sum_{i=1}^{4} P(y_{j_1} | x_{i_1}) \cdot P(y_{j_2} | x_{i_2}) \cdot P(x_{i_1}) \cdot P(x_{i_2}) \\
&= \sum_{i=1}^{4} P(y_{j_1} | x_{i_1}) \cdot P(x_{i_1}) \cdot P(y_{j_2} | x_{i_2}) \cdot P(x_{i_2}) \\
&= \left[\sum_{k=1}^{2} P(y_{j_1} | x_k) \cdot P(x_k) \right] \cdot \left[\sum_{l=1}^{2} P(y_{j_2} | x_l) \cdot P(x_l) \right] .
\end{aligned}
$$

Somit erhalten wir

$$
P(y_{j_1}, y_{j_2}) = P(y_{j_1}) \cdot P(y_{j_2}) . \tag{$*5$}
$$

Die Kapazität des neuen"Kanals mit den Alphabeten U und V ist definiert als

$$
C_2 = \max_{P(U)} H(U; V) = \max_{P(U)} (H(V) - H(V \mid U)) .
$$

Wir betrachten zunächst $H(V)$.

$$
\begin{aligned}
-H(V) &= \sum_{i=1}^{4} P(v_i) \cdot \operatorname{ld} P(v_i) \\
&= P(y_1, y_1) \cdot \operatorname{ld} P(y_1, y_1) + P(y_1, y_2) \cdot \operatorname{ld} P(y_1, y_2) \\
&\quad + P(y_2, y_1) \cdot \operatorname{ld} P(y_2, y_1) + P(y_2, y_2) \cdot \operatorname{ld} P(y_2, y_2) \\
&= 2 \cdot P(y_1) \cdot P(y_1) \cdot \operatorname{ld} P(y_1) + 2 \cdot P(y_1) \cdot P(y_2) \cdot \operatorname{ld} P(y_1) \\
&\quad + 2 \cdot P(y_2) \cdot P(y_1) \cdot \operatorname{ld} P(y_2) + 2 \cdot P(y_2) \cdot P(y_2) \cdot \operatorname{ld} P(y_2) \\
&= 2 \cdot P(y_1) \cdot \operatorname{ld} P(y_1) \cdot (P(y_1) + P(y_2)) + 2 \cdot P(y_2) \cdot \operatorname{ld} P(y_2) \cdot (P(y_1) + P(y_2)) \\
&= 2 \cdot \sum_{i=1}^{2} P(y_i) \cdot \operatorname{ld} P(y_i) \\
&= -2 \cdot H(Y)
\end{aligned}
$$

Für $H(V \mid U)$ gilt:

$$
\begin{aligned}
-H(V \mid U) &= \sum_{i=1}^{4} P(u_i) \sum_{j=1}^{4} P(v_j \mid u_i) \cdot \operatorname{ld} P(v_j \mid u_i) \\
&= P(u_1) \cdot [P(v_1 \mid u_1) \cdot \operatorname{ld} P(v_1 \mid u_1) + P(v_2 \mid u_1) \cdot \operatorname{ld} P(v_2 \mid u_1) \\
&\quad + P(v_3 \mid u_1) \cdot \operatorname{ld} P(v_3 \mid u_1) + P(v_4 \mid u_1) \cdot \operatorname{ld} P(v_4 \mid u_1)] \\
&\quad + P(u_2) \cdot [P(v_1 \mid u_2) \cdot \operatorname{ld} P(v_1 \mid u_2) + P(v_2 \mid u_2) \cdot \operatorname{ld} P(v_2 \mid u_2) \\
&\quad + P(v_3 \mid u_2) \cdot \operatorname{ld} P(v_3 \mid u_2) + P(v_4 \mid u_2) \cdot \operatorname{ld} P(v_4 \mid u_2)] \\
&\quad + P(u_3) \cdot [P(v_1 \mid u_3) \cdot \operatorname{ld} P(v_1 \mid u_3) + P(v_2 \mid u_3) \cdot \operatorname{ld} P(v_2 \mid u_3) \\
&\quad + P(v_3 \mid u_3) \cdot \operatorname{ld} P(v_3 \mid u_3) + P(v_4 \mid u_3) \cdot \operatorname{ld} P(v_4 \mid u_3)] \\
&\quad + P(u_4) \cdot [P(v_1 \mid u_4) \cdot \operatorname{ld} P(v_1 \mid u_4) + P(v_2 \mid u_4) \cdot \operatorname{ld} P(v_2 \mid u_4) \\
&\quad + P(v_3 \mid u_4) \cdot \operatorname{ld} P(v_3 \mid u_4) + P(v_4 \mid u_4) \cdot \operatorname{ld} P(v_4 \mid u_4)].
\end{aligned}
$$

Durch ähnliche Umformung wie bei $H(V)$ unter Verwendung von $(*1)$ bis $(*5)$ erhält man die folgende Gleichung:

$$
\begin{aligned}
H(V \mid U) &= -2 \cdot \sum_{i=1}^{2} P(x_i) \sum_{j=1}^{2} P(y_j \mid x_i) \cdot \operatorname{ld} P(y_j \mid x_i) \\
&= 2 \cdot H(Y \mid X) .
\end{aligned}
$$

Die Kapazität C_2 errechnet sich somit zu:

$$
\begin{aligned}
C_2 &= \max_{P(U)} H(V; U) \\
&= \max_{P(U)} (H(V) - H(V \mid U)) \\
&= 2 \cdot \max_{P(X)} (H(Y) - H(Y \mid X)) \\
&= 2 \cdot C .
\end{aligned}
$$

wobei C die Kapazität des symmetrischen Kanals ist (siehe Beispiel 4.12).

4.4   Aufgaben zu Kapitel 4

Aufgabe 4.1

Wir betrachten eine stationäre Quelle mit einem Alphabet X aus n Symbolen $\{x_1, x_2, \ldots, x_n\}$, die alle T Sekunden ein Symbol erzeugt. Dieser Vorgang kann als ein wiederholtes Zufallsexperiment aufgefasst werden. Mit $P(x_i)$ bezeichnen wir die Wahrscheinlichkeit, daß das Symbol x_i als Ausgang auftritt.

(a) Geben Sie den Informationsgehalt des Symbols x_i an.

(b) Wie wird die Symbolentropie H der Quelle definiert? Wie kann man die Symbolentropie H interpretieren? Wann nimmt H den maximalen Wert an?

(c) Wie wird die Redundanz R der Quelle definiert?

Lösung 4.1

(a) Der Informationsgehalt des Symbols x_i beträgt
$$I(x_i) = -\operatorname{ld} P(x_i) .$$

(b) Die Symbolentropie H der Quelle wird definiert als
$$H = E\{I(\mathbf{x})\} = \sum_{i=1}^{n} I(x_i) \cdot P(x_i) = -\sum_{i=1}^{n} P(x_i) \cdot \operatorname{ld} P(x_i) .$$

Die Symbolentropie H stellt den Informationsgehalt dar, den ein Symbol der Quelle im Mittel enthält.

H erreicht das Maximum $H_{\max}$, wenn die Symbole x_i gleichverteilt sind.

(c) Die Redundanz R der Quelle ist definiert als
$$R = H_{\max} - H.$$

Aufgabe 4.2

Ein stationärer, gedächtnisloser Kanal hat das Eingangsalphabet X und das Ausgangsalphabet Y. Die Wahrscheinlichkeiten $P(x_i)$ sind größer als Null.

(a) Wodurch sind die Ausgangswahrscheinlichkeiten $P(y_j)$ des Kanals festgelegt?

(b) Geben Sie die jeweilige Definition der im folgenden aufgeführten Begriffe an:

   i. Die Verbundentropie

   ii. Die Äquivokation oder Rückschlußentropie

   iii. Die Streuentropie oder Irrelevanz

   iv. Die Transinformation

(c) Ein Kanal wird durch die folgende Kanalmatrix beschrieben:

$$P(Y \mid X) = \begin{bmatrix} \dfrac{2}{3} & \dfrac{1}{6} & \dfrac{1}{6} \\[2mm] \dfrac{1}{3} & \dfrac{1}{3} & \dfrac{1}{3} \\[2mm] 0 & \dfrac{1}{3} & \dfrac{2}{3} \end{bmatrix}$$

Ist das ein verlustfreier, rauschbehafteter Kanal oder ein verlust- und rauschbehafteter Kanal? Begründen Sie Ihre Aussage.

Lösung 4.2

(a) Bei einem stationären gedächtnislosen Kanal sind die Ausgangswahrscheinlichkeiten $P(y_i)$ durch die Wahrscheinlichkeiten $P(x_i)$ und die bedingte Wahrscheinlichkeitsmatrix $P(Y \mid X)$ festgelegt.

(b) Die jeweiligen Definitionen sind

   i. die Verbundentropie:
$$H(X, Y) = -\sum_{i,j} P(x_i, y_j) \cdot \operatorname{ld} P(x_i, y_j),$$

   ii. die Äquivokation oder Rückschlußentropie:
$$H(X \mid Y) = -\sum_{i,j} P(x_i, y_j) \cdot \operatorname{ld} P(x_i \mid y_j),$$

   iii. die Streuentropie oder Irrelevanz:
$$H(Y \mid X) = -\sum_{i,j} P(x_i, y_j) \cdot \operatorname{ld} P(y_j \mid x_i),$$

iv. die Transinformation:

$$H(X;Y) = -\sum_{i,j} P(x_i, y_j) \cdot \operatorname{ld} \frac{P(x_i) \cdot P(y_j)}{P(x_i, y_j)}.$$

(c) Der vorgegebene Kanal ist verlust- und rauschbehaftet.
Für das Symbol x_1 gibt es nicht nur ein Ausgangssymbol von Y, weil die Übergangswahrscheinlichkeiten $P(y_i \mid x_1)$ ungleich Null sind. Das besagt, daß der Kanal rauschbehaftet ist.
Für das Symbol x_1 ist die Untermenge

$$Y_{x_1} = \{y_1, y_2, y_3\},$$

während die zu x_2 gehörige Untermenge

$$Y_{x_2} = \{y_1, y_2, y_3\}$$

ist, d.h. es gilt nicht, daß

$$Y_{x_1} \cap Y_{x_2} = \emptyset \qquad \text{für} \qquad x_1, x_2 \in X.$$

Laut Definition ist der Kanal also auch verlustbehaftet.

Aufgabe 4.3

(a) Eine Kaskadierung von zwei Kanälen sei wie im Bild 4.2 vorgegeben. Man erkläre die Gleichung (vgl. Bild 4.2)

$$H(X;Z) \le H(X;Y) .$$

(b) Was versteht man unter Kanalkapazität?

(c) Wie groß ist die Kanalkapazität eines symmetrischen Kanals mit der Fehlerwahrscheinlichkeit $p = 0,02$ und $q = 6$ (Eingangs-/Ausgangssymbolen)?

Lösung 4.3

(a) Die Transinformation über die Kaskadierung der beiden Kanäle ist höchstens so groß wie die über den ersten Kanal. Dies bedeutet wiederum, daß die im ersten Kanal als Äquivokation verlorene Information durch die Verarbeitung im zweiten Kanal nicht wiedergewonnen werden kann.

(b) Die Kanalkapazität stellt ein Maß für den Informationsgehalt pro Symbol dar, den ein Kanal maximal übertragen kann. Sie ist definiert als das Maximum der Transinformation über alle zulässigen Eingangswahrscheinlichkeiten, d.h. $C = \max\limits_{P(X)} H(X;Y)$.

(c) Die Kanalkapazität eines solchen symmetrischen Kanals errechnet sich zu (siehe Beispiel 4.12):

$$\begin{aligned} C &= \operatorname{ld} q + \left[(1-p) \cdot \operatorname{ld}(1-p) + p \cdot \operatorname{ld} \frac{p}{q-1} \right] \\ &= 2,5850 + [-0,02856 - 0,15932] \\ &= 2,3971 \text{ Bit/Symbol} \end{aligned}$$

Aufgabe 4.4

Gegeben ist die Tabelle der Häufigkeiten der einzelnen Buchstaben in Beispiel 4.3. Berechnen Sie die Informationsgehalte der folgenden Buchstaben der deutschen Schrift:

(a) N

(b) S

(c) L

Ermitteln Sie den Buchstaben, dessen Informationsgehalt am größten ist, und den Buchstaben, dessen Informationsgehalt am geringsten ist.

Lösung 4.4

(a) $I(N) = -\operatorname{ld} P(N) = -\operatorname{ld} 0,0992 = 3,3335$ Bit

(b) $I(S) = -\operatorname{ld} P(S) = -\operatorname{ld} 0,0678 = 3,8826$ Bit

(c) $I(L) = -\operatorname{ld} P(L) = -\operatorname{ld} 0,0283 = 5,1431$ Bit

Der Buchstabe X besitzt den größten Informationsgehalt, während der Buchstabe E den geringsten Informationsgehalt aufweist.

Aufgabe 4.5

Das Kanaldiagramm und die einzelnen Wahrscheinlichkeiten der Eingangssymbole sind wie folgt vorgegeben:

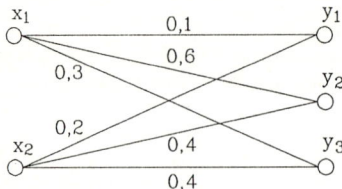

$$P(x_1) = 0{,}5 \quad \text{und} \quad P(x_2) = 0{,}5.$$

(a) Geben Sie die Kanalmatrix $P(Y \mid X)$ an.

(b) Ermitteln Sie die Wahrscheinlichkeiten $P(y_i)$ für $i = 1, 2, 3$.

(c) Bestimmen Sie die folgenden Entropien:

    i. Entropie am Kanaleingang

    ii. Entropie am Kanalausgang

    iii. Streuentropie

    iv. Rückschlußentropie

    v. Verbundentropie

    vi. Transinformation

(d) Welchen Kanaltyp stellt dieser Kanal dar? Begründen Sie Ihre Behauptung.

Lösung 4.5

(a) Die Kanalmatrix lautet

$$P(Y \mid X) = \begin{bmatrix} 0{,}1 & 0{,}6 & 0{,}3 \\ 0{,}2 & 0{,}4 & 0{,}4 \end{bmatrix}.$$

(b) Die einzelnen Wahrscheinlichkeiten $P(y_i)$ sind:

$$P(y_1) = \sum_{i=1}^{2} P(x_i) \cdot P(y_1 \mid x_i) = 0{,}1 \cdot 0{,}5 + 0{,}2 \cdot 0{,}5 = 0{,}15$$

$$P(y_2) = \sum_{i=1}^{2} P(x_i) \cdot P(y_2 \mid x_i) = 0{,}6 \cdot 0{,}5 + 0{,}4 \cdot 0{,}5 = 0{,}5$$

$$P(y_3) = \sum_{i=1}^{2} P(x_i) \cdot P(y_3 \mid x_i) = 0{,}3 \cdot 0{,}5 + 0{,}4 \cdot 0{,}5 = 0{,}35$$

(c) Die diversen Entropien sind:

    i. Entropie am Kanaleingang

$$H(X) = -\sum P(x_i) \cdot \operatorname{ld} P(x_i)$$
$$= -[0{,}5 \cdot \operatorname{ld} 0{,}5 + 0{,}5 \cdot \operatorname{ld} 0{,}5] = 1 \text{ Bit/Symbol}$$

    ii. Entropie am Kanalausgang

$$H(Y) = -\sum_{i=1}^{3} P(y_i) \cdot \operatorname{ld} P(y_i)$$
$$= -[0{,}15 \cdot \operatorname{ld} 0{,}15 + 0{,}5 \cdot \operatorname{ld} 0{,}5 + 0{,}35 \cdot \operatorname{ld} 0{,}35]$$
$$= 1{,}4406 \text{ Bit/Symbol}$$

    iii. Streuentropie

$$H(Y \mid X) = -\sum_{i=1}^{2} P(x_i) \cdot \sum_{j=1}^{3} P(y_j \mid x_i) \cdot \operatorname{ld} P(y_j \mid x_i)$$
$$= -P(x_1)[P(y_1 \mid x_1) \cdot \operatorname{ld} P(y_1 \mid x_1)$$
$$+ P(y_2 \mid x_1) \cdot \operatorname{ld} P(y_2 \mid x_1) + P(y_3 \mid x_1) \cdot \operatorname{ld} P(y_3 \mid x_1)]$$
$$- P(x_2)[P(y_1 \mid x_2) \cdot \operatorname{ld} P(y_1 \mid x_2)$$
$$+ P(y_2 \mid x_2) \cdot \operatorname{ld} P(y_2 \mid x_2) + P(y_3 \mid x_2) \cdot \operatorname{ld} P(y_3 \mid x_2)]$$

$$= -0,5[0,1 \cdot \mathrm{ld}\, 0,1 + 0,6 \cdot \mathrm{ld}\, 0,6 + 0,3 \cdot \mathrm{ld}\, 0,3]$$
$$- 0,5[0,2 \cdot \mathrm{ld}\, 0,2 + 0,4 \cdot \mathrm{ld}\, 0,4 + 0,4 \cdot \mathrm{ld}\, 0,4]$$
$$= 1,4088 \text{ Bit/Symbolpaar}$$

iv. Rückschlußentropie
$$H(X \mid Y) = H(X) + H(Y \mid X) - H(Y)$$
$$= 1 + 1,4088 - 1,4406$$
$$= 0,9682 \text{ Bit/Symbolpaar}$$

v. Verbundentropie
$$H(X,Y) = H(Y \mid X) + H(X)$$
$$= 1,4088 + 1$$
$$= 2,4088 \text{ Bit/Symbolpaar}$$

vi. Transinformation
$$H(X;Y) = H(Y) - H(Y \mid X)$$
$$= 1,4406 - 1,4088$$
$$= 0,0318 \text{ Bit/Symbolpaar}$$

(d) Das ist ein rausch- und verlustbehafteter Kanal, da $H(X \mid Y)$ und $H(Y \mid X)$ nicht gleich Null sind.

Aufgabe 4.6
Ein Kanal ist durch die nachstehende Kanalmatrix vorgegeben.

$$P(Y \mid X) = \begin{bmatrix} 0 & 1 & 0 \\ 0{,}4 & 0 & 0{,}6 \end{bmatrix}$$

(a) Ist der Kanal rauschfrei, verlustfrei oder beides?

(b) Bestimmen Sie die Kanalkapazität.

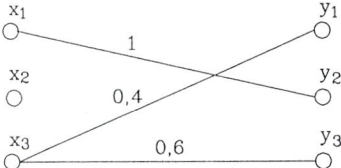

Lösung 4.6
(a) Der angegebene Kanal ist verlustfrei und rauschbehaftet. Im Diagramm kann man ablesen, daß
$$Y_{x_1} \cap Y_{x_2} = \emptyset \qquad \text{für} \qquad x_1, x_2 \in X$$
und
$$P(x_i) = \sum_{y_k \in Y_{x_i}} P(y_k) \qquad \text{für} \qquad i = 1, 2.$$

(b) Wir setzen $P(x_1) = p$ und erhalten $P(x_2) = 1 - p$.
Daraus folgt ferner
$$P(y_1) = 0,4 \cdot (1 - p), \; P(y_2) = p \qquad \text{und} \qquad P(y_3) = 0,6 \cdot (1 - p) \,.$$

$$-H(Y) = \sum_{i=1}^{3} P(y_i) \cdot \mathrm{ld}\, P(y_i)$$
$$= 0,4 \cdot (1 - p) \cdot \mathrm{ld}\,(0,4 \cdot (1 - p)) + p \cdot \mathrm{ld}\, p + 0,6 \cdot (1 - p) \cdot \mathrm{ld}\,(0,6 \cdot (1 - p))$$

$$-H(Y \mid X) = \sum_{i=1}^{2} P(x_i) \cdot \sum_{j=1}^{3} P(y_j \mid x_i) \cdot \mathrm{ld}\, P(y_j \mid x_i)$$
$$= p \cdot \mathrm{ld}\, 1 + (1 - p) \cdot 0,4 \cdot \mathrm{ld}\, 0,4 + (1 - p) \cdot 0,6 \cdot \mathrm{ld}\, 0,6$$
$$= (1 - p)(0,4 \cdot \mathrm{ld}\, 0,4 + 0,6 \cdot \mathrm{ld}\, 0,6)$$

$$H(Y) - H(Y \mid X) = -0,4(1-p) \cdot \operatorname{ld}(0,4 \cdot (1-p)) - p \cdot \operatorname{ld} p$$
$$- 0,6 \cdot (1-p) \cdot \operatorname{ld}(0,6 \cdot (1-p))$$
$$+ (1-p)(0,4 \cdot \operatorname{ld} 0,4 + 0,6 \cdot \operatorname{ld} 0,6)$$
$$= -(1-p) \cdot \operatorname{ld}(1-p) - p \cdot \operatorname{ld} p.$$

Die Ableitung der letzten Gleichung ergibt

$$\frac{d}{dp}(H(Y) - H(Y \mid X)) = \left(+\frac{1-p}{1-p} + \ln(1-p) - \frac{p}{p} - \ln p \right) \cdot \frac{1}{\ln 2} \doteq 0.$$

Daraus folgt

$$p = \frac{1}{2}.$$

Man kann leicht überprüfen, daß die zweite Ableitung stets kleiner Null ist. Für $p = \frac{1}{2}$ erhält man das Maximum:

$$C = \max_{P(X)}(H(Y) - H(Y \mid X)) = \max_{P(X)}[-(1-p) \cdot \operatorname{ld}(1-p) - p \cdot \operatorname{ld} p]$$

$$= -(1 - \frac{1}{2}) \cdot \operatorname{ld}(1 - \frac{1}{2}) - \frac{1}{2} \cdot \operatorname{ld} \frac{1}{2} = 1 \text{ Bit/Symbol.}$$

Aufgabe 4.7

Es seien zwei Kanäle vorgegeben:

$$P(Y|X) = \begin{bmatrix} 1 & 0 \\ 0.6 & 0.4 \\ 0 & 1 \end{bmatrix}$$

und

$$P(Z|Y) = \begin{bmatrix} 0.6 & 0.4 & 0 \\ 0 & 0.4 & 0.6 \end{bmatrix}$$

Eine Kaskadierung von den beiden Kanälen wird in der folgenden Form vorgenommen.

Berechnen Sie die Kanalmatrix $P(Z|X)$.
Die Eingangssymbole seien gleichverteilt. Bestimmen Sie die drei Transinformationen:
  (a) $H(X;Y)$
  (b) $H(Y;Z)$
  (c) $H(X;Z)$.

Lösung 4.7

Wir leiten die Kanalmatrix $P(Z \mid X)$ allgemein für die Kaskadierung von zwei Kanälen in Abhängigkeit von $P(Y \mid X)$ und $P(Z \mid Y)$ ab.
Wir nehmen o.B.d.A. an, daß X m Symbole, Y l Symbole und Z n Symbole enthält.
Die Wahrscheinlichkeit $P(z_k)$ ergibt sich aus:

$$P(z_k) = \sum_{i=1}^{m} P(z_k \mid x_i) \cdot P(x_i), \quad \text{für } k = 1, 2, \dots, n, \qquad (*1)$$

oder

$$P(z_k) = \sum_{j=1}^{l} P(z_k \mid y_j) \cdot P(y_j), \quad \text{für } k = 1, 2, \dots, n. \qquad (*2)$$

Die Wahrscheinlichkeit $P(y_j)$ beträgt

$$P(y_j) = \sum_{i=1}^{m} P(y_j \mid x_i) \cdot P(x_i), \quad \text{für } j = 1, 2, \dots, l. \qquad (*3)$$

(*3) eingesetzt in (*2) ergibt

$$P(z_k) = \sum_{j=1}^{l} P(z_k \mid y_j) \cdot \sum_{i=1}^{m} P(y_j \mid x_i) \cdot P(x_i)$$

$$= \sum_{i=1}^{m} \sum_{j=1}^{l} P(z_k \mid y_j) \cdot P(y_j \mid x_i) \cdot P(x_i) .$$

(∗4)

Man vergleicht die Gleichungen (∗1) und (∗4) und erhält

$$P(z_k \mid x_i) = \sum_{j=1}^{l} P(z_k \mid y_j) \cdot P(y_j \mid x_i)$$

$$= \sum_{j=1}^{l} P(y_j \mid x_i) \cdot P(z_k \mid y_j)$$

für $k = 1, 2, \ldots, n$ und $i = 1, 2, \ldots, m$.

Die letzte Gleichung stellt die Multiplikation zweier Matrizen dar:

$$P(Z \mid X) = P(Y \mid X) \cdot P(Z \mid Y).$$

(∗5)

Mit diesem Ergebnis können wir $P(Z \mid X)$ berechnen.

$$P(Z \mid X) = P(Y \mid X) \cdot P(Z \mid Y)$$

$$= \begin{bmatrix} 1 & 0 \\ 0,6 & 0,4 \\ 0 & 1 \end{bmatrix} \cdot \begin{bmatrix} 0,6 & 0,4 & 0 \\ 0 & 0,4 & 0,6 \end{bmatrix}$$

$$= \begin{bmatrix} 0,6 & 0,4 & 0 \\ 0,36 & 0,4 & 0,24 \\ 0 & 0,4 & 0,6 \end{bmatrix} .$$

Wir berechnen nun die Wahrscheinlichkeiten $P(y_i)$ und $P(z_j)$ für $i = 1, 2$ und $j = 1, 2, 3$.

$$P(y_1) = \sum_{i=1}^{3} P(y_1 \mid x_i) \cdot P(x_i)$$

$$= 1 \cdot \frac{1}{3} + 0,6 \cdot \frac{1}{3} + 0 = 0,5333,$$

$$P(y_2) = \sum_{i=1}^{3} P(y_2 \mid x_1) \cdot P(x_i)$$

$$= 0 + 0,4 \cdot \frac{1}{3} + 1 \cdot \frac{1}{3} = 0,4667,$$

$$P(z_1) = \sum_{i=1}^{2} P(z_1 \mid y_i) \cdot P(y_i)$$

$$= 0,6 \cdot 0,5333 + 0 = 0,32,$$

$$P(z_2) = \sum_{i=1}^{2} P(z_2 \mid y_i) \cdot P(y_i)$$

$$= 0,4 \cdot 0,5333 + 0,4 \cdot 0,4667 = 0,4,$$

$$P(z_3) = \sum_{i=1}^{2} P(z_3 \mid y_i) \cdot P(y_i)$$

$$= 0,6 \cdot 0,4667 = 0,28.$$

(a) Die Transinformation $H(X; Y)$:

$$-H(Y \mid X) = \sum_{i=1}^{3} P(x_i) \sum_{j=1}^{2} P(y_j \mid x_i) \cdot \mathrm{ld}\, P(y_j \mid x_i)$$

$$= \frac{1}{3} \cdot [0 + 0]$$

$$+ \frac{1}{3} \cdot [0,6 \cdot \mathrm{ld}\, 0,6 + 0,4 \cdot \mathrm{ld}\, 0,4]$$

$$+ \frac{1}{3} \cdot [0 + 0]$$

$$= -0,3237 \text{ Bit/Symbolpaar}$$

$$H(Y) = \sum_{i=1}^{2} P(y_i) \cdot \operatorname{ld} P(y_i)$$
$$= -0,5333 \cdot \operatorname{ld} 0,5333 - 0,4667 \cdot \operatorname{ld} 0,4667$$
$$= 0,9968 \text{ Bit/Symbol}$$

$$H(X;Y) = H(Y) - H(Y \mid X)$$
$$= 0,9968 - 0,3237$$
$$= 0,6731 \text{ Bit/Symbolpaar}$$

(b) Die Transinformation $P(Y;Z)$:

$$-H(Z \mid Y) = \sum_{i=1}^{2} P(y_i) \cdot \sum_{j=1}^{3} P(z_j \mid y_i) \cdot \operatorname{ld} P(z_j \mid y_i)$$
$$= 0,5333 \cdot [0,6 \cdot \operatorname{ld} 0,6 + 0,4 \cdot \operatorname{ld} 0,4]$$
$$\quad + 0,4667 \cdot [0,4 \cdot \operatorname{ld} 0,4 + 0,6 \cdot \operatorname{ld} 0,6]$$
$$= 0,9710 \text{ Bit/Symbolpaar}$$

$$H(Z) = -\sum_{i=1}^{3} P(z_i) \cdot \operatorname{ld} P(z_i)$$
$$= -0,32 \cdot \operatorname{ld} 0,32 - 0,40 \cdot \operatorname{ld} 0,4 - 0,28 \cdot \operatorname{ld} 0,28$$
$$= 1,5690 \text{ Bit/Symbol}$$

$$H(Y;Z) = H(Z) - H(Z \mid Y)$$
$$= 1,5690 - 0,9710$$
$$= 0,598 \text{ Bit/Symbolpaar}$$

(c) Die Transinformation $P(Z;X)$:

$$-H(Z \mid X) = \sum_{i=1}^{3} P(x_i) \cdot \sum_{j=1}^{3} P(z_j \mid x_i) \cdot \operatorname{ld} P(z_j \mid x_i)$$
$$= \frac{1}{3} \cdot [0,6 \cdot \operatorname{ld} 0,6 + 0,4 \operatorname{ld} 0,4 + 0]$$
$$\quad + \frac{1}{3} \cdot [0,36 \cdot \operatorname{ld} 0,36 + 0,4 \cdot \operatorname{ld} 0,4 + 0,24 \cdot \operatorname{ld} 0,24]$$
$$\quad + \frac{1}{3} \cdot [0 + 0,4 \cdot \operatorname{ld} 0,4 + 0,6 \cdot \operatorname{ld} 0,6]$$
$$= -0,3237 - 0,5178 - 0,3237$$
$$= -1,1652 \text{ Bit/Symbolpaar}$$

$$H(X;Z) = H(Z) - H(Z \mid X)$$
$$= 1,5690 - 1,1652$$
$$= 0,4038 \text{ Bit/Symbolpaar}$$

5 Abtastung und Quantisierung

Die meisten in der Praxis vorliegenden Quellen sind analog. Im Kapitel 5 werden zwei Eigenschaften ihrer Signale - die Unschärfebeziehung und die Möglichkeit der exakten Rekonstruktion bandbegrenzter Signale durch ihre Abtastwerte - abgeleitet. Es wird kurz auf die Auswirkung der Bandbegrenzung auf die Sprachverständlichkeit hingewiesen und die gleichmäßige und logarithmische Quantisierung vorgestellt. Die analoge Quelle wird auf diese Weise auf eine digitale Quelle, die noch Redundanz enthält, zurückgeführt.

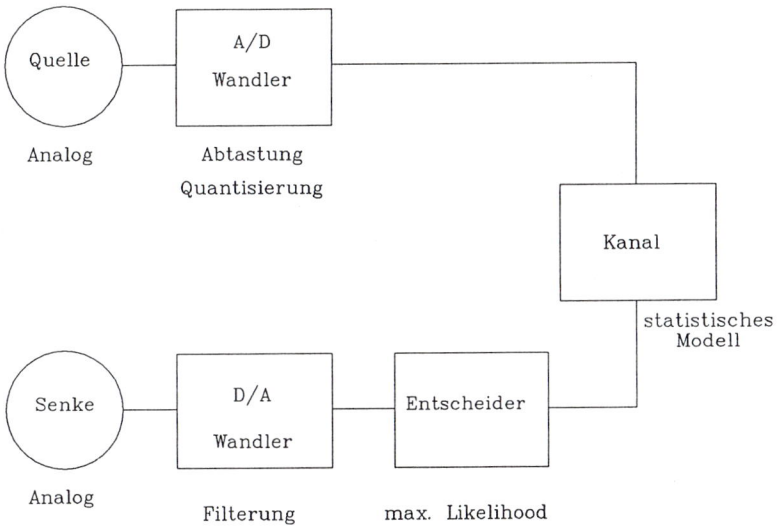

5.1 Die Zeit-Frequenz Unschärfebeziehung

Bisher haben wir für den Kommunikationsvorgang zeitdiskrete Quellen, die Symbole aus einem wertdiskreten Alphabet auswählen, betrachtet. Kontinuierliche Vorgänge können durch dieses Modell durch beliebig kleine Zeitspannen bzw. genügend großes Alphabet angenähert werden. Bei vielen technischen Anwendungen liegen kontinuierliche Quellen vor (z.B. Sprache). Die Ausgänge von Quellen verbindet man stets mit einer physikalischen Größe wie Strom oder Spannung und bezeichnet sie allgemein als **Signale**. Signale können zeit- und wertkontinuierlich, zeitdiskret und wertkontinuierlich, wertdiskret und zeitkontinuierlich oder wert- und zeitdiskret sein. Technisch werden häufig zeitkontinuierliche Signale abgetastet, um zeitdiskrete Signale zu ergeben, und wertkontinuierliche Signale quantisiert, um wertdiskrete Signale zu ergeben - beides zusammen liefert zeit- und wertdiskrete Signale wie bisher betrachtet.

Wir wollen im folgenden zwei Eigenschaften von Signalen betreffend ihrer Ausdehnung und ihrer Abtastung kennenlernen. Bei den Ableitungen werden Grundkenntnisse der Fouriertransformation von Funktionen und Distributionen (s. Anhang A) vorausgesetzt. Wir betrachten ein Signal f(t) dessen Fouriertransformierte $F(\omega)$ existiert, d.h. es gilt

$$F(\omega) = \int\limits_{-\infty}^{+\infty} f(t)\, e^{-j\omega t}\, dt \qquad (5.1)$$

und

$$f(t) = \frac{1}{2\pi} \int\limits_{-\infty}^{+\infty} F(\omega)\, e^{j\omega t}\, d\omega. \qquad (5.2)$$

In der Praxis können weder beliebig genaue noch unendlich lange Messungen von Signalen oder deren Spektren durchgeführt werden. Die Signale werden sowohl in ihrer zeitlichen Dauer als auch in ihrer frequenzmäßigen Ausdehnung begrenzt. Wird die zeitliche Dauer eines Signals bzw. die Bandbreite seines Spektrums genau definiert, so können daraus einige mathematische Aussagen abgeleitet werden. Für die Ausdehnung von Signalen und deren Spektren werden je nach Anwendung verschiedene Maße definiert, z.B. der Mittelwert oder die Streuung der Signalwerte. Ist entsprechend einer solchen Definition D_t die Zeitausdehnung und D_ω die Frequenzausdehnung eines Signals, so gilt die **Unschärfebeziehung**

$$D_t \cdot D_\omega \geq k. \qquad (5.3)$$

Sie besagt, daß das Produkt der Zeitausdehnung und Frequenzausdehnung, auch Zeit-Bandbreiten Produkt genannt, nie einen bestimmten Mindestwert (der von der Definition der Ausdehnung abhängt) unterschreiten kann.

Es sei $f(t)$ ein Signal, das reell und symmetrisch um den Nullpunkt ist. Das Integral

$$\int\limits_{-\infty}^{+\infty} |f(t)|^2 dt$$

entspricht der Signalenergie,

$$\int\limits_{-\infty}^{+\infty} t^2 |f(t)|^2 dt$$

der Streuung der Signalenergie um den Mittelwert

$$\int\limits_{-\infty}^{+\infty} t |f(t)|^2 dt,$$

der gleich Null ist. Wir definieren die Ausdehnungsmaße im Zeit- und Frequenzbereich symmetrisch als die normierte Streuung, d.h.

$$D_t^2 := \frac{\int\limits_{-\infty}^{+\infty} t^2\, |\, f(t)\,|^2\, dt}{\int\limits_{-\infty}^{+\infty} |\, f(t)\,|^2\, dt} \quad \text{und} \quad D_\omega^2 := \frac{\int\limits_{-\infty}^{+\infty} \omega^2\, |\, F(\omega)\,|^2\, d\omega}{\int\limits_{-\infty}^{+\infty} |\, F(\omega)\,|^2\, d\omega} \qquad (5.4)$$

und leiten für diese Maße die Unschärfebeziehung ab. Dabei verwenden wir die Parseval-sche Gleichung (Anhang A.3, Gl. 14 b) für reelle $f(t)$

$$\int\limits_{-\infty}^{+\infty} |\, f(t)\,|^2\, dt = \frac{1}{2\pi} \int\limits_{-\infty}^{+\infty} |\, F(\omega)\,|^2\, d\omega, \qquad (5.5)$$

die besagt, daß die Signalenergie im Zeitbereich gleich der Signalenergie im Frequenzbereich ist, und die aus der Mathematik bekannte Schwarzsche Ungleichung für Integrale

$$\left| \int\limits_{-\infty}^{+\infty} g_1 \cdot g_2\, dt \right|^2 \leq \int\limits_{-\infty}^{+\infty} |\, g_1\,|^2\, dt \cdot \int\limits_{-\infty}^{+\infty} |\, g_2\,|^2\, dt, \qquad (5.6)$$

bei der das Gleichheitszeichen für $g_1 = kg_2$ gilt.

Setzen wir $g_1(t) = t \cdot f(t)$ und $g_2(t) = \frac{d\,f(t)}{dt}$ in (5.6) ein und führen die partielle Integration durch, so erhalten wir für die linke Seite

$$\text{L.S.} = \left| \int\limits_{-\infty}^{+\infty} t \cdot f(t) \cdot \frac{d\,f(t)}{dt}\, dt \right|^2$$

$$= \left| \left[t \cdot \frac{f^2(t)}{2} \Big|_{-\infty}^{+\infty} - \int\limits_{-\infty}^{+\infty} \frac{f^2(t)}{2}\, dt \right] \right|^2$$

Der erste Summand verschwindet, wenn f(t) für große t schneller als $1/\sqrt{t}$ gegen Null geht, was für reale Signale angenommen wird. Wir erhalten somit

$$\text{L.S.} = \frac{1}{4} \left| \int\limits_{-\infty}^{+\infty} f^2(t)\, dt \right|^2 .$$

Für die rechte Seite gilt

$$\text{R.S.} = \int\limits_{-\infty}^{+\infty} | \, t \cdot f(t) \, |^2\, dt \cdot \frac{1}{2\pi} \int\limits_{-\infty}^{+\infty} | \, j\omega\, F(\omega) \, |^2\, d\omega.$$

Hierbei haben wir für das zweite Integral die Parsevalsche Gleichung verwendet und beachtet, daß die Differentiation im Zeitbereich der Multiplikation mit $(j\omega)$ im Frequenzbereich gleichkommt.

Somit erhalten wir insgesamt

$$\frac{1}{4} \left| \int\limits_{-\infty}^{+\infty} f^2(t)\, dt \right|^2 \leq \int\limits_{-\infty}^{+\infty} t^2 | \, f(t) \, |^2\, dt \cdot \frac{1}{2\pi} \int\limits_{-\infty}^{+\infty} \omega^2 | \, F(\omega) \, |^2\, d\omega.$$

Durchdividieren mit dem linken Integral ergibt unter Berücksichtigung, daß für reelle Funktionen $f(t)$ gilt: $f^2(t) = | \, f(t) \, |^2$

$$\frac{1}{4} \leq \frac{\int\limits_{-\infty}^{+\infty} t^2 | \, f(t) \, |^2\, dt}{\int\limits_{-\infty}^{+\infty} | \, f^2(t) \, |\, dt} \cdot \frac{\frac{1}{2\pi} \int\limits_{-\infty}^{+\infty} \omega^2 | \, F(\omega) \, |^2\, dw}{\frac{1}{2\pi} \int\limits_{-\infty}^{+\infty} | \, F(\omega) \, |^2\, dw}$$

$$\frac{1}{4} \leq D_t^2 \cdot D_\omega^2$$

oder

$$D_t \cdot D_\omega \geq \frac{1}{2}. \tag{5.7}$$

Beispiel 5.1

Wir wollen nachfolgend die Unschärfebeziehung $D_t \cdot D_\omega \geq k$ für die Gaußfunktion $y(t) = e^{-\frac{t^2}{2}}$ berechnen, wobei das Transformationspaar

$$y(t) = e^{-\frac{t^2}{2}} \quad \circ\!\!-\!\!\circ \quad F(\omega) = \sqrt{2\pi}\, e^{-\frac{\omega^2}{2}}$$

als bekannt vorausgesetzt wird.

Aus Gleichung (5.4) folgt

$$D_t^2 = \frac{\int\limits_{-\infty}^{+\infty} t^2 \cdot \left| e^{-t^2} \right|\, dt}{\int\limits_{-\infty}^{+\infty} \left| e^{-t^2} \right|\, dt}.$$

Weil $e^{-t^2} > 0$ gilt

$$D_t^2 = \frac{\int\limits_{-\infty}^{+\infty} t^2 \cdot e^{-t^2}\, dt}{\int\limits_{-\infty}^{+\infty} e^{-t^2}\, dt}.$$

Mit $\int\limits_{-\infty}^{+\infty} e^{-a \cdot \eta^2}\, d\eta = \sqrt{\frac{\pi}{a}}$ ergibt sich

$$D_t^2 = \frac{1}{\sqrt{\pi}} \cdot \int\limits_{-\infty}^{+\infty} \frac{1}{2} t \cdot 2t \cdot e^{-t^2}\, dt.$$

Da $2t \cdot e^{-t^2} = -\frac{d(e^{-t^2})}{dt}$ folgt

$$D_t^2 = \frac{1}{\sqrt{\pi}} \cdot \int\limits_{-\infty}^{+\infty} -\frac{1}{2} t \cdot d(e^{-t^2})$$

$$= \frac{1}{2 \cdot \sqrt{\pi}} \cdot \left(\left[-t \cdot e^{-t^2} \right]_{-\infty}^{+\infty} + \int\limits_{-\infty}^{+\infty} e^{-t^2} \right)$$

$$= \frac{1}{2 \cdot \sqrt{\pi}} \cdot \sqrt{\pi} = \frac{1}{2}.$$

Aus Gleichung (5.4) wird ferner

$$D_\omega^2 = \frac{\int\limits_{-\infty}^{+\infty} \omega \left| 2\pi \cdot e^{-\omega^2} \right|\, d\omega}{\int\limits_{-\infty}^{+\infty} \left| 2\pi \cdot e^{-\omega^2} \right|\, d\omega}$$

$$= \frac{1}{2}. \qquad \text{(siehe Berechnung von } D_t^2)$$

Damit erhalten wird als Unschärfebeziehung

$$D_t^2 \cdot D_\omega^2 = \frac{1}{4}$$

bzw. $D_t \cdot D_\omega = \frac{1}{2}.$

5.2 Das Abtasttheorem

Als nächstes betrachten wir ein bandbegrenztes Signal $f(t)$, d.h. ein Signal, das außerhalb einer Bandbreite $2B$ keine Spektralanteile aufweist. Da eine Zeitverschiebung im Frequenzbereich lediglich eine Phasenverschiebung erwirkt, können wir ohne Einschränkung der Allgemeinheit eine Begrenzung um den Nullpunkt betrachten. Wir nehmen daher an, $F(\omega) = 0$ für $|\omega| \geq B$ (Bild 5.1 a). Es gilt dann

$$f(t) = \frac{1}{2\pi} \int\limits_{-B}^{+B} F(\omega)\, e^{j\omega t}\, d\omega \qquad (5.8)$$

und

$$F(\omega) = \begin{cases} \int\limits_{-\infty}^{+\infty} f(t)\, e^{-j\omega t}\, dt & \text{für } |\omega| \leq B \\ 0 & \text{sonst.} \end{cases} \qquad (5.9)$$

Wir tasten nun $f(t)$ periodisch mit der Periode T ab und erhalten die abgetastete Funktion $f^*(t)$. Wir können sie durch die Multiplikation von $f(t)$ mit einem Puls $s_T = \sum\limits_{n=-\infty}^{+\infty} \delta(t - nT)$ entstanden denken (Bild 5.1 b). Es gilt entsprechend

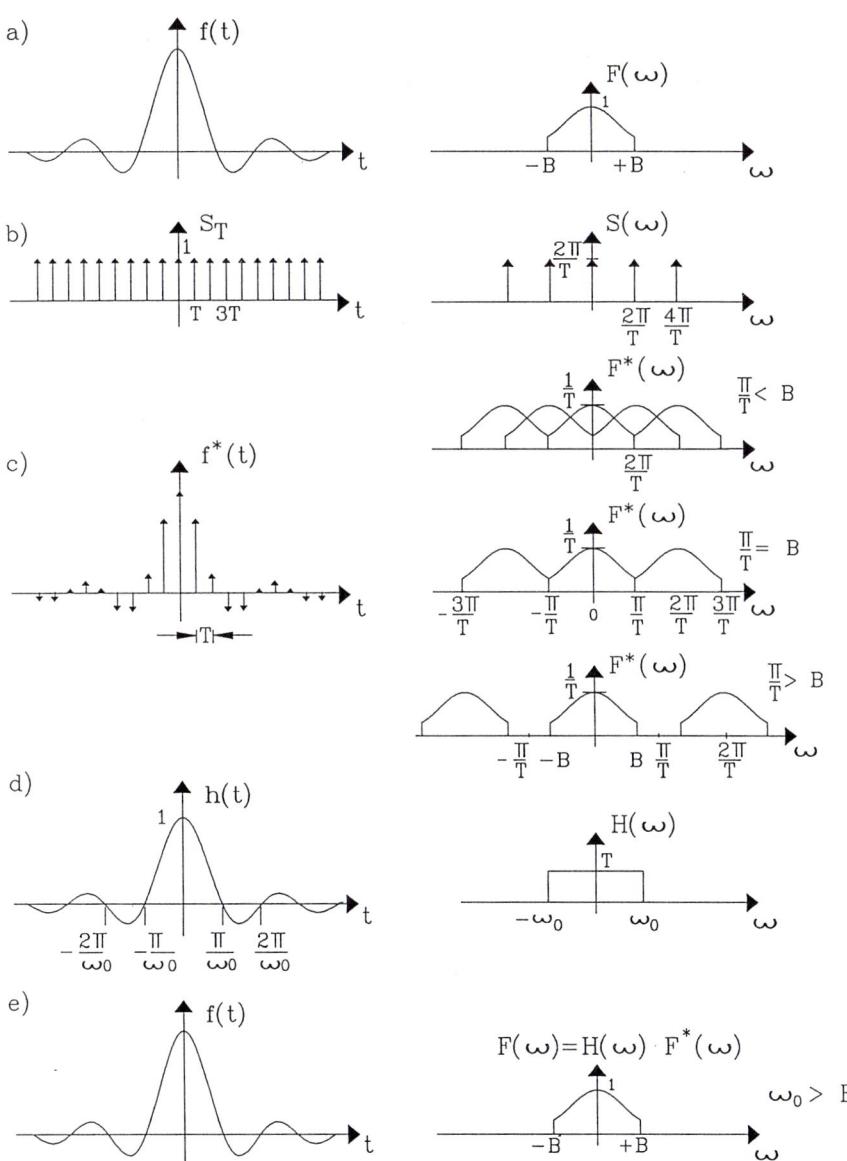

Bild 5.1: Abtastung von Bandbegrenzten Signalen

a) Bandbegrenztes Signal   b) Abtastfunktion
c) Abgetastete Funktion   d) Tiefpaß
e) Ursprüngliche Funktion aus der gefilterten abgetasteten Funktion

$$f^*(t) = \sum_{n=-\infty}^{+\infty} f(t)\, \delta\,(t - nT). \tag{5.10}$$

Die Fouriertransformierte $F^*(\omega)$ der abgetasteten Funktion ergibt sich aus dem Faltungsintegral von $F(\omega)$ und S_ω, denn die Multiplikation im Zeitbereich entspricht einer Faltung im Frequenzbereich (Anhang A.3). S_ω ist hierbei die Fouriertransformierte von s_T, d.h.

$$S_\omega = \omega' \sum_{n=-\infty}^{+\infty} \delta\,(\omega - n\,\omega') \quad \text{mit} \quad \omega' = \frac{2\pi}{T}.$$

Wir führen die Faltung durch und erhalten

$$F^*(\omega) = F(\omega) * S_\omega = \frac{1}{2\pi} \int_{-\infty}^{+\infty} F(\omega - \tilde\omega)\, S_\omega(\tilde\omega)\, d\tilde\omega$$

$$= \frac{1}{T} \int_{-\infty}^{+\infty} F(\omega - \tilde\omega) \sum_{n=-\infty}^{+\infty} \delta\,(\tilde\omega - n\,\omega')\, d\tilde\omega \tag{5.11}$$

$$= \frac{1}{T} \sum_{n=-\infty}^{+\infty} F(\omega - n\,\omega').$$

Diese Gleichung besagt, daß wir $F^*(\omega)$ dadurch erhalten, daß wir jeweils $F(\omega)$ um $n\,\omega'$ verschieben, für verschiedene n aufaddieren und mit dem Faktor $\frac{1}{T}$ gewichten. $F^*(\omega)$ ist im Bild 5.1 c für die drei Fälle $\frac{\pi}{T} > B, \frac{\pi}{T} = B$ und $\frac{\pi}{T} < B$ dargestellt.
Ist $\frac{\pi}{T} > B$, so gibt eine Bandbegrenzung von $F^*(\omega)$ auf $-\frac{\pi}{T}$ bis $+\frac{\pi}{T} F(\omega)$ bis auf den Faktor T wieder; denn die höheren Terme ($n \neq 0$) liefern keinen Beitrag zu $F^*(\omega)$ in Gleichung (5.11). Eine solche Bandbegrenzung und Multiplikation mit dem Faktor T kann durch einen idealen Tiefpaß mit der Übertragungsfunktion

$$H(\omega) = \begin{cases} T \text{ für } \mid \omega \mid \leq \omega_0 = \dfrac{\pi}{T} \\ 0 \text{ sonst.} \end{cases}$$

bzw. der Impulsantwort

$$h(t) = \frac{\sin \omega_0 t}{\omega_0 t}$$

vorgenommen werden (Bild 5.1 d).
Man erhält für $\omega_0 > B$ in diesem Fall

$$F(\omega) = F^*(\omega) \cdot H(\omega),$$

woraus ersichtlich wird, daß $f(t)$ durch die Faltung im Zeitbereich aus $f^*(t)$ und $h(t)$ wiedergewonnen werden kann (Bild 5.1 e). Wir führen die Faltung durch und erhalten

$$f(t) = f^*(t) * h(t)$$

$$= \int_{-\infty}^{+\infty} \sum_{n=-\infty}^{+\infty} f(\tau)\, \delta\,(\tau - nT)\, h\,(t - \tau)\, d\tau \tag{5.12}$$

$$= \sum_{n=-\infty}^{+\infty} f(nT) \frac{\sin \omega_0\,(t - nT)}{\omega_0\,(t - nT)}.$$

Gleichung (5.12) gestattet somit, für $\omega_0 > B$ $f(t)$ aus den Abtastwerten f(nt) für alle t exakt wieder herzustellen. Dieser Sachverhalt ist als das **Abtasttheorem** in der Nachrichtentechnik bekannt. Wir wollen seine Aussage zusammenfassen:

Eine auf das Frequenzband $2B$ begrenzte Funktion $f(t)$ kann durch seine Abtastwerte $f(nT)$ exakt nach Gleichung (5.12) für alle t rekonstruiert werden, wenn die Abtastfrequenz $\omega_0 = \frac{\pi}{T}$ gleich oder größer als die Grenzfrequenz B ist.

Technisch braucht man die abgetastete Funktion $f^*(t)$ lediglich durch einen Tiefpaß mit einer entsprechenden Grenzfrequenz zu schicken, um die ursprüngliche Funktion $f(t)$ zu erhalten.

Aus der bisherigen Abhandlung wurde auch deutlich, daß die Rekonstruktion des abgetasteten Signals nicht nur durch einen idealen Tiefpaß möglich ist , sondern man eine Freiheit bei der Wahl der Funktion $H(\omega)$ in den Bereichen $[-\omega_0, -B]$, $[B, \omega_0]$ hat. Man sucht die Funktion so aus, daß die der Gleichung (5.12) entsprechende Summe möglichst schnell konvergiert. In der Praxis wird oft eine Flanke ("roll off") entsprechend cos- oder $\cos^2$-Funktion angewandt.

Wir haben uns bei der Ableitung des Abtasttheorems auf das periodische Abtasten beschränkt, da dies von praktischer Bedeutung ist. Eine Verallgemeinerung auf das aperiodische Abtasten ist jedoch auch möglich. Analog zum Abtasttheorem für bandbegrenzte Funktionen im Zeitbereich, das wir hier betrachtet haben, kann auch für zeitbegrenzte Funktionen das Abtasttheorem im Frequenzbereich formuliert werden.

Beispiel 5.2

Im vorangegangenen Abschnitt wurde zur Rekonstruktion des empfangenen Signals ein idealer Tiefpaß verwendet (s. Bild 5.1). Filter mit einem solchen idealen Funktionsverlauf sind technisch nicht realisierbar. Es wird deshalb oft die folgende Funktion benutzt:

$$H(\omega) = \begin{cases} T & \text{für} \quad |\omega| < \omega_0(1 - r) \\ \dfrac{T}{2}\left[1 - \sin\dfrac{T}{2r}(\omega - \omega_0)\right] & \text{für} \quad \omega_0(1 - r) \leq \omega \leq \omega_0(1 + r) \\ 0 & \text{für} \quad |\omega| > \omega_0(1 + r), \end{cases}$$

mit der Impulsantwort

$$h(t) = \frac{\sin\omega_0 t}{\omega_0 t} \cdot \frac{\cos\omega_0 r t}{1 - 4r^2\frac{t^2}{T^2}}.$$

r wird hierbei als Roll-Off-Faktor gekennzeichnet, da er die Abflachung der Flanke im Spektralbereich bestimmt.

Nachfolgend sind die Funktionsverläufe für verschiedene Roll-Off-Faktoren dargestellt.

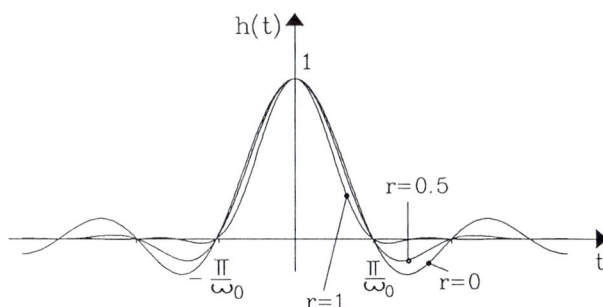

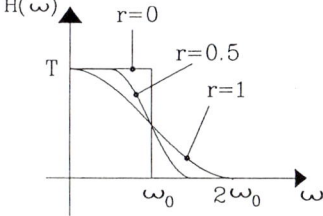

Wie zu ersehen ist, führt die Abflachung zu einer Verbreiterung (bei $r = 1$ um 100%) der Funktion im Spektralbereich.
Um Verfälschungen des abgetasteten, bandbegrenzten Signals bei der Rekonstruktion der ursprünglichen Funktion zu vermeiden, muß also im Falle einer Filterfunktion mit abgeflachter Flanke eine größere Bandbreite zur Verfügung stehen. Für das Beispiel mit $r = 1$ muß $B = 2\omega_0$ werden.

Wird ein Signal mit einer zu niedrigen Bitrate abgetastet bzw. durch einen Tiefpaß mit zu niedrigen Grenzfrequenzen begrenzt, so führt es zu Beiträgen durch benachbarte Spektren entsprechend Gleichung (5.11) bzw. Bild 5.1 c oben. Diese werden als Übertragungsfehler ("aliasing") bezeichnet. In der Praxis wird das Abtasttheorem bei der A/D-Wandlung von Signalen häufig angewandt. So wird bei der Sprachübertragung beim Fernsprechen eine Bandbegrenzung von etwa 3,1 kHz, im Rundfunk 10 kHz (AM, FM) bzw. 15 kHz (UKW), bei TV-Bildübertragung 5 MHz vorgenommen. In Bild 5.2 und 5.3 sind die Auswirkungen der Bandbegrenzung auf die Silben- bzw. Satzverständlichkeit aufgetragen.

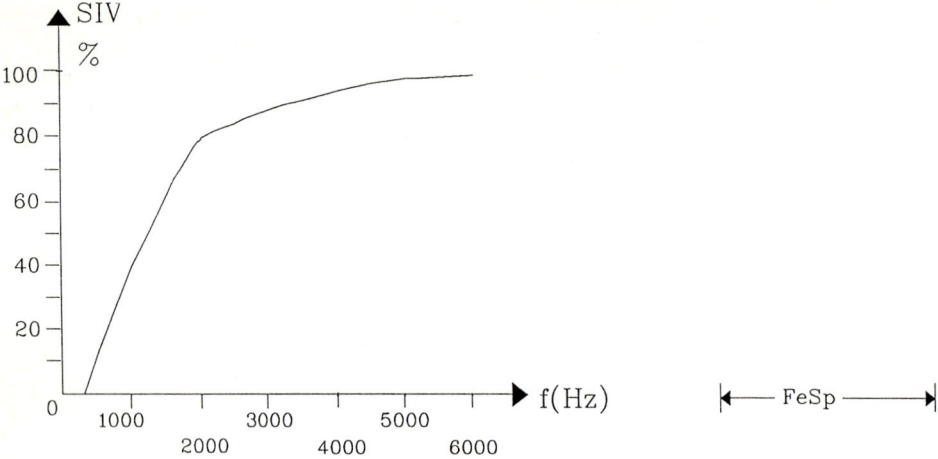

Bild 5.2: Silbenverständlichkeit (SIV) in Abhängigkeit von der oberen Grenzfrequenz
(nach NTZ 1962 Heft 7 Seite 349)

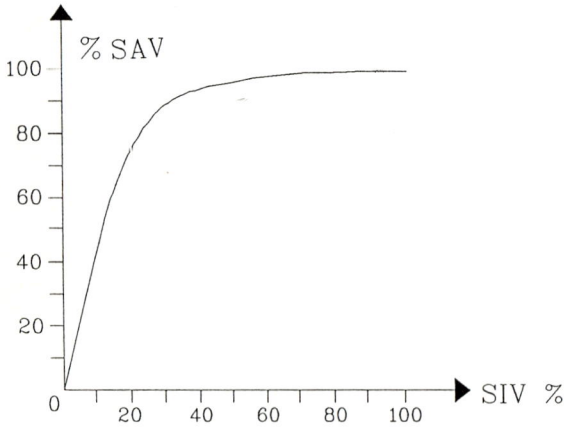

Bild 5.3: Silbenverständlichkeit (SIV) Satzverständlichkeit (SAV)
(nach NTZ 1962 Heft 7 Seite 349)

5.3 Die Quantisierung

Wir betrachten ein kontinuierliches Signal f(t) mit dem Wertebereich A, das mit der Periode T abgetastet wird (Bild 5.4 a). Im allgemeinen Fall der **Quantisierung** wird der Wertebereich A in N Quantisierungsintervalle ΔA_n, $n \epsilon N$ unterteilt, und alle im Intervall ΔA_n liegenden Werte werden auf einen Quantisierungswert A_n abgebildet. Im einfachsten Fall der gleichmäßigen Quantisierung sind alle Intervallängen gleich A/N (Bild 5.4 b). Die Differenz $\varepsilon(t) = f_q(t) - f(t)$, wobei $f_q(t)$ die quantisierte Funktion darstellt, wird als der **Quantisierungsfehler** bezeichnet.

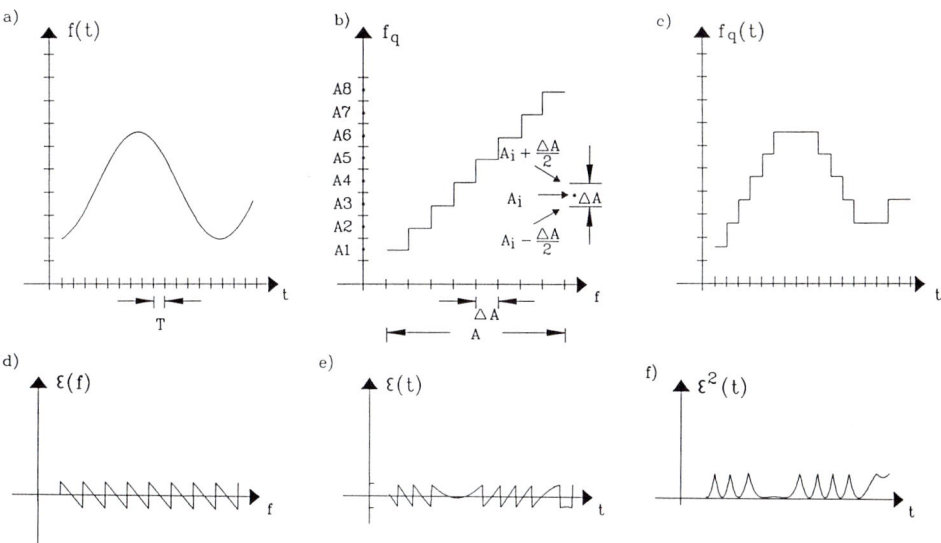

Bild 5.4: a) Signal $f(t)$
b) Quantisierungskennlinie
c) Quantisiertes Signal
d) Quantisierungsfehler in Abhängigkeit von f
e) Fehler ε
f) Fehlerquadrat ε^2 (Quantisierungsrauschen)

Nimmt man an, daß die Wahrscheinlichkeitsdichte der Signalamplitude über den Wertebereich A konstant $= \frac{1}{A}$ ist, so erhält man für den Erwartungswert des Fehlers $E\{\varepsilon\} = 0$, während man für den mittleren quadratischen Fehler erhält:

$$E\{\varepsilon^2\} = n \int_{A_n - \frac{\Delta A}{2}}^{A_n + \frac{\Delta A}{2}} \frac{(f - A_n)^2}{A} df = \frac{1}{\Delta A} \cdot \frac{(f - A_n)^3}{3} \bigg|_{A_n - \frac{\Delta A}{2}}^{A_n + \frac{\Delta A}{2}}$$

$$= \frac{\Delta A^2}{12} = \frac{1}{12} \cdot \frac{A^2}{N^2} \sim \frac{1}{N^2}. \tag{5.13}$$

Dies bedeutet, daß bei vorgegebenem Wertebereich A und gleichverteilter Signalamplitude der mittlere quadratische Fehler bei Erhöhung der Anzahl der Quantisierungsstufen N quadratisch proportional abnimmt.
Die bisherige Betrachtung verdeutlicht, daß der Quantisierungsfehler abhängig von der Wahrscheinlichkeitsverteilung der Signalamplitude ist. Es ist daher allgemein möglich, eine Quantisierungskennlinie so zu wählen, daß der auftretende Fehler minimiert wird; wo-

bei verschiedene Fehlermaße definiert werden können. Typische Fehlermaße sind Silben- oder Satzverständlichkeit bei Sprache oder der mittlere quadratische Fehler bei Daten. Eine solche Fehlerminimierung liefert meist eine nicht gleichmäßige Quantisierung. Neben A/D-Wandlern, die eine solche nichtgleichmäßige Quantisierung direkt vornehmen, werden häufig A/D-Wandler mit einer gleichmäßigen Quantisierung eingesetzt. Bei diesen Wandlern wird das Signal so vorgeformt, daß die anschließende gleichmäßige Quantisierung das gleiche Ergebnis liefert wie bei der ungleichmäßigen Quantisierung. Eine solche eindeutige Abbildung (Vorverformung) nennt man **Kompandierung**, die Umkehrabbildung die Dekompandierung (Bild 5.5).

a)

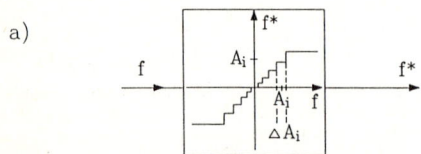

b)

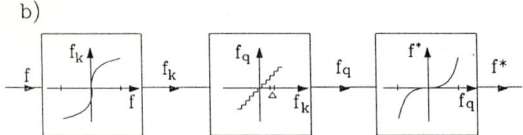

Kompandierung   gleichmäßige   Dekompand.
                 Quantisierung

c)

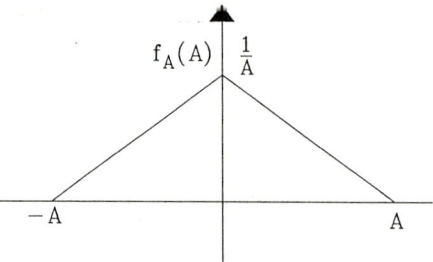

Bild 5.5: a) ungleichmäßige Quantisierung
b) äquivalente gleichmäßige Quantisierung mit Kompandierung und Dekompandierung
c) Quantisierungsintervall ΔA_1

Beispiel 5.3

Wir wollen eine Quantisierungskennlinie für ein Signal bestimmen, dessen Amplitude den folgenden Verlauf der Wahrscheinlichkeitsdichte aufweist:

Es soll eine 8-Stufen-Quantisierung durchgeführt werden. Die Werte x_i dieser Quantisierung sollen gleichwahrscheinlich sein. Es muß also eine ungleichmäßige Quantisierung durchgeführt werden. Auf Grund der 8 Quantisierungsstufen soll also jeder Quantisierungswert mit der Wahrscheinlichkeit $P(x_i) = \frac{1}{8}$ auftreten.

Die Intervallbreiten Δx_i werden so bestimmt, daß die Wahrscheinlichkeitsdichte für den Wertebereich von $-A$ bis $+A$ durch die Intervalle in 8 gleichgroße Flächen aufgeteilt wird.

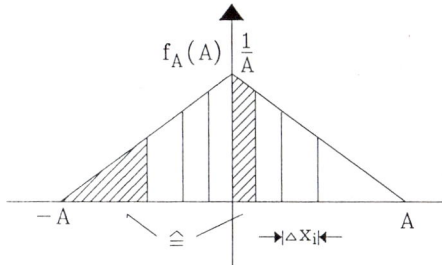

Wir erhalten damit die nachfolgend dargestellte Quantisierungskennlinie mit der entsprechenden Wahrscheinlichkeitsdichte der Quantisierungswerte.

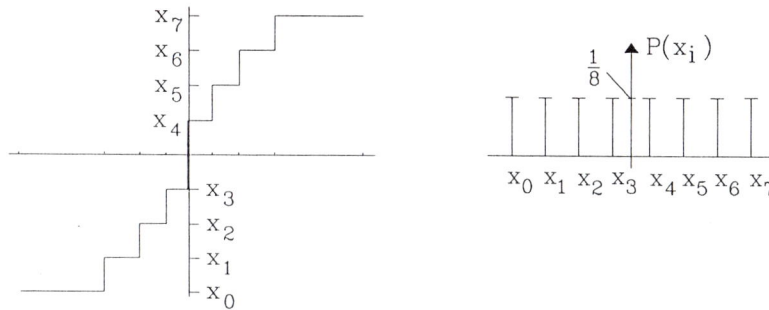

Wir betrachten nun eine nichtgleichmäßige Quantisierungskennlinie mit N Abschnitten ΔA_i und den Quantisierungswerten A_i. Der maximale Fehler im Intervall ΔA_i (Bild 5.5 c) beträgt

$$\epsilon_{i\,\text{max}} = \frac{\Delta A_i}{2},$$

mit dem Fehlerquadrat ($\sim$ max. Rauschleistung N_i)

$$N_i \sim \epsilon_{i\,\text{max}}^2 = \frac{\Delta A_i^2}{4}.$$

Entsprechend gilt für die Signalleistung nach der Quantisierung S_i,

$$S_i \sim A_i^2.$$

Gewöhnlich erzielt man optimale Ergebnisse (wie z.B. optimale Verständlichkeit bei Sprache), wenn das Verhältnis $N_i\,/\,S_i$ für alle Quantisierungsintervalle konstant gehalten wird, d.h. wenn gilt

$$\frac{\Delta A_i}{A_i} = K. \tag{5.14}$$

Für die äquivalente gleichmäßige Quantisierung mit dem Quantisierungsintervall Δ nehmen wir an, daß die Kompandierung und die Dekompandierung reziprok sind (Bild 5.6). Ein festes Intervall ΔA_i der ungleichmäßigen Quantisierung wird auf das i-te Intervall Δ der gleichmäßigen Quantisierung abgebildet. Liegt f in diesem Intervall, d.h. $\Delta f = \Delta A_i$, so liegt f_k im i-ten Intervall Δ, d.h. $\Delta f_k = \Delta$. Wir erhalten somit

$$\frac{\Delta f_k}{\Delta f} = \frac{\Delta}{\Delta A_i}.$$

Wegen (5.14) wird hieraus

$$\frac{\Delta f_k}{\Delta f} = \frac{\Delta}{K \cdot A_i} = \frac{C}{A_i},\tag{5.15}$$

wobei wir eine neue Konstante $C = \frac{\Delta}{K}$ eingeführt haben. Werden alle Intervalle Δ sehr klein, und somit i sehr groß, so erhalten wir aus (5.15)

$$\lim_{\Delta \to 0} \frac{\Delta f_k}{\Delta f} = \lim_{\Delta \to 0} \frac{C}{A_i}$$

oder

$$\frac{df_k}{df} = \frac{C}{f},$$

was zu einer logarithmischen Kompandierungskennlinie

$$f_k = A + C \log f\tag{5.16}$$

führt.

Aus Gleichung (5.14) ist ersichtlich, daß die Forderung N_i/S_i für alle Quantisierungsintervalle konstant zu halten dazu führt, daß für kleinere Signalwerte A_i immer kleinere Intervalle ΔA_i erforderlich werden. In der Praxis approximiert man die logarithmische Kennlinie (5.16) abschnittweise durch Geraden. Entsprechend der CCITT Empfehlung G 711 wird bei der Puls Code Modulation (PCM) in USA die 15 Segment Approximation der μ-**Kennlinie** und in Europa die 13 Segment Approximation der **A-Kennlinie** verwendet (Bild 5.6 a und 5.6 b).

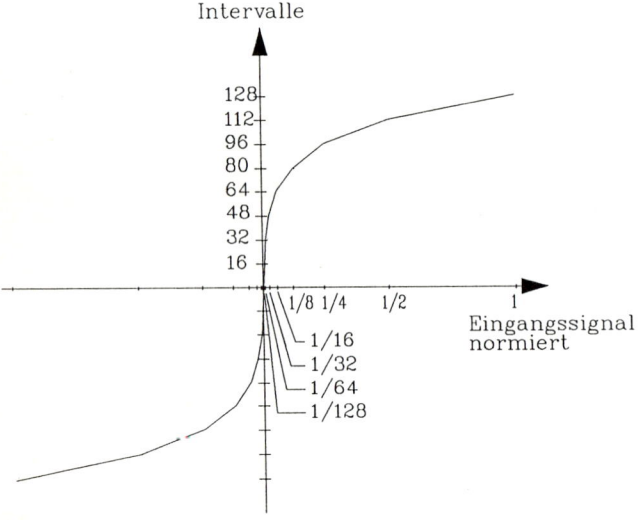

Bild 5.6a: 15 Segment Approximation der μ-Kennlinie entsprechend CCCIT Empfehlung G711

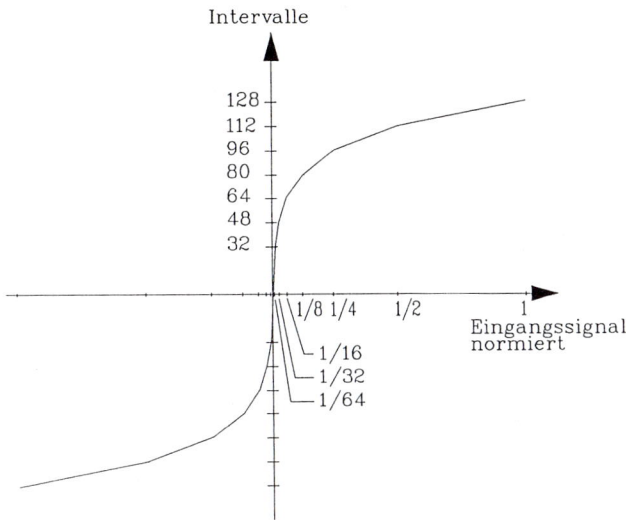

Bild 5.6b: 13 Segment Approximation der A-Kennlinie entsprechend CCCIT Empfehlung G711

5.4 Aufgaben zu Kapitel 5

Aufgabe 5.1

Ein analoges bandbegrenztes Signal $f(t)$ soll aus seiner abgetasteten Funktion $f^*(t) = \sum\limits_{n=-\infty}^{\infty} f(t)\delta(t-nT)$ rekonstruiert werden. Die Rekonstruktion führt nicht zu dem gewünschten Signal $f(t)$, sondern es tritt eine Verfälschung auf. Geben Sie zwei mögliche Ursachen für diese Verfälschung, und skizzieren Sie den Sachverhalt.

Lösung 5.1

(a) Das Abtasttheorem war nicht erfüllt, d.h. die Abtastfrequenz $\omega' = \frac{2\pi}{T}$ war kleiner als die zweifache Grenzfrequenz $2B$ des bandbegrenzten Signals $f(t)$, z.B. $\omega' = \frac{3}{2}B$.

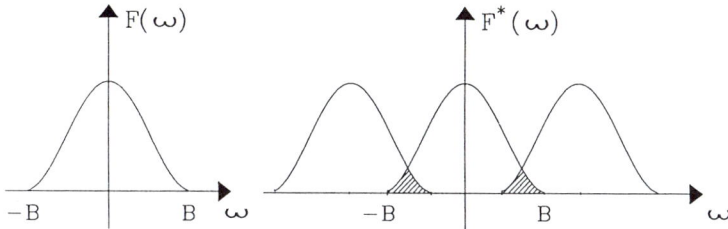

(b) Die Grenzfrequenz ω_0 des für die Rekonstruktion verwendeten Tiefpasses war kleiner als die Bandgrenzfrequenz B.

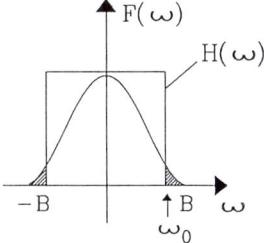

Aufgabe 5.2
Der Quantisierungsfehler eines Signals soll durch das Quantisierungsverfahren minimiert werden.
  (a) Welches Quantisierungsverfahren wird hierbei in der Regel angewendet ?
  (b) Beschreiben Sie zwei Möglichkeiten zur Realisierung dieses Verfahrens.

Lösung 5.2
  (a) Es wird in der Regel eine ungleichmäßige Quantisierung verwendet.
  (b) Ein A/D-Wandler führt die ungleichmäßige Quantisierung direkt durch.
     Es wird eine Kompandierung angewendet. Das Signal wird durch einen Kompressor mit nichtlinearer Kennlinie komprimiert, anschließend gleichmäßig quantisiert und dann mit einem Expander, dessen Kennlinie invers zu der des Kompressors ist, expandiert.

Aufgabe 5.3
Für ein normiertes Signal $A(t)$ ist die Wahrscheinlichkeitsdichte seiner Amplituden nachfolgend dargestellt. Das Signal $A(t)$ soll gleichmäßig quantisiert werden, und jeder Quantisierungswert soll mit 4 Bit codiert werden.

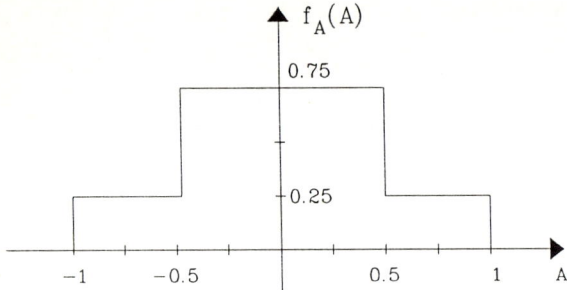

  (a) Bestimmen Sie die Anzahl n der Quantisierungsstufen, und geben Sie die Breite ΔA der Quantisierungsintervalle an.
  (b) Ermitteln Sie den Wert für die Signalleistung (Erwartungswert von A^2) des normierten Signals $A(t)$.
  (c) Ermitteln Sie die Störleistung (Erwartungswert des Fehlerquadrats), die sich durch die in Punkt a) gewählte Quantisierung ergibt und bestimmen Sie das Signal-/Störleistungsverhältnis.
  (d) Das normierte Signal $A(t)$ soll nun mit der nachfolgend dargestellten Quantisierungskennlinie ungleichmäßig quantisiert werden. Bestimmen Sie die Wahrscheinlichkeiten, mit denen die einzelnen Quantisierungswerte auftreten.

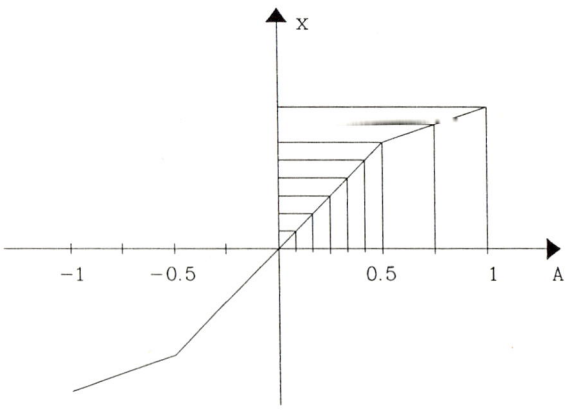

Lösung 5.3
  (a) 4 Bit $\rightarrow n = 16$ Quantisierungsstufen

$$\Delta A = \frac{\text{Wertebereich}}{n} = \frac{2}{16} = 0,125$$

(b) Signalleistung:

$$S = 2 \int\limits_0^{0,5} A^2 \cdot p_1 \, dA + 2 \int\limits_{0,5}^1 A^2 \cdot p_2 \, dA$$

$$= \left[\frac{2}{3} p_1 \cdot A^3 \right]_0^{0,5} + \left[\frac{2}{3} p_2 \cdot A^3 \right]_{0,5}^1$$

mit $p_1 = 0,75$ und $p_2 = 0,25$

$$S = \frac{2}{3} \cdot 0,75 \cdot 0,5^3 + \frac{2}{3} \cdot 0,25 \left(1 - 0,5^3 \right)$$

$$= 0,2083$$

(c) Störleistung:

$$E\{\varepsilon^2\} = \int\limits_{-1}^{+1} (A - A_i)^2 \cdot f_A \, dA$$

$$= \sum_i \int\limits_{A_i - \frac{\Delta A_i}{2}}^{A_i + \frac{\Delta A_i}{2}} (A - A_i)^2 \cdot f_A \, dA$$

$$= \sum_i \left[f_A \frac{(A - A_i)^3}{3} \right]_{A_i - \frac{\Delta A_i}{2}}^{A_i + \frac{\Delta A_i}{2}}$$

$$= \sum_i f_A \left(\frac{\Delta A_i}{2} \right)^3 \cdot \frac{2}{3} = \sum_i f_A \cdot \frac{\Delta A_i^3}{12}$$

$$= 8 \cdot \frac{(0,125)^3}{12} \cdot 0,25 + 8 \cdot \frac{(0,125)^3}{12} \cdot 0,75$$

$$= 0,0013.$$

Für das Leistungsverhältnis erhält man:

$$\frac{S}{E\{\varepsilon^2\}} = \frac{0,2083}{0,0013} = 160$$

(d) Für die Bereiche $-1 < A < -0,5$ und $0,5 < A < 1$ ergeben sich 4 Quantisierungsstufen. Alle Quantisierungwerte treten hier mit der Wahrscheinlichkeit $p = \frac{1}{4} \cdot 0,25 = 0,0625$ auf. Der Bereich $-0,5 < A < 0,5$ wird mit 12 Stufen quantisiert, d.h. $p = \frac{1}{12} \cdot 0,75 = 0,0625$. Die Werte dieser ungleichmäßigen Quantisierung sind also gleichwahrscheinlich.

6   Quellencodierung

Im Kapitel 6 werden zunächst die Grundbegriffe der Codierung als Abbildung eingeführt und im weiteren die Quellencodierung - also Codierung zur Reduktion von Redundanz - behandelt. Der Begriff der Decodierbarkeit führt zur notwendigen Bedingung von Kraft-McMillan, welche wiederum die Existenz von gleichwertigen Präfix-Codes nach sich zieht. Der Huffman-Algorithmus für optimale Präfix-Codes, der nun eingeführt wird, liefert damit auch einen optimalen decodierbaren Code. Der Fundamentalsatz der Quellencodierung, der als nächstes bewiesen wird, zeigt die Existenz eines optimalen Codes auf, dessen Codewortlänge im Mittel beliebig nahe der Quellenentropie gebracht werden kann.

Im letzten Abschnitt werden Quellencodes, die insbesondere zustandsabhängige Codierungen vornehmen und sich bei Anwendungen bewährt haben, vorgestellt. Bei der ganzen Abhandlung habe ich versucht, die Möglichkeiten und Grenzen der Quellencodierung anzusprechen und dabei anwendungsnah zu bleiben. Die Kommunikationsstrecke, wie sie hier behandelt wird, hat nunmehr folgende Gestalt:

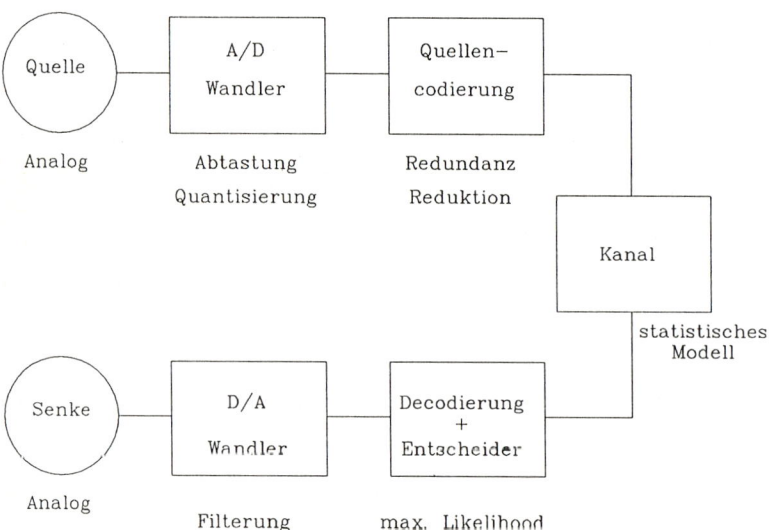

6.1   Grundbegriffe der Codierung

Wir betrachten im folgenden eine stationäre, gedächtnislose Quelle mit dem Alphabet $A = \{x_1, \ldots, x_q\}$ und den Symbolwahrscheinlichkeiten $P(x_i)$. Für die Entropie der Quelle gilt somit

$$H(X) = -\sum_i P(x_i) \cdot \operatorname{ld} P(x_i).$$

$B = \{y_1, y_2, \ldots y_r\}$ sei ein weiteres Alphabet, w ein Wort dieses Alphabets, d.h. $w \in B \times B \times \ldots = B^i$. c sei eine injektive Abbildung von A in

$$B_m = \bigcup_{i=1}^{m} B^i,$$

wobei m die maximale Wortlänge ist. Für eine injektive Abbildung gilt: Für $\forall x \in A \exists$ ein $w \in B_m$ mit $c(x) = w$, und aus $c(x_1) = c(x_2)$ folgt $x_1 = x_2$. Die Menge aller Wörter, die Bild von $x \in A$ sind, nennt man **Codewörter**, abkürzend auch **Code** (Bild 6.1).

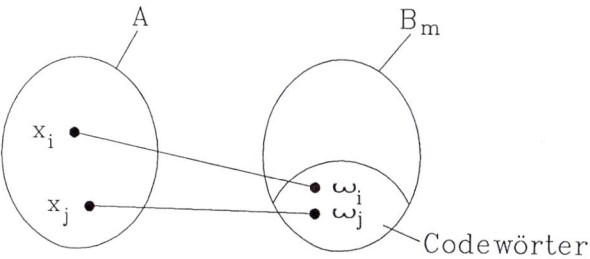

Bild 6.1: Codierung als injektive Abbildung von A in B_m

Eine Einrichtung, die die beschriebene Abbildung vornimmt, nennt man einen **Codierer**. Faßt man die Quelle samt dem Codierer als eine neue Quelle auf, so ist im allgemeinen zu erwarten, daß sowohl der Informationsgehalt pro Symbol als auch die Anzahl der Symbole pro Zeiteinheit anders als bei der ursprünglichen Quelle ausfallen. Codierer werden insbesondere eingesetzt, um solche Anpassungen zwischen Quellen und Kanälen oder Speichermedien vorzunehmen. Setzt man einen Codierer ein, um die Symbolentropie zu erhöhen (d.h. Redundanz zu reduzieren), so spricht man von der **Quellencodierung**; setzt man ihn ein, um die Kanaleigenschaften besser zu nutzen (z.B. durch geschickte Erhöhung der Redundanz, um Störungen des Kanals bzw. Verfälschungen im Speicher auszugleichen), so spricht man von der **Kanalcodierung**. Oft werden beide Ziele mit einem Codiervorgang angestrebt, und man kann lediglich schwerpunktmäßig von Quellen- oder Kanalcodierung sprechen. Im allgemeinen werden, wie wir noch sehen werden, weitere Bedingungen an einen Codierer gestellt.

Der bekannteste Code dürfte der Morse-Code sein, der das lateinische Alphabet (und ein paar Steuerzeichen wie "neues Zeichen", "neues Wort" usw.) in Punkte ("di"), Striche ("da") und Pausen (z.B. 1 Pause zwischen "di" und "da", 3x Pausen zwischen Zeichen, 6x Pausen zwischen Wörtern usw.) umsetzt. Ein weiteres Beispiel ist der 7-Bit **ASCII-Code** (Bild 6.2), der in vielen Computeranwendungen vorkommt und oft um 1 Bit zur Fehlererkennung ("Parity Bit") oder für andere Zwecke erweitert wird. Die Teletexcodierung, die wir im Kapitel 1 (Bild 1.18) kennenlernten, basiert z.B. auf dem ASCII-Code. Auch Beispiele wie der optisch lesbare Strichcode für Artikelnumerierung, dem man inzwischen häufig in Kaufhäusern begegnet, oder der ISBN-Code für Bücher, fallen unter unsere Definition der Codierung und können unter denselben Gesichtspunkten, wie wir sie hier behandeln, betrachtet werden.

Eine weitere wichtige Bedingung, die an einen Code gestellt wird, ist die **Decodierbarkeit**. Beliebiges Aneinanderreihen der Quellensymbole führt zu einer Kette von Codesymbolen. Diese muß eindeutig wieder in Codewörter zerlegt werden können, so daß die Folge der Quellensymbole wiedergewonnen werden kann.

Für die **mittlere Wortlänge** am Ausgang eines Codierers gilt

$$l_m = E\{l(w)\} = \sum_i P(w_i) \cdot l(w_i), \tag{6.1}$$

wobei $l(w_i)$ die Länge des Codewortes w_i bedeutet.

Als **Effizienz** eines Codes bezüglich einer Quelle wird das Verhältnis

$$E = \frac{H(X)}{l_m} \cdot \frac{1}{\operatorname{ld} r} \tag{6.2}$$

International Reference Version (IRV)

b7				0	0	0	0	1	1	1	1
b8				0	0	1	1	0	0	1	1
b5				0	1	0	1	0	1	0	1
b_4	b_3	b_2	b_1	0	1	2	3	4	5	8	7
0	0	0	0	0	NUL	DLE	SP	0	@	P		p
0	0	0	1	1	SOH	DC1	!	1	A	Q	a	q
0	0	1	0	2	STX	DC2	"	2	B	R	b	r
0	0	1	1	3	ETX	DC3	#	3	C	S	c	s
0	1	0	0	4	EOT	DC4	¤	4	D	T	d	t
0	1	0	1	5	ENQ	NAK	%	5	E	U	e	u
0	1	1	0	6	ACK	SYN	&	6	F	V	f	v
0	1	1	1	7	BEL	ETB	'	7	G	W	g	w
1	0	0	0	8	BS	CAN	(	8	H	X	h	x
1	0	0	1	9	HT	EM	)	9	I	Y	i	y
1	0	1	0	10	LF	SUB	*	:	J	Z	j	z
1	0	1	1	11	VT	ESC	+	;	K	[	k	{
1	1	0	0	12	FF	IS4	,	<	L	\	l	|
1	1	0	1	13	CR	IS3	—	=	M	]	m	}
1	1	1	0	14	SO	IS2	.	>	N	^	n	
1	1	1	1	15	SI	IS1	/	?	O	_	o	DEL

CCITT–12432

Bild 6.2: Der ASCII-Code CCITT/T 50

definiert. $H(X)/l_m$ entspricht dem Bruchteil der Quellenentropie pro Ausgangssymbol. r ist die Anzahl der Symbole im Codealphabet. $\operatorname{ld} r$ ist die maximale Entropie einer Quelle mit r Symbolen (siehe 4.9). Da bei decodierbaren Codes die gesamte Quelleninformation erhalten bleibt, ist stets

$$\frac{H(X)}{l_m} \leq \operatorname{ld} r \quad \text{bzw.} \quad E \leq 1 \tag{6.3}$$

oder

$$\frac{H(X)}{\operatorname{ld} r} \leq l_m. \tag{6.4}$$

Einen decodierbaren Code mit $E = 1$ nennt man **idealen Code**. Für ihn gilt

$$\frac{H(X)}{\operatorname{ld} r} = l_m. \tag{6.5}$$

Gilt für einen Code, daß er optimal ist in dem Sinne, daß es keinen anderen decodierbaren Code mit dem selben Codealphabet für die gegebene Quelle gibt, der eine kleinere mittlere Länge l_m hat, so nennt man ihn **optimal** oder **kompakt**. Ideale Codes sind trivialerweise kompakt.

Beispiel 6.1

Mit dem 2-aus-5-Code werden die Dezimalzahlen $0 - 9$ wie folgt binär codiert:

$1 \to 11000$	$6 \to 00110$
$2 \to 10100$	$7 \to 10001$
$3 \to 01100$	$8 \to 01001$
$4 \to 10010$	$9 \to 00101$
$5 \to 01010$	$0 \to 00011.$

Das Eingangsalphabet hat 10 Symbole, die wir als gleichwahrscheinlich voraussetzen. Das Ausgangsalphabet hat die beiden Symbole 0 und 1 , und der Code besteht aus den angegebenen 10 Codewörtern (aus den insgesamt möglichen $2^5 = 32$ Wörtern der Länge 5). Er ist eindeutig dekodierbar, denn ausgehend von dem ersten Symbol kann man fünf Symbole abzählen, die genau ein Wort ergeben; die Abbildung ist außerdem injektiv.

Für die Quellenentropie erhalten wir

$$H(X) = 10 \cdot [-0,1 \operatorname{ld} 0,1] = 3,322,$$

während für die maximale Entropie am Ausgang gilt

$$H_{\max}(Y) = \operatorname{ld} 2 = 1 \text{ Bit/Symbol.}$$

Die Codewörter haben die gleiche Länge $l_m = 5$. Der Code ist so geartet, daß genau zwei Einsen pro Codewort vorkommen, so daß ein einfacher Fehler (Fehler in einem Symbol) erkannt werden kann.

Beispiel 6.2

Wir betrachten eine stationäre Quelle ohne Gedächtnis mit dem Alphabet $A = \{x_1, x_2, x_3\}$ und den Symbolwahrscheinlichkeiten $P(x_1) = 0,5$, $P(x_2) = 0,25$ und $P(x_3) = 0,25$, die alle T Sekunden ein Symbol erzeugt. Ein Codierer mit dem Alphabet $B = \{0, 1\}$ bildet die Quellensymbole wie folgt ab:

$$x_1 \to 1$$
$$x_2 \to 01$$
$$x_3 \to 00.$$

Die Symbolentropie der Quelle errechnet sich zu

$$H(X) = -0,5 \cdot \operatorname{ld} 0,5 - 0,25 \cdot \operatorname{ld} 0,25 - 0,25 \cdot \operatorname{ld} 0,25 = 1,5 \text{ Bit/Symbol.}$$

Für die Entropie pro Zeiteinheit gilt somit

$$H_t(X) = 1,5 \text{ Bit/Symbol} \times \frac{1}{T} \text{ Symbole/Sek.} = \frac{1,5}{T} \text{ Bit/Sek.}$$

Für die mittlere Wortlänge am Ausgang gilt

$$l_m = 1 \cdot 0,5 + 2 \cdot 0,25 + 2 \cdot 0,25 = 1,5$$

Ausgangssymbole pro Wort bzw. pro Eingangssymbol.

Für die Effizienz gilt somit

$$E = 1.$$

Der betrachtete Codierer hat die Eigenschaft, daß an seinem Ausgang die beiden Symbole 0 und 1 jeweils mit der Wahrscheinlichkeit $0,5$ auftreten. Für die Symbolentropie am Ausgang gilt somit

$$H(Y) = -0,5 \cdot \mathrm{ld}\, 0,5 - 0,5 \cdot \mathrm{ld}\, 0,5 = 1 \text{ Bit/Symbol.}$$

Da nunmehr im Mittel alle T Sekunden $1,5$ Symbole vorliegen, gilt für die Entropie pro Zeiteinheit

$$H_t(Y) = \frac{1,5}{T} \text{ Bit/Sek} = H_t(X),$$

wie zu erwarten war.
Da das Eingangsalphabet aus 3 Symbolen bestand, wäre die maximale Entropie

$$H_{\max}(X) = -3 \cdot \frac{1}{3} \cdot \mathrm{ld}\, \frac{1}{3} = 1,5850 \text{ Bit/Symbol}$$

möglich. Am Eingang ist also eine Redundanz

$$R = H_{\max}(X) - H(X) = 0,0850 \text{ Bit/Symbol}$$

vorhanden. Am Ausgang ist $H_{\max}(Y) = \mathrm{ld}\, 2 = H(Y)$, und es ist hier keine Redundanz mehr vorhanden. Somit ist der Code optimal bzw. ideal.
Das Beispiel zeigt, wie durch die Verwendung eines Quellencodierers die Anzahl der verwendeten Symbole von 3 auf 2 heruntergesetzt und die Redundanz der Quelle eliminiert wurde, dabei wurde die Zeichengeschwindigkeit (Symbole pro Zeiteinheit) erhöht, wobei die Quellenentropie pro Zeiteinheit konstant blieb.

Codebäume sind ein Hilfsmittel zur optischen Verdeutlichung einiger Codeeigenschaften. Die Kanten eines Codebaumes sind mit einem Symbol des Codealphabets gewichtet. Die Gewichtung des Weges vom Ursprungsknoten des Codebaumes zu einem Knoten wird als das Produkt (Hintereinanderreihung) der Gewichtung der Kanten des eindeutigen Weges dorthin definiert. Sie wird auch als die Gewichtung des Knotens bezeichnet. Die Knoten eines Codebaumes sind mit einem Kreis markiert, falls die Gewichtung des Knotens ein Codewort ist, und mit einem Punkt, falls sie kein Codewort ist, aber den Anfang eines Codewortes bildet. Der Codebaum enthält nur Knoten, die mit einem Punkt oder einem Kreis markiert sind. Beginnend mit einem Ursprungsknoten, den man mit einem Punkt markiert, konstruiert man einen Codebaum für einen vorgegebenen Code, indem man für jeden Knoten des Codebaumes sukzessiv folgende Schritte durchführt. Man betrachtet für den Knoten das Gewicht, das entsteht, wenn der (bis dahin konstruierte) Baum durch einen an dem betrachteten Knoten angeführten Zweig mit dem Gewicht eines Symbols des Codealphabets erweitert würde. Führt der neue Zweig zu einem Knoten mit dem Gewicht, das ein Codewort ist oder den Anfang eines Codewortes bildet, so nimmt man den Zweig in den Baum auf und kennzeichnet ihn entsprechend mit einem Kreis oder einem Punkt. Man verfährt entsprechend mit dem nächsten Symbol. Auf diese Weise erhält man an dem Knoten maximal soviele Zweige, wie Symbole im Codealphabet. Man betrachtet nun den nächsten Knoten. Der Algorithmus bricht nach einer endlichen Anzahl von Schritten ab, denn die betrachteten Codes sollen eine endliche Länge und das Codealphabet eine endliche Anzahl von Symbolen haben.

Beispiel 6.3
Wir betrachten folgende vier Codes und die zugehörigen Codebäume:

	C_1	C_2	C_3	C_4
$x_1 \rightarrow$	0	00	0	0
$x_2 \rightarrow$	01	01	10	01
$x_3 \rightarrow$	011	10	110	011
$x_4 \rightarrow$	100	11	111	111

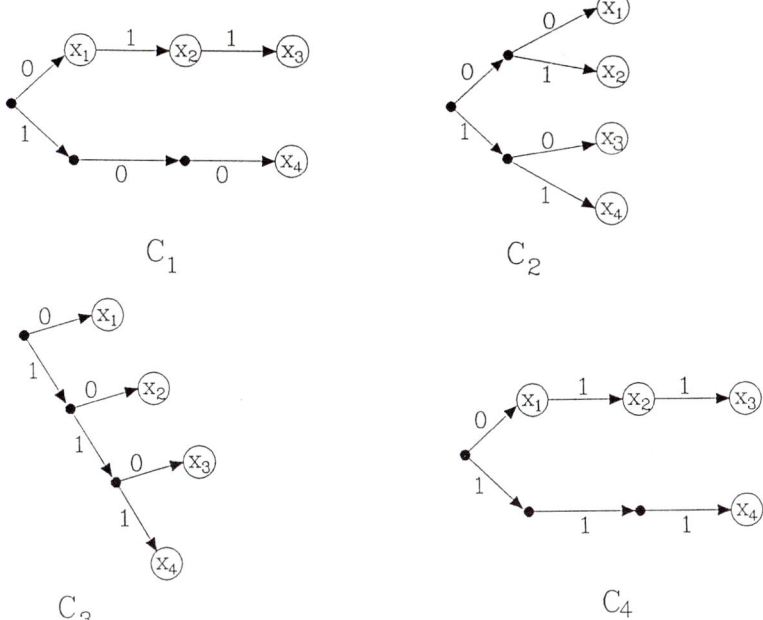

Der Code C_1 ist nicht decodierbar, denn die Folge 01100 könnte 01100 = x_2x_4 aber auch 01100 = $x_3x_1x_1$ sein. Der Code C_2 hat Wörter gleicher Länge. Man nennt solche Codes Blockcodes. C_2 ist decodierbar, wenn bekannt ist, welche zwei Symbole zusammen gehören. Diese Synchronisationsinformation kann aus dem Beginn der Symbolkette abgeleitet werden. Der Code C_3 ist decodierbar, denn kein Codewort bildet den Anfang eines anderen Codewortes. Immer wenn (vom Anfang der Folge her gesehen) ein gültiges Codewort vorliegt, kann es vom Rest der Folge abgespalten werden. Diese Eigenschaft nennt man die Präfix-Eigenschaft; den Code einen Präfixcode. Bei C_3 enden darüberhinaus die Codewörter (bis auf das längste Wort) immer, wenn eine Null auftritt. Die Null wirkt als Trennzeichen (Komma). Ein neues Wort beginnt nach einer Null oder nach dem längsten Wort. Der Code C_4 ist nur für jede endliche Folge decodierbar; der Decodiervorgang muß lediglich von hinten (d.h. vom Ende der Folge aus) aufgerollt werden. Man spaltet von hinten jeweils ein Codewort ab, wenn eine Null auftritt oder drei Einsen vorkommen. Für praktische Anwendung ist der Code C_4 nicht geeignet, denn eine Folge von Symbolen muß jeweils solange gespeichert werden, bis entweder eine Null oder drei Einsen auftreten, bevor sie decodiert werden kann. Bei ungünstigen Fällen benötigt man also einen sehr großen Speicher. Welche der decodierbaren Codes im Sinne der Effizienz am besten geeignet sind, hängt außer vom Code selbst auch von der Wahrscheinlichkeitsverteilung der Codewörter, d.h. der Quellensymbole, ab. Bei Gleichverteilung der Symbolwahrscheinlichkeiten ist C_2 mit $l_m = 2$ ideal, während für die Verteilung $P(x_1) = \frac{1}{2}$, $P(x_2) = \frac{1}{4}$, $P(x_3) = \frac{1}{8}$, $P(x_4) = \frac{1}{8}$ der Code C_3 mit $l_m = 1{,}75$ ideal ist.

Wir wollen nun einige Definitionen, die wir in den Beispielen kennengelernt haben, zusammenstellen. Codes mit Codewörtern gleicher Länge nennt man **Blockcodes**. Codes mit der Eigenschaft, daß kein Codewort den Anfang eines anderen Codewortes bildet, nennt man **Präfixcodes**. Symbolketten, die aus Codewörtern eines Präfixcodes bestehen, sind stets Wort für Wort vom Anfang der Symbolkette aus decodierbar. Im Codebaum äußert sich die Präfixeigenschaft darin, daß alle Codewörter genau am Ende des Codebaumes, d.h. an den "Blättern" (Endknoten) liegen. Codes, bei denen ein Symbol genau am Ende eines jeden Wortes (mit der eventuellen Ausnahme des längsten Wortes) auftritt und somit als Trennzeichen dient, nennt man **Kommacodes**. Sie ermöglichen stets die Wort-für-Wort Decodierung der laufenden Symbolkette.

6.2 Die Kraft-McMillan-Ungleichung

Für jeden (eindeutig) decodierbaren Code gilt die **Ungleichung von Kraft-McMillan**

$$\sum_{i=1}^{q} \frac{1}{r^{li}} \leq 1, \tag{6.6}$$

wobei r die Anzahl der Symbole im Codealphabet, q die Anzahl der Codewörter und l_i die Länge des Wortes w_i ist.

Beispiel 6.4

Für alle im Beispiel 6.2 aufgeführten Codes errechnet sich für die "Kraftsumme" $K = \left(\sum_{i=1}^{q} \frac{1}{r^{li}} \right), K \leq 1$.

Es wird deutlich, daß auch für einen nicht decodierbaren Code wie C_1 die Kraftungleichung gelten kann. Die Kraftungleichung ist also eine notwendige Bedingung für die Decodierbarkeit. Ferner spielen die Codewörter selbst keine Rolle, nur ihre Länge wird berücksichtigt.

Um den Satz von Kraft-McMillan zu beweisen, betrachten wir einen Code mit r Symbolen im Codealphabet und q Codewörtern w_i mit den Längen $l(w_i) = l_i$, wobei wir ohne Einschränkung der Allgemeinheit l_i als geordnet betrachten, d.h. $l_1 \leq l_2 \leq \ldots \leq l_q$. Wir betrachten nun für ein beliebiges m, die $m - te$ Potenz der Kraftsumme K

$$K^m = \left[\sum_{i=1}^{q} \frac{1}{r^{li}} \right]^m .$$

Wenn wir die Summe in den Klammern ausmultiplizieren, erhalten wir eine Summe mit verschiedenen Exponenten von r, beginnend mit ml_1, dem kleinstmöglichen, bis ml_q, dem größtmöglichen; wir können den Ausdruck entsprechend wie folgt schreiben

$$K^m = \sum_{k=ml_1}^{ml_q} \frac{N_k}{r^k},$$

wobei N_k die Anzahl der Möglichkeiten ist, aus m Codewörtern, durch Aneinanderfügen, eine Kette von k Symbolen zu erhalten; dabei ist auch $N_k = 0$ möglich. Da der Code decodierbar ist, ist N_k stets $\leq r^k$, der Anzahl der eindeutigen Folgen der Länge k. Somit haben wir

$$K^m = \sum_{k=ml_1}^{ml_q} \frac{N_k}{r^k} \leq \sum_{k=ml_1}^{ml_q} \frac{r^k}{r^k} = ml_q - ml_1 + 1 \leq m \cdot l_q$$

und daraus

$$K \leq m^{\frac{1}{m}} \cdot l_q^{\frac{1}{m}}$$

oder, da m beliebig ist,

$$K \leq \lim_{m \to \infty} m^{\frac{1}{m}} \cdot l_q^{\frac{1}{m}} = 1,$$

womit wir den Satz von Kraft-McMillan bewiesen haben.
Wir wollen nun zeigen, daß, wenn wir ein Codealphabet B mit r Symbolen und q natürlichen Zahlen l_i haben, und die Kraftungleichung dafür erfüllt ist, ein Präfixcode, dessen Wörter w_i die Länge $l(w_i) = l_i$ haben, existiert. Wir führen den Beweis konstruktiv.
Wir setzen wieder ohne Einschränkung der Allgemeinheit voraus, daß die Längen und somit die Wörter geordnet sind, d.h. $l_1 \leq l_2 \leq \ldots \leq l_q$. Wir wählen nun der Reihenfolge nach für $i = 1, 2, \ldots, q$ jeweils ein Wort $w_i \in B^{l_i}$, das weder mit einem der vorhergewählten Wörter $w_1, w_2, \ldots, w_{i-1}$ übereinstimmt, noch eines dieser Wörter als Präfix besitzt. Die Ungleichung von Kraft-McMillan garantiert die Möglichkeit dieser Wahl; unter den r^{l_i} Wörtern aus B^{l_i} stimmen genau

$$\sum_{k=1}^{i-1} r^{l_i - l_k}$$

Wörter mit einem der Wörter $w_1, \ldots w_{i-1}$ überein oder haben ein solches als Präfix; wegen

$$\sum_{k=1}^{i-1} r^{l_i-l_k} < r^{l_i} \cdot \sum_{k=1}^{q} \frac{1}{r^{l_k}} \le r^{l_i}$$

besteht damit stets die Möglichkeit der Wahlen von $w_i \in B^{l_i}$.

Der eben bewiesene Sachverhalt eröffnet nunmehr folgende Möglichkeit. Hat man einen decodierbaren Code, so ist die Kraft-McMillan-Ungleichung erfüllt. Mit dem Alphabet dieses Codes und den entsprechenden Längen können wir nun stets einen Präfixcode angeben, der die Kraft-McMillan-Ungleichung erfüllt. Die beiden Codes sind äquivalent, indem sie dasselbe Alphabet und dieselbe Anzahl von Codewörtern und Codewortlängen aufweisen.

Beispiel 6.5

Ein binäres Alphabet sei gegeben. Gesucht ist ein decodierbarer Code mit 1 Wort der Länge 2, 3 Wörtern der Länge 3 und 6 Wörtern der Länge 4.

Die Kraftsumme ist
$$K = \frac{1}{2^2} + \frac{3}{2^3} + \frac{6}{2^4} = 1.$$

Es existiert also ein decodierbarer, sogar ein Präfixcode. Zwei Präfixcodes sind:

	C_1	C_2
a	00	01
b	010	001
c	011	101
d	100	111
e	1010	0000
f	1011	0001
g	1100	1000
h	1101	1001
i	1110	1100
j	1111	1101

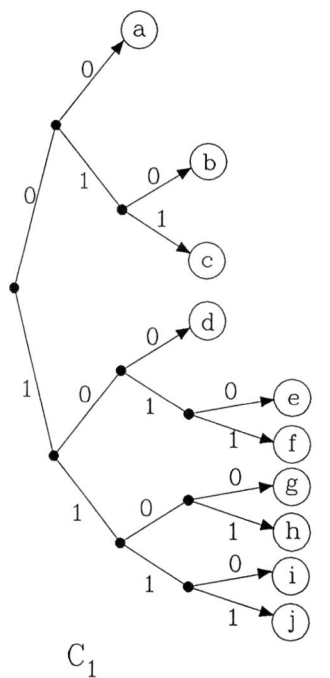

C_1

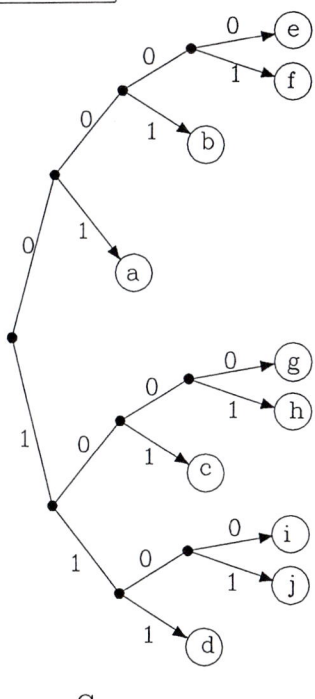

C_2

6.3 Der Huffman-Code

Wir wenden uns nun der Aufgabe zu, einen optimalen Code, d.h. Code minimaler mittlerer Länge zu konstruieren. Wie wir im vorhergegangenen Abschnitt gesehen haben, gibt es zu jedem decodierbaren Code einen äquivalenten Präfixcode, so daß wir uns nunmehr auf Präfixcodes beschränken können. Zunächst wollen wir folgende drei Eigenschaften von optimalen Präfixcodes beweisen:

Seien $p_1 \geq p_2 \geq p_3 \ldots \geq p_q$ die Symbolwahrscheinlichkeiten der betrachteten Quelle, wobei wir ohne Einschränkung der Allgemeinheit die Symbole nach fallenden Wahrscheinlichkeiten geordnet haben. $w_1, w_2, \ldots w_q$ seien die entsprechenden Codewörter und $l_1, l_2, \ldots, l_q$ die entsprechenden Codewortlängen eines optimalen Präfixcodes.

1. Für zwei Wörter w_i und w_j mit $p_i > p_j$ folgt

$$l_i \leq l_j.$$

Wir führen den Beweis, indem wir das Gegenteil annehmen und zum Widerspruch führen. Es sei $p_i > p_j$ und $l_i > l_j$. Dann ist $(p_i - p_j)(l_i - l_j) > 0$ und damit $p_i l_i + p_j l_j > p_i l_j + p_j l_i$. Da die mittlere Wortlänge

$$l_m = \sum_k p_k \cdot l_k$$

ist, heißt dies, daß wir durch Vertauschen der Wörter w_i und w_j l_m verkleinern können. Damit ist der vorgegebene Code nicht optimal; was der Annahme widerspricht.

2. Mindestens zwei Codewörter haben die maximale Länge.

Auch hier führen wir den Beweis, indem wir das Gegenteil behaupten und zum Widerspruch führen. w_q sei das einzige Codewort mit der maximalen Länge l_q. a sei das letzte Symbol von w_q, d.h. $w_q = w'a$. Da C Präfixcode ist, ist w' kein Codewort, und kein anderes Codewort ist Präfix von w'. w' ist auch nicht Präfix eines anderen Codewortes, da w_q das einzige Codewort maximaler Länge war. Wir können somit w_q durch w' ersetzen und damit l_m verringern, ohne die Präfixeigenschaft zu verletzen, was der Annahme widerspricht.

3. Von den Codewörtern maximaler Länge l_q stimmen mindestens zwei in den ersten $(l_q - 1)$ Symbolen überein.

Würden sich alle Codewörter maximaler Länge l_q schon in den ersten $(l_q - 1)$ Symbolen unterscheiden, könnte ja das letzte Symbol weggelassen werden, was wiederum der Annahme widerspricht.

Wir wollen nun die **Codiervorschrift für binäre Huffman-Codierung** zunächst angeben:

Schritt 1

Die Symbole der vorgegebenen Quelle werden in einer Tabelle nach fallenden Wahrscheinlichkeiten aufgelistet und die Wahrscheinlichkeiten in die Tabelle eingetragen.

Schritt 2

Die beiden kleinstwahrscheinlichen Symbole x, y werden zur Unterscheidung mit 0 und 1 codiert und in der Tabelle entsprechend gekennzeichnet.

Schritt 3

Die beiden Symbole x und y werden nun als ein neues Symbol xy zusammengefaßt. Dem neuen Symbol wird die Summe der Wahrscheinlichkeiten der beiden ursprünglichen Symbole zugeordnet. Die so entstandene Quelle hat nun ein Symbol weniger. Falls die neue Quelle nur noch ein Symbol enthält, fährt man mit Schritt 4 weiter, sonst wiederholt man den Algorithmus ab Schritt 1 mit der neuen Quelle.

Schritt 4

Man beginnt mit der letzten Tabelle, arbeitet sich bis zur ersten Tabelle vor und stellt den Codebaum auf. Pro Tabelle erhält man eine Codierentscheidung, d.h. zwei Zweige des Codebaumes. Die Endknoten liefern die gewünschte Codierung.

Beispiel 6.6

Gegeben sind die Symbole x_1 bis x_{10} mit den Wahrscheinlichkeiten $p_1 = 0,25$, $p_2 = 0,15$, $p_3 = 0,2$, $p_4 = 0,2$, $p_5 = 0,05$, $p_6 = 0,07$, $p_7 = 0,025$, $p_8 = 0,02$, $p_9 = 0,025$, $p_{10} = 0,01$. Wir erhalten die folgenden Tabellen durch wiederholtes Anwenden der Schritte 1 bis 3:

Q_1		Q_2		Q_3		Q_4		Q_5	
x_1	0,25	x_1	0,25	x_1	0,25	x_1	0,25	x_1	0,25
x_3	0,2	x_3	0,2	x_3	0,2	x_3	0,2	x_3	0,2
x_4	0,2	x_4	0,2	x_4	0,2	x_4	0,2	x_4	0,2
x_2	0,15	x_2	0,15	x_2	0,15	x_2	0,15	x_2	0,15
x_6	0,07	x_6	0,07	x_6	0,07	$x_7 x_9 x_8 x_{10}$	0,08	$x_6 x_5$	0,12 }0
x_5	0,05	x_5	0,05	x_5	0,05	x_6	0,07 }0	$x_7 x_9 x_8 x_{10}$	0,08 }1
x_7	0,025	$x_8 x_{10}$	0,03	$x_7 x_9$	0,05 }0	x_5	0,05 }1		
x_9	0,025	x_7	0,025 }0	$x_8 x_{10}$	0,03 }1				
x_8	0,02 }0	x_9	0,025 }1						
x_{10}	0,01 }1								

Q_6		Q_7		Q_8		Q_9	
x_1	0,25	$x_6 x_5 x_7 x_9 x_8 x_{10} x_2$	0,35	$x_3 x_4$	0,4	$x_6 x_5 x_7 x_9 x_8 x_{10} x_2 x_1$	0,6 }0
x_3	0,2	x_1	0,25	$x_6 x_5 x_7 x_9 x_8 x_{10} x_2$	0,35 }0	$x_3 x_4$	0,4 }1
x_4	0,2	x_3	0,2 }0	x_1	0,25 }1		
$x_6 x_5 x_7 x_9 x_8 x_{10}$	0,2 }0	x_4	0,2 }1				
x_2	0,15 }1						

Der Schritt 4 liefert sukzessiv folgenden Codebaum (s. Seite 142). Um die Zwischenschritte im Algorithmus zu verdeutlichen, haben wir im Codebaum an Stelle eines Punktes einen Kreis und an Stelle eines Kreises einen Doppelkreis gezeichnet. In den Kreisen haben wir die Symbole der Quellen in den Zwischenschritten eingetragen; in den Doppelkreisen die Symbole der vorgegebenen Quelle. Die Präfixeigenschaft ist im Codebaum ersichtlich, und die Codiervorschrift lautet:

$$x_1 \to 01 \quad x_2 \to 001 \quad x_7 \to 000100$$
$$x_3 \to 10 \quad x_6 \to 00000 \quad x_9 \to 000101$$
$$x_4 \to 11 \quad x_5 \to 00001 \quad x_8 \to 000110$$
$$x_{10} \to 000111$$

Wir wollen nun für die binäre Codierung beweisen, daß kein Präfixcode eine kleinere mittlere Länge als der angegebene Huffman-Code aufweist. Wir führen den Beweis durch vollständige Induktion nach dem Index der Quellenfolge des Algorithmus

$$Q_0, Q_1, Q_2, \ldots Q_{q-1},$$

dabei wird sich herausstellen, daß der Algorithmus jeweils eine optimale Codierung der Quelle Q_i ergibt. Die Quelle Q_{q-1} hat genau zwei Symbole, d.h. die Codierung liefert die mittlere Länge $l_{m(q-1)} = 1$, sie ist somit minimal. Dies bildet den Induktionsanfang. Wir haben mit l_{mi} die mittlere Länge der Huffman-Codierung der Quelle i bezeichnet.

Sei der Huffman-Code der Quelle Q_i für ein $i \le q - 1$ optimal. Die einzelnen Schritte des Algorithmus sind im Bild 6.3 angedeutet.

Für die mittleren Längen des Huffman-Codes für die Quellen Q_i und Q_{i-1} gilt

$$l_{m(i-1)} = l_{mi} + p_i$$

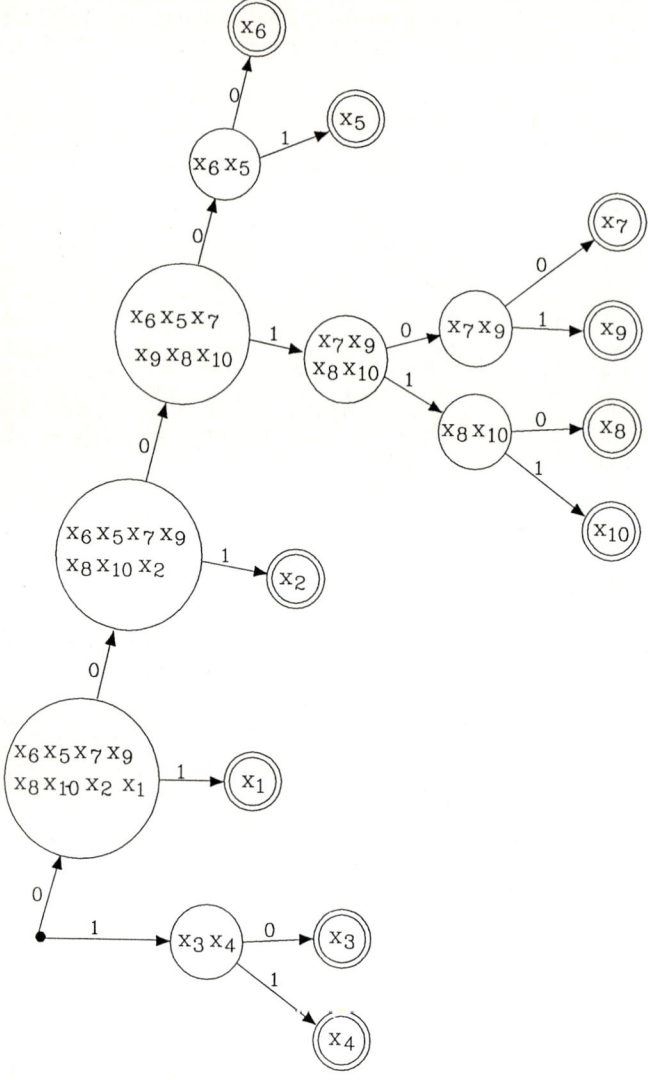

mit $p_i = p_i' + p_i''$, wobei p_i' und p_i'' die minimalen Symbolwahrscheinlichkeiten der Quelle Q_{i-1} sind. Wir nehmen an, es gäbe einen Präfixcode C' mit $l_{m(i-1)}'$ für die Quelle Q_{i-1} mit $l_{m(i-1)}' < l_{m(i-1)}$; dieser sei optimal. Wir bringen zunächst C' in eine Form, auf die wir die Huffman-Codierung anwenden können, um eine Codierung der Quelle Q_i zu erhalten. Die beiden Codewörter mit den niedrigsten Wahrscheinlichkeiten in Q_{i-1} haben auch die maximale Länge l_q. Außerdem gibt es in C' zwei Codewörter maximaler Länge l_q, die in den ersten $(l_q - 1)$ Symbolen übereinstimmen. Sind diese nicht die Codewörter mit den Wahrscheinlichkeiten p' und p'', so können wir sie mit ihnen tauschen, ohne die mittlere Codewortlänge $l_{m(i-1)}'$ zu verändern. Ein Schritt des Huffman-Algorithmus auf den so erhaltenen Codebaum ergibt eine Codierung der Quelle Q_i mit der mittleren Codewortlänge

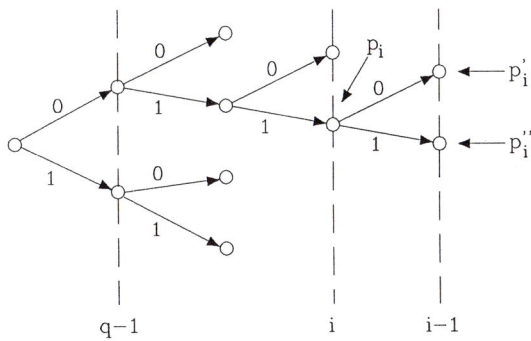

Bild 6.3: Schritte des Huffmann-Algorithmus

$$l'_{mi} = l'_{m(i-1)} - p_i,$$

da die beiden Codewörter um ein Symbol gekürzt werden und dies mit der Wahrscheinlichkeit $p_i = p'_i + p''_i$ geschieht. Damit wird

$$l'_{mi} = l'_{m(i-1)} - p_i < l_{m(i-1)} - p_i = l_{mi}.$$

Dies widerspricht der Annahme, daß l_{mi} minimal war; somit ist $l_{m(i-1)}$ minimal, was zu beweisen war.

Es dürfte dem aufmerksamen Leser nicht entgangen sein, daß gewisse Freiheitsgrade bei der Codierungsvorschrift enthalten sind bzw. vom Beweis her nicht verwendet werden. So können die Symbole 0 und 1 bei jeder Verzweigung vertauscht werden, und bei mehreren gleichwahrscheinlichen Symbolen geringster Wahrscheinlichkeit können beliebig zwei Symbole zusammengefaßt werden. Alle so erhaltenen Codes sind optimal.

Der Huffman-Algorithmus kann für ein Codealphabet mit r Symbolen erweitert werden. Als erster Schritt werden soviele Symbole mit der Wahrscheinlichkeit Null zu den Quellensymbolen hinzugenommen, daß der Codieralgorithmus genau aufgeht. Hierbei ist zu berücksichtigen, daß jeweils die neue Quelle $(r - 1)$ Symbole weniger als die vorherige Quelle hat, während die letzte Quelle genau r Symbole hat, da pro Entscheidungsschritt r Symbole der niedrigsten Wahrscheinlichkeiten jeweils zu einer Quelle zusammengefaßt werden. Der Beweis des Algorithmus läuft dem Beweis oben analog, nachdem die Symbole mit der Wahrscheinlichkeit Null hinzugefügt wurden.

Beispiel 6.7

Es sei eine Quelle mit 10 Symbolen und den Symbolwahrscheinlichkeiten $p_1 = 0,2, p_2 = 0,2, p_3 = 0,15, p_4 = 0,1, p_5 = 0,1, p_6 = 0,15, p_7 = 0,05, p_8 = 0,02, p_9 = 0,01, p_{10} = 0,02$ gegeben. Gesucht ist eine optimale ternäre Präfixcodierung. Wir wenden den Huffman-Algorithmus an.

Da pro neue Quelle 2 Symbole abgebaut werden, hat man nach 4 Entscheidungschritten noch 2 Symbole übrig. Im letzten Schritt werden jedoch 3 Symbole codiert, so daß ein Symbol x_{11} mit der Symbolwahrscheinlichkeit Null hinzugefügt werden muß. Die einzelnen Quellen sind:

Q_0		Q_1		Q_2		Q_3		Q_4	
x_1	0,2	x_1	0,2	x_1	0,2	$x_7x_{10}x_9x_{11}x_8x_4x_5$	0,3	$x_2x_3x_6$	0,5}0
x_2	0,2	x_2	0,2	x_2	0,2	x_1	0,2	$x_7x_{10}x_9x_{11}x_8x_4x_5$	0,3}1
x_3	0,15	x_3	0,15	x_3	0,15	x_2	0,2}0	x_1	0,2}2
x_6	0,15	x_6	0,15	x_6	0,15	x_3	0,15}1		
x_4	0,1	x_4	0,1	$x_7x_{10}x_9x_{11}x_8$	0,1}0	x_6	0,15}2		
x_5	0,1	x_5	0,1	x_4	0,1}1				
x_7	0,05	x_7	0,05}0	x_5	0,1}2				
x_8	0,02	$x_{10}x_9x_{11}$	0,03}1						
x_{10}	0,02}0	x_8	0,02}2						
x_9	0,01}1								
x_{11}	0}2								

Als Codebaum erhält man:

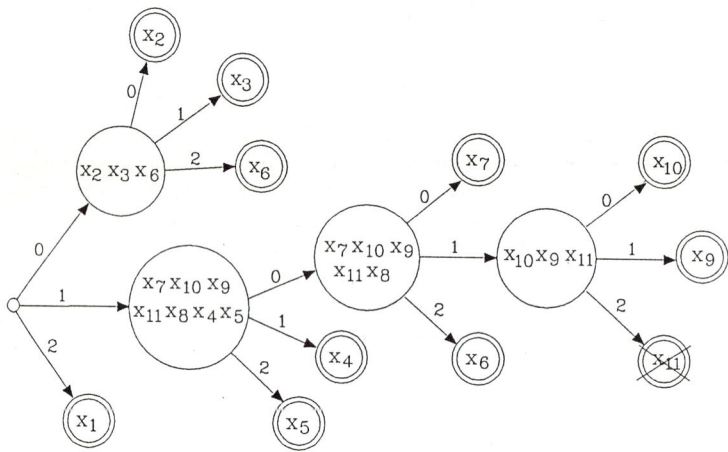

Die Codierung lautet:

$$x_1 \rightarrow \quad 2$$
$$x_2 \rightarrow \quad 00$$
$$x_3 \rightarrow \quad 01$$
$$x_6 \rightarrow \quad 02$$
$$x_4 \rightarrow \quad 11$$
$$x_5 \rightarrow \quad 12$$
$$x_7 \rightarrow \quad 100$$
$$x_8 \rightarrow \quad 102$$
$$x_{10} \rightarrow 1010$$
$$x_9 \rightarrow 1011$$

6.4 Der Fundamentalsatz der Quellencodierung

Wir zeigen zunächst, daß für die betrachtete Quelle Q mit der Quellenentropie $H(X)$ und dem Codealphabet B mit r Symbolen ein Präfix-Code mit

$$\frac{H(X)}{\operatorname{ld} r} \leq l_m < \frac{H(X)}{\operatorname{ld} r} + 1 \tag{6.7}$$

existiert, wobei l_m die mittlere Codewortlänge entsprechend Gleichung (6.1) ist.

Wir betrachten die Wahrscheinlichkeit p_i des Quellensymbols $x_i (1 \leq i \leq q)$ bzw. des Codewortes w_i. Für jedes p_i können wir ein l_i angeben, mit

$$\frac{-\operatorname{ld} p_i}{\operatorname{ld} r} \leq l_i < \frac{-\operatorname{ld} p_i}{\operatorname{ld} r} + 1 \ . \tag{6.8}$$

Die linke Gleichung (6.8) liefert

$$p_i \geq \frac{1}{r^{li}}$$

oder

$$1 \geq \sum_{i=1}^{q} \frac{1}{r^{li}}.$$

Somit ist die Kraft-McMillan-Ungleichung erfüllt, und es existiert ein Präfixcode mit den Längen l_i. Wir multiplizieren nun Gleichung (6.8) mit p_i, summieren über i und erhalten:

$$\sum_{i=1}^{q} \frac{-p_i \cdot \operatorname{ld} p_i}{\operatorname{ld} r} \leq \sum_{i=1}^{q} p_i l_i < \frac{\sum\limits_{i=1}^{q} -p_i \cdot \operatorname{ld} p_i}{\operatorname{ld} r} + \sum_{i=1}^{q} p_i$$

oder

$$\frac{H(X)}{\operatorname{ld} r} \leq l_m < \frac{H(X)}{\operatorname{ld} r} + 1,$$

was zu zeigen war.

Wir können nun leicht den Fundamentalsatz der Quellencodierung, auch Shannons 1. Satz genannt, ableiten. Hierzu verwenden wir die $n - te$ Erweiterung der Quelle, die analog zur $n - ten$ Erweiterung des Kanals ist (Kapitel 4.3). Wir fassen jeweils n Quellensymbole zu einem neuen Symbol zusammen und erhalten die neue Quelle Q^n. Die Wahrscheinlichkeit dieses Symbols ist das Produkt der Einzelwahrscheinlichkeiten, da wir es mit unabhängigen (stationären, gedächtnislosen) Quellen zu tun haben. Für die Entropie der Quelle Q^n erhalten wir

$$H(X^n) = \sum_{i_1,\dots,i_n=1}^{q} -p_{i_1} \dots p_{i_n} \operatorname{ld}(p_{i_1} \dots p_{i_n}).$$

Wegen

$$\sum_{i_r=1}^{q} p_{i_r} = 1 \quad \text{mit} \quad H(X) = \sum_{i_r=1}^{q} -p_{i_r} \cdot \operatorname{ld} p_{i_r} \quad (1 \leq r \leq n)$$

erhalten wir (vgl. Gleichungen (4.39 - 4.42))

$$H(X^n) = \sum l_{i_1,\dots i_n=1}^{q} - p_{i_1} \dots p_{i_n} (\operatorname{ld} p_{i_1} + \dots + \operatorname{ld} p_{i_n}) \tag{6.9}$$

$$= H(X) + H(X) + \dots + H(X) \tag{6.10}$$

$$= n \cdot H(X). \tag{6.11}$$

Nun gilt für die erweiterte Quelle auch, daß ein Präfixcode existiert, der Gleichung (6.7) erfüllt, d.h. wir haben

$$\frac{n \cdot H(X)}{\operatorname{ld} r} \leq l_m^{(n)} < \frac{n \cdot H(X)}{\operatorname{ld} r} + 1 \ ,$$

wobei $l_m^{(n)}$ die mittlere Codewortlänge des Codes der erweiterten Quelle darstellt. Somit haben wir

$$\frac{H(X)}{\operatorname{ld} r} \le \frac{l_m^{(n)}}{n} < \frac{H(X)}{\operatorname{ld} r} + \frac{1}{n} \tag{6.12}$$

oder

$$\lim_{n \to \infty} \frac{l_m^{(n)}}{n} = \frac{H(X)}{\operatorname{ld} r}. \tag{6.13}$$

$l_m^{(n)}$ ist die mittlere Codewortlänge der n-fach erweiterten Quelle. Ein Symbol der n-fach erweiterten Quelle besteht aus n Symbolen der einfachen Quelle. $\frac{l_m^{(n)}}{n}$ ist somit der Anteil der mittleren Codewortlänge der n-fach erweiterten Quelle pro Symbol der einfachen Quelle - sie entspräche also der mittleren Codewortlänge der einfachen Quelle.

Der Quellencodierungssatz besagt somit, daß es für eine stationäre, gedächtnislose Quelle und ein Codealphabet aus r Symbolen Präfixcodierungen der n-fach erweiterten Quelle gibt, so daß im Mittel die Codewortlänge (genauer, der ihr entsprechende Ausdruck $\frac{l_m^{(n)}}{n}$) beliebig nahe dem Optimum $\frac{H(X)}{\operatorname{ld} r}$ gebracht werden kann.

Beispiel 6.8

Wir betrachten eine Quelle mit drei Symbolen und den Symbolwahrscheinlichkeiten $p_1 = \frac{1}{2}, p_2 = \frac{1}{3}$, $p_3 = \frac{1}{6}$.

Für die Quellenentropie gilt

$$H(X) = 0,5 + 0,528 + 0,431 = 1,459 \text{ Bit/Symbol}.$$

Der Huffman-Algorithmus liefert:

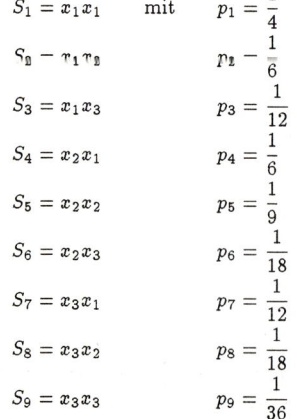

Q_0		Q_1	
x_1	$\dfrac{1}{2}$	x_1	$\left.\dfrac{1}{2}\right\}0$
x_2	$\left.\dfrac{1}{3}\right\}0$	$x_2 x_3$	$\left.\dfrac{1}{2}\right\}1$
x_3	$\left.\dfrac{1}{6}\right\}1$		

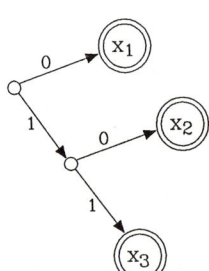

mit der Codierung

$$x_1 = 0, x_2 = 10, x_3 = 11$$

und der mittleren Codewortlänge

$$l_m = 1,5 > \frac{H(X)}{\operatorname{ld} 2} = 1,459.$$

Fassen wir jeweils zwei Symbole zusammen, so haben wir für die erweiterte Quelle Q^2 die Symbole

$S_1 = x_1 x_1$	mit	$p_1 = \dfrac{1}{4}$
$S_2 = x_1 x_2$		$p_2 = \dfrac{1}{6}$
$S_3 = x_1 x_3$		$p_3 = \dfrac{1}{12}$
$S_4 = x_2 x_1$		$p_4 = \dfrac{1}{6}$
$S_5 = x_2 x_2$		$p_5 = \dfrac{1}{9}$
$S_6 = x_2 x_3$		$p_6 = \dfrac{1}{18}$
$S_7 = x_3 x_1$		$p_7 = \dfrac{1}{12}$
$S_8 = x_3 x_2$		$p_8 = \dfrac{1}{18}$
$S_9 = x_3 x_3$		$p_9 = \dfrac{1}{36}$

Der Huffman-Algorithmus liefert nun:

Q_0^2		Q_1^2		Q_2^2		Q_3^2		Q_4^2		Q_5^2		Q_6^2		Q_7^2	
S_1	$\frac{1}{4}$	S_1	$\frac{1}{4}$	S_1	$\frac{1}{4}$	S_1	$\frac{1}{4}$	$S_7 S_6 S_5$	$\frac{1}{4}$	$S_2 S_4$	$\frac{1}{3}$	$S_1 S_8 S_9 S_3$	$\frac{5}{12}$	$S_2 S_4 S_7 S_6 S_5$	$\frac{7}{15}\big\}0$
S_2	$\frac{1}{6}$	S_2	$\frac{1}{6}$	S_2	$\frac{1}{6}$	$S_8 S_9 S_3$	$\frac{1}{6}$	S_1	$\frac{1}{4}$	$S_7 S_6 S_5$	$\frac{1}{4}$	$S_2 S_4$	$\frac{1}{3}\big\}0$	$S_1 S_8 S_9 S_3$	$\frac{5}{12}\big\}1$
S_4	$\frac{1}{6}$	S_4	$\frac{1}{6}$	S_4	$\frac{1}{6}$	S_2	$\frac{1}{6}$	$S_8 S_9 S_3$	$\frac{1}{6}$	S_1	$\frac{1}{4}\big\}0$	$S_7 S_6 S_5$	$\frac{1}{4}\big\}1$		
S_5	$\frac{1}{9}$	S_5	$\frac{1}{9}$	$S_7 S_6$	$\frac{5}{36}$	S_4	$\frac{1}{6}$	S_2	$\frac{1}{6}\big\}0$	$S_8 S_9 S_3$	$\frac{1}{6}\big\}1$				
S_3	$\frac{1}{12}$	$S_8 S_9$	$\frac{1}{12}$	S_5	$\frac{1}{9}$	$S_7 S_6$	$\frac{5}{36}\big\}0$	S_4	$\frac{1}{6}\big\}1$						
S_7	$\frac{1}{12}$	S_3	$\frac{1}{12}$	$S_8 S_9$	$\frac{1}{12}\big\}0$	S_5	$\frac{1}{9}\big\}1$								
S_6	$\frac{1}{18}$	S_7	$\frac{1}{12}\big\}0$	S_3	$\frac{1}{12}\big\}1$										
S_8	$\frac{1}{18}\big\}0$	S_6	$\frac{1}{18}\big\}1$												
S_9	$\frac{1}{36}\big\}1$														

Hieraus ergibt sich folgender Codebaum:

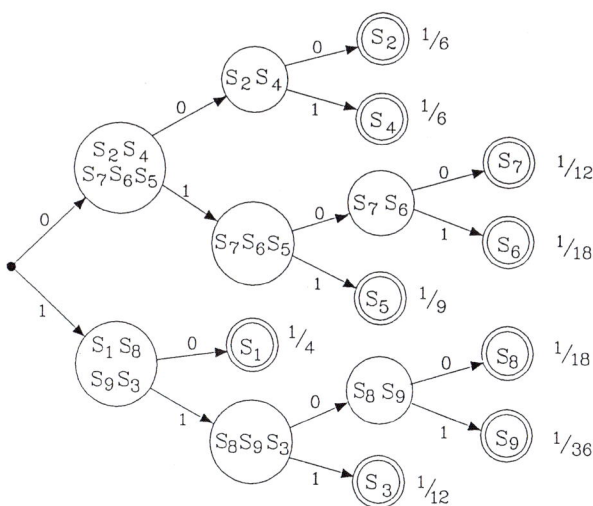

Für die mittlere Länge erhalten wir

$$l_m^{(2)} = \sum l_i p_i = 2,9722$$

und

$$L_m = \frac{l_m^{(2)}}{2} = 1,4861 \text{ Bit/Symbol,}$$

d.h.

$$l_m = 1,5 > L_m = 1,486 > \frac{H(X)}{\mathrm{ld}\,2} = 1,459.$$

6.5 Weitere Quellencodes

Wir betrachten nun eine Markoff-Quelle 1. Ordnung, für die sowohl Übergangswahrscheinlichkeiten im stationären Fall als auch die jeweiligen Symbolwahrscheinlichkeiten bekannt sind. Wir haben nunmehr die Möglichkeit, entweder den Huffman Code entsprechend den

Symbolwahrscheinlichkeiten oder der jeweils bedingten Wahrscheinlichkeiten aufzustellen. Die Verbesserung, die man hierdurch bewirkt, erfordert einen Mehraufwand für die Codierung und Decodierung, denn nun wird pro Zustand jeweils eine Codierung angewandt. Wegen der erreichbaren Verkürzung der mittleren Codewortlänge, werden solche Codes durchaus in der Praxis angewandt.

Beispiel 6.9

Wir betrachten die Markoff-Quelle des Beispiels 4.2 mit den Symbolwahrscheinlichkeiten

$$P(x_1) = \frac{18}{65}, \quad P(x_2) = \frac{21}{65}, \quad P(x_3) = \frac{26}{65}$$

und dem folgenden Zustandsgraphen:

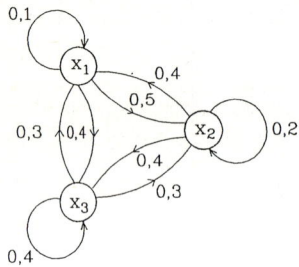

Die Huffman-Codierung ergibt:

$$x_1 \rightarrow 01$$
$$x_2 \rightarrow 00$$
$$x_3 \rightarrow 1$$

mit der mittleren Codewortlänge

$$l_m = 2 \cdot \frac{18}{65} + 2 \cdot \frac{21}{65} + 1 \cdot \frac{26}{65} = 1,6.$$

Codiert man jeweils nach dem momentanen Zustand, erhält man:

(a) Für den Zustand x_1

$$P(x_1 \mid x_1) = 0,1 \quad \text{die Codierung} \quad x_1 \rightarrow 11$$
$$P(x_2 \mid x_1) = 0,4 \quad\quad\quad\quad\quad\quad x_2 \rightarrow 10$$
$$P(x_3 \mid x_1) = 0,5 \quad\quad\quad\quad\quad\quad x_3 \rightarrow 0$$

mit der mittleren Länge

$$l_1 = 2 \cdot 0,1 + 2 \cdot 0,4 + 1 \cdot 0,5 = 1,5.$$

(b) Für den Zustand x_2

$$P(x_1 \mid x_2) = 0,3 \quad \text{die Codierung} \quad x_1 \rightarrow 00$$
$$P(x_2 \mid x_2) = 0,4 \quad\quad\quad\quad\quad\quad x_2 \rightarrow 1$$
$$P(x_3 \mid x_2) = 0,3 \quad\quad\quad\quad\quad\quad x_3 \rightarrow 01$$

mit der mittleren Länge

$$l_2 = 2 \cdot 0,3 + 1 \cdot 0,4 + 2 \cdot 0,3 = 1,6.$$

(c) Für den Zustand x_3

$$P(x_1 \mid x_3) = 0,4 \quad \text{die Codierung} \quad x_1 \rightarrow 1$$
$$P(x_2 \mid x_3) = 0,4 \quad\quad\quad\quad\quad\quad x_2 \rightarrow 00$$
$$P(x_3 \mid x_3) = 0,2 \quad\quad\quad\quad\quad\quad x_3 \rightarrow 01$$

mit der mittleren Länge

$$l_3 = 1 \cdot 0,4 + 2 \cdot 0,4 + 2 \cdot 0,2 = 1,6.$$

Betrachtet man die mittlere Codewortlänge l_m über alle Zustände hinweg, so erhält man unter Berücksichtigung der einzelnen Zustandswahrscheinlichkeiten für die Zustandscodierung

$$l_m = 1,5 \cdot \frac{18}{65} + 1,6 \cdot \frac{21}{65} + 1,6 \cdot \frac{26}{65} = 1,572.$$

Zustandsabhängige Codierung wird in der Praxis oft angewandt. Je nach dem augenblicklichen Zustand der Quelle wird eine andere Codetabelle angewandt, deshalb spricht man auch von **Codeumschaltung**. In der einfachsten Form liegt ein solches Codierungsverfahren beim internationalen **Telegraphenalphabet** (IA NR. 2 CCITT F.1) vor. Es sind Großbuchstaben und einige Satzzeichen, Sonderzeichen und Ziffern zu codieren. Für die Codierung der 26 Buchstaben sind mindestens 5 Bit ($\widehat{=}$ 32 Zeichen) erforderlich. Für die Ziffern, Satz- und Sonderzeichen wäre mindestens ein weiteres Bit erforderlich. Das IA Nr. 2 kommt durch die Codeumschaltung zwischen Buchstabencode und Zifferncode jedoch mit 5 Bit aus. Die Codewörter Nr. 29 und 30 (siehe Bild 6.4) werden verwendet, um die Umschaltung zu erwirken. Im Mittel kommen 30 Buchstaben auf ein Satzzeichen oder eine Zahl, so daß mit der Wahrscheinlichkeit $\frac{2}{31}$ umgeschaltet werden muß.

Sowohl die ASCII-Codierung (Bild 6.2) als auch die Teletex-Codierung (Bild 1.18) sehen verschiedene Codeumschaltemöglichkeiten vor (z.B. Escape ESC, Shift-In SI, Shift-Out SO, Locking Shift LS1, LS2 usw.).

Beim Fernkopieren (Faksimile) wird die **Lauflängencodierung** angewandt. Da beim Schwarz/Weiß-Kopieren bei einer feinen Auflösung die Farbe von Punkt zu Punkt (z.B.

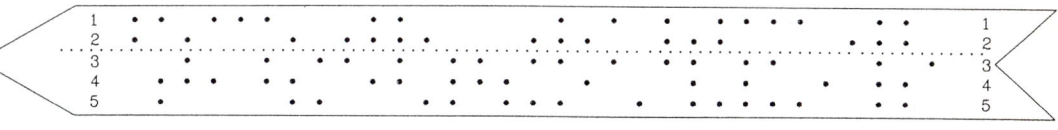

No.	1	2	3	4	5	6	7	8	9	10	11	12	13	14	15	16	17	18	19	20	21	22	23	24	25	26	27	28	29	30	31	32
1......	–	?	:	⊠	3				8	♫	(	)	.	,	9	0	1	4	'	5	7	=	2	/	6	+	⟨	≡	↓	↑	△	□
A......	A	B	C	D	E	F	G	H	I	J	K	L	M	N	O	P	Q	R	S	T	U	V	W	X	Y	Z	⟨	≡	↓	↑	△	□

CCITT – 82120

•   Represents a perforation in the paper tape (Z condition or stop polarity)

1...   Figure case

A...   Letter case

⊠ or ✚   *Who are you?* in the international telex and gentex services. The combinations Nos. 6,7 and 8 in the figure case are available for national usage.

♫   Audible signal (bell)

⟨   Carriage return

≡   Line feet

↓   Letter–shift

↑   Figure–shift

△ or→   Space

□   Spaces only or blank (not normally used)

Bild 6.4: Das internationale Telegraphenalphabet IA Nr. 2

in einer Zeile) selten wechselt, codiert man Punktfolgen anstatt einzelner Punkte. Jede Punktfolge bestimmter Farbe und Länge wird als ein Wort codiert. Hierzu wird eine modifizierte Huffman-Codierung angewandt (CCITT T4 für Group 3 Faksimile), die einerseits Auftrittswahrscheinlichkeiten der Punktfolgen berücksichtigt, andererseits Codeumschaltungen vornimmt. Eine typische abgetastete Zeile sieht dann so aus:

Die Codetabelle (CCITT T4) liefert die Codewörter:

weiß		schwarz	
$W0 \rightarrow$	0011 0101	$S0 \rightarrow$	0000110111
$W1 \rightarrow$	000111	$S1 \rightarrow$	010
$W2 \rightarrow$	0111	$S2 \rightarrow$	11
$W3 \rightarrow$	1000	$S3 \rightarrow$	10
$W4 \rightarrow$	1011	$S4 \rightarrow$	011
$W5 \rightarrow$	1100	$S5 \rightarrow$	0011

$EOL \rightarrow 000000000001$ (Zeilenende).

Die codierte Zeile lautet somit

101111101100111100100111000000000001.

Man beachte, daß jede Zeile stets mit weiß (gegebenenfalls WO) beginnt und mit EOL endet (was die Synchronisation unterstützt). Da sich weiße und schwarze Lauflängen abwechseln, wird bei der Decodierung jeweils zwischen den beiden Tabellen (Weiß und Schwarz) umgeschaltet.

Anstatt die Redundanz zwischen den Punkten einer Zeile zu reduzieren (horizontale Codierung), kann auch eine spaltenweise Redundanzreduktion (vertikale Codierung) vorgenommen werden. Faksimilegeräte der Group 4 (s. Abschnitt 1.3.7) verwenden eine 2-dimensionale differentielle zeilenweise Codierung mit drei verschiedenen Codezuständen (CCITT T6).

Bei Faksimile ergibt die Lauflängencodierung gegenüber einer Punkt-für-Punkt- Übertragung je nach Vorlage eine Reduktion um 80 bis 95 %.

6.6   Aufgaben zu Kapitel 6

Aufgabe 6.1

Wir betrachten eine stationäre, gedächtnislose Quelle mit dem Alphabet $A = \{x_1, x_2, \ldots, x_q\}$. Die einzelnen Symbolwahrscheinlichkeiten $P(x_i), i = 1, \ldots, q$ sind bekannt. Das Alphabet $B = \{y_1, y_2, \ldots, y_r\}$ ist ein Codealphabet. A wird injektiv in B_m abgebildet. Diese Abbildung wird Codierung genannt.

   1. Erklären Sie die folgenden Begriffe:

      (a) decodierbarer Code. Wie lautet eine notwendige Bedingung für einen decodierbaren Code?

      (b) idealer Code

      (c) optimaler Code.

   2. Ist der im Beispiel 6.1 vorgestellte 2-aus-5 Code ein idealer Code? Begründen Sie Ihre Aussage.

Lösung 6.1

   1. (a) Ein Code wird decodierbar genannt, wenn Codierung eines beliebigen Aneinanderreihens der Quellensymbole eine Kette von Codesymbolen ergibt, die eindeutig wieder in Codewörter zerlegt werden kann, so daß die Folge der Quellensymbole wiedergewonnen werden kann. Eine notwendige Bedingung für einen decodierbaren Code ist die Gültigkeit der Kraft-McMillan-Ungleichung

$$K = \sum_{i=1}^{q} \frac{1}{r^{l_i}} \leq 1 \quad ,$$

wobei l_i die Länge des Codewortes $w_i \in B_m$ ist.

(b) Als idealer Code bezeichnet man einen decodierbaren Code mit $E = 1$, wobei E die Effizienz des Codes darstellt

$$E = \frac{H(X)}{l_m} \frac{1}{\operatorname{ld} r} \ .$$

l_m ist dabei die mittlere Länge der Codewörter und $H(X)$ die Quellenentropie.

(c) Unter einem optimalen Code versteht man einen Code, für den gilt, daß es keinen anderen decodierbaren Code mit demselben Codealphabet für die gegebene Quelle gibt, der eine kleinere mittlere Codelänge als dieser aufweist.

2. Der im Beispiel 6.1 vorgestellte 2-aus-5 Code ist kein idealer Code.

Im Beispiel 6.1 wurden l_m und $H(X)$ ausgerechnet,

$$l_m = 5 \text{ Bit/Symbol}$$
$$H(X) = 3,322 \text{ Bit/Symbol}.$$

Die Effizienz beträgt

$$E = \frac{3,322}{5} \cdot \frac{1}{1} = 0,6644 < 1.$$

Aufgabe 6.2

Gegeben sind die Symbole x_1 bis x_5 und die Wahrscheinlichkeiten

$$P(x_1) = 0,1, \quad P(x_2) = 0,25, \quad P(x_3) = 0,4,$$
$$P(x_4) = 0,05 \text{ und } P(x_5) = 0,2.$$

1. Konstruieren Sie nach dem Huffman-Algorithmus einen binären Code.
2. Geben Sie einen äquivalenten Kommacode an.
3. Erfüllt der Huffman-Code die folgende Ungleichung

$$\frac{H(X)}{\operatorname{ld} 2} \leq l_m < \frac{H(X)}{\operatorname{ld} 2} + 1 \ ?$$

Überprüfen Sie dieses zahlenmäßig.

Lösung 6.2

1. Der Huffman-Algorithmus liefert

Q_1		Q_2		Q_3		Q_4	
x_3	0,4	x_3	0,4	x_3	0,4	$x_5 x_1 x_4 x_2$	0,6 }1
x_2	0,25	x_2	0,25	$x_5 x_1 x_4$	0,35 }1	x_3	0,4 }0
x_5	0,20	x_5	0,2 }0	x_2	0,25 }0		
x_1	0,1 }0	$x_1 x_4$	0,15 }1				
x_4	0,05 }1						

Der Codebaum sieht wie folgt aus:

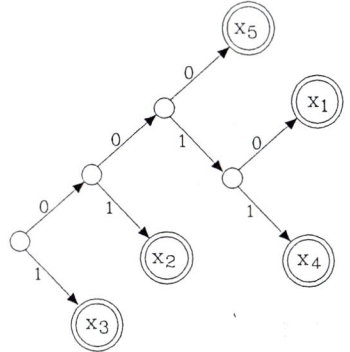

Der Code lautet

Quellensymbol	x_1	x_2	x_3	x_4	x_5
Code	0010	01	1	0011	000

2. Für die Konstruktion eines äquivalenten Kommacodes können wir den Huffman-Algorithmus einsetzen, wobei wir den jeweiligen zusammengefaßten Symbolen das Codesymbol "1" und den ab-
gespalteten Quellensymbolen das Codesymbol "0" bis auf die letzte Abspaltung des zusammengefaßten Symbols zuordnen. Diese Vorgänge werden im folgenden dargestellt.

Q_1		Q_2		Q_3		Q_4	
x_3	0,4	x_3	0,4	x_3	0,4	$x_5 x_1 x_4 x_2$	0,6 }0
x_2	0,25	x_2	0,25	$x_5 x_1 x_4$	0,35 }0	x_3	0,4 }1
x_5	0,2	x_5	0,2 }0	x_2	0,25 }1		
x_1	0,1 }0	$x_1 x_4$	0,15 }1				
x_4	0,05 }1						

Der Codebaum sieht so aus:

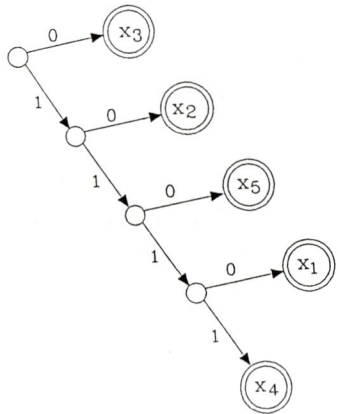

Der Code lautet

Quellensymbol	x_1	x_2	x_3	x_4	x_5
Code	1110	10	0	1111	110

Das Symbol "0" wirkt als Trennzeichen.

3. Die Quellenentropie liegt bei

$$H(X) = -\sum_{i=1}^{5} P(x_i) \cdot \operatorname{ld} P(x_i)$$

$$= -[0,1 \cdot \operatorname{ld} 0,1 + 0,25 \cdot \operatorname{ld} 0,25 + 0,4 \cdot \operatorname{ld} 0,4 + 0,05 \cdot \operatorname{ld} 0,05 + 0,2 \cdot \operatorname{ld} 0,2]$$

$$= 2,0414 \text{ Bit/Symbol} .$$

$$l_m = \sum_{i=1}^{5} P(w_i) \cdot l(w_i)$$

$$= 0,1 \cdot 4 + 0,25 \cdot 2 + 0,4 \cdot 1 + 0,05 \cdot 4 + 0,2 \cdot 3$$

$$= 2,1 \text{ Bit/Symbol} .$$

Die Zahlenwerte von $H(X)$ und l_m zeigen, daß der Code die Ungleichung erfüllt.

Aufgabe 6.3

Es sind zwei Codes, ein decodierbarer und ein nicht decodierbarer, für $A = \{x_1, x_2, x_3, x_4, x_5\}$ wie folgt vorgegeben:

	C_1	C_2
x_1	110	110
x_2	11	01
x_3	100	100
x_4	00	00
x_5	10	10

(a) Welcher der beiden Codes ist nicht decodierbar?

(b) Geben Sie für den nicht decodierbaren Code eine Codesymbolfolge an, die nicht eindeutig in Codewörter zerlegt werden kann.

(c) Geben Sie für den decodierbaren Code einen Präfixcode mit demselben Codealphabet und den entsprechenden Codelängen an, falls dieser Code kein Präfixcode ist.

Lösung 6.3

(a) Der Code C_2 ist nicht decodierbar, während der Code C_1 decodierbar ist.

(b) Eine Codefolge vom Code C_2 lautet z.B.

$$110100100100.$$

Es kann entweder

$$110100100100 \,\hat{=}\, x_1 x_3 x_3 x_3$$

oder

$$110100100100 \,\hat{=}\, x_1 x_5 x_2 x_4 x_3$$

sein.

(c) Der Codebaum für den Code C_1 sieht wie folgt(links) aus:

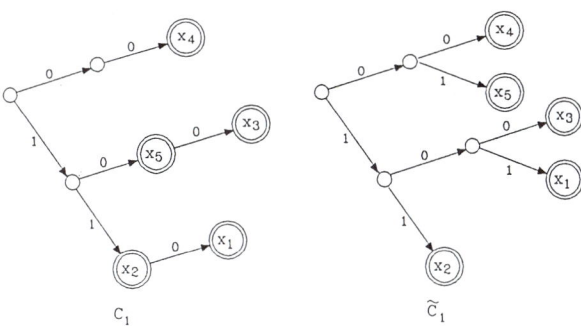

C_1 \hspace{4cm} $\tilde{C}_1$

Ein Präfixcode $\tilde{C}_1$ (Codebaum siehe neben C_1) mit demselben Codealphabet und den entsprechenden Codelängen lautet:

Quellensymbol	x_1	x_2	x_3	x_4	x_5
Code $\tilde{C}_1$	101	11	100	00	01

Aufgabe 6.4

Wir betrachten eine stationäre Quelle ohne Gedächtnis mit dem Alphabet $A = \{x_1, x_2, x_3, x_4, x_5\}$. Die Symbolwahrscheinlichkeiten sind bekannt:

$$P(x_1) = 0,5, \quad P(x_2) = 0,25, \quad P(x_3) = 0,125,$$
$$P(x_4) = 0,06 \quad \text{und} \quad P(x_5) = 0,065.$$

(a) Konstruieren Sie nach dem Huffman-Algorithmus einen binären Code.

(b) Ermitteln Sie die mittlere Codelänge l_m.

(c) Ist dieser Code ein idealer Code? Begründen Sie Ihre Aussage.

Lösung 6.4

(a) Der Huffman-Algorithmus liefert die folgenden Codierungsvorgänge:

Q_1		Q_2		Q_3		Q_4	
x_1	0,4	x_1	0,5	x_1	0,5	x_1	0,5 }0
x_2	0,25	x_2	0,25	x_2	0,25 }0	$x_5x_4x_3x_2$	0,5 }1
x_3	0,125	x_3	0,125 }0	$x_5x_4x_3$	0,25 }1		
x_5	0,065 }0	x_5x_4	0,125 }1				
x_4	0,06 }1						

Der Codebaum sieht so aus:

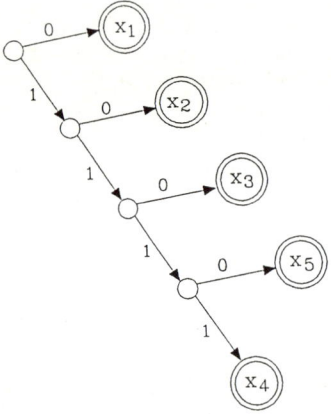

Die Codierungsvorschrift lautet:

Quellensymbol	x_1	x_2	x_3	x_4	x_5
Code	0	10	110	1111	1110

(b) Die mittlere Codelänge beträgt

$$l_m = \sum_{i=1}^{5} P(w_i) \cdot l(w_i)$$
$$= 0,5 \cdot 1 + 0,25 \cdot 2 + 0,125 \cdot 3 + 0,06 \cdot 4 + 0,065 \cdot 4$$
$$= 1,875 \text{ Bit/Symbol}.$$

(c) Die Quellenentropie liegt bei

$$H(X) = -\sum_{i=1}^{5} P(x_i) \cdot \operatorname{ld} P(x_i)$$
$$= -[0,5 \cdot \operatorname{ld} 0,5 + 0,25 \cdot \operatorname{ld} 0,25 + 0,125 \cdot \operatorname{ld} 0,125$$
$$+ 0,06 \cdot \operatorname{ld} 0,06 + 0,065 \cdot \operatorname{ld} 0,065]$$
$$= 0,5 \cdot 1 + 0,25 \cdot 2 + 0,125 \cdot 3 - 0,06 \cdot \operatorname{ld} 0,06 - 0,065 \cdot \operatorname{ld} 0,065,$$

und man erhält hieraus bei genauer Rechnung und anschließender Rundung auf 4 Stellen hinter dem Komma

$$H(X) \approx 1,8749.$$

Es ergibt sich also $H(X) < l_m$ bzw.

$$E = \frac{H(X)}{l_m} < 1,$$

der Code ist folglich nicht ideal (obwohl optimal).

7 Kanalcodierung

Im Kapitel 7 wird die Kanalcodierung - d.h. die Codierung zur Erkennung und Korrektur von Fehlern - behandelt. Im ersten Abschnitt wird an Hand einfacher, in der Praxis üblicher Verfahren aufgezeigt, wie die einfache Wiederholung und die Paritätsprüfung zur Fehlererkennung angewandt werden. Der Begriff der Hamming-Distanz wird eingeführt und die Möglichkeit, Bündelfehler zu korrigieren, erörtert. Im nächsten Abschnitt werden lineare Codes behandelt. Es werden die Erzeugung und die Prüfung von linearen Codes an Hand von Matrizen dargestellt, die Eigenschaften der Matrizen diskutiert und der Hamming-Code sowie der erweiterte Hamming-Code behandelt. Für das Verständnis dieses Abschnittes ist erforderlich, daß der Student genügend Umgang mit der linearen Algebra hatte - insbesondere, daß er mit Begriffen wie Vektorraum, Basis, Dimension, lineare Unabhängigkeit vertraut ist. Die verwendeten Begriffe und Sätze sind im Anhang B2 zusammengestellt. Im Abschnitt 7.3 dieses Kapitels werden zyklische Codes als Codes mit besonderer Struktur behandelt. Insbesondere wird die Erzeugung und die Prüfung dieser Codes mit Polynomen dargelegt. Der Student sollte mit der Modulo-Rechnung vertraut sein; die Eigenschaften der Polynomringe braucht er nicht zu kennen. Diese sind im Anhang B3 zusammengestellt und werden, soweit sie in der Abhandlung verwendet werden, dort entsprechend erläutert. Um den Anhang zu vervollständigen, sind vorweg im Anhang B1 die axiomatischen Grundlagen von Körpern, Ringen und Gruppen zusammengestellt. Diese werden in der Abhandlung nicht unmittelbar angewandt.
Im Abschnitt 7.4 werden zunächst einige häufig verwendete zyklische Codes durch ihre Generatorpolynome angegeben und einige ihrer Eigenschaften ohne Beweise aufgezählt. Ziel hierbei ist es aufzuzeigen, wie Codes mit gewünschten Eigenschaften aufgestellt werden können. Danach werden Codeverkettungen, die in Anwendungen oft auftreten, kurz behandelt. Im letzten Teil des Abschnittes werden Faltungscodes vorgestellt. Beginnend mit einer Codierschaltung werden die Darstellungen eines Faltungscodes durch Codediagramme, Trellis-Diagramme und Zustandsdiagramme aufgezeigt. Abschließend wird der Viterbi-Algorithmus in seinen Grundzügen erläutert.
Im Abschnitt 7.5 wird der Kanalcodierungssatz behandelt. Beginnend mit der Zufallscodierung und ihren Eigenschaften wird für den fehlerbehafteten, binären, symmetrischen Kanal der Kanalcodierungssatz detailliert bewiesen. Die hierfür erforderliche binomiale Abschätzung wird im Anhang C wiedergegeben.
Um die Übersichtlichkeit zu gewähren, werden einige Variablen weitgehend einheitlich verwendet. Diese sind:

n Anzahl der Informationssymbole (Rang der Generatormatrix G)

k Anzahl der Prüfsymbole (Rang der Prüfmatrix)

r Anzahl der Symbole im Codealphabet

$q = r^n$ Anzahl der Codewörter (Anzahl der Nachrichten)

$m = n + k$ Blocklänge.

Die Kommunikationsstrecke, wie sie hier behandelt wird, hat nunmehr folgende Gestalt:

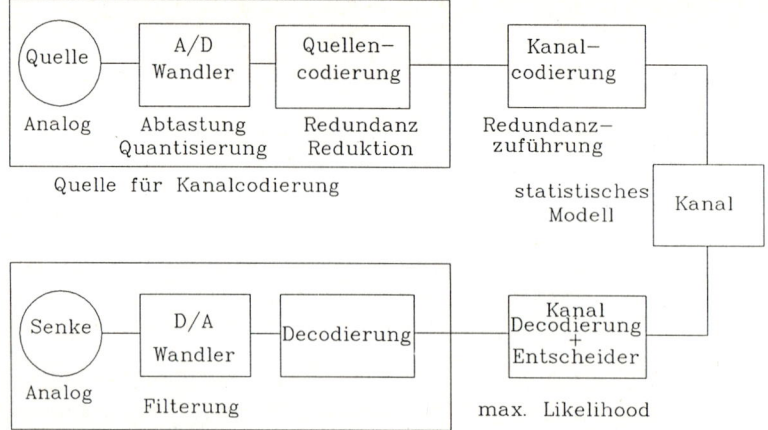

Quelle für Kanalcodierung

Senke für Kanalcodierung

7.1 Fehlererkennung und Fehlerkorrektur

Bei der Kanalcodierung werden wir unsere Betrachtungen auf Blockcodes, also auf Codes mit Codewörtern gleicher Länge, beschränken. Dies liegt einerseits daran, daß Blockcodes technisch gut handhabbar sind und sich in vielen Anwendungen durchgesetzt haben, zum anderen aber auch daran, daß diese Einschränkung nicht gravierend ist. Wir werden im Abschnitt 7.5 sehen, daß stets Blockcodes existieren, die eine Informationsübertragungs- rate ermöglichen, die beliebig nahe bei der Kanalkapazität liegt (also in diesem Sinne optimal ist) und es dabei gestattet, die Fehlerwahrscheinlichkeit unter einer gewünsch- ten Schranke zu halten. Allerdings kann dabei die Blocklänge ungünstig lang ausfallen. Wir wollen zunächst an einigen Beispielen einfache Möglichkeiten für die Fehlererkennung und die Fehlerkorrektur, die sich durch geschicktes Hinzufügen von Redundanz ergeben, kennenlernen.

Wir betrachten eine aus k Symbolen bestehende Nachricht, die über einen gedächtnislosen Kanal mit der (Symbol-) Fehlerwahrscheinlichkeit p übertragen wird. Die Wahrscheinlich- keit, daß ein Symbol richtig übertragen wird, ist $(1-p)$, daß die ganze Nachricht richtig übertragen wird, $(1-p)^k$, daß sie fehlerhaft ist also $1-(1-p)^k$. Will man nun die Wahr- scheinlichkeit, daß die Nachricht verfälscht wird, herunterdrücken, so wiederholt man sie einmal und vergleicht die empfangenen Nachrichten (Bild 7.1 a). Sind die empfangenen Nachrichten identisch, so nimmt man an, daß die Übertragung fehlerfrei war. Sind die Nachrichten verschieden, so verwirft man sie und veranlaßt eine **direkte Wiederholung** (negative Quittierung) oder eine **indirekte Wiederholung** (fehlende Quittierung). Alle Fehler bis auf identische Fehler in beiden Nachrichten werden bei diesem Verfahren ent- deckt. Technisch günstig ist eine symbolweise Wiederholung und Vergleich der Nachricht, so daß im Fehlerfall unmittelbar eine Wiederholung veranlaßt werden kann (Bild 7.1 b). Die Wahrscheinlichkeit, daß beide Nachrichten in j bestimmten Stellen (d.h. j bestimmten Symbolen) verfälscht werden, ist $p^{2j}(1-p)^{2(k-j)}$, daß sie in j beliebigen, jedoch identischen Stellen verfälscht werden gleich

$$\binom{k}{j} p^{2j} (1-p)^{2(k-j)}. \tag{7.1}$$

Die Wahrscheinlichkeit, daß unentdeckte Fehler auftreten, ist somit

a)

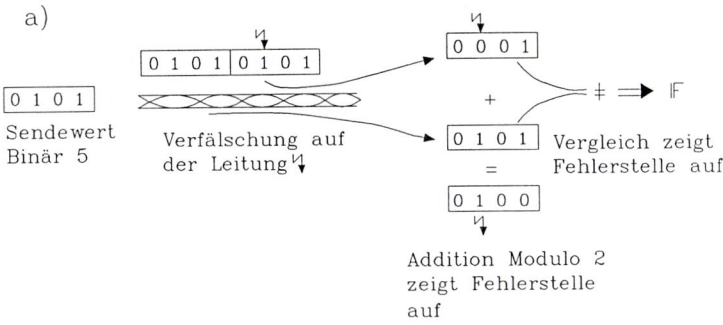

Sendewert
Binär 5

Verfälschung auf
der Leitung

Vergleich zeigt
Fehlerstelle auf

Addition Modulo 2
zeigt Fehlerstelle
auf

b)

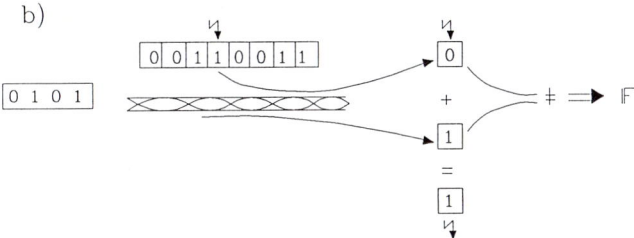

Bild 7.1: Senden mit einmaliger Wiederholung

    a) Wortweise Übertragung
    b) Symbolweise Übertragung

$$\sum_{j=1}^{k} \binom{k}{j} p^{2j} (1-p)^{2(k-j)}. \tag{7.2}$$

Im allgemeinen ist p klein, $(1-p)$ also nahe bei 1, so daß nur die ersten Werte zur Summe wesentlich beitragen. Der Preis, den man für die Erniedrigung der Wahrscheinlichkeit für unbemerkte Fehler bezahlt, besteht aus:

— Verdopplung der Nachrichtenlänge (und damit verbundenem längerem Verzug)

— schlechter Kanalausnutzung (d.h. niedrigere Informationsrate) und

— technischem Aufwand (für den Vergleich der Nachrichten und die Anforderung zur Wiederholung).

Eine dreifache Wiederholung ermöglicht es, die Fehlerwahrscheinlichkeit unbemerkter Fehler noch weiter herunterzudrücken. Die Entscheidungsregel lautet nun: Sind mindestens zwei der drei Nachrichten identisch, so werden diese als richtig bewertet, sonst verworfen. Im zweiten Fall wird eine Wiederholung veranlaßt.

Beispiel 7.1

Wir betrachten die Übertragung einer Nachricht mit 10 Symbolen über einen gedächtnislosen Kanal mit der Fehlerwahrscheinlichkeit $p = 10^{-3}$.
Die Wahrscheinlichkeit, daß eine Nachricht mit $k = 10$ Symbolen unverfälscht ankommt, ist gleich $p^0(1-p)^k \approx 1 - kp = 1 - 10 \cdot 10^{-3} = 0,99$. Die Wahrscheinlichkeit, daß sie falsch ankommt, ist also 10^{-2}.
Überträgt man nun mit einer Wiederholung, so ist die Wahrscheinlichkeit, daß beide Nachrichten unverfälscht ankommen, geringer, nämlich $p^0(1-p)^{2k} \approx 1 - 2kp = 1 - 20 \cdot 10^{-3} = 0,98$.
Die Wahrscheinlichkeit, daß ein unentdeckter Fehler vorliegt, ist

$$\sum_{j=1}^{k} \binom{k}{j} p^{2j} (1-p)^{2(k-j)}.$$

Mit $p = 10^{-3}$ und $k = 10$ erhalten wir im einzelnen:

$$j \binom{k}{j} p^{2j}(1-p)^{2(k-j)}$$

$$
\begin{aligned}
1 &\approx 9,82 \cdot 10^{-6} \\
2 &\approx 4,43 \cdot 10^{-10} \\
3 &\approx 1,18 \cdot 10^{-15} \\
4 &\approx 2,07 \cdot 10^{-21} \\
5 &\approx 2,49 \cdot 10^{-28} \\
6 &\approx 2,08 \cdot 10^{-34} \\
7 &\approx 1,19 \cdot 10^{-40} \\
8 &\approx 4,48 \cdot 10^{-47} \\
9 &\approx 9,98 \cdot 10^{-54} \\
10 &\approx 1,0 \cdot 10^{-60}
\end{aligned}
$$

und somit

$$\sum \approx 9,82 \cdot 10^{-6}.$$

Die Wahrscheinlichkeit, daß unbemerkte Fehler vorliegen, konnte also um mehrere Zehnerpotenzen erniedrigt werden.

Das bei der Datenübertragung am häufigsten angewandte Verfahren ist die **Paritätsprüfung**. Zu einer vorgegebenen Anzahl von binären Codezeichen (z.B. einem Wort) wird ein Binärzeichen hinzugefügt, um ein Codewort mit gerader oder ungerader Parität (Quersumme Modulo 2) zu ergeben. Treten nun eine ungerade Anzahl von Verfälschungen im Codewort auf, so wird die Parität verletzt und der Fehler erkannt (Bild 7.2).

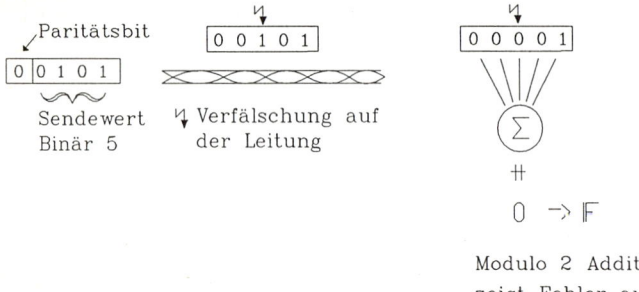

Bild 7.2: Senden mit gerader Parität

Beispiel 7.2

Der 2-aus-5 Code im Beispiel 6.1 hat eine gerade Parität, denn jedes Codewort hat genau zwei Einsen. Tritt ein einfacher Fehler auf, z.B. an der zweiten Stelle der codierten Ziffer 5, so wird aus $5\hat{=}01010$ ein unzulässiges Codewort 00010 mit ungerader Parität. Tritt jedoch ein weiterer Fehler z.B. an der dritten Stelle auf, so wird nun hieraus $00110\hat{=}3$. Der Fehler ist nun nicht mehr erkennbar, denn es entsteht wieder ein zulässiges Codewort.

Das Paritätsprüfungsverfahren unterteilt alle möglichen Symbolkombinationen auf einfache Weise in zwei Klassen: unzulässige Symbolkombination mit ungerader Parität und (zulässige) Codewörter mit gerader Parität. Stets, wenn Fehler zu einer neuen Symbolfolge führen, die unzulässig ist, wird der Fehler erkannt. Führen sie zu einem (zulässigen) Codewort, ist eine Fehlererkennung nicht möglich.

Der **Abstand zwischen zwei Codewörtern** ist definiert als die Anzahl der Stellen, in denen sich die Codewörter unterscheiden. Wir betrachten nun einen Code mit nur zwei Codewörtern, die sich in a Stellen unterscheiden. Genau a Fehler an den entsprechenden Stellen führen das eine Codewort in das andere Codewort über. $(a-1)$ Fehler können also stets erkannt werden, denn sie führen zu unzulässigen Kombinationen. Treten f Fehler auf, wobei

$$f \leq \frac{a-1}{2}$$

ist, so ist es möglich, eindeutig auf das gesendete Wort zu schließen, denn der Abstand zwischen dem anderen Codewort und der entstandenen Symbolkombination muß (wegen $2f \leq a-1$) größer als f sein (Bild 7.3).

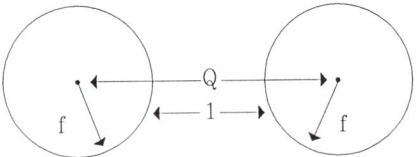

Bild 7.3: Sphären mit Radius f um Codewörter A und B im Abstand $a = 2f + 1$. f Fehler sind noch korrigierbar.

Die Überlegungen sind auf mehrere Codewörter übertragbar, wobei an Stelle des Abstandes a nunmehr der Abstand $d = \min a$ über alle Paare von Codewörtern gebildet wird.

Die **Hamming-Distanz** eines Codes ist definiert als der Mindestabstand zwischen zwei Codewörtern - sie ist gleich der Mindestanzahl der unterschiedlichen Symbole zweier Codewörter eines Codes. Bei einem Code mit der Hamming-Distanz d können $d-1$ Fehler erkannt oder

$$t \leq \frac{d-1}{2}$$

Fehler korrigiert werden.

Beispiel 7.3

Wir betrachten den folgenden 4-aus-7 Code, mit 8 Codewörtern und der Blocklänge 7.

$$A \rightarrow 0000000$$
$$B \rightarrow 1110100$$
$$C \rightarrow 0111010$$
$$D \rightarrow 0011101$$
$$E \rightarrow 1001110$$
$$F \rightarrow 0100111$$
$$G \rightarrow 1010011$$
$$H \rightarrow 1101001$$

Die Hamming-Distanz ist gleich 4. Es können 3 Fehler stets erkannt oder 1 Fehler stets korrigiert werden. Dies schließt nicht aus, daß im Einzelfall auch mehr Fehler erkannt bzw. korrigiert werden können. Tritt z.B. bei jedem Symbol des Codewortes D ein Fehler auf, so resultiert das Komplementärwort $\bar{D} \equiv 1100010$, also eine unzulässige Kombination - obwohl 7 Verfälschungen vorlagen, wird der Fehler erkannt. Werden lediglich das erste, dritte, sechste und siebte Symbol verfälscht, so erhalten wir statt D das (zulässige) Codewort $E \equiv 1001110$, vier Fehler werden also nicht erkannt. Tritt ein Fehler z.B.

in der zweiten Stelle auf, so erhält man die unzulässige Kombination 0111101. Diese hat den Abstand ≥ 3 von jedem Codewort $\neq D$ und den Abstand 1 von D, so daß bei maximal einem Fehler sicher auf D zurückgeschlossen werden kann. Das Maximum-Likelihood-Verfahren verwendet das Kriterium "geringste Fehlerwahrscheinlichkeit bei gleichverteilten Symbolen"; dies liefert dieselben Ergebnisse wie das Kriterium "minimaler Abstand", denn beide sind einander proportional - je größer der Abstand, den ein unzulässiges Wort von einem Codewort hat, desto geringer die Wahrscheinlichkeit, daß das unzulässige Wort aus dem Codewort hervorging.

Die bisherigen Überlegungen zeigen: je weiter Codewörter auseinanderliegen, bzw. je mehr unzulässige Kombinationen zwischen zwei Codewörtern liegen, desto besser kann die Redundanz für die Fehlererkennung bzw. -korrektur ausgenutzt werden. Bei einem binären Blockcode der Länge n hat man insgesamt 2^n Symbolkombinationen. Hat man q Codewörter, so sind $(2^n - q)$ redundante Kombinationen vorhanden. Es gilt, die q Codewörter so zu wählen, daß der Abstand zwischen zwei beliebigen Codewörtern möglichst groß wird. Eine triviale Folgerung dieser Aussage für die Benennung von Dateien oder Variablen bei der Programmierung ist z.B., daß die Bezeichnungen so gewählt werden, daß sie sich in möglichst vielen Stellen unterscheiden.

Eine weitere Folgerung für die Codierung von Daten ist z.B., daß sie nicht geordnet, sondern besser zufällig codiert werden. Hat man z.B. 100 gleichwahrscheinliche Nachrichten und 8 binäre Symbole (d.h. 256 Wörter insgesamt) für ihre Codierung, so sollten sie nicht von binär 1(00000001) bis binär 100(01100100) durchcodiert, sondern möglichst gleich verteilt werden. Eine Zufallscodierung gewährleistet dies annähernd.

Beispiel 7.4

Es werden 4096 gleichwahrscheinliche Nachrichten in Codewörter der Länge 16 binär codiert. Die geordnete Codierung liefert Codewörter von binär 0 bis binär 0000111111111111. Tritt nun ein Fehler auf, so ist die Wahrscheinlichkeit, daß dies unerkannt bleibt, gleich

$$\frac{12}{16} = 0,75.$$

Tritt bei der zufälligen Codierung ein Fehler auf, so ist die Wahrscheinlichkeit, daß die Kombination ein Codewort ist und damit als unerkannter Fehler bleibt, ungefähr gleich $2^{12}/2^{16} = 0,0625$.

Fordern wir bei einem Blockcode der Länge m mit r-närem Alphabet und r^n vielen Codewörtern, daß t Fehler pro Wort korrigiert werden können, so können wir die erforderliche Redundanz leicht abschätzen. Im Abstand i von einem $r-$nären Wort der Länge m liegen

$$\binom{m}{i}(r-1)^i$$

Wörter. In der Kugel (vom Abstand t) liegen also

$$\sum_{i=0}^{t}\binom{m}{i}(r-1)^i$$

Wörter. Für die Korrekturfähigkeit müssen alle Kugeln um die Codewörter disjunkt sein, m also so groß gewählt werden, daß mindestens die Anzahl aller Kombinationen größer oder gleich ist als die Anzahl aller Wörter in den disjunkten Kugeln, d.h.

$$r^m \geq \sum_{i=0}^{t}\binom{m}{i}(r-1)^i \cdot r^n,$$

oder

$$r^{m-n} \geq \sum_{i=0}^{t}\binom{m}{i}(r-1)^i. \qquad (7.3)$$

Gl. (7.3) stellt eine notwendige **Bedingung** dar, um die **Korrekturfähigkeit von t Fehlern** zu gewährleisten.

Beispiel 7.5

Ein Quellenalphabet mit 2^3 Symbolen wird binär codiert. Es wird die Korrekturfähigkeit von $t = 3$ Fehlern pro Wort gefordert. Mit einem binären Blockcode mit $m = 10$ Symbolen pro Codewort ist wegen

$$2^7 = 128 \not\geq \sum_{i=0}^{3} \binom{10}{i} = 1 + 10 + \frac{10 \cdot 9}{1 \cdot 2} + \frac{10 \cdot 9 \cdot 8}{1 \cdot 2 \cdot 3} = 176$$

diese Forderung nicht erfüllbar. Mit $m = 11$ Symbolen ist sie wegen

$$2^8 = 256 \geq \sum_{i=0}^{3} \binom{11}{i} = 1 + 11 + \frac{11 \cdot 10}{1 \cdot 2} + \frac{11 \cdot 10 \cdot 9}{1 \cdot 2 \cdot 3} = 232$$

möglicherweise erfüllbar.

Bisher haben wir unsere Betrachtungen oft unter die Prämisse geringer Fehlerwahrscheinlichkeit bzw. von Einfach- oder wenigen Fehlern pro Codewort gestellt. In der Praxis ist es oft so, daß im allgemeinen die Fehlerwahrscheinlichkeit zwar gering ist, Fehler jedoch meist in Form von Bündelfehlern ("Bursts") auftreten. Pro Codewort treten dann Mehrfachfehler auf, und die einfache, wortweise Paritätsprüfung versagt. Eine einfache Abhilfe besteht darin, mehrere Wörter durch Untereinanderschreiben zu einem Block zusammenzufassen und diesen statt zeilenweise (bzw. wortweise) spaltenweise zu sichern, um damit eine Verteilung der Fehler auf die Paritätsbits zu erreichen. Verwendet man sowohl zeilen- als auch spaltenweise Paritätssicherung, so wird es möglich, bei Einfachfehlern (d.h. ein Fehler pro Zeile bzw. Spalte) die genaue Fehlerstelle anzugeben und damit zu korrigieren.

Beispiel 7.6

Eine Nachricht besteht aus folgenden fünf Sendewörtern, SW1 bis SW5, wobei die Zeilen- und Spaltenparitätsbits eingetragen sind:

$SW1$	01101	$Z_1 = 1$
$SW2$	11010	$Z_2 = 1$
$SW3$	00110	$Z_3 = 0$
$SW4$	11011	$Z_4 = 0$
$SW5$	01001	$Z_5 = 0$

$$
\begin{array}{ccccc}
S_1 & S_2 & S_3 & S_4 & S_5 \\
\downarrow & \downarrow & \downarrow & \downarrow & \downarrow \\
0 & 0 & 0 & 1 & 1
\end{array}
$$

Bei der Übertragung tritt ein Bündelfehler der Länge 4 Bit ab dem 7. Symbol auf.
Wird eine wortweise (Zeilen-) Parität verwendet, so lautet die Sendefolge (S) und die empfangene Folge (E):

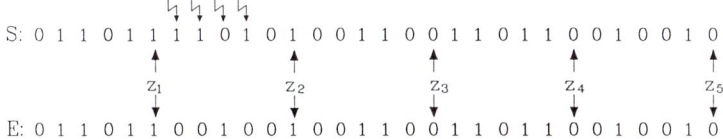

Der Fehler wird nicht erkannt, da die Paritäten alle stimmen, im Sendewort SW2 liegt jedoch eine vierfache Verfälschung vor!
Wird eine spaltenweise Parität verwendet, so lautet die Sendefolge (S) und die empfangene Folge (E):

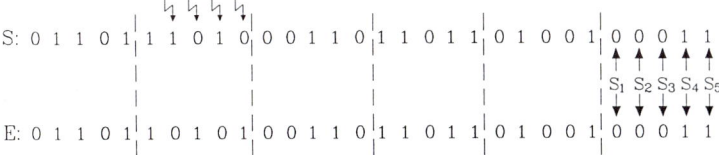

Der Fehler wird nun erkannt, die Parität wird 4mal, nämlich bei $S_2S_3S_4S_5$ verletzt, so daß erkannt wird, daß vier Fehler vorliegen.

Hätte anstatt eines Bündelfehlers lediglich ein Einfachfehler am 7. Symbol vorgelegen, und wären sowohl Zeilen- als auch Spaltenparität geprüft worden, so wäre die Parität in der 2. Zeile und 2. Spalte verletzt, der Fehler hierdurch lokalisierbar und somit korrigierbar gewesen.

Anstatt nun die Parität über alle Symbole eines Wortes zu bilden, können wir auch differenzierter vorgehen und über ausgewählte Symbole die Parität bilden. Als Hilfsmittel zur Kennzeichnung der Stellen, die in der Paritätsprüfung einbezogen werden, verwenden wir ein Prüfwort, das aus 0 und 1 besteht: durch 1 an einer Stelle wird angegeben, daß diese Stelle in die Prüfung einbezogen wird, durch 0, daß sie in die Prüfung nicht einbezogen wird. Liegt ein Wort vor, so bildet man die Parität über die Symbole, an deren Stelle im Prüfwort eine Eins steht - ist die Parität erfüllt, handelt es sich möglicherweise um ein Codewort, sonst sicher um eine unzulässige Kombination.

Beispiel 7.7

Wir möchten die Paritätsprüfung über jeweils gerade und ungerade Symbole eines Wortes mit 8 Symbolen bilden. Die beiden Prüfworter lauten:

$$10101010 = P_1 \quad \text{für die geraden und}$$
$$01010101 = P_2 \quad \text{für die ungeraden Symbole.}$$

Das empfangene Wort $w = 00101011$ bildet mit P_1 die (Modulo 2) Quersumme

$$0 + 0 + 1 + 0 + 1 + 0 + 1 + 0 = 1,$$

verletzt also die Parität. Mit P_2 bildet es die Summe

$$0 + 0 + 0 + 0 + 0 + 0 + 0 + 1 = 1,$$

verletzt wiederum die Parität.

Wir schließen daraus, daß sowohl in den geraden Stellen als auch in den ungeraden Stellen Fehler vorliegen.

Wir haben für die Quersummenbildung die Modulo 2 Addition, bei der differenzierten Auswahl der Stellen, die in eine Prüfung einbezogen werden, die Modulo 2 Multiplikation mit anschließender Modulo 2 Addition für Paritätsbildung verwendet. Es wird hier ersichtlich, daß einige Codes auf algebraischen Strukturen basieren - diese werden algebraische Codes genannt. Wir werden Codes, die auf linearen Räumen basieren, im nächsten Abschnitt behandeln - sie werden lineare Codes genannt. Hierzu werden wir einige mathematische Begriffe der linearen Algebra heranziehen. Diese sind im Anhang B1 und B2 zusammengestellt.

7.2 Lineare Codes

Wir nehmen an, daß dem zu betrachtenden Code gewisse algebraische Strukturen zugrunde liegen. Wir gehen von der Definition eines Codes im Abschnitt 5.1 aus. Da wir Blockcodes betrachten, sind die Wörter w nun Elemente aus B^m. Wir setzen zusätzlich voraus, daß die Menge $B = \{x_1, \ldots x_r\}$, die wir als Alphabet des Codes bezeichnet haben, einen endlichen Körper bildet. Dies bedeutet, daß für die Elemente der Menge eine Addition (+) und eine Multiplikation (·) so definiert sind, daß die Axiome der Addition $A1 - A3$, der Multiplikation $M1 - M3$ und die Distributivgesetze D (siehe Anhang B 1.1) gelten. Wir fassen ferner B^m (die Menge aller m-Tupel über B) als einen Vektorraum über dem Körper $(B, +, ·)$ auf; dies setzt voraus, daß die Addition von Vektoren und deren Multiplikation mit Elementen des Körpers so definiert sind, daß die Axiome $V1 - V4$ (siehe Anhang B 2.1) gelten.

Ein **linearer Code** C (genauer die Codewörter des Codes C) wird nun als Untervektorraum der Dimension n des Vektorraumes B^m definiert. Da wir ein Alphabet mit r Elementen für die Codierung angenommen haben, hat der Code $q = r^n$ Codewörter. Man spricht auch von einem (m,n)-Code, wobei m die Blocklänge und n die Ordnung des Untervektorraumes ist, die später als die Anzahl der (r-nären) Informationssymbole interpretiert wird.

Eine Basis des Untervektorraumes der Dimension n hat n Elemente, und wir können alle Codewörter aus Linearkombinationen der Basisvektoren erzeugen (Anhang B 2.7). Hierin liegt ein erheblicher Vorteil von linearen Codes: bei der Überprüfung, ob eine beliebige Kombination der Symbole ein zulässiges Codewort ist   man nicht alle Codewörter gespeichert vorliegen zu haben, um einen Vergleich   en zu können; eine Überprüfung, ob sie als Linearkombination der Basisvektor   nengestellt werden kann, genügt. Wir wollen dies weiter formalisieren und führe   atrizen-Darstellung von Codes ein.

C sei ein (m,n)-Code, $\{g_1, g_2, \ldots g_n\}$ eine Basis von C. Dann heißt

$$
G = \begin{bmatrix} g_1 \\ g_2 \\ g_3 \\ \vdots \\ g_n \end{bmatrix} \tag{7.4}
$$

eine **Basismatrix** oder eine **Generatormatrix** des linearen Codes C. G ist eine (n,m)-Matrix vom Rang n. Jedes Codewort (Vektor aus C) ist eindeutig darstellbar als Linearkombination aus den Basisvektoren $g_1, \ldots g_n$:

$$
w = \sum_{i=1}^{n} \alpha_i g_i, \qquad \alpha_i \in B. \tag{7.5}
$$

Die Vektoren g_i werden wir auch in der Schreibweise

$$
g_i = (g_{i1} g_{i2} \ldots g_{im})
$$

darstellen, so daß G als Matrix geschrieben wird:

$$
G = \begin{bmatrix} g_{11} & \cdots & g_{1m} \\ g_{21} & & \vdots \\ \vdots & & \\ g_{n1} & \cdots & g_{nm} \end{bmatrix}.
$$

Beispiel 7.8

Das binäre Alphabet $B = \{0, 1\}$ mit der Addition $(+)$ und der Multiplikation $(\cdot)$ entsprechend den Tabellen

+	0 1
0	0 1
1	1 0

$\cdot$	0 1
0	0 0
1	0 1

bildet den Körper $F_2 = (B, +, \cdot)$.

Die 2^m m-Tupel $v_i = (a_{i1} a_{i2} \ldots a_{im})$ $(a_{ij} \in B)$ bilden den Vektorraum B^m. Für $m = 7$ bildet die Basis

$$
G = \begin{bmatrix} 1 & 1 & 1 & 0 & 1 & 0 & 0 \\ 0 & 1 & 1 & 1 & 0 & 1 & 0 \\ 0 & 0 & 1 & 1 & 1 & 0 & 1 \end{bmatrix}
$$

einen Untervektorraum der Dimension 3. Er besteht aus den $2^3 = 8$ Codewörtern des Beispiels 7.3. Die Basis besteht aus den Codewörtern B, C und D. Jedes der anderen Codewörter kann als eine Linearkombination der Basis dargestellt werden. So ist z.B. $H = 1 \cdot B + 0 \cdot C + 1 \cdot D = B + D$. Die Koeffizienten der Basisvektoren (101) legen H eindeutig fest. Die Codewörter B, C, H bilden auch eine Basis G' von C:

$$
G' = \begin{bmatrix} 1 & 1 & 1 & 0 & 1 & 0 & 0 \\ 0 & 1 & 1 & 1 & 0 & 1 & 0 \\ 1 & 1 & 0 & 1 & 0 & 0 & 1 \end{bmatrix}.
$$

Die Koeffizienten (001) der Basis G' legen nun H eindeutig fest.

Da jedes Codewort eine Nachricht darstellt, können wir mit dem Code genau r^n Nachrichten übertragen. Wir können dabei die Nachrichten jeweils durch ein n-Tupel $a = (a_1 a_2 \ldots a_n)$ mit $a_i \in B$ festlegen. Wir gehen stets davon aus, daß die **Zuordnung von Codewörtern zu den Informations-n-tupeln** (d.h. Nachrichten) durch eine lineare Abbildung $\varphi : B^n \to B^m$ mit

$$\varphi(a) = a \cdot G = \sum_{i=1}^{n} a_i g_i \tag{7.6}$$

beschrieben wird.

Beispiel 7.9

Der lineare Code mit der Generatormatrix G' des Beispiels 7.8 ermöglicht $2^3 = 8$ Nachrichten zu codieren bzw. zu übertragen. Seien diese Nachrichten binär durchgezählt:

N_1 0 0 0

N_2 0 0 1

N_3 0 1 0

N_4 0 1 1

N_5 1 0 0

N_6 1 0 1

N_7 1 1 0

N_8 1 1 1.

Legt man die Abbildung $\varphi(a) = a \cdot G'$ für die Zuordnung der Nachrichten zu den Codewörtern fest, so erhält man für die Nachricht N_4 das Codewort

$$\varphi = [011] \begin{bmatrix} 1 & 1 & 1 & 0 & 1 & 0 & 0 \\ 0 & 1 & 1 & 1 & 0 & 1 & 0 \\ 1 & 1 & 0 & 1 & 0 & 0 & 1 \end{bmatrix}$$

$$= [1010011]$$

Definieren wir das Skalarprodukt von Vektoren in der üblichen Weise, so können wir den zu C orthogonalen Vektorraum C^d definieren:

$$C^d = \{v \in B^m | v \cdot w = 0 \quad \text{für alle } w \in C\}. \tag{7.7}$$

C^d ist wieder Untervektorraum von B^m und wird deshalb der zu C **duale Code** genannt. Für die Dimension von C^d gilt (Anhang B 2.12)

$$\dim C + \dim C^d = m. \tag{7.8}$$

Es kann gezeigt werden, daß $\left(C^d\right)^d = C$ ist, und somit ist C auch der duale Code von C^d. Sei H eine Basismatrix von C^d:

$$H = \begin{bmatrix} h_1 \\ \vdots \\ h_{m-n} \end{bmatrix} \tag{7.9}$$

H wird eine **Kontrollmatrix** (oder Paritätsmatrix) von C genannt. Wegen Gleichung (7.8) hat sie den Rang $(m - n)$.

Da durch die Basismatrix ein Vektorraum eindeutig bestimmt ist, ist durch die Generatormatrix der Code C, durch die Kontrollmatrix der Code C^d eindeutig bestimmt. Umgekehrt ist durch den Coderaum die Generator- oder Kontrollmatrix nicht eindeutig bestimmt. Wegen Gleichung (7.7) gilt die Beziehung

$$GH^T = 0 \quad \text{bzw.} \quad HG^T = 0. \tag{7.10}$$

Ist $v \in B^m$ und H eine Kontrollmatrix des linearen Codes C, so gilt die folgende, für die Paritätsprüfung wichtige Äquivalenz:

$$(v \in C) \Leftrightarrow (vH^T = 0) \Leftrightarrow (Hv^T = 0). \tag{7.11}$$

Wir wollen diese beweisen.

Es sei $v \in C$. Da C^d orthogonal zu C ist, gilt $v \cdot v' = 0$ für jeden Basisvektor v' jeder Basis von C^d. Es ist deshalb $vH^T = 0$. Umgekehrt sei $vH^T = 0$, dann gilt $vv' = 0$ für jeden Vektor v' einer Basis von C^d. v ist also orthogonal zu jedem Vektor aus C^d, v gehört zum Dualcode von C^d, also $v \in C$. Somit haben wir die erste Äquivalenz. Die zweite Äquivalenz gilt wegen $vH^T = 0 \Leftrightarrow (vH^T)^T = 0 \Leftrightarrow Hv^T = 0$.

Gleichung (7.11) liefert uns nun die Möglichkeit zu überprüfen, ob eine Kombination aus B^m ein Codewort ist. Dies ist genau dann der Fall, wenn das Produkt mit einer Kontrollmatrix $Hv^T = 0$ liefert. Hierin ist auch der Name Kontrollmatrix begründet.

Tritt bei der Übertragung eines Codewortes $v \in C$ ein Fehler auf, so erhält man beim Empfang eine Kombination $k \in B^m$. Der Fehler kann als Vektor $e = (k - v) \in B^m$ dargestellt werden. Ist $e \in C$, so kann der Fehler erkannt werden, denn es ist

$$s = kH^T = (v + e)H^T = vH^T + eH^T \neq 0. \tag{7.12}$$

s nennt man das **Syndrom** des Vektors k bzw. e bezüglich der Kontrollmatrix H. Wir werden sehen, daß bei einer geschickten Wahl der Kontrollmatrix oft aus dem Syndrom noch weitere Hinweise abgeleitet werden können, z.B. über die Stelle, wo der Fehler im Codewort aufgetreten ist; somit erhält man die Möglichkeit, den Fehler zu korrigieren.

Beispiel 7.10

Die Kontrollmatrix

$$H = \begin{bmatrix} 1\,0\,0\,0 \vdots 1\,0\,1 \\ 0\,1\,0\,0 \vdots 1\,1\,1 \\ 0\,0\,1\,0 \vdots 1\,1\,0 \\ 1\,1\,0\,1 \vdots 0\,0\,1 \end{bmatrix} = \begin{bmatrix} h_1 \\ h_2 \\ h_3 \\ h_4 \end{bmatrix}$$

hat die Dimension 4 und bildet eine Basis des zu C von Beispiel 7.8 dualen Codes C^d. C^d hat $2^4 = 16$ Codewörter. Wie man sieht, können Basisvektoren der Kontrollmatrix Codewörter von C sein (wie $h_2 = F$) oder auch nicht (wie h_1). Um zu entscheiden, ob ein m-Tupel $v = (0010110) \in B^7$ ein Codewort von C bildet, braucht man es nicht mit allen 8 Codewörtern von C zu vergleichen. Es genügt die Probe, ob $H \cdot v^T = 0$ ist. Da bereits $h_1 v \neq 0$ ist, ist v kein Codewort von C.

Das **Hamming-Gewicht** eines Vektors $v = (v_1 \dots v_m)$ aus B^m ist definiert als

$$W(v) = \sum_{i=1}^{n} \rho(v_i), \tag{7.13}$$

wobei

$$\rho(v_i) = \begin{cases} 0 \text{ falls } v_i \text{ das Nullelement von } B \text{ ist} \\ 1 \text{ sonst.} \end{cases}$$

$W(v)$ ist damit genau die Anzahl der von Null verschiedenen Komponenten von v.

Mit Hilfe von W können wir den **Abstand zwischen zwei Vektoren** $v, w \in B^m$ als

$$d(v, w) = W(v - w) \tag{7.14}$$

definieren. Der Abstand $d(v, w)$ ist damit genau die Anzahl der Komponenten, in denen sich v und w unterscheiden, wie wir es im Abschnitt 7.1 bereits definierten. Der Abstand $d()$ ist eine Metrik auf dem Vektorraum, denn es gilt

$$d(w, w) = 0 \qquad \text{für alle } w \in B^m$$
$$d(w, v) = d(v, w) \text{ für alle } w, v \in B^m \quad \text{und}$$
$$d(v, w) > 0 \qquad \text{für } v \neq w.$$

Wegen $W(x) + W(y) \geq W(x + y)$ gilt

$$d(u, v) + d(v, w) = W(u - v) + W(v - w) \geq W(u - w) = d(u, w). \tag{7.15}$$

Wir können nun die **Hamming-Distanz**, die wir als den Mindestabstand zwischen zwei Codewörtern eines Codes definierten, für einen linearen Code einfacher angeben. Sie ist genau gleich dem minimalen Hamming-Gewicht, d.h.

$$\min_{\substack{v,w\in C \\ v\neq w}}\{d(v,w)\} = \min_{\substack{u\in C \\ u\neq 0}}\{W(u)\}. \tag{7.16}$$

Denn ist für ein Paar v, w $d(v, w) = \text{Min}$, so existiert ein Codewort $u = (v - w) \in C$ mit $W(u) = W_{\min}$. Umgekehrt: ist für ein Codewort u $W(u) = W_{\min}$, so ergibt sich mit dem Nullwort das Paar mit $d(u, 0) = \text{Min}$.

Beispiel 7.11
Wir betrachten den $(6, 4)$ Code, der durch die Generatormatrix

$$G = \begin{bmatrix} 1\,0\,0\,0\,1\,0 \\ 1\,1\,0\,0\,1\,1 \\ 1\,1\,1\,0\,0\,1 \\ 1\,1\,1\,1\,0\,0 \end{bmatrix} = \begin{bmatrix} g_1 \\ g_2 \\ g_3 \\ g_4 \end{bmatrix}$$

erzeugt wird. Er hat $2^4 = 16$ Codewörter, die man durch Linearkombinationen von $g_1, \ldots g_4$ erhält.

$$C = \begin{bmatrix} \{0\,0\,0\,0\,0\,0, & 0 \\ 1\,0\,0\,0\,1\,0, & g_1 \\ 1\,1\,0\,0\,1\,1, & g_2 \\ 0\,1\,0\,0\,0\,1, & g_1 + g_2 \\ 1\,1\,1\,0\,0\,1, & g_3 \\ 0\,1\,1\,0\,1\,1, & g_3 + g_1 \\ 0\,0\,1\,0\,1\,0, & g_3 + g_2 \\ 1\,0\,1\,0\,0\,0, & g_3 + g_2 + g_1 \\ 1\,1\,1\,1\,0\,0, & g_4 \\ 0\,1\,1\,1\,1\,0, & g_4 + g_1 \\ 0\,0\,1\,1\,1\,1, & g_4 + g_2 \\ 1\,0\,1\,1\,0\,1, & g_4 + g_2 + g_1 \\ 0\,0\,0\,1\,0\,1, & g_4 + g_3 \\ 1\,0\,0\,1\,1\,1, & g_4 + g_3 + g_1 \\ 1\,1\,0\,1\,1\,0, & g_4 + g_3 + g_2 \\ 0\,1\,0\,1\,0\,0\} & g_4 + g_3 + g_2 + g_1 \end{bmatrix}$$

Die Hamming-Distanz ist gleich $d = 2$.
Da für

$$H = \begin{bmatrix} 1\,0\,1\,0 \vdots 1\,0 \\ 0\,1\,0\,1 \vdots 0\,1 \end{bmatrix}$$

gilt

$$GH^T = \begin{bmatrix} 1\,0\,0\,0\,1\,0 \\ 1\,1\,0\,0\,1\,1 \\ 1\,1\,1\,0\,0\,1 \\ 1\,1\,1\,1\,0\,0 \end{bmatrix} \begin{bmatrix} 1\,0 \\ 0\,1 \\ 1\,0 \\ 0\,1 \\ 1\,0 \\ 0\,1 \end{bmatrix} = \begin{bmatrix} 0\,0 \\ 0\,0 \\ 0\,0 \\ 0\,0 \end{bmatrix}$$

und Rang $H = 2$, ist H eine Prüfmatrix.
H hat den Rang 2, der duale Code C^d hat somit 4 Codewörter:

$$C^d = \begin{bmatrix} \{0\,0\,0\,0\,0\,0, \\ 1\,0\,1\,0\,1\,0, \\ 0\,1\,0\,1\,0\,1, \\ 1\,1\,1\,1\,1\,1\}, \end{bmatrix}$$

C^d hat die Hamming-Distanz $d^d = 3$.

Wir wollen nun den Zusammenhang zwischen dem Hamming-Gewicht und den **Spalten einer Kontrollmatrix** näher untersuchen.

Hat ein Codewort eines linearen Codes das Hamming-Gewicht W, so gibt es ein Codewort v mit W Elementen $\neq 0$. Wir können symbolisch das Codewort wie folgt schreiben

$$c = (00C_1 0 \ldots 0 C_2 00 \ldots C_w 0),$$

wobei wir die (beliebig verteilten) W Symbole $\neq 0$ durch $C_1, C_2, \ldots C_w$ gekennzeichnet haben. Wegen $H v^T = 0$, ausführlich

$$\begin{bmatrix} h_{11} & \ldots & h_{1m} \\ \vdots & & \vdots \\ h_{m-n,1} & \ldots & h_{m-n;m} \end{bmatrix} \begin{bmatrix} 0 \\ 0 \\ C_1 \\ 0 \\ \vdots \\ C_2 \\ \vdots \\ C_w \\ 0 \end{bmatrix} = \begin{bmatrix} 0 \\ 0 \\ \vdots \\ 0 \end{bmatrix}$$

bedeutet dies, daß W Spalten (nämlich die zu den Koeffizienten C_i gehörenden Spalten) linear abhängig sind. Umgekehrt: ergibt die Summe von k Spalten mit den Koeffizienten $C_i \neq 0$ Null, so kann man ein Codewort mit dem Hamming-Gewicht k angeben. Wir stellen somit fest, daß ein linearer Code nur dann die Hamming-Distanz W bzw. das Minimal-Gewicht W haben kann, wenn jede Kombination von $W-1$ oder weniger Spalten von H linear unabhängig ist. Dies eröffnet uns eine Möglichkeit, Codes mit einer gewünschten Hamming-Distanz zu konstruieren.

Beispiel 7.12

Wir betrachten den Code des Beispiels 7.11. Das Codewort $g_3 + g_2 = (001010)$ hat das Hamming-Gewicht 2. Die Spalten 3 und 5 von H sind linear abhängig, denn es gilt

$$1 \cdot \begin{bmatrix} 1 \\ 0 \end{bmatrix} + 1 \cdot \begin{bmatrix} 1 \\ 0 \end{bmatrix} = \begin{bmatrix} 0 \\ 0 \end{bmatrix}.$$

Umgekehrt sind die Spalten 2 und 4 abhängig. Deswegen können wir ein Codewort $C = (010100)$ mit dem Gewicht 2 angeben.

Wir wollen uns nun linearen Codes widmen, die eine Generatormatrix mit einer sehr einfachen Form haben:

$$G = [E_n \vdots P].   \tag{7.17}$$

E_n ist dabei eine $(n \times n)$ Einheitsmatrix (d.h. Diagonalmatrix mit Eins aus dem Körper B als Diagonalelemente) und P eine beliebige $n \times (m-n)$ Matrix ohne Nullspalte. Man nennt einen Code mit einer solchen kanonischen Generatormatrix einen **systematischen Code**.

Ist eine Basis eines Vektorraumes gegeben, so erhält man durch Elementaroperationen (Anhang B 2.11) an den Basisvektoren wieder eine neue Basis desselben Raumes. Für die Generatormatrix bedeutet dies, daß Elementaroperationen an den Zeilen der Generatormatrix wieder eine Generatormatrix desselben Codes liefern. Eine Vertauschung der Spalten einer Generatormatrix entspricht der Vertauschung von Symbolen bei der Codierung der Nachrichten. Diese spielt bei der Fehlererkennung bzw. Fehlerkorrektur und der Nachrichtenübermittlung oder -speicherung keine Rolle, wenn Symbolstörungen voneinander unabhängig sind. Codes, die Generatormatrizen haben, die durch elementare Zeilenoperationen und Spaltenvertauschungen ineinander überführt werden können, nennt man (kombinatorisch) äquivalent. Es kann nun gezeigt werden, daß jeder lineare Code einen äquivalenten systematischen Code besitzt. In diesem Sinne ist die Betrachtung von systematischen Codes keine Einschränkung. Wir wollen den Beweis jedoch nicht weiter ausführen.

Es sei $G = [E_n \vdots P]$ eine Generatormatrix eines systematischen Codes. Dann ist

$$H = [-P^T \vdots E_{m-n}] \tag{7.18}$$

eine Prüfmatrix[5], denn es gilt

$$GH^T = [E_n \vdots P] \begin{bmatrix} -P \\ \cdots \\ E_{m-n} \end{bmatrix}$$

$$= -E_n P + P E_{m-n} = 0.$$

(7.18) nennt man die **kanonische Form der Prüfmatrix**.

In der kanonischen Form der Matrizen nennt man die ersten n Stellen der Codewörter die Informationsstellen, die restlichen $(m-n)$ Stellen die Prüf- oder Kontrollstellen. Sind die Informationsstellen einer Nachricht vorgegeben, so können wegen der einfachen Form der Generatormatrix die Prüfstellen unmittelbar als Linearkombination der Zeilen von P (entsprechend Gleichung (7.6)) angegeben werden.

Beispiel 7.13

Wir greifen wieder das Beispiel 7.11 auf. Die Generatormatrix in der kanonischen Form lautet:

$$G = \begin{bmatrix} 1\,0\,0\,0 \vdots 1\,0 \\ 0\,1\,0\,0 \vdots 0\,1 \\ 0\,0\,1\,0 \vdots 1\,0 \\ 0\,0\,0\,1 \vdots 0\,1 \end{bmatrix},$$

somit ist

$$P = \begin{bmatrix} 1\,0 \\ 0\,1 \\ 1\,0 \\ 0\,1 \end{bmatrix} = \begin{bmatrix} p_1 \\ p_2 \\ p_3 \\ p_4 \end{bmatrix}.$$

Da bei der Modulo 2 Addition $-1 = +1$, haben wir

$$H = \begin{bmatrix} -P^T \vdots 1_2 \end{bmatrix} = \begin{bmatrix} 1\,0\,1\,0 \vdots 1\,0 \\ 0\,1\,0\,1 \vdots 0\,1 \end{bmatrix},$$

und es gilt

$$GH^T = \begin{bmatrix} 1\,0\,0\,0 \vdots 1\,0 \\ 0\,1\,0\,0 \vdots 0\,1 \\ 0\,0\,1\,0 \vdots 1\,0 \\ 0\,0\,0\,1 \vdots 0\,1 \end{bmatrix} \cdot \begin{bmatrix} 1 & 0 \\ 0 & 1 \\ 1 & 0 \\ 0 & 1 \\ -- & -- \\ 1 & 0 \\ 0 & 1 \end{bmatrix}$$

$$= \begin{bmatrix} 1\,0\,0\,0 \\ 0\,1\,0\,0 \\ 0\,0\,1\,0 \\ 0\,0\,0\,1 \end{bmatrix} \cdot \begin{bmatrix} 1\,0 \\ 0\,1 \\ 1\,0 \\ 0\,1 \end{bmatrix} + \begin{bmatrix} 1\,0 \\ 0\,1 \\ 1\,0 \\ 0\,1 \end{bmatrix} \begin{bmatrix} 1\,0 \\ 0\,1 \end{bmatrix}$$

$$= \begin{bmatrix} 1\,0 \\ 0\,1 \\ 1\,0 \\ 0\,1 \end{bmatrix} + \begin{bmatrix} 1\,0 \\ 0\,1 \\ 1\,0 \\ 0\,1 \end{bmatrix} = \begin{bmatrix} 0\,0 \\ 0\,0 \\ 0\,0 \\ 0\,0 \end{bmatrix}.$$

---

5. - bedeutet hierbei die Bildung des Inversen bezüglich der Addition; T bezeichnet die transponierte Matrix (d.h. die Matrix, in der die Zeilen und Spalten vertauscht wurden).

Sind die Informationsstellen einer Nachricht v vorgegeben, $v = (1001xy)$, so errechnen sich die Prüfbits zu

$$(xy) = (p_1) + (p_4) = (10) + (01) = (11).$$

Wir haben bereits gesehen, daß wir, um einen linearen Code mit der Hamming-Distanz W zu erhalten, lediglich dafür zu sorgen brauchen, daß die Kontrollmatrix H so gewählt wird, daß jede Kombination von $(W-1)$ oder weniger Spalten von H linear unabhängig ist. Dies ist im allgemeinen nicht einfach. Für einen linearen binären Code, dessen Kontrollmatrix k Zeilen haben soll, ist es jedoch besonders einfach, die Spalten von H so zu bestimmen, daß sie alle verschieden und somit paarweise unabhängig werden. Man braucht lediglich alle möglichen $2^k - 1$ von Null verschiedenen Kombinationen mit k Elementen aus $\{0, 1\}$ zu bilden und sie als Spalten zu nehmen. Durch eine geeignete Reihenfolge der Spalten kann man die Matrix in die kanonische Form bringen. Den so gewonnenen Code C_k nennt man den **binären Hamming-Code**. Er hat die Hamming-Distanz $d = 3$, denn 2 Spalten von H sind stets linear unabhängig, während es 3 Spalten gibt, die linear abhängig sind.

Beispiel 7.14
Wir erhalten C_4, den Hamming-Code mit 4 Kontrollzeilen, indem wir alle $2^4 - 1 = 15$ von Null verschiedenen Kombinationen mit 4 Elementen aus $\{0, 1\}$ bilden und die so gewonnenen Spalten in die kanonische Form bringen:

$$H_4 = \begin{bmatrix} 0\,0\,0\,0\,1\,1\,1\,1\,1\,1\,1 & 1\,0\,0\,0 \\ 0\,1\,1\,1\,0\,0\,0\,1\,1\,1\,1 & 0\,1\,0\,0 \\ 1\,0\,1\,1\,0\,1\,1\,0\,0\,1\,1 & 0\,0\,1\,0 \\ 1\,1\,0\,1\,1\,0\,1\,0\,1\,0\,1 & 0\,0\,0\,1 \end{bmatrix}.$$

Somit ist

$$G_4 = \begin{bmatrix} 1\,0\,0\,0\,0\,0\,0\,0\,0\,0\,0 & 0\,0\,1\,1 \\ 0\,1\,0\,0\,0\,0\,0\,0\,0\,0\,0 & 0\,1\,0\,1 \\ 0\,0\,1\,0\,0\,0\,0\,0\,0\,0\,0 & 0\,1\,1\,0 \\ 0\,0\,0\,1\,0\,0\,0\,0\,0\,0\,0 & 0\,1\,1\,1 \\ 0\,0\,0\,0\,1\,0\,0\,0\,0\,0\,0 & 1\,0\,0\,1 \\ 0\,0\,0\,0\,0\,1\,0\,0\,0\,0\,0 & 1\,0\,1\,0 \\ 0\,0\,0\,0\,0\,0\,1\,0\,0\,0\,0 & 1\,0\,1\,1 \\ 0\,0\,0\,0\,0\,0\,0\,1\,0\,0\,0 & 1\,1\,0\,0 \\ 0\,0\,0\,0\,0\,0\,0\,0\,1\,0\,0 & 1\,1\,0\,1 \\ 0\,0\,0\,0\,0\,0\,0\,0\,0\,1\,0 & 1\,1\,1\,0 \\ 0\,0\,0\,0\,0\,0\,0\,0\,0\,0\,1 & 1\,1\,1\,1 \end{bmatrix},$$

und der Code hat 2^{11} Codewörter.

Es sei an dieser Stelle davor gewarnt, für ein r-näres Alphabet den **Hamming-Code** durch alle $r^k - 1$ Kombinationen der Elemente angeben zu wollen. Für jeden Spaltenvektor erhält man nämlich durch die Multiplikation mit den $(r-1)$ von Null verschiedenen Elementen des Alphabetes $(r-1)$ verschiedene, jedoch abhängige Elemente, so daß insgesamt

$$\frac{r^k - 1}{r - 1}$$

linear unabhängige Spalten übrig bleiben. Der Hamming-Code hat dann die Länge

$$m = \frac{r^k - 1}{r - 1}.$$ (7.19)

Beispiel 7.15

Wir wollen eine Prüfmatrix des Hamming-Codes mit dem Alphabet aus 3 Elementen $\{0, 1, 2\}$, der Modulo 3 Addition und Multiplikation, und 3 Prüfbits aufstellen. Wir bilden alle Kombinationen mit drei Elementen aus $\{0, 1, 2\}$ und streichen die von den vorhergehenden linear abhängigen Kombinationen und erhalten im einzelnen:

```
000   100   200
001   101   201
002   102   202
010   110   210
011   111   211
012   112   212
020   120   220
021   121   221
022   122   222
```

Der Code besteht somit aus Codewörtern der Länge

$$m = \frac{3^3 - 1}{3 - 1} = 13,$$

und die Prüfmatrix in der kanonischen Form lautet:

$$H = \begin{bmatrix} 0\,0\,1\,1\,1\,1\,1\,1\,1\,1 & 1\,0\,0 \\ 1\,1\,0\,0\,1\,1\,1\,2\,2\,2 & 0\,1\,0 \\ 1\,2\,1\,2\,0\,1\,2\,0\,1\,2 & 0\,0\,1 \end{bmatrix}.$$

Der Hamming-Code hat die Hamming-Distanz $d = 3$, 3 Paritätsstellen und 10 Informationssymbole.

Den Begriff der **Effizienz**, den wir für die Quellencodierung eingeführt haben (Gl. (6.2)), können wir auch auf die Kanalcodierung anwenden. Für die Effizienz des binären Hamming-Codes mit k Prüfstellen und der Blocklänge $m = 2^k - 1$ erhalten wir für eine Quelle mit 2^n gleichverteilten Nachrichten (Quelle mit maximaler Entropie $H(X) = H_{\max}(X) = n$)

$$E = \frac{H(X)}{l_m} \cdot \frac{1}{\operatorname{ld} r} = \frac{n}{m} = \frac{m - k}{m} = 1 - \frac{k}{2^k - 1}.$$ (7.20)

Die Effizienz steigt somit für große k auf 1.

Für den r-nären Hamming-Code mit k Prüfstellen und der Blocklänge m gilt entsprechend (siehe 7.19)

$$E = 1 - \frac{k(r - 1)}{r^k - 1}.$$ (7.21)

Wir hatten bereits im Abschnitt 7.1 gesehen, daß, um t Fehler pro Wort korrigieren zu können, die Ungleichung (7.3)

$$r^{m-n} \geq \sum_{i=0}^{t} \binom{m}{i} (r - 1)^i$$

gelten muß. Für Hamming-Codes gilt diese Ungleichung mit Gleichheitszeichen, denn für $t = 1$ erhalten wir daraus

$$r^{m-n} \geq 1 + m(r - 1)$$

oder

$$r^k \geq 1 + m(r - 1)$$

bzw.

$$\frac{r^k - 1}{r - 1} \geq m.$$

Wie wir gesehen haben, gilt (7.19)

$$\frac{r^k - 1}{r - 1} = m.$$

Da wir einzelne Spalten der Kontrollmatrix weglassen können, ohne die Hamming-Distanz zu verringern, können wir bei der Suche nach einem Code mit $d \geq 3$ (bzw. $t \geq 1$) für die Codierung von n Informationssymbolen wie folgt verfahren:
Zunächst bestimmen wir $k = m - n$ bei vorgegebenem n, so daß die Ungleichung (7.3) mit $t = \frac{d-1}{2} = 1$ erfüllt wird. Dann bestimmen wir den Hamming-Code C_k. Anschließend streichen wir so viele Spalten der Kontrollmatrix H_k, bis n Informationssymbole verbleiben. Der so erhaltene Code wird als **verkürzter Hamming-Code** bezeichnet.

Beispiel 7.16
Es ist eine binäre Codierung für 10-Informationsbits (d.h. 2^{10} Nachrichten) mit der Hamming-Distanz $d \geq 3$ gesucht. Für verschiedene k und $m = k + n$ sowie $d = 3$ erhalten wir:

$$
\begin{array}{llll}
k & m & 2^k & 1 + m \\
1 & 11 & 2 & 12 \\
2 & 12 & 4 & 13 \\
3 & 13 & 8 & 14 \\
4 & 14 & 16 & 15.
\end{array}
$$

Es genügen also 4 Paritätsbits, um die Ungleichung (7.3) mit $t = 1$ zu erfüllen, d.h. für $2^k \geq 1 + m$. Wir nehmen den Hamming-Code C_4 (s. Beispiel 7.13) als Ausgangscode und streichen eine Spalte (z.B. die erste), um die Kontrollmatrix

$$
K = \begin{bmatrix}
0\,0\,0\,1\,1\,1\,1\,1\,1\,1 & \vdots & 1\,0\,0\,0 \\
1\,1\,1\,0\,0\,0\,1\,1\,1\,1 & \vdots & 0\,1\,0\,0 \\
0\,1\,1\,0\,1\,1\,0\,0\,1\,1 & \vdots & 0\,0\,1\,0 \\
1\,0\,1\,1\,0\,1\,0\,1\,0\,1 & \vdots & 0\,0\,0\,1
\end{bmatrix}
$$

zu erhalten. K erfüllt unsere Anforderung $d \geq 3$.

Wir sehen uns nun das **Syndrom eines binären Hamming-Codes** etwas genauer an, und zwar bei einer fehlerhaften Übertragung. $w \in C$ sei das gesendete Codewort, es liege ein einfacher Fehler an einer beliebigen Stelle vor. Der empfangene Code ist $w + e$, wobei e aus m Komponenten besteht, von denen alle bis auf eine Null sind. Wir haben

$$s = (w + e) \cdot H^T = wH^T + eH^T = eH^T \neq 0.$$

Symbolisch haben wir eine Gleichung der Form

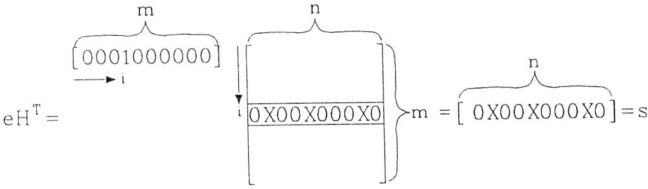

Wir haben angenommen, daß der Fehler im i-ten Symbol auftritt, d.h. an der i-ten Stelle in e haben wir eine 1 gesetzt. Alle Elemente in der i-ten Spalte von H (i-te Zeile von H^T), die nicht gleich 0 sind, haben wir mit $\times$ bezeichnet. Das Syndrom weist genau an diesen Stellen von Null verschiedene Elemente auf. Da alle Spalten von H verschieden sind, ist damit die Stelle i genau lokalisierbar. Es ist die Spalte, die mit s identisch ist. Auf diese Weise können wir die Fehlerstelle lokalisieren und korrigieren. Falls wir H nicht in der kanonischen Form, sondern (binär) geordnet aufstellen, gibt das Syndrom die (binäre) Adresse der Fehlerstelle an.

Beispiel 7.17

Wir konstruieren den Hamming-Code mit drei Kontrollstellen C_3 und ordnen die Spalten der Kontrollmatrix H_3 nach deren binärer Wertigkeit.

$$H_3 = \begin{bmatrix} 0\,0\,0\,1\,1\,1\,1 \\ 0\,1\,1\,0\,0\,1\,1 \\ 1\,0\,1\,0\,1\,0\,1 \end{bmatrix}$$

$w = (1011010)$ ist ein Codewort, denn es gilt

$$w \cdot H_3^T = (1\,0\,1\,1\,0\,1\,0) \begin{bmatrix} 0\,0\,1 \\ 0\,1\,0 \\ 0\,1\,1 \\ 1\,0\,0 \\ 1\,0\,1 \\ 1\,1\,0 \\ 1\,1\,1 \end{bmatrix} = (0\,0\,0).$$

Liegt ein Fehler an der 4-ten Stelle vor, d.h. $e = (0001000)$, bzw. $v = w + e = (1010010)$, so erhalten wir

$$s = a \cdot H^T = (1\,0\,1\,0\,0\,1\,0) \begin{bmatrix} 0\,0\,1 \\ 0\,1\,0 \\ 0\,1\,1 \\ 1\,0\,0 \\ 1\,0\,1 \\ 1\,1\,0 \\ 1\,1\,1 \end{bmatrix} = (1\,0\,0).$$

Es wird also die Fehlerstelle binär $100 \equiv 4$ angezeigt.

Lägen zwei Fehler z.B. in der 4 und 5 Stelle vor, so erhielte man als Syndrom (001). Der Fehler würde also erkannt. Falls man nicht weiß, daß ein Doppelfehler vorliegt, würde man schließen, daß ein Einfachfehler an der Stelle $001 = 1$ vorläge. Das zeigt deutlich, daß man bei Hamming-Codes nicht gleichzeitig einen Fehler korrigieren *und* zwei Fehler erkennen kann, sondern man kann nur alternativ entweder zwei Fehler erkennen oder einen Fehler korrigieren - wobei im zweiten Fall schon vorher festliegen muß, daß mehr als ein Fehler nicht auftreten darf.

Ist ein binärer Hamming-Code mit $d \geq 3$ bekannt, so ist es einfach, einen erweiterten Code, den **erweiterten** binären **Hamming-Code** C_H' mit $d \geq 4$ anzugeben. Man erweitere den Hamming-Code um eine Paritätsstelle und bilde H', indem man H eine Spalte mit Nullen und eine weitere Zeile mit Einsen hinzufügt. Der Code C_H' mit der Kontrollmatrix

$$H' = \begin{bmatrix} & & \vdots & 0 \\ & & \vdots & 0 \\ & H & \vdots & 0 \\ & & \vdots & 0 \\ \cdots\cdots\cdots\cdots\cdots\cdots \\ 1 & 1 & 1 & 1 & 1 \end{bmatrix}$$

hat wegen der Kontruktionsvorschrift stets $d \geq 4$. Denn wie bisher sind zwei Spalten von H' stets unabhängig. Wegen der Einsen an der letzten Stelle bei allen Spalten sind auch 3 Spalten stets unabhängig.

Beispiel 7.18

Wir betrachten H_3 und erweitern es zu H_3'.

$$H_3 = \begin{bmatrix} 0\,1\,1\,1 & \vdots & 1\,0\,0 \\ 1\,0\,1\,1 & \vdots & 0\,1\,0 \\ 1\,1\,0\,1 & \vdots & 0\,0\,1 \end{bmatrix}$$

$$H_3' = \begin{bmatrix} 0\ 1\ 1\ 1 & 1\ 0\ 0\ 0 \\ 1\ 0\ 1\ 1 & 0\ 1\ 0\ 0 \\ 1\ 1\ 0\ 1 & 0\ 0\ 1\ 0 \\ 1\ 1\ 1\ 1 & 1\ 1\ 1\ 1 \end{bmatrix}.$$

Wir können nun auch die Kontrollmatrix in der kanonischen Form angeben

$$\tilde{H}_3 = \begin{bmatrix} 0\ 1\ 1\ 1 & 1\ 0\ 0\ 0 \\ 1\ 0\ 1\ 1 & 0\ 1\ 0\ 0 \\ 1\ 1\ 0\ 1 & 0\ 0\ 1\ 0 \\ 1\ 1\ 1\ 0 & 0\ 0\ 0\ 1 \end{bmatrix}$$

und erhalten als Generatormatrix

$$\tilde{G}_3 = \begin{bmatrix} 1\ 0\ 0\ 0 & 0\ 1\ 1\ 1 \\ 0\ 1\ 0\ 0 & 1\ 0\ 1\ 1 \\ 0\ 0\ 1\ 0 & 1\ 1\ 0\ 1 \\ 0\ 0\ 0\ 1 & 1\ 1\ 1\ 0 \end{bmatrix}.$$

7.3 Zyklische Codes

C sei ein linearer Code. C heißt genau dann ein **zyklischer Code**, wenn aus $a = (a_{m-1}a_{m-2}\ldots a_1a_0) \in C$ folgt $a' = (a_{m-2}a_{m-3}\ldots a_0a_{m-1}) \in C$[6]. Die Abbildung $Z : B^m \rightarrow B^m$ mit $a' = Z(a)$ nennt man **zyklische Verschiebung**.
Wir fassen nun ein m-Tupel des Vektorraumes B^m als die Folge der Koeffizienten eines Polynoms vom Grad $(m-1)$ über dem Körper B mit q Elementen auf. Dem m-Tupel $a = (a_{m-1}\ldots a_1a_0)$ entspricht also eindeutig ein Polynom

$$a(x) = a_{m-1}x^{m-1} + \ldots + a_1x^1 + a_0$$

in einem unbestimmten x.
Die Menge $B(x)$ der Polynome vom Grad $\leq (m-1)$ ist ein Vektorraum und gleichzeitig ein Ring mit der gewöhnlichen Definition von Addition und Multiplikation von Polynomen Modulo $(x^m - 1)$. Dies bedeutet, daß die Rechenregeln des Körpers für die Körperelemente gelten, während für die Potenzen von x gilt $x^m = 1$. Die Vektorräume B^m und $B(x)$ sind isomorph, d.h. sie können eindeutig aufeinander abgebildet werden. Einige Eigenschaften von Polynomringen über endlichen Körpern sind im Anhang B.3 zusammengestellt.
Gegenüber linearen Codes haben wir eine weitere algebraische Struktur, nämlich daß das zyklische Vertauschen von Symbolen eines Codewortes wieder ein Codewort ergibt, eingeführt. Wie wir sehen werden, ermöglicht dies eine weitere erhebliche Vereinfachung der Codierung und der Decodierung.

Beispiel 7.19
Wir betrachten ein Codewort aus binärem Alphabet und mit sieben Symbolen $w_0 = (0001011)$. Das entsprechende Polynom lautet $w_0(x) = x^3 + x + 1$. Die zyklische Vertauschung ergibt nacheinander die Codewörter:

---

6. Wir haben die Indizierung der n-Tupel umgedreht und zählen ab 0, um später n-Tupel und Polynome einheitlich indizieren zu können.

$$w_0 = (0001011) \; w_0(x) = x^3 + x + 1$$
$$w_1 = (0010110) \; w_1(x) = x \cdot w_0(x) = x^4 + x^2 + x$$
$$w_2 = (0101100) \; w_2(x) = x \cdot w_1(x) = x^5 + x^3 + x^2$$
$$w_3 = (1011000) \; w_3(x) = x \cdot w_2(x) = x^6 + x^4 + x^3$$
$$w_4 = (0110001) \; w_4(x) = x \cdot w_3(x) = x^7 + x^5 + x^4 \doteq x^5 + x^4 + 1$$
$$w_5 = (1100010) \; w_5(x) = x \cdot w_4(x) = x^6 + x^5 + x$$
$$w_6 = (1000101) \; w_6(x) = x \cdot w_5(x) = x^7 + x^6 + x^2 \doteq x^6 + x^2 + 1$$
$$w_7 = w_0 \qquad\;\; w_7(x) = x \cdot w_6(x) = x^7 + x^3 + x \doteq x^3 + x + 1$$

Stellen, an denen sich die Modulo $(x^7 - 1)$-Rechnung besonders auswirkt, sind mit $\doteq$ gekennzeichnet.

Es sei $g(x)$ ein normiertes Polynom vom Grad k, d.h.

$$g(x) = x^k + g_{k-1}x^{k-1} + \ldots + g_1 x + g_0. \tag{7.22}$$

Es sei $g(x)|(x^m - 1)$, d.h. $(x^m - 1)$ sei teilbar durch $g(x)$, und es sei Grad $g(x) = k < m$. G sei die (n,m)-Matrix (mit $n = m - k$)

$$G = \begin{bmatrix} 1 & g_{k-1} & \cdot & \cdot & g_1 & g_0 & 0 & 0 & 0 & 0 \\ 0 & 1 & g_{k-1} \cdot & \cdot & \cdot & g_1 & g_0 & 0 & 0 & 0 \\ \vdots & & & & & & & & & \\ & & & 1 & g_{k-1} & \cdot & \cdot & \cdot & g_1 & g_0 \end{bmatrix}. \tag{7.23}$$

Sie entspricht den Spaltenvektoren der untereinandergeschriebenen Polynome

$$G(x) = \begin{bmatrix} x^{n-1} \cdot g(x) \\ \vdots \\ x \cdot g(x) \\ g(x) \end{bmatrix}. \tag{7.24}$$

Aus dem Aufbau der Matrix G ist ersichtlich, daß die n Zeilen von G linear unabhängig sind. G ist deshalb eine Generatormatrix eines (m,n)-Linearcodes. Das Polynom $g(x)$ wird deshalb **Generatorpolynom** und das einem Codewort $w \in C$ entsprechende Polynom $w(x)$ ein **Codepolynom** genannt.

Wir zeigen nun, daß für alle Polynome $v(x) \in B(x)$ bzw. Vektoren $v \in B^m$ die Äquivalenz gilt

$$v \in C \Longleftrightarrow g(x)|v(x). \tag{7.25}$$

Ist $v \in C$, so ist v eine Linearkombination der Zeilen von G. Wir können $v(x)$ also wie folgt schreiben

$$\begin{aligned} v(x) &= a_{n-1}x^{n-1}g(x) + \ldots + a_1 x \cdot g(x) + a_0 g(x) \\ &= f(x) \cdot g(x), \end{aligned} \tag{7.26}$$

also gilt

$$g(x)|v(x).$$

Umgekehrt, ist $g(x)|v(x)$, so folgt aus der Definition der Teilbarkeit (s. Anhang B.3), daß es ein $f(x)$ gibt mit

$$v(x) = f(x) \cdot g(x)$$

und

$$\text{Grad } f(x) + \text{Grad } g(x) = \text{Grad } v(x) < m,$$

d.h.

$$\text{Grad } f(x) < m - k = n.$$

Wir können also schreiben

$$v(x) = a_{n-1}x^{n-1}g(x) + \ldots a_1 x g(x) + a_0 g(x).$$

Somit ist v eine Linearkombination der Zeilen von G.

Nun ist es unter Verwendung der Modulo $(x^m - 1)$-Rechnung einfach zu zeigen, daß der durch das Generatorpolynom beschriebene Code ein zyklischer Code ist, denn ist $w \in C$, so gilt für das zyklisch verschobene w', daß $w'(x)$ Modulo $(x^m - 1)$ gleich $xw(x)$ ist, d.h.

$$w'(x) = xw(x) + u(x) \cdot (x^m - 1). \tag{7.27}$$

Wie oben gezeigt, ist $g(x)|w(x)$, außerdem $g(x)|(x^m - 1)$. Somit ist auch $g(x)|w'(x)$, nach (7.25) also $w' \in C$.

Wir haben somit gezeigt, wie wir durch die Wahl eines Generatorpolynoms zyklische Codes konstruieren können.

Beispiel 7.20

Das Generatorpolynom $g(x) = x^3 + x + 1$ mit $m = 7$ führt zum Code des Beispiels 7.19. Die Generatormatrix lautet

$$G = \begin{bmatrix} 1\,0\,1\,1\,0\,0\,0 \\ 0\,1\,0\,1\,1\,0\,0 \\ 0\,0\,1\,0\,1\,1\,0 \\ 0\,0\,0\,1\,0\,1\,1 \end{bmatrix} = \begin{bmatrix} g_4 \\ g_3 \\ g_2 \\ g_1 \end{bmatrix}$$

und entspricht

$$G(x) = \begin{bmatrix} x^3 g(x) \\ x^2 g(x) \\ x g(x) \\ g(x) \end{bmatrix} = \begin{bmatrix} x^6 + x^4 + x^3 \\ x^5 + x^3 + x^2 \\ x^4 + x^2 + x \\ x^3 + x + 1 \end{bmatrix}.$$

Das Codewort $w_5 = [1100010]$ entspricht dem Codepolynom $w_5(x) = x^6 + x^5 + x$. Es läßt sich als Linearkombination der Basisvektoren darstellen,

$$w_5 = g_4 + g_3 + g_2$$

und somit

$$w_5(x) = x^3 \cdot g(x) + x^2 \cdot g(x) + x \cdot g(x)$$

oder

$$w_5(x) = (x^3 + x^2 + x) \cdot g(x).$$

Es ist also $g(x)|w_5(x)$.

Ein zyklischer Code C sei durch sein Generatorpolynom $g(x) \in B(x)$ und die Blocklänge m gegeben. Da $g(x)|(x^m - 1))$ ist, gilt

$$h(x) = \frac{x^m - 1}{g(x)} \tag{7.28}$$

ist auch ein Generatorpolynom eines zyklischen Codes. $h(x)$ wird **Kontrollpolynom** des zyklischen Codes C mit dem Generatorpolynom $g(x)$ genannt, denn es gilt

$$v \in C \iff v(x) \cdot h(x) = 0 \quad \text{Modulo } (x^m - 1). \tag{7.29}$$

Wir wollen dies kurz zeigen.

Sei $v \in C$, dann gilt $v(x) = f(x) \cdot g(x)$ und

$$v(x) \cdot h(x) = f(x) \cdot g(x) \cdot h(x) = f(x) \cdot (x^m - 1) = 0 \quad \text{Modulo } (x^m - 1).$$

Umgekehrt, ist $v(x) \cdot h(x) = 0$ Modulo $(x^m - 1)$, so gibt es ein $f(x) \in B(x)$ mit

$$v(x) \cdot h(x) = f(x) \cdot (x^m - 1)$$

bzw.

$$v(x) = f(x) \cdot g(x).$$

Es ist somit $g(x)|v(x)$, also $v \in C$.

Beispiel 7.21

Mit $g(x) = x^3 + x + 1$ und $m = 7$ erhalten wir das Kontrollpolynom

$$h(x) = \frac{x^7 - 1}{x^3 + x + 1} = x^4 + x^2 + x + 1.$$

Mit $w_5(x) = x^6 + x^5 + x$ und $h(x) = x^4 + x^2 + x + 1$ erhalten wir

$$g(x)|w_5(x),$$

denn

$$w_5(x) = (x^3 + x^2 + x) \cdot g(x)$$

und

$$\begin{aligned} w_5(x) \cdot h(x) &= (x^6 + x^5 + x)(x^4 + x^2 + x + 1) \\ &= x^{10} + x^8 + x^7 + x^6 + x^9 + x^7 + x^6 + x^5 + x^5 + x^3 + x^2 + x \\ &= x^3 + x + 1 + x^6 + x^2 + 1 + x^6 + x^5 + x^5 + x^3 + x^2 + x = 0. \end{aligned}$$

Wir wollen uns kurz der Frage zuwenden, wie aus dem Polynom $g(x)$ die **kanonische Form der Basismatrix** (7.17) abgeleitet werden kann. Mit $g(x)$ stellt man $G(x)$ entsprechend (7.24) auf und erhält somit G entsprechend (7.23). Die Struktur von G legt es nahe, daß man durch entsprechende lineare Kombinationen die kanonische Form ableitet. Wir wollen dies an einem Beispiel aufzeigen.

Beispiel 7.22

Mit dem Polynom $g(x) = x^3 + x + 1$, das Teiler von $x^7 - 1$ ist, erhalten wir G wie im Beispiel 7.20 zu

$$G = \begin{bmatrix} 1\,0\,1\,1\,0\,0\,0 \\ 0\,1\,0\,1\,1\,0\,0 \\ 0\,0\,1\,0\,1\,1\,0 \\ 0\,0\,0\,1\,0\,1\,1 \end{bmatrix} = \begin{bmatrix} g_4 \\ g_3 \\ g_2 \\ g_1 \end{bmatrix}.$$

In der kanonischen Form lautet die Generatormatrix

$$G' = \begin{bmatrix} 1\,0\,0\,0 \vdots 1\,0\,1 \\ 0\,1\,0\,0 \vdots 1\,1\,1 \\ 0\,0\,1\,0 \vdots 1\,1\,0 \\ 0\,0\,0\,1 \vdots 0\,1\,1 \end{bmatrix} = \begin{bmatrix} g_4 + g_2 + g_1 \\ g_3 + g_1 \\ g_2 \\ g_1 \end{bmatrix}.$$

Die entsprechende Kontrollmatrix lautet

$$H' = \begin{bmatrix} 1\,1\,1\,0 \vdots 1\,0\,0 \\ 0\,1\,1\,1 \vdots 0\,1\,0 \\ 1\,1\,0\,1 \vdots 0\,0\,1 \end{bmatrix}.$$

Insgesamt haben wir für zyklische Codes folgende **Vorschrift für die Codierung bzw. für die Decodierung**. Entsprechend (7.5) können wir für eine zu codierende Nachricht, die durch ein n-Tupel $a = (a_{n-1} \ldots a_0)(a_i \in B)$ vorgegeben ist, das Codewort wie folgt ermitteln. Aus a bilden wir das entsprechende Polynom $a(x) = a_{n-1}x^{n-1} + \ldots a_1 x + a_0$. Das zugeordnete Codewort ergibt sich aus (7.6) als

$$v(x) = a(x) \cdot g(x), \tag{7.30}$$

wobei $g(x)$ das Generatorpolynom ist. Anstatt der Multiplikation mit $g(x)$ kann die Codiervorschrift auch auf eine Division mit $h(x)$ zurückgeführt werden, denn es gilt

$$g(x) = \frac{x^m - 1}{h(x)}. \tag{7.31}$$

Man dividiert $x^m \cdot a(x)$ durch $h(x)$ und addiert (was der binären Subtraktion äquivalent ist) den Rest hinzu:

$$v(x) = \frac{x^m \cdot a(x)}{h(x)} + \frac{a(x)}{h(x)}. \tag{7.32}$$

Auf der Empfangsseite sei $w(x)$ das zur empfangenen Nachricht gehörende Polynom. Die Prüfvorschrift lautet dann (7.29)

$$w(x) \cdot h(x) = 0 \quad \text{Modulo } (x^m - 1), \tag{7.33}$$

wobei $h(x)$ das Prüfpolynom ist. Ist Gleichung (7.33) erfüllt, so schließt man, daß w gesendet wurde, andernfalls liegt ein Übertragungsfehler vor.

Der Vorteil der zyklischen Codes liegt darin, daß die Codier- und die Prüfvorschrift auf Polynom-Multiplikationen bzw. -Division beruhen und diese sich technisch leicht realisieren lassen. Das Rechnen mit dem Polynom $g(x)$ und $h(x)$ entspricht genau dem Rechnen mit den zugehörigen Matrizen G und H und ist in der Darstellung übersichtlicher.

Beispiel 7.23

Die mit dem Code des Beispiels 7.22 zu übertragende Nachricht sei durch das n-Tupel $a = (1010)$ dargestellt. Das entsprechende Polynom $a(x)$ lautet

$$a(x) = x^3 + x.$$

Das Codepolynom lautet

$$
\begin{aligned}
v(x) &= (x^3 + x) \cdot (x^3 + x + 1) \\
&= x^6 + x^4 + x^3 + x^4 + x^2 + x \\
&= x^6 + x^3 + x^2 + x.
\end{aligned}
$$

Das gesendete Codewort lautet (1001110).

Die Division entsprechend (7.32) liefert

$$
\begin{aligned}
v(x) &= x^6 + x^3 + x^2 + x + \frac{x^3 - x}{h(x)} + \frac{x^3 - x}{h(x)} \\
&= x^6 + x^3 + x^2 + x,
\end{aligned}
$$

so daß wir wieder als Codewort (1001110) erhalten.

Empfängt man (1001110), so liefert die Prüfvorschrift

$$
\begin{aligned}
(x^6 + x^3 + x^2 + x) \cdot h(x) &= (x^6 + x^3 + x^2 + x)(x^4 + x^2 + x + 1) \\
&= x^{10} + x^7 + x^6 + x^5 + x^8 + x^5 + x^4 + x^3 \\
&\quad + x^7 + x^4 + x^3 + x^2 + x^6 + x^3 + x^2 + x \\
&\doteq x^{10} + x^8 + x^3 + x = x^3 + x + x^3 + x = 0
\end{aligned}
$$

Hätte man (1001111) empfangen, so wäre

$$(x^6 + x^3 + x^2 + x + 1)h(x) = x^4 + x^2 + x + 1 \neq 0$$

und somit die empfangene Kombination kein gültiges Codewort.

Es sei $e = (00 \ldots 0a0 \ldots 0)$ ein Einfachfehler, $a \in B, a \neq 0$. In der Polynomdarstellung erhalten wir $e(x) = x^i \cdot a$, wobei i die Fehlerstelle $m - 1 \geq i \geq 0$ anzeigt. Für **Fehlerbündel** der Länge $l \leq m$ schreiben wir entsprechend

$$e_l(x) = x^i(a_{l-1}x^{l-1} + \ldots + a_0) = x^i \cdot b(x) \quad a_l \neq 0 \neq a_0, \tag{7.34}$$

wenn der Fehler sich von $i + l - 1$ bis i erstreckt. $b(x)$ ist also ein Polynom vom Grad $l - 1$. Wir wollen nun zeigen, daß für einen zyklischen (m, n)-Code gilt, daß jedes Fehlerbündel einer Länge $l \leq m - n$ erkannt wird.

Sei $g(x)$ das Generatorpolynom. Sei w das empfangene Wort, mit $w = v + e_l, v \in C$, dann gilt

$$
\begin{aligned}
w(x) \cdot h(x) &= v(x) \cdot h(x) + e_l(x) \cdot h(x) \\
&= e_l(x) \cdot h(x) = x^i b(x) \cdot h(x).
\end{aligned}
$$

Wäre der Fehler nicht erkennbar, d.h. $w(x) \cdot h(x) = 0$, also $w \in C$, so wäre auch $x^i b(x) \cdot h(x) = 0$, d.h. $x^i \cdot b(x)$ entspräche einem Codewort, und da wir einen zyklischen Code haben, wäre auch $b(x)$ ein Codepolynom entsprechend (7.27), d.h.

$$g(x) | b(x)$$

oder

$$\text{Grad } g(x) \leq \text{Grad } b(x), m - n \leq l - 1,$$

was zum Widerspruch führt. Somit wird der Fehler erkannt.

Beispiel 7.24

$w = (1001110)$ ist ein Codewort des Codes vom Beispiel 7.20 mit dem Generatorpolynom $g(x) = x^3 + x + 1$. Ein Bündelfehler der Länge 3, $e = (0001010)$ ergibt

$$e(x) \cdot h(x) = (x^2 + 1) \cdot (x^4 + x^2 + x + 1)$$
$$= \begin{array}{l} x^6 + x^4 + x^3 + x^2 \\ + x^4 + x^2 + x + 1 \end{array}$$
$$= x^6 + x^3 + x + 1 \neq 0 \mod x^7 - 1.$$

7.4 Weitere Codes zur Fehlererkennung und Fehlerkorrektur

Im folgenden wollen wir zunächst einige zyklische binäre Codes durch deren Generatorpolynome angeben und einige ihrer Eigenschaften ohne Beweis aufzählen. Für weitere Details sei auf die angegebene Literatur hingewiesen.

Wählt man als Generatorpolynom $g(x)$ des zyklischen Codes ein primitives Polynom (s. Anhang B 3.10 und B 3.12) vom Grad k, so ist der erzeugte Code der Blocklänge $m = 2^k - 1$ ein zyklischer Hamming-Code, d.h. er hat die Hamming-Distanz $d = 3$.

Beispiel 7.25

Das primitive Polynom

$$g(x) = x^{32} + x^{26} + x^{23} + x^{22} + x^{16} + x^{12} + x^{11} + x^{10} + x^8 + x^7 + x^5 + x^4 + x^2 + x + 1$$

liefert einen Hamming-Code mit der Blocklänge

$$m = 2^{32} - 1 = 4\,294\,967\,295.$$

Es können also gut 4 Milliarden Informationsstellen durch 32 Kontrollstellen so geschützt werden, daß ein Fehler korrigiert oder zwei Fehler erkannt werden können. Wichtiger ist jedoch, daß entsprechend den Ausführungen nach Gl. (7.32) ein Fehlerbündel der Länge $l \leq 32$ erkannt wird. Der Code wird deshalb häufig bei Datenübertragungsverfahren mit 32-Bit Sicherung (z.B. Lokale Netzwerke wie Ethernet) angewandt. Bei Codes mit großer Blocklänge wird der Vorteil von zyklischen Codes besonders deutlich. Die Prüfmatrix des linearen Codes hat $k \times m \approx 137$ Milliarden Elemente, die für eine Decodierung gespeichert werden müßten. Die Codierung und Decodierung mit dem Generatorpolynom entsprechend Gl. (7.25) läßt sich wesentlich einfacher gestalten. Liegt eine Nachricht zur Codierung vor, so betrachtet man das entsprechende Polynom und bildet den Rest Modulo 2 bezüglich $g(x)$ und fügt ihn der Nachricht als 32 Kontrollbits hinzu. Falls die Nachrichtenlänge geringer als n ist, füllt man die restlichen Informationsstellen nicht mehr mit Nullen auf, d.h. man verwendet den gekürzten Hamming-Code. Beim Decodieren dividiert man mit $g(x)$ durch; geht die Division nicht auf, so verwirft man die Nachricht. Die Restbildung bzw. Division mit $g(x)$ läßt sich hardwaremäßig einfach implementieren.

Wählt man als Generatorpolynom

$$g(x) = g_1(x) \cdot (x + 1), \tag{7.35}$$

wobei $g_1(x)$ ein primitives Polynom vom Grad k_1 ist, so erhält man mit der Blocklänge $m - 2^{k_1} - 1$ den Abramson Code mit der Hamming Distanz $d = 4$. Wir haben dem Generatorpolynom $g_1(x)$ des Hamming-Codes den Faktor $(x + 1)$ hinzugefügt, dadurch den Grad des Generatorpolynoms um Eins erhöht ($k = k_1 + 1$) und gleichzeitig auch die Hamming-Distanz um Eins auf $d = 4$ erhöht.

Beispiel 7.26

Bei der Datenübertragung mit 16 Bit-Sicherung (z.B. X.25, ISDN D-Kanal) werden die beiden Abramson-Codes häufig verwendet:

CRC-16 mit $g(x) = (x^{15} + x + 1)(x + 1)$
$$= x^{16} + x^{15} + x^2 + 1$$

und

CCITT-16 mit $g(x) = (x^{15} + x^{14} + x^{13} + x^{12} + x^4 + x^3 + x^2 + x + 1)(x + 1)$
$$= x^{16} + x^{12} + x^5 + 1.$$

Man erhält einen Code aus der großen Klasse der **BCH-Codes**[7], indem man als Generatorpolynom

$$g(x) = g_1(x) \cdot g_2(x) \ldots g_t(x) \qquad (7.36)$$

wählt. $g_1(x)$ ist ein primitives Polynom vom Grad k_1. Die Blocklänge m des Codes ist $m = 2^{k_1} - 1$. t ist die Mindestanzahl der Fehler, die durch den Code korrigiert werden sollen (man beachte bei der Wahl von t, daß bei einem Code der Länge m, d maximal gleich m, d.h. t maximal gleich $\frac{m-1}{2}$ sein kann !). $g_1(x)$ hat k_1 Wurzeln, die in $GF(2^{k_1})$ liegen (s. Anhang B 3.8). α sei eine beliebige Wurzel von $g_1(x)$. Die Polynome $g_2(x), g_3(x), \ldots g_t(x)$ werden nun so gewählt, daß die Elemente $\alpha^3, \alpha^5, \ldots \alpha^{2t-1}$ von $GF(2^{k_1})$ jeweils ihre Wurzel sind, d.h. es gilt

$$g_1(\alpha) = 0,$$
$$g_2(\alpha^3) = 0,$$
$$g_3(\alpha^5) = 0,$$
$$\vdots$$
$$g_t(\alpha^{2t-1}) = 0.$$

Um den Grad des Generatorpolynoms möglichst niedrig zu halten, wählt man für $g_2(x)$, $g_3(x), \ldots g_t(x)$ jeweils die Minimalpolynome (Polynome vom kleinsten Grad) der Elemente $\alpha^3, \alpha^5, \ldots \alpha^{2t-1}$. Der Grad der einzelnen Minimalpolynome ist k_1 oder geringer und somit Grad $(g(x)) = k \le t k_1$. BCH-Codes bieten eine Möglichkeit, zyklische Codes mit mindestens der vorgegebenen Korrekturfähigkeit t anzugeben. Die Vorschrift zur Bestimmung von BCH-Codes ist kompliziert, die tatsächliche Bestimmung des Generatorpolynoms und die praktische Handhabe sind jedoch einfach.

Beispiel 7.27

Wir betrachten das primitive Polynom

$$g_1(x) = x^4 + x + 1.$$

Setzen wir $g(x) = g_1(x) = x^4 + x + 1$, und $m = 2^4 - 1 = 15$, so haben wir einen Hamming-Code mit $d = 3$ bzw. die Fähigkeit, einen Fehler zu korrigieren.

Um die Korrekturfähigkeit auf mindestens zwei Fehler heraufzusetzen, verwenden wir das Generatorpolynom

$$g(x) = g_1(x) \cdot g_2(x).$$

$g_1(x)$ hat den Grad 4, und somit 4 Nullstellen. Das Element $\alpha \in GF(2^4)$ sei eine Nullstelle von $g_1(x)$, d.h. es gilt

$$g_1(\alpha) = \alpha^4 + \alpha + 1 = 0.$$

Wir bestimmen nun $g_2(x)$ mit $g_2(\alpha^3) = 0$. Mit dem Ansatz

$$g_2(x) = ax^4 + bx^3 + cx^2 + dx + e$$

und

$$g_2(\alpha^3) = 0$$

erhalten wir

$$g_2(\alpha^3) = a\alpha^{12} + b\alpha^9 + c\alpha^6 + d\alpha^3 + e = 0.$$

Wegen

$$\alpha^6 = \alpha^4 \cdot \alpha^2 = (\alpha + 1) \cdot \alpha^2 = \alpha^3 + \alpha^2$$
$$\alpha^9 = \alpha^6 \cdot \alpha^3 = (\alpha^3 + \alpha^2) \cdot \alpha^3 = \alpha^6 + \alpha^5 = (\alpha^3 + \alpha^2) + \alpha \cdot (\alpha + 1)$$
$$= \alpha^3 + \alpha$$
$$\alpha^{12} = (\alpha^3 + \alpha) \cdot \alpha^3 = \alpha^6 + \alpha^4 = \alpha^3 + \alpha^2 + \alpha + 1$$

erhalten wir

$$g_2(\alpha^3) = a(\alpha^3 + \alpha^2 + \alpha + 1) + b(\alpha^3 + \alpha) + c(\alpha^3 + \alpha^2) + d\alpha^3 + e = 0$$

---

7. Bose-Chaudhuri-Hocquenghem-Codes

oder

$$\begin{cases} a + b + c + d = 0 \\ a + c = 0 \\ a + b = 0 \\ a + e = 0 \end{cases}$$

d.h., die nichttriviale Lösung $a = b = c = d = e = 1$ bzw. das Minimalpolynom

$$g_2(x) = x^4 + x^3 + x^2 + x + 1.$$

Somit haben wir das Generatorpolynom

$$g(x) = (x^4 + x + 1) \cdot (x^4 + x^3 + x^2 + x + 1).$$

Der entsprechende Code garantiert eine Mindestkorrekturfähigkeit von $t = 2$ bzw. $d \geq 5$.
Um die Korrekturfähigkeit auf mindestens drei Fehler heraufzusetzen, wählen wir

$$g(x) = g_1(x) \cdot g_2(x) \cdot g_3(x).$$

Wir suchen also $g_3(x)$ mit $g_3(\alpha^5) = 0$. Mit dem Ansatz

$$g_3(x) = ax^2 + bx + c$$

und

$$g_3(\alpha^5) = 0$$

erhalten wir

$$\begin{aligned} g_3(\alpha^5) &= a \cdot \alpha^{10} + b\alpha^5 + c \\ &= a(\alpha + 1)^2 \cdot \alpha^2 + b \cdot (\alpha + 1)\alpha + c \\ &= a(\alpha^2 + \alpha + \alpha + 1)\alpha^2 + b(\alpha^2 + \alpha) + c \\ &= a(\alpha^4 + \alpha^2) + b(\alpha^2 + \alpha) + c \overset{!}{=} 0 \end{aligned}$$

oder

$$a = 1, b = 1, c = 1$$

und somit das Minimalpolynom

$$g_3(x) = x^2 + x + 1.$$

Als Generatorpolynom haben wir somit

$$g(x) = (x^4 + x + 1)(x^4 + x^3 + x^2 + x + 1)(x^2 + x + 1)$$

und die Hamming-Distanz $d \geq 7$.

In der Praxis kommen häufig **Codeverkettungen** (Concatenated Codes), d.h. eine Hintereinanderschaltung von Codierungen und Decodierungen entsprechend Bild 7.4, vor. Oft liegt es daran, daß diese Codes jeweils für verschiedene Zwecke konzipiert wurden. Ein solches Beispiel haben wir bereits bei der Quellen- und der Kanalcodierung kennengelernt. Ein weiteres, häufig vorkommendes Beispiel liefert die In-House Kommunikation, wenn gleichzeitig die wortweise Paritätssicherung gegen zufällige Einzelfehler und blockweise Sicherung mit zyklischen Codes (CRC-Prüfung) gegen Bündelfehler vorgenommen wird. Codeverkettungen kommen auch vor, wenn mehrere Dienste unterschiedlicher Sicherheitsanforderungen auf gemeinsamen Strecken bzw. Netzen mit einer Basissicherung angeboten werden. Nachrichten der Dienste höherer Anforderung werden dann zusätzlich (meist Ende-zu-Ende) gesichert. Eine Hintereinanderschaltung von Codes wird manchmal auch verwendet, um besonders lange Blockcodes zu erhalten.
Im allgemeinen ist die theoretische Bewertung von verketteten Codes schwierig, und man verläßt sich auf praktische Erfahrungen. Bei linearen Codes, bei denen die Blocklänge des äußeren Codes gleich der Anzahl der Informationssymbole des inneren Codes ist und jeweils dasselbe Codealphabet verwendet wird, entspricht die Hintereinanderschaltung lediglich der Multiplikation der Generatormatrizen der beiden Codes.
Ein weiterer gelegentlich angewandter Fall ergibt sich, wenn die Blocklänge und Alphabete der beiden Codes aufeinander abgestimmt sind, so daß die Synchronisation beider Codes einfach wird. Der Code mit der kleineren Blocklänge m, dem q-nären Alphabet und mit k Prüfsymbolen wird als innerer Code verwendet; während der äußere Code die

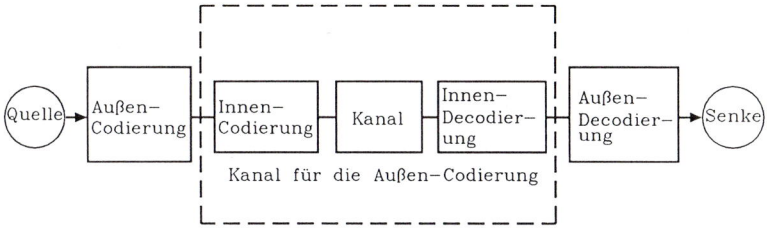

Bild 7.4: Codeverkettung

Blocklänge M, ein q^n-näres Alphabet und K Prüfbits hat. Der Kanal mit dem inneren Code ergibt nun einen q^n-nären Kanal für den äußeren Code. Man spricht in diesem Fall von **Code-Einbettung** (Nesting). Man versteht den Codevorgang am einfachsten, wenn man einen Block von $n \times N$ zu codierenden q-nären Informationen ansieht (Bild 7.5). Er wird jeweils in N Zeilen von n q-nären Symbolen (als Spalten gesehen) aufgeteilt. Jede Spalte ist dann ein q^n-näres Symbol, die N Zeilen ein Informationswort, dem bei der äußeren Codierung K Prüfsymbole hinzugefügt werden. Der innere Code fügt dann jeder Zeile k q-näre Prüfsymbole hinzu.

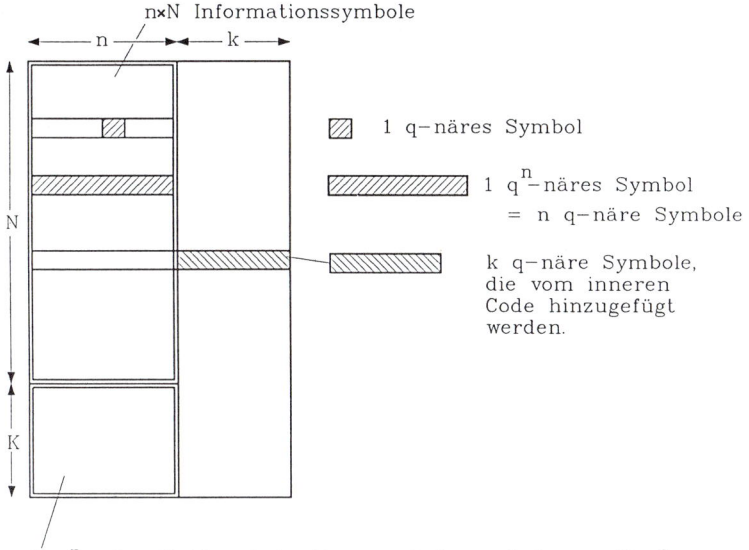

Bild 7.5: Schema der Codeverkettung

Bei der Codeeinbettung wird häufig als innerer Code ein binärer Code (z.B. ein Hamming-Code), der sich gut gegen Einzelfehler eignet, und als äußerer Code ein $q(= 2^n)$-närer Reed-Solomon-Code verwendet. Ein **Reed-Solomon-Code** ist ein q-närer BCH-Code, dessen Generatorpolynom durch

$$g(x) = (x - \alpha)(x - \alpha^2)(x - \alpha^3)\ldots(x - \alpha^{2t}) \tag{7.37}$$

gegeben ist, wobei α ein primitives Element von $GF(q)$ ist. Der Code hat die Blocklänge $m = q - 1$ und ermöglicht die Korrektur von t Fehlern. Da Grad $(g(x)) = 2t$ ist, hat er $k = 2t$ Prüfsymbole. Der Reed-Solomon-Code eignet sich besonders gegen Bündelfehler. Im

Bild 7.6 sind alle Elemente des $GF(2^4)$ in verschiedenen Darstellungen zusammengestellt, man kann daraus entsprechend Gl. (7.35) 2^4-näre Reed-Solomon-Codes aufstellen.

Exponentielle Darstellung	Polynom- Darstellung	Binär- Darstellung	Dezimal- Darstellung
0	0	0000	0
α^0	1	0001	1
α^1	x	0010	2
α^2	x^2	0100	4
α^3	x^3	1000	8
α^4	$x + 1$	0011	3
α^5	$x^2 + x$	0110	6
α^6	$x^3 + x^2$	1100	12
α^7	$x^3 + x + 1$	1011	11
α^8	$x^2 + 1$	0101	5
α^9	$x^3 + x$	1010	10
α^{10}	$x^2 + x + 1$	0111	7
α^{11}	$x^3 + x^2 + x$	1110	14
α^{12}	$x^3 + x^2 + x + 1$	1111	15
α^{13}	$x^3 + x^2 + 1$	1101	13
α^{14}	$x^3 + 1$	1001	9

Bild 7.6: Das Galois Feld GF (2^4)

Die 16 Elemente des GF (16) sind in verschiedenen Darstellungen zusammengestellt.
Die einzelnen Elemente können mit dem primitiven Polynom $g(x) = x^4 + x + 1$ erzeugt werden.

Beispiel 7.28

Wir berechnen das Generatorpolynom des 2^4-nären Reed-Solomon-Codes, der 2 Fehler korrigieren kann. Es ist dann $t = 2$, d.h. $d = 5$ und $k = 4$, wobei die Blocklänge $m = 16 - 1 = 15$ bzw. $n = 11$. Wir haben also einen linearen (15, 11)-Code gewählt. Aus der Tabelle (Bild 7.6) ergibt sich mit α^1 als primitives Element

$$g(x) = (x - \alpha)(x - \alpha^2)(x - \alpha^3)(x - \alpha^4)$$
$$= x^4 + (\alpha + \alpha^2 + \alpha^3 + \alpha^4)x^3 + (\alpha^3 + \alpha^4 + \alpha^6 + \alpha^7)x^2 + (\alpha^6 + \alpha^7 + \alpha^8 + \alpha^9)x + \alpha^{10}$$
$$= x^4 + \alpha^{13}x^3 + \alpha^6 x^2 + \alpha^3 x + \alpha^{10}$$

Die letzte Zeile erhalten wir, indem wir die (binäre) Addition mit Hilfe der Tabelle (Bild 7.6) auswerten.

Wir wenden uns nun einer anderen Art von Codes, den **Faltungs-Codes** (Convolution Codes) zu. Hierzu betrachten wir zunächst eine Codierschaltung, die aus einem Schieberegister, Multiplizierer mit den Koeffizienten g_j^i und Addierer besteht (Bild 7.7).

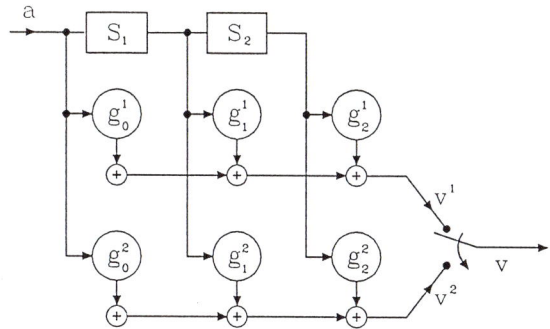

Bild 7.7: Ein Faltungscodierer mit $K = 3$ und $R = 2$

Eine binäre Informationsfolge $a = (a_0 a_1 a_2 a_j \ldots a_m)$ wird durch ein Schieberegister, Modulo-2-Multiplizierer mit den Koeffizienten aus $\{0, 1\}$ und Modulo-2-Addierer codiert. Im allgemeinen haben wir $(K - 1)$ Speicher und R Ausgänge. Als Anfangswert hat das Schieberegister in den Speichern $(S_1, S_2, \ldots)$ die Werte Null gespeichert. Alle T Sekunden werden die gespeicherten Werte in der Speicherstelle um eine Stelle nach rechts verschoben, wobei der Wert im letzten Speicher herausfällt und in den ersten Speicher jeweils der nächste Eingangswert eingelesen wird. Am Ausgang werden bei jedem Takt die Werte v_i^1, v_i^2 (im allgemeinen Fall bis v_i^R) gebildet. Die Ausgangsfolge wird durch die Verschachtelung der Folgen v^1, v^2 (allgemein bis v^R) gebildet. Pro Taktperiode haben wir somit 2 (allgemein R) Ausgangswerte. Zu einem bestimmten Zeitpunkt, wenn a_j am Eingang vorliegt, liegen in den Speichern $S_1, S_2, \ldots, S_{K-1}$ jeweils die Werte $a_{j-1}, a_{j-2}, \ldots, a_{j-K+1}$ vor. Die Folge $v^i = [v_o^i, v_1^i \ldots v_j^i \ldots v_m^i]$ ist durch

$$v_j^i = \sum_{k=o}^{K-1} a_{j-k} g_k^i \tag{7.38}$$

angegeben, was einer Faltungssumme entspricht, weshalb auch die Bezeichnung Faltungs-Codes verwendet wird. Wir wollen die Matrix g

$$g = \begin{bmatrix} g_0^1 & g_1^1 & g_2^1 & \cdots & g_K^1 \\ g_0^2 & & & & \\ \vdots & & & & \\ g_0^R & & \cdots & & g_K^R \end{bmatrix}$$

als **Koeffizientenmatrix des Faltungs-Codes** bezeichnen. Jedes Element der Eingangsfolge beeinflußt maximal K Elemente jeder Ausgangsfolge v^i, bei R solchen Folgen also insgesamt $R \cdot K$ Elemente von v. Wir bezeichnen diese als **Einflußtiefe** (Constraint length) des Codes. Die Koeffizientenmatrix gibt die Codiervorschrift bis auf die Anfangswerte in den Speichern vollständig an. Diese beeinflussen lediglich die ersten RK Werte von v, sind also nach dieser Einschwingphase ohne Bedeutung.

Beispiel 7.29

Wir betrachten den Faltungs-Code mit der folgenden Codierschaltung:

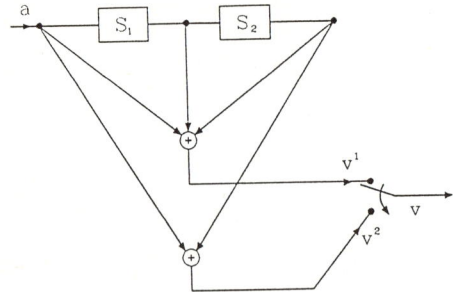

Die Koeffizientenmatrix lautet

$$g = \begin{bmatrix} 1 & 1 & 1 \\ 1 & 0 & 1 \end{bmatrix} = \begin{matrix} g^1 \\ g^2 \end{matrix}.$$

Für die Eingangsfolge mit 8 Werten $a = (10111000)$ haben wir jeweils folgende Werte:

Takt T	Eingang a	Speicher S_1	Speicher S_2	Ausgang v^1	Ausgang v^2
0	1	0	0	1	1
1	0	1	0	1	0
2	1	0	1	0	0
3	1	1	0	0	1
4	1	1	1	1	0
5	0	1	1	0	1
6	0	0	1	1	1
7	0	0	0	0	0

Wir haben den Zugang zu den Faltungs-Codes über die Codierschaltung und die Koeffizientenmatrix gewählt, weil diese anschaulich ist. Wir haben verschiedene Möglichkeiten, andere Darstellungen zu finden. So können wir z.B. in Anlehnung an die Blockcodes Eingangsfolgen a der Blocklänge m betrachten. Wir setzen dabei die letzten K Stellen gleich Null (haben also $n = m - K$ Informationsstellen), damit die Speicher nach der Übertragung der Folge a wieder alle Null sind und der nächste Block der Länge m eingegeben werden kann. Am Ausgang erhalten wir die Folge v. Wir können nun aus der Koeffizientenmatrix die entsprechende Generatormatrix, wie bei linearen Blockcodes, ermitteln. Wir wollen diese Darstellung nicht weiter verfolgen, werden sie jedoch bei der Decodierungsbetrachtung wieder kurz aufgreifen.

Wir wenden uns nun den algorithmischen Aspekten der Faltungs-Codes zu und wollen zunächst drei Darstellungen des Codierverfahrens eines Faltungs-Codes ansehen. In Anlehnung an Codebäume für lineare Codes stellen wir ein **Codediagramm** für einen Faltungs-Code auf, indem wir von einem Ursprungsknoten ausgehend, am betrachteten Knoten jeweils für jedes Symbol der Eingangsfolge (0 und 1) einen Zweig hinzunehmen. An dem Knoten tragen wir jeweils den Zustand der Speicher ein, während wir den Zweig mit den Ausgangssymbolen kennzeichnen.

Beispiel 7.30

Wir betrachten den Code des Beispiels 7.29. Wir haben zwei Speicher, so daß die Schaltung insgesamt vier Zustände $a = 00$, $b = 10$, $c = 01$, $d = 11$ haben kann (der Zustand $b = 01$ bedeutet 0 im ersten Speicher und 1 im zweiten Speicher). Beginnend mit dem Zustand $a = 00$ stellen wir folgendes Codediagramm auf. Die einzelnen Werte, z.B. Eingangssymbol 1 im Zustand (10) ergibt als Ausgang (01), entnehmen wir der Tabelle im Beispiel 7.29.

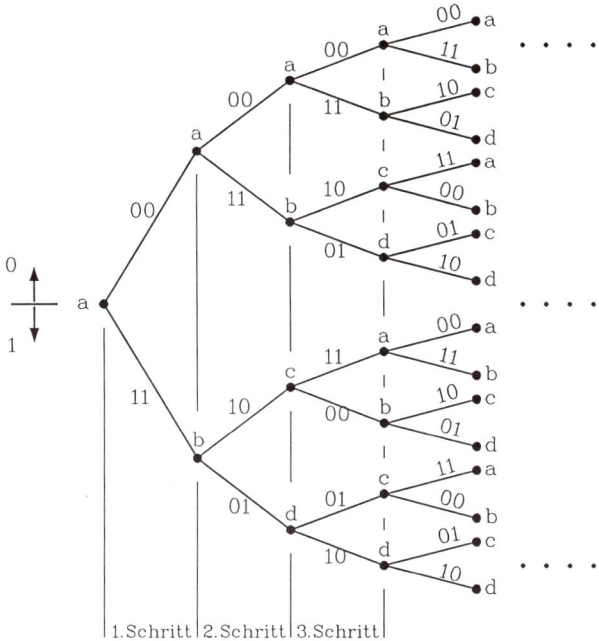

In Beispiel 7.30 wiederholt sich die Struktur des Codediagramms nach 3 Schritten; im allgemeinen wiederholt sie sich nach K Schritten. Außerdem wird deutlich, daß wir zwei Knoten, die im selben Abstand vom Ursprungsknoten liegen und gleiche Zustände aufweisen, zusammenlegen können, denn ab dann ist deren Codiervorschrift identisch bzw. der weitere Verlauf des Codediagramms für die nachfolgenden Symbole sind identsich. Die Modifikation führt zu einer kompakteren Darstellung - das entstandene Diagramm wird als **Trellis-Diagramm** bezeichnet.

Beispiel 7.31
Wir leiten aus dem Codediagramm für Beispiel 7.30 das Trellis-Diagramm ab und erhalten:

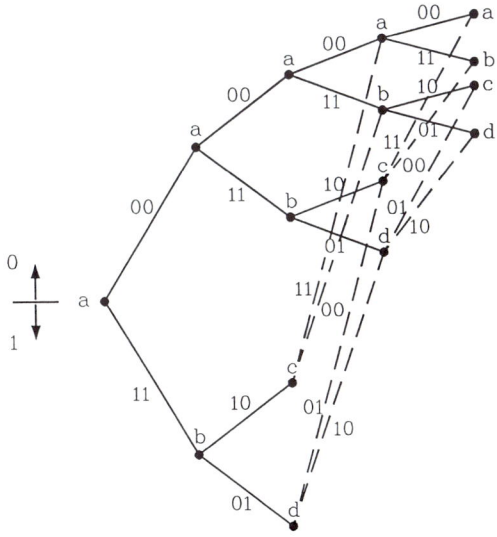

Wir zeichnen das Trellis-Diagramm etwas um und stellen noch fest, daß die gesamte Codierinformation in dem letzten Abschnitt enthalten ist; dies und die Aussage, daß der Ausgangszustand a war, genügt, um die Codierfolge vollständig anzugeben.

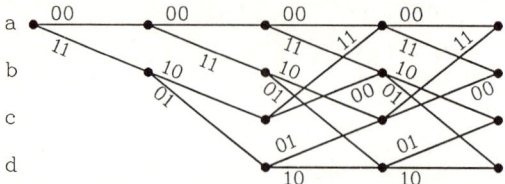

Eine weitere komprimierte Darstellung von Faltungs-Codes ergibt sich, wenn man lediglich den letzten Abschnitt der Trellis-Codierung berücksichtigt. Diese Darstellung entspricht den Zustandsdiagrammen, die wir bei Markoff-Prozessen in Kapitel 4 kennenlernten. Die Zustände werden als Knoten dargestellt, gerichtete Zweige zeigen die Zustandsänderungen an, wobei diese nun für das Eingangssymbol 1 durchgezogen und für das Eingangssymbol 0 gestrichelt gezeichnet werden. Die Zweige werden außerdem mit den Ausgangsfolgen (wie bei Trellis-Diagrammen) markiert. Diese Darstellung bezeichnen wir als **Zustandsdarstellung** von Faltungs-Codes.

Beispiel 7.32
Wir geben die Zustandsdarstellung des Codes im Beispiel 7.31 an:

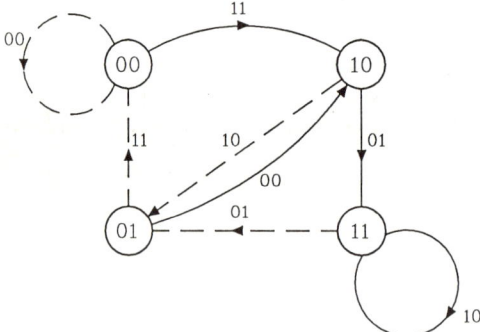

Zur Decodierung der Faltung-Codes können wir uns, wie bereits skizziert, auf die Betrachtung als Blockcodes zurückziehen. Wir können dann das Maximum-Likelihood-Verfahren anwenden. Das Konzept des Hamming-Abstandes ist wie bei Blockcodes anwendbar.
Wie wir bei der Codierung feststellten, können wir die Eigenschaften des Codediagramms, daß sich die Struktur wiederholt, ausnutzen, um das Codierschema zu vereinfachen. Dies gilt auch für das Decodieren. So können wir bei der Maximum-Likelihood-Entscheidung anstatt des Codediagramms das Trellis-Diagramm verwenden. Dabei ergibt sich, daß immer, wenn zwei Pfade zusammenfallen, wir uns für den Pfad (d.h. Teilwort) entscheiden, der den geringeren Hamming-Abstand vom empfangenen Teilwort ergibt. Wir markieren jeweils die Knoten im Trellis-Diagramm mit dem Hamming-Abstand und entscheiden zum Schluß, welche Trellis-Folge die günstigere im Sinne des Maximum-Likelihood-Kriteriums ist. Bei der Decodierung der letzten Symbole kann die bekannte Tatsache, daß die letzten K Symbole, die gesendet werden, Null sind, verwendet werden oder auch nicht. Im zweiten Fall ist bei langen Folgen der Fehler vernachlässigbar. Das beschriebene Verfahren bildet den Kern des **Viterbi-Algorithmus** für Faltungs-Codes.

Beispiel 7.33

Wir wollen nun die Decodierung für den Faltungs-Code des Beispiels 7.31 ansehen. Wir nehmen an, daß die aus 12 Symbolen bestehende Folge $v = (101100100101)$ empfangen wurde. Gesucht ist die Sendefolge. Es wird das Maximum-Likelihood-Verfahren angewandt, wobei der Viterbi-Algorithmus verwendet wird.

Das Trellis-Diagramm unter der Annahme, daß vom Zustand (00) begonnen wurde und die letzten 2 gesendeten Symbole Null waren, sieht wie folgt aus:

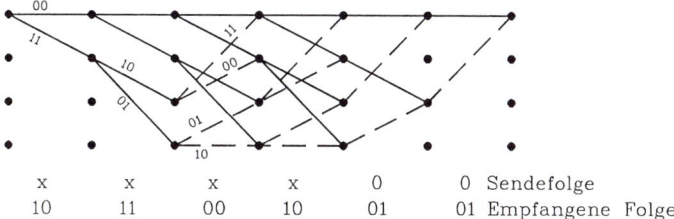

| x | x | x | x | 0 | 0 Sendefolge |
| 10 | 11 | 00 | 10 | 01 | 01 Empfangene Folge |

Nach drei Schritten sieht das Trellis-Diagramm wie folgt aus:

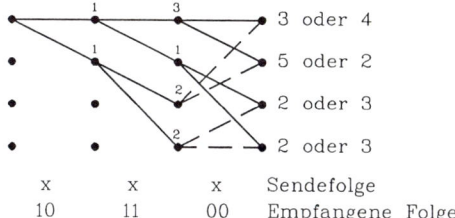

3 oder 4
5 oder 2
2 oder 3
2 oder 3

| x | x | x | Sendefolge |
| 10 | 11 | 00 | Empfangene Folge |

An den jeweiligen Knoten sind die Abstände zwischen der Trellis-Folge (gezeichneter Teilpfad) und der Empfangsfolge eingetragen. In der letzten Spalte entspricht die erste Zahl dem durchgezogenen, die zweite Zahl dem gestrichelten Pfad. Wir wählen jeweils die Folge mit dem kleinsten Abstand, bei Gleichheit willkürlich den durchgezogenen Pfad.

Nach vier Schritten haben wir:

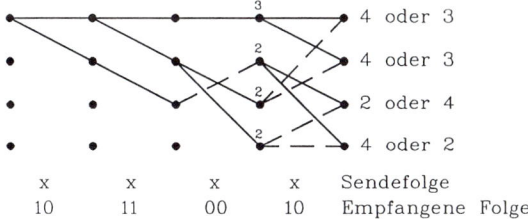

4 oder 3
4 oder 3
2 oder 4
4 oder 2

| x | x | x | x | Sendefolge |
| 10 | 11 | 00 | 10 | Empfangene Folge |

Nach fünf Schritten erhalten wir:

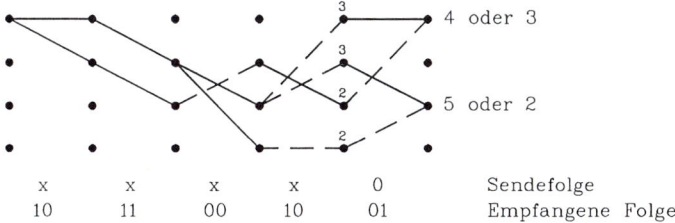

4 oder 3

5 oder 2

| x | x | x | x | 0 | Sendefolge |
| 10 | 11 | 00 | 10 | 01 | Empfangene Folge |

Nach sechs Schritten erhalten wir:

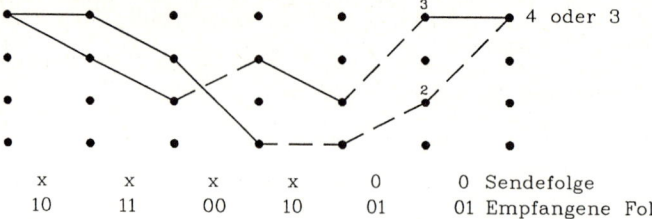

x	x	x	x	0	0 Sendefolge
10	11	00	10	01	01 Empfangene Folge

Nach dem letzten Schritt haben wir:

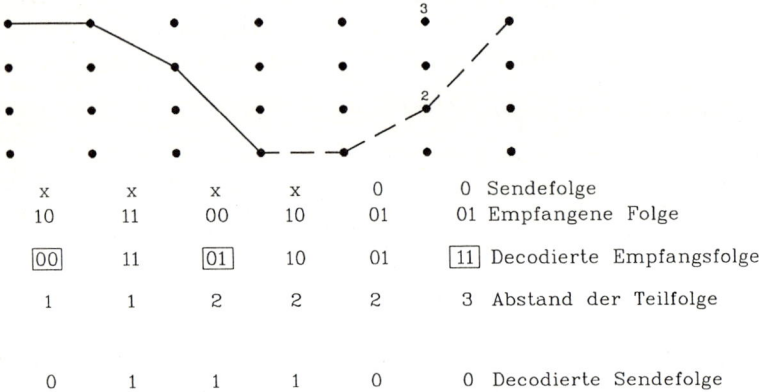

x	x	x	x	0	0 Sendefolge
10	11	00	10	01	01 Empfangene Folge
00	11	01	10	01	11 Decodierte Empfangsfolge
1	1	2	2	2	3 Abstand der Teilfolge

0	1	1	1	0	0 Decodierte Sendefolge

Faltungs-Codes sind besonders günstig für die Codierung von langen Nachrichtenfolgen; sie werden häufig bei der Satellitenübertragung angewandt. Für die Decodierung wird nicht die ganze Nachricht abgewartet, sondern bereits nach wenigen Symbolen begonnen. Man verwendet dabei das Maximum-Likelihood-Verfahren mit jedoch einer sequentiellen Decodierungsstrategie, bei der man, falls man sich für eine falsche Folge entscheidet und die Fehler sich häufen, einige Stellen wieder zurückgeht, um eine andere Folge zu nehmen. Der Fortschritt der Mikroelektronik hat wesentlich dazu beigetragen, daß solche Algorithmen implementiert werden können, und trägt somit wesentlich zu ihrer Verbreitung bei.

7.5   Der Kanalcodierungssatz

Wir wenden uns nun dem **Kanalcodierungssatz** zu. Er wird oft der Fundamentalsatz der Kanalcodierung genannt oder als Shannons 2. Satz bezeichnet. Wir betrachten folgende Anordnung.

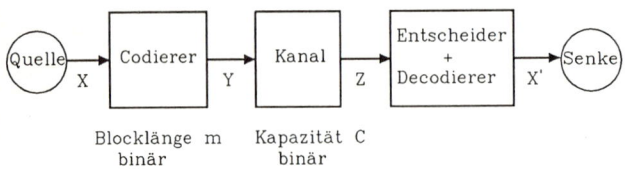

Bild 7.8: Strecke zu Betrachtungen des Kanalcodierungssatzes

Das Quellenalphabet besteht aus gleichwahrscheinlichen Symbolen. Der Codierer codiert die Quellenausgänge in q binäre Codewörter der Länge m. Diese werden Symbol für Symbol über einen (binären) gedächtnislosen Kanal mit der Kanalkapazität C übertragen. Da wir annehmen, daß die einzelnen Übertragungen statistisch unabhängig sind, können wir auch anstatt symbolweiser Übertragung über den Kanal die codewortweise Übertragung über die m-te Erweiterung des Kanals betrachten (s. Bild 4.3). Betrachten wir den Codierer und den Kanal als einen neuen Kanal, so haben wir am Kanaleingang die Entropie $H(X) = \operatorname{ld} q$. Am Kanalausgang haben wir 2^m-näre Symbole Z. Die Entropie am Kanalausgang sei $H(Z)$, die Transinformation $H(X;Z)$. Wir bezeichnen den Ausdruck

$$R = \frac{H(X)}{m} = \frac{\operatorname{ld} q}{m} \tag{7.39}$$

als **Informationsübertragungsrate** (vgl. auch mit Effizienz Gl. (6.2)). Bei vernachlässigbarer Fehlerwahrscheinlichkeit, d.h. $H(X|Z) = 0$ ist wegen Gl. (4.31)

$$H(X;Z) = H(X) - H(X|Z) = H(X)$$

und somit

$$R = \frac{H(X;Z)}{m},$$

d.h. R kann in diesem Falle als Transinformation pro Symbol des Codewortes angesehen werden. Wir können die Informationsrate unserer Anordnung erhöhen, indem wir q und somit $\operatorname{ld} q$ bzw. $H(X)$ heraufsetzen oder m herabsetzen.

Wir verlangen nun vom Codierer/Decodierer und Entscheider, daß X und X' möglichst übereinstimmen, die Fehlerwahrscheinlichkeit P_f über die gesamte Strecke also unter einer beliebig vorgegebenen Schranke δ bleibt. Wir fragen: Gibt es eine Codier/Decodier-Einrichtung (und Entscheider), die unsere Forderung erfüllt? Der **Kanalcodierungssatz** gibt uns die Antwort unserer Frage: Es existiert stets eine Codierung, die eine beliebig niedrige Fehlerwahrscheinlichkeit und eine Informationsübertragungsrate beliebig nahe unter der Kanalkapazität des fehlerbehafteten Kanals ermöglicht.

Wir werden im folgenden den Satz für den binären symmetrischen Kanal genauer ansehen und beweisen. Für den Beweis werden wir eine binomiale Abschätzung verwenden, die mit Hilfe der Stirling'sche Approximation für $n!$ abgeleitet wird. Diese ist im Anhang C wiedergegeben. Einführend betrachten wir die für den Beweis relevanten Aspekte der Zufallscodierung und des binären symmetrischen Kanals.

Für die Codierung von q gleichwahrscheinlichen Nachrichten betrachten wir die **Zufallscodierung**, d.h. wir bestimmen unseren Code bzw. die Codewörter zufällig. Insgesamt gibt es 2^m binäre Wörter der Länge m. Wir greifen zufällig eines dieser Wörter heraus und bestimmen es zum Codewort. Wir wiederholen dies q-fach, wobei wir jedesmal alle 2^m Wörter in Betracht ziehen, d.h. Wiederholungen zulassen. Auf diese Weise erhalten wir q Codewörter bzw. unseren Code. Ist m groß gegenüber q, so ist die Wahrscheinlichkeit, daß wir für die Codierung von zwei Nachrichten dasselbe Codewort erhalten, gering. Passiert dies jedoch, so erhalten wir eine höhere Fehlerwahrscheinlichkeit P_f. Wir lassen dieses zu, weil es unsere späteren Abschätzungen wesentlich vereinfacht. Da wir q unabhängige Wahlen zur Bestimmung unsere Codierung haben, sind insgesamt $(2^m)^q = 2^{mq}$ Codierungen möglich. Die Wahrscheinlichkeit, daß wir eine bestimmte Codierung auswählen ist somit $\frac{1}{2^{mq}}$.

Wir betrachten nun den binären symmetrischen Kanal (s. Gl. (4.20)). Seine Kanalkapazität C (s. Bsp. 4.12) errechnet sich zu

$$C = 1 + [(1-p)\operatorname{ld}(1-p) + p \cdot \operatorname{ld} p] \tag{7.40}$$

$$C = 1 - H(p). \tag{7.41}$$

Wir haben die Klammer mit $-H(p)$ bezeichnet, weil $H(p)$ die Entropie einer Quelle mit zwei Symbolen, die mit der Wahrscheinlichkeit p und $(1-p)$ auftreten, darstellt. y_0 sei ein gesendetes Codewort. Es ist eines der q Codewörter. z_0 sei das empfangene Wort. Es ist eines der 2^m möglichen Wörter. Die Wahrscheinlichkeit, daß ein Zeichen verfälscht wird, ist p. Im Mittel werden bei der Übertragung eines Codewortes (d.h. von m Zeichen) mp Zeichen verfälscht, d.h. der Erwartungswert des Abstandes zwischen y_0 und z_0 liegt bei mp.

Zur Entscheidung, welches Codewort gesendet wurde, verwenden wir eine einfache Regel. Wir betrachten dazu eine Kugel $K(r)$ vom Radius r um z_0 in dem Vektorraum B^m, wobei B aus zwei Elementen z.B. $\{0, 1\}$ besteht. Den Radius der Kugel legen wir etwas größer aus als der Erwartungswert des Abstandes zwischen y_0 und z_0, genauer, wir setzen

$$r = m(p + \varepsilon_1). \tag{7.42}$$

Wir entscheiden nun, daß y_0' gesendet wurde, wenn genau ein y_0' innerhalb der Kugel $K(r)$ liegt.

Wir betrachten nun die Fehlerwahrscheinlichkeit P_f, die bei der zufälligen Codierung und der beschriebenen Entscheidungsstrategie auftritt. Wir bemerken dazu, daß ein Fehler genau dann auftritt, wenn

1. y_0 nicht innerhalb von $K(r)$ liegt oder

2. y_0 innerhalb $K(r)$ liegt und mindestens ein anderes $y_i \neq y_0$ innerhalb von $K(r)$ liegt.

Die Fehlerwahrscheinlichkeit P_f ergibt sich zu

$$P_f = P(\{y_0 \notin K(r)\}) + P(\{y_0 \in K(r)\}) \cdot$$
$$P(\{\text{Es gibt mindestens ein } y_i \neq y_0, \quad \text{mit } y_i \in K(r)\}).$$

Wir haben hierbei jeweils in geschweiften Klammern die Ereignisse, die zu P_f beitragen, angegeben und mit P davor die Wahrscheinlichkeiten dieser Ereignisse bezeichnet. Beim zweiten Term können wir statt der Wahrscheinlichkeit des gleichzeitigen Auftretens der beiden Ereignisse das Produkt schreiben, weil sie statistisch unabhängig sind. Da $P(\{y_0 \in K(r)\}) \leq 1$ ist, haben wir ferner die Abschätzung

$$P_f \leq P(\{y_0 \notin K(r)\}) + P \quad (\{\text{es gibt ein } y_i \neq y_0, \quad \text{mit } y_i \in K(r)\}).$$

Wegen

$$P(A \cup B) \leq P(A) + P(B)$$

(s. Gl. (3.9)) folgt nun

$$P_f \leq P(\{y_0 \notin (r)\}) + \sum_{\substack{i \\ y_i \neq y_0}} P(\{y_i \in K(r)\}). \tag{7.43}$$

Das Ereignis $\{y_0 \notin K(r)\}$ ist identisch mit dem Ereignis, daß der Abstand zwischen y_0 und z_0 größer als $m(p + \varepsilon_1)$ ist, der Mittelwert mp also um mehr als $m\varepsilon_1$ überschritten wird. Wir wollen nun zeigen, daß durch die Wahl von m für ein vorgegebenes ε_1 die Wahrscheinlichkeit dieses Ereignisses kleiner als ein vorgegebenes δ_1 gemacht werden kann, d.h. $P(\{y_0 \notin K(r)\}) \leq \delta_1$.

Wir verwenden hierzu die Bernoullische Ungleichung (schwaches Gesetz der großen Zahlen Gl. (3.40)), die wir in der komplementären Form wie folgt schreiben:

$$P(\{|\bar{x}_n - P_a| > \varepsilon\}) \leq \frac{1}{4n\varepsilon^2}$$

Wir verwenden diese auf unser Experiment: das Senden eines Zeichens, das mit der Wahrscheinlichkeit p verfälscht wird. Wir wiederholen das Experiment m mal. Wir beziehen uns nun auf die Symbole, die wir in der Abhandlung von Gl. (3.40) verwendeten und zeigen die Korrespondenzen mit unserem Experiment auf. A entspricht dem Ereignis, daß das Zeichen verfälscht wird. k entspricht der Zufallsvariablen, die angibt, wieviele Fehler bei m-facher Wiederholung auftreten, d.h. wieviele Fehler ein Codewort enthält.

$P(\{|\bar{x} - P_a| > \varepsilon\})$ bzw. $P(\{|\frac{k}{m} - p| > \varepsilon_1\}) = P(\{|k - mp| > m\varepsilon_1\})$ gibt an, wie oft die Anzahl der Fehler in einem Codewort um mehr als $m\varepsilon_1$ vom Mittelwert abweicht, d.h. das Codewort in einer Entfernung größer als $m\varepsilon_1$ von der Oberfläche der Kugel $K(mp)$ liegt. $P(\{|k - mp| > m\varepsilon_1\})$ ist also größer als $P(\{y_0 \notin K(r)\})$. Die Bernoullische Ungleichung liefert uns nun

$$P(\{|k - mp| > m\varepsilon_1\}) \leq \frac{1}{4m\varepsilon_1^2} = \delta_1.$$

Für die Fehlerwahrscheinlichkeit P_f haben wir somit die Abschätzung

$$P_f \leq \delta_1 + \sum_{\substack{i \\ y_i \neq y_0}} P(\{y_i \in K(r)\}). \tag{7.44}$$

Wir bemerken noch, daß δ_1 unabhängig vom tatsächlich gewählten Code ist. Demgegenüber sind die einzelnen Wahrscheinlichkeiten unter dem Summenzeichen abhängig vom gewählten Code, denn die Wahrscheinlichkeit, daß ein $y_i \neq y_0$ innerhalb der Kugel $K(r)$ um z_0 liegt, ist wohl abhängig von der Wahl der Codewörter. P_f kann deshalb als eine Zufallsvariable aufgefaßt werden, die abhängig von der Wahl des Codes ist. Wir können deshalb den Erwartungswert von $\mathbf{P}_f$ bilden und erhalten

$$\begin{aligned} E\{\mathbf{P}_f\} &\leq \delta_1 + E\left\{ \sum_{\substack{i \\ y_i \neq y_0}} \mathbf{P}(\{y_i \in K(r)\}) \right\} \\ &= \delta_1 + (q - 1)E\{\mathbf{P}(\{y_i \in K(r)\})\} \\ &\leq \delta_1 + q \cdot E\{\mathbf{P}(y_i \in K(r))\}. \end{aligned} \tag{7.45}$$

Wir betrachten nun über alle Codierungen hinweg das Ereignis $\{y_i \in K(r)\}$. Wir haben bei der Wahl jeder Codierung 2^m Möglichkeiten für die Wahl jedes Codewortes. Die mittlere Wahrscheinlichkeit (bzw. der Erwartungswert der Wahrscheinlichkeit), daß wir ein y_i wählen, das in der Kugel liegt, ist deshalb gleich dem Verhältnis der Anzahl der Wörter, die in der Kugel liegen, zu der Gesamtanzahl 2^m aller Wörter. Bezeichnen wir die Anzahl der Wörter, die in der Kugel liegen, mit $N(m)$, so haben wir

$$E\{\mathbf{P}(\{y_i \in K(r)\})\} = \frac{N(m)}{2^m}. \tag{7.46}$$

Die Anzahl der Wörter, die in der Kugel liegen, ist gleich der Anzahl der Wörter, die in einem Abstand $\leq r = m(p + \varepsilon_1) = mp_\varepsilon$ vom Mittelpunkt z_0 liegen. Betrachten wir z_0, so gibt es genau $\binom{m}{k}$ Wörter im Abstand k von z_0 (dies ist genau die Anzahl der Möglichkeiten, k Zeichen aus m auszuwählen), d.h.

$$\begin{aligned} N(m) &= \binom{m}{0} + \binom{m}{1} + \cdots + \binom{m}{[mp_\varepsilon]} \\ &= \sum_{i=0}^{[mp_\varepsilon]} \binom{m}{i}, \end{aligned} \tag{7.47}$$

wobei $[mp_\varepsilon]$ die größte ganze Zahl kleiner oder gleich mp_ε ist.
Wir wollen nun diesen Ausdruck abschätzen und verwenden hierzu die im Anhang C abgeleitete binäre Schranke

$$\sum_{i=0}^{[mp_\varepsilon]} \binom{m}{i} \leq 2^{mH(p_\varepsilon)} \quad \text{für } p_\varepsilon < \frac{1}{2}, \tag{7.48}$$

wobei

$$H(p_\varepsilon) = -p_\varepsilon \operatorname{ld} p_\varepsilon - (1 - p_\varepsilon) \operatorname{ld}(1 - p_\varepsilon) \tag{7.49}$$

und $m >$ einem Mindestwert m_0 ist. Die Voraussetzung $m > m_0$ ist erforderlich, damit Gl. (7.44) erfüllt wird. Wir nehmen im folgenden an, es sei $m > m_0$. Insgesamt haben wir somit für den Erwartungswert der Fehlerwahrscheinlichkeit

$$E\{\mathbf{P}_f\} \leq \delta_1 + q \cdot \frac{2^{mH(p_\varepsilon)}}{2^m}$$

$$E\{\mathbf{P}_f\} \leq \delta_1 + q \cdot 2^{-m(1-H(p_\varepsilon))}. \tag{7.50}$$

Nun gilt

$$1 - H(p_\varepsilon) = 1 - H(p + \varepsilon_1) < 1 - H(p) = C, \tag{7.51}$$

da $H(p)$ eine konvexe Funktion ist und wir ohne Einschränkung annehmen, daß $p \leq \frac{1}{2}$ ist. Wählen wir ε_1 klein genug, so können wir $H(p + \varepsilon_1)$ beliebig nahe an $H(p)$ bringen. Wir setzen nun voraus, daß

$$R = \frac{\operatorname{ld} q}{m} < 1 - H(p_\varepsilon)$$

ist, d.h.

$$R = \frac{\operatorname{ld} q}{m} < 1 - H(p + \varepsilon_1) < 1 - H(p) = C. \tag{7.52}$$

Wegen (7.52) können wir den zweiten Term in (7.50)

$$2^{mR} \cdot 2^{-m(1-H(p_\varepsilon))}$$

durch geeignete Wahl von ε_1, und m groß genug, stets kleiner als eine vorgegebene Schranke δ_2 halten. Wir haben somit gezeigt, daß der Erwartungswert von $\mathbf{P}_f$ bei $R < C$, durch eine geeignete Wahl von ε_1 und m, unter einer vorgegebenen Schranke gehalten werden kann. Da diese Aussage für den Erwartungswert von $\mathbf{P}_f$ über alle zufälligen Codierungen hinweg gilt, muß es mindestens einen Code geben, für den sie gilt. Somit haben wir die Existenz eines Codes, der unsere Forderung erfüllt, nachgewiesen.

Wir wollen unseren Beweisgang noch einmal zusammenfassen. Wir haben mit einer Betrachtung der Zufallscodierung begonnen und festgelegt, wie diese jeweils durchgeführt wird. Wir haben dann eine einfache Decodierungsstrategie angegeben. Für einen zufällig gewählten Code haben wir dann die Fehlerwahrscheinlichkeit P_f in Abhängigkeit der Wahrscheinlichkeiten bestimmter Ereignisse aufgestellt. Diese bestand aus zwei Termen. Den ersten Term konnten wir nach oben abschätzen. Wir bildeten dann den Erwartungswert der Fehlerwahrscheinlichkeit P_f über alle Codierungen hinweg und zeigten, daß es mindestens eine zufällige Codierung geben muß, für die diese Abschätzung gilt. Somit zeigten wir, daß wenn die Informationsrate kleiner als die Kanalkapazität gewählt wird, es einen Code gibt, der die Fehlerwahrscheinlichkeit unter einer gewünschten Schranke hält. Je geringer wir die Fehlerwahrscheinlichkeit haben wollen, desto höher müssen wir die Länge des Blockcodes wählen, wobei wir die Kugel für unsere Entscheidungsstrategie entsprechend wählen.

Der Kanalcodierungssatz gibt nicht den gewünschten Code explizit an, sondern besagt nur, daß dieser existiert. Seine Aussage ist jedoch überraschend und zugleich bedeutend, denn sie zeigt die Möglichkeiten und Grenzen der Kanalcodierung.

Beispiel 7.34

Wir betrachten den binären symmetrischen Kanal mit der Fehlerwahrscheinlichkeit $p = 0,99$. Aus Beispiel 4.12 haben wir

$$C = 1 + (1 - p) \operatorname{ld}(1 - p) + p \operatorname{ld} p$$
$$= 1 - H(p) = 0,9192.$$

Wir wählen $R = 0,91$ und erhalten

$$C - R = 0,0092.$$

Wir wollen $\delta_2 = 0,001$ haben, d.h.

$$0,001 \geq q \cdot 2^{-mC_\epsilon}$$
$$0,001 \geq 2^{mR} \cdot 2^{-mC_\epsilon} = 2^{-m(C_\epsilon - R)}$$
$$\text{ld}\, 0,001 \geq -m(C_\epsilon - R)$$
$$\frac{9,9658}{m} \leq C_\epsilon - R = C_\epsilon - 0,091.$$

Wir können nun C_ϵ maximal gegen C gehen lassen, d.h. die rechte Seite maximal gleich $0,0092$ machen. Dies bedeutet, daß wir m mindestens gleich 1083 wählen müssen, um unsere Forderung zu erfüllen.

7.6 Aufgaben zu Kapitel 7

Aufgabe 7.1

(a) Was versteht man unter dem Äbstand zwischen zwei Codewörtern", und welcher Zusammenhang ergibt sich mit dem Begriff "Hamming-Distanzëines Codes?

(b) Bestimmen Sie für die nachfolgend aufgeführten Codewörter die Hamming-Distanz und machen Sie eine Aussage, wieviele Fehler stets erkannt werden können.

A 00000

B 11010

C 01101

D 10110

Lösung 7.1

(a) Unter dem Abstand zwischen zwei Codewörtern versteht man die Anzahl der Stellen, in denen sich die beiden Codewörter unterscheiden. Die Hamming-Distanz d wird ermittelt, indem man den minimalen Abstand $d = \min d(u, v)$ über alle Paare von Codewörtern (u, v) bestimmt.

(b) Zwischen den 4 Codewörtern müssen jeweils in mindestens 2 Stellen Veränderungen eintreten, um sie ineinander zu überführen, d.h. die Hamming-Distanz ergibt sich zu $d = 2$, und somit ist ein Fehler stets erkennbar.

Aufgabe 7.2

(a) Geben Sie die Generatormatrix G und die Prüfmatrix H eines systematischen Codes in der kanonischen Form an, und zeigen Sie den Zusammenhang zwischen ihnen auf.

(b) Stellen Sie an einem Beispiel dar, wie sich ein Codewort aus einem gegebenen Informationswort und der Generatormatrix des Codes ergibt.

Lösung 7.2

(a) Zwischen den Matrizen

$$G = [E_n \vdots P]$$

und

$$H = [-P^T \vdots E_{m-n}]$$

besteht folgender Zusammenhang

$$GH^T = [E_n \vdots P] \begin{bmatrix} -P \\ \cdots \\ E_{m-n} \end{bmatrix}$$
$$= -E_n \cdot P + P \cdot E_{m-n} = 0.$$

E_n ist hierbei eine $(n \times n)$ Einheitsmatrix und P eine beliebige $n \times (m - n)$ Matrix.

(b) Es gilt

$$w = \sum_{i=1}^{n} a_i g_i.$$

Als Beispiel ergibt sich für den Buchstaben e aus dem Teletex-Schriftsatz folgendes Informationswort

01100101   (8 Stellen),

dieses wird mit der folgenden Generatormatrix

$$G = \begin{bmatrix} 1\,0\,0\,0\,0\,0\,0\,0 & 1\,1\,0\,0 \\ 0\,1\,0\,0\,0\,0\,0\,0 & 1\,0\,1\,0 \\ 0\,0\,1\,0\,0\,0\,0\,0 & 1\,0\,0\,1 \\ 0\,0\,0\,1\,0\,0\,0\,0 & 0\,1\,1\,0 \\ 0\,0\,0\,0\,1\,0\,0\,0 & 0\,1\,0\,1 \\ 0\,0\,0\,0\,0\,1\,0\,0 & 0\,0\,1\,1 \\ 0\,0\,0\,0\,0\,0\,1\,0 & 1\,1\,1\,0 \\ 0\,0\,0\,0\,0\,0\,0\,1 & 0\,1\,1\,1 \end{bmatrix}$$

multipliziert und ergibt somit das 12-stellige Codewort:

$$w = (01100101|0111).$$

Aufgabe 7.3

Ein zyklischer Code C ist durch sein Generatorpolynom $g(x)$ und die Blocklänge m festgelegt. Es sei

$$g(x) = x^4 + x + 1 \text{ und } m = 15$$

vorgegeben.

(a) Stellen Sie die Generatormatrix G auf.

(b) Wie lang ist ein Codewort aus dem Code C?

(c) Wieviele Informationsstellen und wieviele Prüfstellen hat ein Codewort?

(d) Codieren Sie die folgende Nachricht a,

$$a = (10010111000).$$

Lösung 7.3

(a) Wir haben $k = 4$, $m = 15$ und $n = m - k = 11$. Die Generatormatrix G ist eine (11×15)-Matrix.

$$G = \begin{bmatrix} x^{n-1} \cdot g(x) \\ \vdots \\ x \cdot g(x) \\ g(x) \end{bmatrix} = \begin{bmatrix} x^{10} \cdot g(x) \\ \vdots \\ x \cdot g(x) \\ g(x) \end{bmatrix}$$

$$= \begin{bmatrix} 1\,0\,0\,1\,1\,0\,0\,0\,0\,0\,0\,0\,0\,0\,0 \\ 0\,1\,0\,0\,1\,1\,0\,0\,0\,0\,0\,0\,0\,0\,0 \\ 0\,0\,1\,0\,0\,1\,1\,0\,0\,0\,0\,0\,0\,0\,0 \\ 0\,0\,0\,1\,0\,0\,1\,1\,0\,0\,0\,0\,0\,0\,0 \\ 0\,0\,0\,0\,1\,0\,0\,1\,1\,0\,0\,0\,0\,0\,0 \\ 0\,0\,0\,0\,0\,1\,0\,0\,1\,1\,0\,0\,0\,0\,0 \\ 0\,0\,0\,0\,0\,0\,1\,0\,0\,1\,1\,0\,0\,0\,0 \\ 0\,0\,0\,0\,0\,0\,0\,1\,0\,0\,1\,1\,0\,0\,0 \\ 0\,0\,0\,0\,0\,0\,0\,0\,1\,0\,0\,1\,1\,0\,0 \\ 0\,0\,0\,0\,0\,0\,0\,0\,0\,1\,0\,0\,1\,1\,0 \\ 0\,0\,0\,0\,0\,0\,0\,0\,0\,0\,1\,0\,0\,1\,1 \end{bmatrix}$$

(b) Ein Codewort aus C ist 15 Bit lang.

(c) Ein Codewort hat 11 Informationsstellen und 4 Prüfstellen.

(d) Aus $a = (10010111000)$ ergibt sich das Polynom $a(x)$:

$$a(x) = x^{10} + x^7 + x^5 + x^4 + x^3.$$

Nach der Codierungsvorschrift (7.30) erhält man das Codepolynom $v(x)$:

$$\begin{aligned} v(x) &= a(x) \cdot g(x) \\ &= (x^{10} + x^7 + x^5 + x^4 + x^3) \cdot (x^4 + x + 1) \\ &= x^{14} + x^{11} + x^9 + x^8 + x^7 + x^{11} + x^8 + x^6 + x^5 + x^4 + x^{10} + x^7 + x^5 + x^4 + x^3 \\ &= x^{14} + x^{10} + x^9 + x^6 + x^3, \end{aligned}$$

das zugehörige Codewort lautet (100011001001000).

Aufgabe 7.4

(a) Codieren Sie das Wort **FernUniversität** mit dem Teletex-Schriftzeichensatz (siehe Bild 1.18). Listen Sie die Codewörter untereinander auf. Bilden Sie zeilenweise die Quersumme Modulo 2 und fügen Sie ein Bit hinzu, um eine gerade Parität zu erhalten. Bestimmen Sie ebenfalls das zusätzliche Codewort, das sich bei der spaltenweisen Bildung von gerader Parität ergibt.

(b) Bei der Übertragung des Wortes aus a) treten 4 Fehler auf. Das Codewort des ersten Buchstaben e wird in der 5. und 6. Stelle und das Codewort des Buchstaben n in der 7. und 8. Stelle verfälscht.

    i. Wie lautet die fehlerhaft empfangene Nachricht? Zeigen Sie die Stellen auf, an denen die Parität verletzt wird.

    ii. Wird der Übertragungsfehler erkannt?

    iii. Kann der Fehler korrigiert werden?

(c) Gegeben ist die folgende Prüfmatrix H:

$$H = \begin{bmatrix} 1\,1\,1\,0\,0\,0\,1\,0 & 1\,0\,0\,0 \\ 1\,0\,0\,1\,1\,0\,1\,1 & 0\,1\,0\,0 \\ 0\,1\,0\,1\,0\,1\,1\,1 & 0\,0\,1\,0 \\ 0\,0\,1\,0\,1\,1\,0\,1 & 0\,0\,0\,1 \end{bmatrix}$$

    i. Bestimmen Sie hieraus die für die Codierung erforderliche Generatormatrix G, mit der der Teletex-Schriftzeichensatz codiert werden soll.

    ii. Bei der Übertragung eines Buchstaben e bzw. n treten die gleichen Fehler wie in b) auf. Wie lauten die fehlerhaften für e und n empfangenen Wörter?

    iii. Ausgehend von den empfangenen fehlerhaften Wörtern soll jeweils das nach dem Maximum-Likelihood Verfahren ähnlichste Codewort bestimmt werden. Welches Wort ergibt sich nun?

(d) Die Prüfmatrix H aus c) wird nun folgerndermaßen erweitert:

$$H = \begin{bmatrix} 1\,1\,1\,0\,0\,0\,1\,0 & 1\,0\,0\,0\,0 \\ 1\,0\,0\,1\,1\,0\,1\,1 & 0\,1\,0\,0\,0 \\ 0\,1\,0\,1\,0\,1\,1\,1 & 0\,0\,1\,0\,0 \\ 0\,0\,1\,0\,1\,1\,0\,1 & 0\,0\,0\,1\,0 \\ 1\,1\,1\,1\,1\,1\,1\,1 & 1\,1\,1\,1\,1 \end{bmatrix}$$

    i. Wie groß ist jetzt die Hamming-Distanz d des Codes?

    ii. Können hiermit die in c) angesprochenen Fehler korrigiert werden?

Lösung 7.4

(a)

		Zeilenparität
F	0 1 0 0 0 1 1 0	1
e	0 1 1 0 0 1 0 1	0
r	0 1 1 1 0 0 1 0	0
n	0 1 1 0 1 1 1 0	1
U	0 1 0 1 0 1 0 1	0
n	0 1 1 0 1 1 1 0	1
i	0 1 1 0 1 0 0 1	0
v	0 1 1 1 0 1 1 0	1
e	0 1 1 0 0 1 0 1	0
r	0 1 1 1 0 0 1 0	0
s	0 1 1 1 0 0 1 1	1
i	0 1 1 0 1 0 0 1	0
t	0 1 1 1 0 1 0 0	0
ä	1 1 1 1 0 0 0 1	1
t	0 1 1 1 0 1 0 0	0
	1 1 1 0 0 1 1 1	0 ← Spaltenparität

$$\downarrow \downarrow \quad \text{Zeilenparität}$$

e' 0 1 1 0 1 **0** 0 1   0   Zeilenparität keine Änderung

$$\downarrow \downarrow$$

n' 0 1 1 0 1 1 **0 1**   1

$$\downarrow \downarrow \downarrow \downarrow$$

1 1 1 0 1 **0 0 0**   Änderung in der Spaltenparität

Aus e wird i und aus n wird m.

Empfangene Nachricht:

FirmUniversität

ii. Der Fehler wird erkannt.

iii. Der Fehler kann jedoch nicht korrigiert werden.

(c) i.

$$G = \begin{bmatrix} 1\,0\,0\,0\,0\,0\,0\,0 & 1\,1\,0\,0 \\ 0\,1\,0\,0\,0\,0\,0\,0 & 1\,0\,1\,0 \\ 0\,0\,1\,0\,0\,0\,0\,0 & 1\,0\,0\,1 \\ 0\,0\,0\,1\,0\,0\,0\,0 & 0\,1\,1\,0 \\ 0\,0\,0\,0\,1\,0\,0\,0 & 0\,1\,0\,1 \\ 0\,0\,0\,0\,0\,1\,0\,0 & 0\,0\,1\,1 \\ 0\,0\,0\,0\,0\,0\,1\,0 & 1\,1\,1\,0 \\ 0\,0\,0\,0\,0\,0\,0\,1 & 0\,1\,1\,1 \end{bmatrix}.$$

ii. $e \doteq 01100101$ im Teletex-Schriftzeichensatz.

Daraus wird das gesendete Codewort folgendermaßen bestimmt:

$$(01100101) \cdot G = 01100101\dot{:}0111$$

entsprechend ergibt sich für n

$$01101110\dot{:}1011.$$

Folgende fehlerhaften Wörter werden empfangen:

$$e' \doteq 01101001\dot{:}0111$$

$$n' \doteq 01101101\dot{:}1011$$

iii. Die in ii) empfangenen Wörter sind keine Codewörter. Es werden deshalb die zu diesen Wörtern ähnlichsten Codewörter für die Bestimmung der empfangenen Nachricht gewählt.

e' 0 1 1 **0** 1 0 0 1 : 0 1 1 1

$\downarrow$ $\downarrow$

y 0 1 1 **1** 1 0 0 1 : 0 1 1 1

n' 0 1 1 **0** 1 1 0 1 : 1 0 1 1

$\downarrow$ $\downarrow$

M 0 1 0 **0** 1 1 0 1 : 1 0 1 1

Empfangene Nachricht:

FyrMUniversität

(d) i. $d = 4$

ii. $t \leq \dfrac{d-1}{2} = \dfrac{3}{2}$

Es kann also nur 1 Fehler korrigiert werden.

Aufgabe 7.5

Ein zyklischer Code C mit dem Generatorpolynom

$$g(x) = x^4 + x + 1$$

$$g(x) = x^4 + x + 1$$

und der Blocklänge $m = 15$ ist vorgegeben.

(a) Ermitteln Sie das entsprechende Kontrollpolynom $h(x)$.

(b) Codieren Sie eine Nachricht $a = (10100000001)$ in den zyklischen Code.

(c) Es wurde beim Empfänger das Wort

$$w = (110101000000000)$$

empfangen. Ist w ein Codewort? Falls ja, decodieren Sie es. Ist diese Nachricht fehlerfrei übertragen worden? Decodieren Sie im Fall der fehlerfreien Übertragung diese Nachricht.

Lösung 7.5

(a) Das zugehörige Kontrollpolynom $h(x)$ ergibt sich aus (7.28).

$$h(x) = \frac{x^{15} - 1}{x^4 + x + 1} = x^{11} + x^8 + x^7 + x^5 + x^3 + x^2 + x + 1.$$

Der Rechenvorgang wird im folgenden ausführlich dargestellt.

$$
\begin{array}{l}
\; x^{11} \;+\, x^8 \;+\, x^7 \;+\, x^5 \;+\, x^3 \;+\, x^2 \;+\, x \;+\, 1 \\
x^4 + x + 1 \,\big|\, x^{15} \phantom{+ x^{12} + x^{11}} - 1 \\
\; \underline{x^{15} + x^{12} + x^{11}} \\
\phantom{x^4 + x + 1 \big|x^{15}}\; + x^{12} + x^{11} - 1 \\
\phantom{x^4 + x + 1 \big|x^{15}}\; \underline{x^{12} \phantom{+ x^{11}} + x^9 + x^8} \\
\phantom{x^4 + x + 1 \big|x^{15} + x^{12}}\; + x^{11} + x^9 + x^8 - 1 \\
\phantom{x^4 + x + 1 \big|x^{15} + x^{12}}\; \underline{x^{11} + x^8 + x^7} \\
\phantom{x^4 + x + 1 \big|x^{15} + x^{12} + x^{11}}\; + x^9 + x^7 - 1 \\
\phantom{x^4 + x + 1 \big|x^{15} + x^{12} + x^{11}}\; \underline{x^9 + x^6 + x^5} \\
\phantom{x^4 + x + 1 \big|x^{15} + x^{12} + x^{11} + x^9}\; + x^7 + x^6 + x^5 - 1 \\
\phantom{x^4 + x + 1 \big|x^{15} + x^{12} + x^{11} + x^9}\; \underline{x^7 + x^4 + x^3} \\
\phantom{x^4 + x + 1 \big|x^{15} + x^{12} + x^{11} + x^9 + x^7}\; + x^6 + x^5 + x^4 + x^3 - 1 \\
\phantom{x^4 + x + 1 \big|x^{15} + x^{12} + x^{11} + x^9 + x^7}\; \underline{x^6 + x^3 + x^2} \\
\phantom{x^4 + x + 1 \big|x^{15} + x^{12} + x^{11} + x^9 + x^7 + x^6}\; + x^5 + x^4 + x^2 - 1 \\
\phantom{x^4 + x + 1 \big|x^{15} + x^{12} + x^{11} + x^9 + x^7 + x^6}\; \underline{x^5 + x^2 + x} \\
\phantom{x^4 + x + 1 \big|x^{15} + x^{12} + x^{11} + x^9 + x^7 + x^6 + x^5}\; + x^4 + x - 1 \\
\phantom{x^4 + x + 1 \big|x^{15} + x^{12} + x^{11} + x^9 + x^7 + x^6 + x^5}\; \underline{x^4 + x + 1} \\
\phantom{x^4 + x + 1 \big|x^{15} + x^{12} + x^{11} + x^9 + x^7 + x^6 + x^5 + x^4 + x + 1}\; 0
\end{array}
$$

(b) Das zugehörige Polynom $a(x)$ lautet

$$a(x) = x^{10} + x^8 + 1.$$

Das Codepolynom ergibt sich zu

$$
\begin{aligned}
v(x) &= a(x) \cdot g(x) = (x^{10} + x^8 + 1) \cdot (x^4 + x + 1) \\
&= x^{14} + x^{12} + x^4 \\
&\quad + x^{11} + x^9 + x \\
&\quad + x^{10} + x^8 + 1 \\
&= x^{14} + x^{12} + x^{11} + x^{10} + x^9 + x^8 + x^4 + x + 1.
\end{aligned}
$$

Das Codewort lautet (101111100010011).

(c) Man überprüft das Wort w mit Hilfe des Kontrollpolynoms $h(x)$. Aus

$$w = (110101000000000)$$

folgt

$$w(x) = x^{14} + x^{13} + x^{11} + x^9.$$

Die Multiplikation von $w(x)$ mit $h(x)$ liefert

$$
\begin{aligned}
w(x) \cdot h(x) &= (x^{14} + x^{13} + x^{11} + x^9) \cdot (x^{11} + x^8 + x^7 + x^5 + x^3 + x^2 + x + 1) \\
&= x^{25} + x^{22} + x^{21} + x^{19} + x^{17} + x^{16} + x^{15} + x^{14} + \\
&\quad\; x^{24} + x^{21} + x^{20} + x^{18} + x^{16} + x^{15} + x^{14} + x^{13} + \\
&\quad\; x^{22} + x^{19} + x^{18} + x^{16} + x^{14} + x^{13} + x^{12} + x^{11} +
\end{aligned}
$$

$$x^{20} + x^{17} + x^{16} + x^{14} + x^{12} + x^{11} + x^{10} + x^9$$
$$= x^{25} + x^{24} + x^{10} + x^9$$
$$= x^{10} + 1 + x^9 + 1 + x^{10} + x^9 = 0.$$

Dies zeigt, daß w ein Codewort ist. Um es zu decodieren, dividiert man $w(x)$ durch das Generatorpolynom $g(x)$,

$$\frac{w(x)}{g(x)} = \frac{x^{14} + x^{13} + x^{11} + x^9}{x^4 + x + 1}$$
$$= x^{10} + x^9$$

und erhält die Nachricht

(11000000000).

Der Rechenvorgang ist wie folgt dargestellt.

$$
\begin{array}{rl}
& x^{10} \quad\; +x^9 \\
x^4 + x + 1\; \Big|\; & \overline{x^{14} +x^{13} +x^{11} +x^9} \\
& \underline{x^{14} \quad\;\;\; +x^{11} +x^{10}} \\
& \quad\; x^{13} \quad\;\; +x^{10} +x^9 \\
& \quad\; \underline{x^{13} \quad\;\; +x^{10} +x^9} \\
& \qquad\qquad\qquad\quad 0
\end{array}
$$

Aufgabe 7.6

Vorgegeben ist das primitive Polynom $g_1(x)$

$$g_1(x) = x^7 + x^3 + 1 \, .$$

Bestimmen Sie das entsprechende Generatorpolynom $g(x)$ für einen Abramson-Code mit der Hamming-Distanz $d = 4$.

Lösung 7.6

Das gesuchte Generatorpolynom wird wie folgt bestimmt,

$$g(x) = g_1(x) \cdot (x + 1)$$
$$= (x^7 + x^3 + 1) \cdot (x + 1)$$
$$= x^8 + x^4 + x + x^7 + x^3 + 1$$
$$= x^8 + x^7 + x^4 + x^3 + x + 1 \, .$$

Aufgabe 7.7

Im Beispiel 7.27 des Kapitels 7 sind für das vorgegebene Polynom $g_1(x)$ die Polynome $g_2(x)$ und $g_3(x)$ für eine Korrekturfähigkeit $t = 3$ bestimmt.

$$g_1(x) = x^4 + x + 1$$
$$g_2(x) = x^4 + x^3 + x^2 + x + 1$$
$$g_3(x) = x^2 + x + 1$$

(a) Bestimmen Sie nun für eine Korrekturfähigkeit $t = 4$ das Polynom $g_4(x)$.

(b) Stellen Sie jeweils die Anzahl der Codewörter und die Effizienz für die folgenden Generatorpolynome auf.

   i. $g(x) = g_1(x)$
   ii. $g(x) = g_1(x) \cdot g_2(x)$
   iii. $g(x) = g_1(x) \cdot g_2(x) \cdot g_3(x)$
   iv. $g(x) = g_1(x) \cdot g_2(x) \cdot g_3(x) \cdot g_4(x)$

(c) Bestimmen Sie für $g(x) = g_1(x) \cdot g_2(x) \cdot g_3(x) \cdot g_4(x)$ die Codewörter.

Lösung 7.7

(a) Wir bestimmen $g_4(x)$ mit dem Ansatz

$$g_4(x) = ax^4 + bx^3 + cx^2 + dx + e \, .$$

Wir erhalten für $g_4(\alpha^7) = 0$

$$g_4(\alpha^7) = a\alpha^{28} + b\alpha^{21} + c\alpha^{14} + d\alpha^7 + e = 0,$$

wobei

$$\alpha^7 = \alpha^7 = \alpha^4 \cdot \alpha^3 = (\alpha + 1)\alpha^3$$
$$= \alpha^4 + \alpha^3 = \alpha^3 + \alpha + 1,$$
$$\alpha^{14} = (\alpha^7)^2 = (\alpha + 1)^2 \cdot \alpha^6 = (\alpha^2 + 1)(\alpha^3 + \alpha^2),$$
$$= \alpha^5 + \alpha^4 + \alpha^3 + \alpha^2 = (\alpha^2 + \alpha) + (\alpha + 1) + \alpha^3 + \alpha^2$$
$$= \alpha^3 + 1,$$
$$\alpha^{21} = \alpha^{14} \cdot \alpha^7 = (\alpha^3 + 1)(\alpha^3 + \alpha + 1)$$
$$= \alpha^6 + \alpha^4 + \alpha^3 + \alpha^3 + \alpha + 1$$
$$= (\alpha^3 + \alpha^2) + (\alpha + 1) + \alpha + 1 = \alpha^3 + \alpha^2,$$
$$\alpha^{28} = \alpha^{14} \cdot \alpha^{14} = (\alpha^3 + 1) \cdot (\alpha^3 + 1) = \alpha^6 + 1 = \alpha^3 + \alpha^2 + 1.$$

Wir erhalten somit

$$g_4(\alpha^7) = a(\alpha^3 + \alpha^2 + 1) + b(\alpha^3 + \alpha^2) + c(\alpha^3 + 1) + d(\alpha^3 + \alpha + 1) + e$$
$$= (a + b + c + d)\alpha^3 + (a + b)\alpha^2 + d\alpha + (a + c + d + e)$$
$$\overset{!}{=} 0$$

und

$$\begin{cases} a + b + c + d = 0 \\ a + b = 0 \\ d = 0 \\ a + c + d + e = 0 \,. \end{cases}$$

Die nichttriviale Lösung lautet

$$\begin{cases} a = 1 \\ b = 1 \\ c = 0 \\ d = 0 \\ e = 1 \,. \end{cases}$$

Das Polynom $g_4(x)$ ergibt sich zu

$$g_4(x) = x^4 + x^3 + 1.$$

(b) Die Anzahl der Codewörter und die Effizienz

	Polynom	k_1	k	m $= 2^{k_1} - 1$	n $= m - k$	Effizienz $\dfrac{n}{m}$	Anzahl der Codewörter
(a)	$g_1(x)$	4	4	15	11	$\dfrac{11}{15}$	2^{11}
(b)	$g_1(x) \cdot g_2(x)$	4	8	15	7	$\dfrac{7}{15}$	2^7
(c)	$g_1(x) \cdot g_2(x) \cdot g_3(x)$	4	10	15	5	$\dfrac{5}{15} = \dfrac{1}{3}$	2^5
(d)	$g_1(x) \cdot g_2(x) \cdot g_3(x) \cdot g_4(x)$	4	14	15	1	$\dfrac{1}{15}$	2^1

(c) Das Generatorpolynom $g(x)$ lautet

$$g(x) = (x^4 + x + 1)(x^4 + x^3 + x^2 + x + 1)$$
$$(x^2 + x + 1)(x^4 + x^3 + 1)$$
$$= x^{14} + x^{13} + x^{12} + x^{11} + x^{10} + x^9 + x^8$$
$$+ x^7 + x^6 + x^5 + x^4 + x^3 + x^2 + x + 1.$$

Die Generatormatrix ist eine $(1, 15)$-Matrix. Somit erhalten wir nur zwei Codewörter (000000000000000) und (111111111111111).

Aufgabe 7.8

Erstellen Sie einen BCH-Code mit dem Polynom $g_1(x) = x^3 + x + 1$, der mindestens zwei Fehler korrigieren kann. Welchen Grad hat das Generatorpolynom $g(x)$? Welche Blocklänge und wieviele Codewörter hat der Code?

Lösung 7.8

Wegen $t = 2$ lautet das Generatorpolynom

$$g(x) = g_1(x) \cdot g_2(x).$$

Es sei $\alpha \in GF(2^3)$ eine Wurzel des Polynoms $g_1(x)$. Wir bestimmen $g_2(x)$ mit dem Ansatz

$$g_2(x) = ax^3 + bx^2 + cx + d$$

und

$$g_2(\alpha^3) = 0.$$
$$g_2(\alpha^3) = a\alpha^9 + b\alpha^6 + c\alpha^3 + d,$$

wobei

$$\alpha^3 = \alpha + 1\,,$$
$$\alpha^6 = (\alpha^3)^2 = (\alpha + 1)^2 = \alpha^2 + 1\,,$$
$$\alpha^9 = \alpha^6 \cdot \alpha^3 = (\alpha^2 + 1) \cdot (\alpha + 1) = \alpha^3 + \alpha + 1 + \alpha^2$$
$$= \alpha^2.$$

Aus

$$g_2(\alpha^3) = a\alpha^2 + b(\alpha^2 + 1) + c(\alpha + 1) + d$$
$$= (a + b)\alpha^2 + c\alpha + (b + c + d) = 0$$

folgt

$$\begin{cases} a + b = 0 \\ c = 0 \\ b + c + d = 0. \end{cases}$$

Die Lösungen sind $a = b = d = 1$, $c = 0$. Das Generatorpolynom ergibt sich zu

$$g(x) = (x^3 + x + 1)(x^3 + x^2 + 1)$$
$$= x^6 + x^5 + x^4 + x^3 + x^2 + x + 1.$$

Das Polynom $g(x)$ hat den Grad $k = 6$. Der BCH-Code hat die Blocklänge $m = 2^3 - 1 = 7$. Die Anzahl der Codewörter beträgt nun $2^1 = 2$. Die Zwei Codewörter sind

$$(0000000) \quad \text{und} \quad (1111111).$$

Aufgabe 7.9

Vorgegeben ist die Koeffizientenmatrix eines Faltungscodes

$$g = \begin{bmatrix} 0\ 1\ 1\ 0 \\ 1\ 0\ 1\ 0 \\ 1\ 1\ 0\ 0 \end{bmatrix}.$$

(a) Bestimmen Sie die Einflußtiefe des Faltungscodes.

(b) Skizzieren Sie die zugehörige Codierschaltung.

Lösung 7.9

(a) Man entnimmt der Koefizientenmatrix den Wert von K und R,

$$K = 4 \quad \text{und} \quad R = 3\,.$$

Die Einflußtiefe betägt somit $K \cdot R = 12$.

(b) Die zugehörige Codierschaltung sieht wie folgt aus:

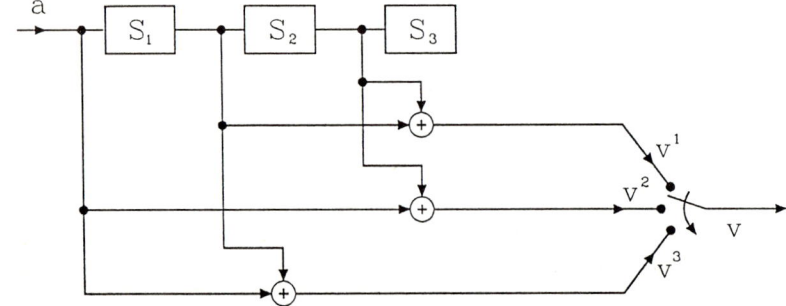

Aufgabe 7.10
Es sei die folgende Codierschaltung für einen Faltungscode vorgegeben.

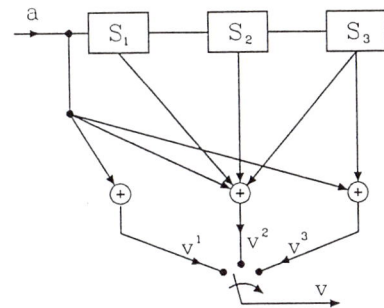

(a) Stellen Sie die Koeffizientenmatrix g auf und ermitteln Sie alle Speicherzustände.

(b) Vervollständigen Sie die Tabelle(siehe nächste Seite).

(c) Erstellen Sie das Codediagramm bis zum Abstand 4 von dem Ursprungsknoten.

(d) Erstellen Sie das entsprechende Trellis-Diagramm.

(e) Geben Sie die Zustandsdarstellung des Codes an.

(f) Decodieren Sie gemäß dem Viterbi-Algorithmus die empfangene Bitfolge
$v = (101001110111001110011)$, wobei bekannt ist, daß die letzten drei gesendeten Symbole Null sind.

Die Tabelle zu (b)

Eingang	Zustand $S_1 S_2 S_3$	Ausgang $v^1 v^2 v^3$	neuer Zustand $S_1 S_2 S_3$
0	$a = 000$	000	$a = 000$
1	$a = 000$	111	$b = 100$
0	$b = 100$	010	
1	$b = 100$		
0	$c = 010$		
1	$c = 010$		
0	$d = 110$		
1	$d = 110$		
0	$e = 001$		
1	$e = 001$		
0	$f = 101$		
1	$f = 101$		
0	$g = 011$		
1	$g = 011$		
0	$h = 111$		
1	$h = 111$		

Lösung 7.10
(a) Mit $K = 4$ und $R = 3$, erhalten wir für die Koeffizientenmatrix

$$g = \begin{bmatrix} 1 & 0 & 0 & 0 \\ 1 & 1 & 1 & 1 \\ 1 & 0 & 0 & 1 \end{bmatrix}$$

Die Anzahl der Speicherzustände sind insgesamt $8 (= 2^3)$.

a	000	e	001
b	100	f	101
c	010	g	011
d	110	h	111

(b) Die vollständige Tabelle lautet:

Eingang	Zustand $S_1 S_2 S_3$	Ausgang $v^1 v^2 v^3$	neuer Zustand $S_1 S_2 S_3$
0	$a = 000$	000	$a = 000$
1	$a = 000$	111	$b = 100$
0	$b = 100$	010	$c = 010$
1	$b = 100$	101	$d = 110$
0	$c = 010$	010	$e = 001$
1	$c = 010$	101	$f = 101$
0	$d = 110$	000	$g = 011$
1	$d = 110$	111	$h = 111$
0	$e = 001$	011	$a = 000$
1	$e = 001$	100	$b = 100$
0	$f = 101$	001	$c = 010$
1	$f = 101$	110	$d = 110$
0	$g = 011$	001	$e = 001$
1	$g = 011$	110	$f = 101$
0	$h = 111$	011	$g = 011$
1	$h = 111$	100	$h = 111$

(c) Das Codediagramm sieht so aus:

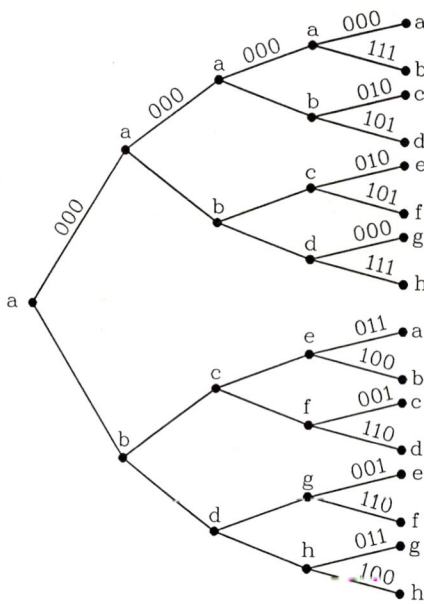

(d) Das entsprechende Trellis-Diagramm:

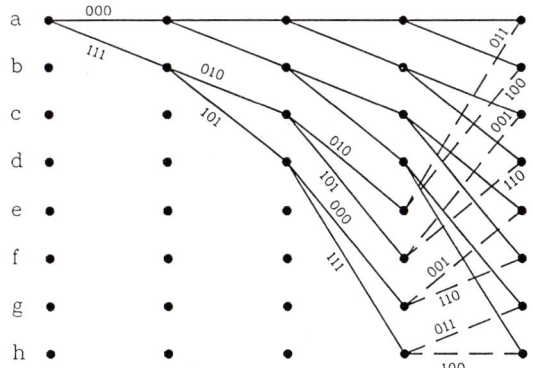

(e) Das Zustandsdiagramm sieht wie folgt aus:

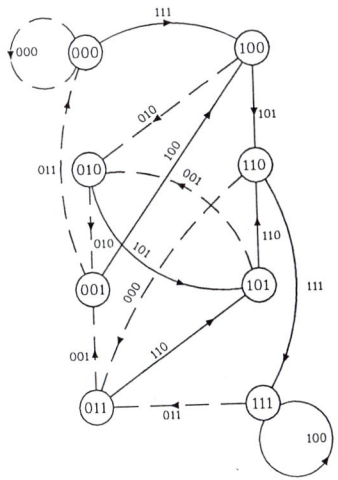

(f) Das Trellis-Diagramm unter der Annahme, daß vom Zustand (000) begonnen wurde und die letzten drei gesendeten Symbole Null waren, sieht wie folgt aus:

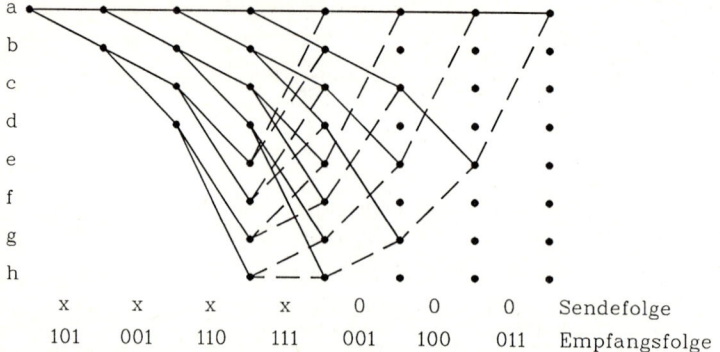

	x	x	x	x	0	0	0	Sendefolge
	101	001	110	111	001	100	011	Empfangsfolge

Nach dem 4. Schritt des Viterbi-Algorithmus sieht das Trellis-Diagramm so aus:

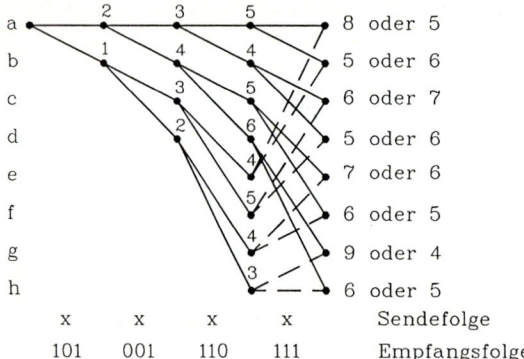

	x	x	x	x	Sendefolge
	101	001	110	111	Empfangsfolge

Nach dem 5. Schritt:

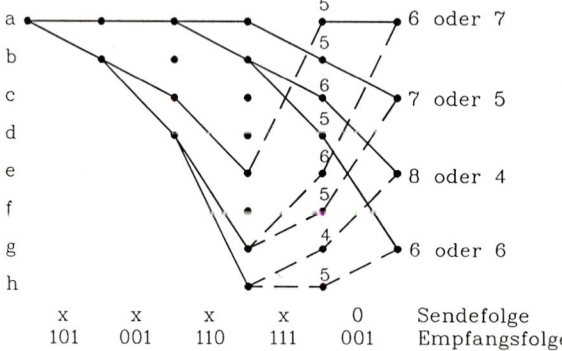

	x	x	x	x	0	Sendefolge
	101	001	110	111	001	Empfangsfolge

Nach dem 6. Schritt:

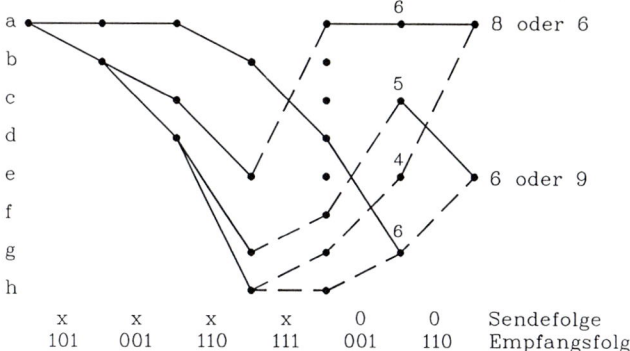

x	x	x	x	0	0	Sendefolge
101	001	110	111	001	110	Empfangsfolge

Nach dem 7. Schritt:

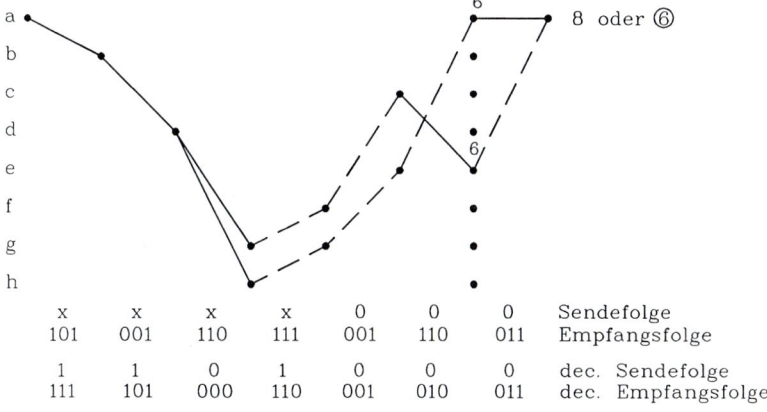

x	x	x	x	0	0	0	Sendefolge
101	001	110	111	001	110	011	Empfangsfolge
1	1	0	1	0	0	0	dec. Sendefolge
111	101	000	110	001	010	011	dec. Empfangsfolge

8 Leitungscodierung

Im letzten Kapitel haben wir für den Kanal ein Modell zugrunde gelegt, das nur die statistischen Eigenschaften des Kanals berücksichtigt.Tatsächlich werden die Symbole des Codealphabets auf dem Kanal als physikalische Größen, wie Strom oder Spannung übertragen. Die physikalischen Eigenschaften des Kanals können, wie in der klassischen Nachrichtentechnik, durch ein deterministisches, systemtheoretisches Modell berücksichtigt werden. Es ist auch üblich, Modelle, die sowohl statistische als auch physikalische Eigenschaften berücksichtigen, zu verwenden. In diesem Kapitel wenden wir uns einem physikalisch relevanten Aspekt der Codierung, nämlich der Leitungscodierung, zu.

Die Umwandlung der Quellensymbole einer diskreten Nachrichtenquelle in Signale, die über den physikalischen Kanal übertragen werden, führt in das Gebiet der analogen Übertragungstechnik. Wir wenden uns deshalb lediglich dem Umwandeln der Quellensymbole in zwei oder mehrstufige Impulse für die Übertragung auf der Leitung, der sogenannten "Leitungscodierung", zu. Wir wollen somit insbesondere die Modulation mit einem sinusförmigen Träger nicht näher betrachten.

Die Kommunikationsstrecke, die wir nunmehr betrachten hat somit folgende Gestalt:

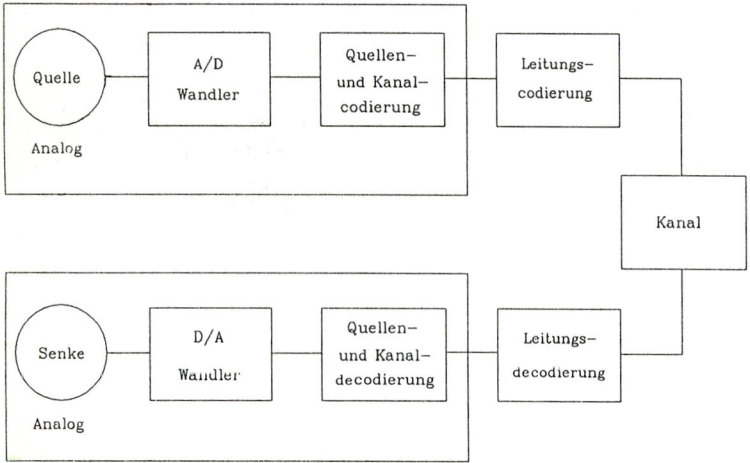

8.1 Anforderungen an Leitungscodes

Bisher haben wir den Kanal lediglich über seine statistischen Eigenschaften modelliert. Tatsächlich werden die Symbole des Codealphabets in Form von physikalischen Größen als Signale auf dem Kanal übertragen. Diese werden an die physikalischen Eigenschaften des Kanals (wie Bandbreite, Frequenzverlauf u.s.w.) angepaßt. Eine solche Anpassung wird allgemein als **Modulation** bezeichnet. Häufig verwendet man sinusförmige oder pulsförmige Signale, deren charakteristische Parameter (wie z.B. Amplitude, Frequenz, Dauer u.s.w.) entsprechend dem jeweils vorliegenden Symbol des Codealphabets variiert werden; man spricht dann von Modulation mit einem Träger. Typische Beispiele solcher

Modulationsverfahren, die dem Leser aus den Grundvorlesungen her bekannt sein dürften, sind Pulsamplitudenmodulation, Frequenzmodulation, Pulsdauermodulation u.s.w.. Sind die physikalischen Eigenschaften eines Kanals bekannt, so kann der Kanal, wie in der klassischen Nachrichtentechnik durch deterministische, systemtheoretische Modelle nachgebildet werden. Je nachdem, welche Eigenschaften der Kanal besitzt, bzw. welche Eigenschaften des Kanals bekannt sind (wie z.B. Verzerrungen, Einkopplung von Störungen oder Echos u.s.w.), können entsprechende Maßnahmen (wie z.B. Entzerrung, Signalanpassung, Echokompensation u.s.w.) zur optimalen Übertragung des Signals über den Kanal getroffen werden. Solche Betrachtungen führen unmittelbar in die analoge Signaltheorie. Wir wollen lediglich einen Aspekt, die Leitungscodierung, näher betrachten. Es handelt sich dabei um die Umformung der vorliegenden Symbole des Codealphabets in (zwei- oder dreistufige) Impulsfolgen. Dies wird häufig als **Basisbandübertragung** (genauer binäre oder ternäre Pulsamplitudenmodulation) bezeichnet, weil keine ausgesprochene Frequenzumsetzung vorgenommen wird.

Bei dieser Art der Leitungscodierung ist es möglich, solange die Störungen eine gewisse Schwelle nicht überschreiten, die Signale vollständig zu regenerieren. Dieses bildet auch einen der wesentlichen Vorteile der digitalen Übertragungstechnik überhaupt. Auf langen Übermittlungsstrecken werden, sobald das Signal-zu-Rausch-Verhältnis einen gewissen Wert unterschreitet, die Signale regeneriert. Einrichtungen, die dies vornehmen, werden **Signalregeneratoren** (repeater) genannt. Sie bestehen im wesentlichen aus einem Verstärker, einem Entzerrer, einer Taktrückgewinnungsschaltung und einem Entscheider. Im folgenden wollen wir zunächst die Anforderungen an Leitungscodes zusammenstellen, einige binäre und ternäre Leitungscodes näher ansehen und anschließend die gegenseitige Störung, die Impulse verursachen (Symbolinterferenz), betrachten.

Beispiel 8.1

Die Ausgänge einer binären gleichverteilten Quelle werden mit einem binären Leitungscode mit der Amplitude $\pm A$ codiert. Für die angegebene Symbolfolge erhält man folgende Impulsfolge:

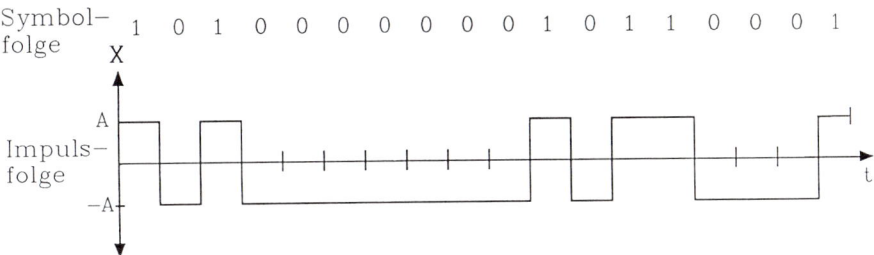

Für die Erwartungswerte der Signalamplitude x gilt:

$$E\{\mathbf{x}(t)\} = A \cdot \frac{1}{2} - A \cdot \frac{1}{2} = 0$$

$$E\{\mathbf{x}^2(t)\} = A^2 \cdot \frac{1}{2} + A^2 \cdot \frac{1}{2} = A^2.$$

Für die Berechnung der Autokorrelationsfunktion $R(\tau) = E\{\mathbf{x}(t) \cdot \mathbf{x}(t + \tau)\}$ beschränken wir uns auf positive τ (denn es gilt $R(\tau) = R(-\tau)$).
Ist $\tau = 0$, so ist $R(0) = E\{\mathbf{x}^2(t)\} = A^2$. Ist $\tau > T$, so sind $\mathbf{x}(t)$ und $\mathbf{x}(t + \tau)$ statistisch unabhängig, so daß

$$R(\tau) = E\{\mathbf{x}(t) \cdot \mathbf{x}(t + \tau)\}$$
$$= E\{\mathbf{x}(t)\} \cdot E\{\mathbf{x}(t + \tau)\} = 0.$$

Für $0 \leq \tau \leq T$ haben wir die vier Fälle aus der Kombination von $x(t) = \pm A$ und $x(t + \tau) = \pm A$ zu betrachten, wobei gilt:

$$P\{\mathbf{x}(t) = A, \mathbf{x}(t + \tau) = A\} = P\{\mathbf{x}(t) = A\} \cdot P\{\mathbf{x}(t + \tau) = A | \mathbf{x}(t) = A\}$$

$$= \frac{1}{2} \cdot \left(-\frac{\tau}{2T}\right)$$

$$P\{\mathbf{x}(t) = A, \mathbf{x}(t + \tau) = -A\} = P\{\mathbf{x}(t) = A\} \cdot P\{\mathbf{x}(t + \tau) = -A | \mathbf{x}(t) = A\}$$

$$= \frac{1}{2} \cdot \frac{\tau}{2T}$$

$$P\{\mathbf{x}(t) = -A, \mathbf{x}(t + \tau) = -A\} = \frac{1}{2} \left(1 - \frac{\tau}{2T}\right)$$

$$P\{\mathbf{x}(t) = -A, \mathbf{x}(t + \tau) = +A\} = \frac{1}{2} \cdot \frac{\tau}{2T}$$

Somit haben wir

$$R(\tau) = E\{\mathbf{x}(t) \cdot \mathbf{x}(t + \tau)\} = \frac{A^2}{2}\left(-\frac{\tau}{2T}\right) - \frac{A^2}{2}\frac{\tau}{2T} + \frac{A^2}{2}\left(-\frac{\tau}{2T}\right) - \frac{A^2}{2}\frac{\tau}{2T}$$

$$= A^2\left(-\frac{\tau}{T}\right).$$

Insgesamt ist damit

$$R(\tau) = \begin{cases} A^2\left(-\dfrac{|\tau|}{T}\right) & \text{für } |\tau| \leq T \\ 0 & \text{sonst.} \end{cases}$$

Entsprechend (3.59) erhalten wir das Leistungsdichtespektrum, indem wir die Fouriertransformierte bilden (Anhang A 4.3):

$$S(\omega) = A^2 \cdot 4\frac{\sin^2 \omega \frac{T}{2}}{\omega^2 T}.$$

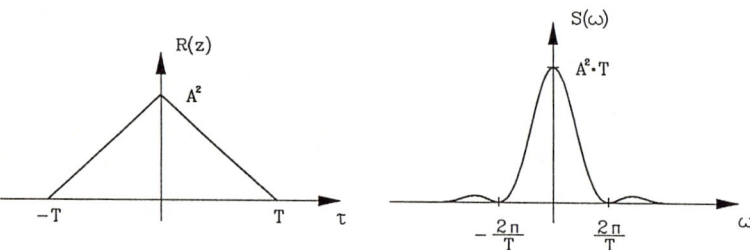

Häufig werden folgende **Anforderungen an Leitungscodes** gestellt:
  — geringer Implementierungsaufwand

  — Gleichstromfreiheit

  — hoher Taktgehalt

  — Transparenz

  — hohe Effizienz

  — geringe Störempfindlichkeit.

Gerade im privaten Bereich (lokale Netze, Nebenstellenanlagen) ist es erforderlich und wegen der geringeren Reichweite auch möglich, den Implementierungsaufwand möglichst niedrig zu halten. Bereits die Tatsache, daß häufig eine Basisbandübertragung gewählt wird und ein einfacher binärer oder ternärer Code verwendet wird, trägt der Forderung nach geringem Implementierungsaufwand Rechnung. Sollen Endgeräte oder Signalregeneratoren über dieselben Übertragungsmedien, über die Datensignale übertragen werden, ferngespeist werden, so muß eine Entkopplung zwischen dem Speisestrom und dem Datensignal vorgenommen werden. Bei der gleichstrommäßigen Fernspeisung ist dann erforderlich, daß der Leitungscode **gleichstromfrei** ist, d.h. keinen Gleichstromanteil aufweist bzw.

im unteren Frequenzbereich keine Information überträgt. Dies ist z.B. im herkömmlichen Fernsprechnetz, aber auch im ISDN stets erforderlich. Gewöhnlich werden niedrige Frequenzen wegen nichtlinearer Charakteristiken der Übertragungsmedien in diesem Bereich vermieden. So haben z.b. magnetische Speichermedien und Systeme mit Übertragerkopplungen eine geringe Empfindlichkeit für niedrige Frequenzen. Auch hohe Frequenzen werden wegen erhöhtem Nah- und Fernnebensprechen und erhöhter Störung anderer Systeme (elektromagnetische Verträglichkeit) gewöhnlich vermieden.

Bei einigen Leitungscodes ist die **laufende digitale Summe (running digital sum)**, d.h. die Summe der auftretenden binären ($+1, -1$ codierten) bzw. ternären ($+1, 0, -1$ codierten) Signalwerte begrenzt. Dies bedeutet, daß bei beliebigen Symbolfolgen der maximale Gleichstromanteil den entsprechenden begrenzten Wert nicht überschreitet.

Die **Bitsynchronisation** (bzw. Symbolsynchronisation) gibt den Zeitpunkt an, zu dem ein Bit (bzw. Symbol) endet und ein neues beginnt. Sie wird sowohl auf der Sendeseite als auch auf der Empfangsseite für die Signalverarbeitung, insbesondere für die Codierung, Decodierung und A/D-, D/A-Wandlung benötigt. Auf der Sendeseite wird meist ein konstanter Bittakt über einen sehr genauen Oszillator erzeugt, oder von extern eingegeben und verteilt. Man kann ihn von der Sendeseite über einen getrennten Kanal zur Empfangsseite übertragen oder aber auch auf der Empfangsseite aus dem Datenstrom ableiten. Im zweiten Fall wird erforderlich, daß das empfangene Signal möglichst häufig zwischen den diskreten Signalwerten wechselt, das Signal also einen hohen Taktgehalt aufweist. Spezielle Schaltungen (**Phase Locked Loops - PLL**) leiten dann den Takt vom einlaufenden Datensignal ab. Leitungscodes, die es bei beliebigen Symbolfolgen (insbesondere auch bei Folgen, die lange Symbolwiederholungen beinhalten) gestatten, den Bittakt zurückzugewinnen, nennt man selbsttaktend.

Häufig werden zusätzliche Maßnahmen zur Erhöhung des Taktgehaltes ergriffen. Zwei solche Maßnahmen sind Codeverletzung und Verwürfelung. Bei der **Codeverletzung** wird beim Überschreiten einer gewissen Anzahl von Symbolwiederholungen, wenn kein Taktgehalt vorhanden ist, die Regel zur Bildung des Leitungscodes bewußt verletzt, Sprünge erzeugt und damit der Taktgehalt erhöht. Auf der Empfangsseite wird die Codeverletzung wieder rückgängig gemacht. Bei der **Verwürfelung** (scrambling) wird die zu übertragende Symbolfolge bzw. das zugehörige Polynom durch ein Generatorpolynom modulo 2 durchdividiert, um eine Pseudozufallsfolge mit einem hohen Taktgehalt zu erzeugen. Auf der Empfangsseite wird die Verwürfelung durch die modulo 2 Multiplikation mit dem Generatorpolynom rückgängig gemacht. Häufig verwendete und von CCITT empfohlene Polynome sind:

$$x^{-7} + x^{-6} + 1$$
$$x^{-17} + x^{-14} + 1$$
$$x^{-23} + x^{-5} + 1 \quad \text{und}$$
$$x^{-23} + x^{-18} + 1.$$

Im Bild 8.1 ist eine Schieberegisteranordnung für die Codierung und Decodierung mit dem Polynom $x^{-7} + x^{-6} + 1$ angegeben. Die Schaltung ist selbstsynchronisierend, d.h. es sind keine besonderen Maßnahmen zur Synchronisierung erforderlich, denn nach dem Durchgang der ersten sieben Bits haben beide Schieberegister denselben Inhalt.

Bei besonders ungünstigen Eingangsfolgen können jedoch auch die verwürfelten Daten unerwünschte Binärfolgen (z.B. Eins Folgen) aufweisen. Um dies zu verhindern, enthalten Verwürfler und Entwürfler Überwachungseinrichtungen, die gegebenenfalls zusätzliche Umpolungen vornehmen.

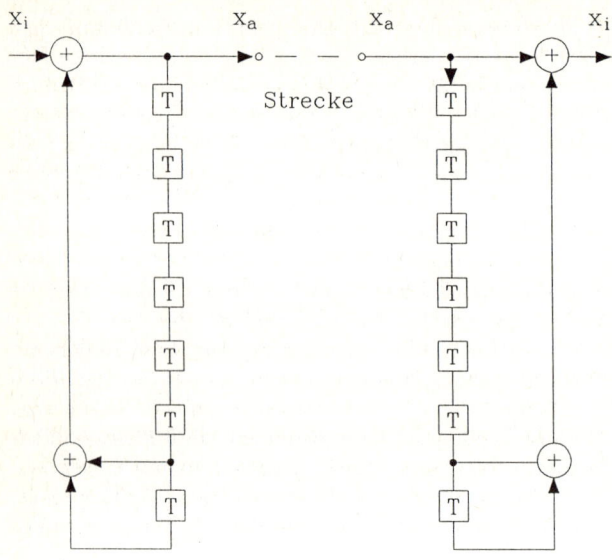

Verwürfler   Entwürfler

Bild 8.1: Verwürfler und Entwürfler für das vom CCITT-Empfohlene (V.27/V.29)
Polynom $x^{-7} + x^{-6} + 1$

Beispiel 8.2

Die Eingangsfolge 11011000, d.h. $\times_i = 1 + x^{-1} + x^{-3} + x^{-4}$ wird mit dem CCITT Polynom $g(x) = 1 + x^{-6} + x^{-7}$ verwürfelt. Wir bilden $\times_i / (1 + x^{-6} + x^{-7})$ um die Ausgangsfolge zu erhalten:

$$(1 + x^{-1} + x^{-3} + x^{-4})/(1 + x^{-6} + x^{-7}) = 1 + x^{-1} + x^{-3} + x^{-4} + x^{-6} + x^{-8}...$$

$$
\begin{array}{l}
1 + x^{-1} + x^{-3} + x^{-4} \\
1 + x^{-6} + x^{-7} \\
\hline
\quad x^{-1} + x^{-3} + x^{-4} + x^{-6} + x^{-7} \\
\quad x^{-1} + x^{-7} + x^{-8} \\
\hline
\qquad\quad x^{-3} + x^{-4} + x^{-6} + x^{-8} \\
\qquad\quad x^{-3} + x^{-9} + x^{-10} \\
\hline
\qquad\qquad x^{-4} + x^{-6} + x^{-8} + x^{-9} + x^{-10} \\
\qquad\qquad x^{-4} + x^{-10} + x^{-11} \\
\hline
\qquad\qquad\quad x^{-6} + x^{-8} + x^{-9} + x^{-11} \\
\qquad\qquad\quad x^{-6} + x^{-12} + x^{-13} \\
\hline
\qquad\qquad\qquad x^{-8} + x^{-9} + x^{-11} + x^{-12} + x^{-13} \\
\qquad\qquad\qquad x^{-8} + x^{-14} + x^{-15} \\
\hline
\qquad\qquad\qquad\quad x^{-9} + x^{-11} + x^{-12} + x^{-13} + x^{-14} + x^{-15}
\end{array}
$$

Die Ausgangsfolge lautet somit

$$\times_a = 1 + x^{-1} + x^{-3} + x^{-4} + x^{-6} + x^{-8},$$

d.h. 110110101...

Unter der **Transparenz eines Codes** versteht man, daß der Code es erlaubt, jede beliebige Kombination der Codesymbole (für die Nutzinformation) zu verwenden. Dies bedeutet insbesondere, daß der Anwender alle Symbolkombinationen anwenden darf - auch solche, die lange Symbolwiederholungen enthalten oder die für die Signalisierung oder (Wort- oder

Rahmen-) Synchronisation verwendet werden. Wir werden in einem späteren Abschnitt sehen, wie dies gewährleistet werden kann.

Die Forderung nach hoher Effizienz und geringer Störempfindlichkeit wollen wir nicht quantitativ angeben, denn dafür ist es erforderlich, den analogen Kanal genauer zu modellieren. Wir könnten dann fordern, daß der Leitungscode so gewählt wird, daß er die zur Verfügung stehende Bandbreite nutzt, um bei Einhaltung der geforderten Fehlerrate die maximale Informationsübertragungsrate zu gewährleisten; meist wird dabei als Randbedingung die maximal zulässige Signalamplitude oder Signalleistung begrenzt. Mehrstufige Codes erlauben bei einer solchen Fragestellung eine Bandbreitenanpassung bzw. ermöglichen den Austausch von Bandbreite gegen Signalleistung. Wir erkennen dies, wenn wir einen binären Impuls mit einer Dauer, die dem Schrittakt entspricht betrachten. Da ein mehrstufiger Code mehr Information pro Symbol enthält (bei r-stufigem Code ld r), können wir den Schrittakt entsprechend erhöhen; dies führt zur Reduktion der benötigten Bandbreite (vgl. Anhang A.4 Transformationspaar 1). Um bei dem Entscheider die Fehlerrate konstant zu halten, müssen wir allerdings die maximal verwendete Signalamplitude erhöhen, d.h. mehr Leistung aufwenden. Wie wir bei der Betrachtung der einzelnen Codes sehen werden, bieten verschiedene Leitungscodes eine einfache Fehlererkennungsmöglichkeit oder sind gegen einen Polaritätswechsel unempfindlich. Insofern sind sie störunempfindlicher.

8.2 Binäre Leitungscodes

Binäre NRZ-Codes

Als NRZ-Codes(Non Return to Zero) bezeichnet man Codes, die bei Wiederholung eines Symbols ihren Signalwert beibehalten, d.h. nicht zur Null zurückkehren. Der **NRZ-L** (L steht für Level, d.h. Signalamplitude) wird auch einfach als **binärer Code** bezeichnet und hat die Codierungsvorschrift (Bild 8.2):

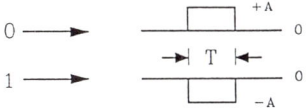

Er findet verbreiteten Einsatz in digitalen Logikschaltungen und Datenverarbeitungsgeräten. Wie aus Bild 8.3 zu ersehen ist, hat er einen hohen Gleichstromanteil. Sein Taktgehalt (Bild 8.2) ist niedrig (Null Übergänge bei Symbolwiederholung, maximal 1 Übergang pro Bit bei einer 01 Folge). Wegen des geringen Taktgehalts ist er ohne Verwürfelung, getrennte Taktzuführung oder anderen entsprechenden Maßnahmen für digitale Übertragung nicht geeignet. Auch sein hoher Gleichstromanteil unterbindet eine Fernspeisung. Als Alternative kann der NRZ-L als

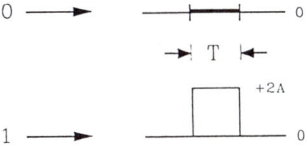

codiert werden. Er erhält somit einen zusätzlichen Gleichstromanteil.

In dieser Form kann er in Glasfasersystemen angewandt werden, da er nun keine negativen Amplitudenwerte enthält. In dieser Form wird er auch für Datenübertragung im Start-Stop-Betrieb verwendet.

Es gibt zwei differentielle Versionen des binären NRZ-Codes. Den **NRZ-M** (M steht für Mark, d.h. eine Eins) erhält man, wenn man stets eine Eins mit einem Sprung am Anfang des entsprechenden Intervalles und eine Null ohne Sprung codiert (Bild 8.2). Den **NRZ-S** (S steht für Space, d.h. eine Null) erhält man, wenn man stets eine Null mit einem Sprung am Anfang des entsprechenden Intervalles und eine Eins ohne Sprung codiert (Bild 8.2). Die differentiellen Versionen haben den Vorteil, daß ein Polaritätswechsel bei Störung oft besser identifizierbar ist als die Amplitude. Sie haben den weiteren Vorteil, daß eine Vertauschung der Polarität keine Rolle spielt, d.h. keinen Fehler verursacht.

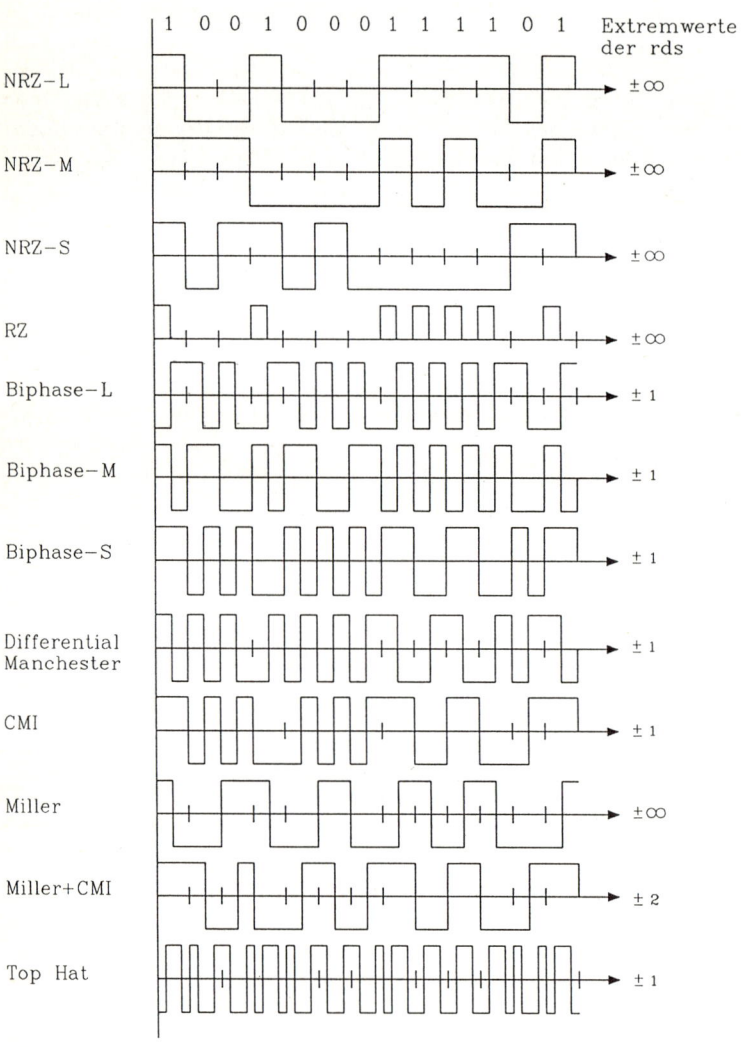

Bild 8.2: Beispiele für binäre Leitungscodes

rds ≡ running digital sum

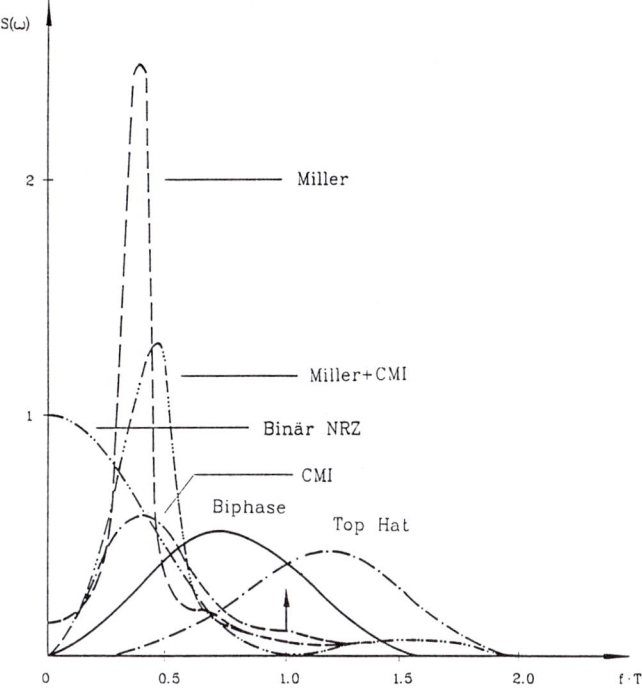

Bild 8.3: Leistungsdichtespektren einiger binärer Leitungscodes

Die Amplitude des binären Signals ist auf $A = \dfrac{1}{\sqrt{T}}$ mit T als Schrittdauer genormt.

Binärer RZ-Code

Die Codiervorschrift des RZ-Codes (Return to Zero) lautet (Bild 8.2):

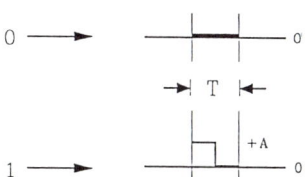

Er ist, wie der NRZ-Code, einfach zu implementieren, hat jedoch den doppelten Takt, was allerdings bei Nullfolgen für die Taktgewinnung keinen Vorteil bietet. Er wird deshalb selten verwendet.

Biphase-Code

Es gibt mehrere Varianten des Biphase-Codes, wobei sie in der Literatur oft unterschiedlich bezeichnet und häufig verwechselt werden. Die Bezeichnung Biphase (zwei Phasen) bezieht sich darauf, daß die Information als Phasensprünge codiert wird. Wir wollen zunächst drei Grundformen des Biphase-Codes kennenlernen.

Die Codiervorschrift des **Biphase-L** (L steht für Level - sowohl die Null als auch die Eins wird jeweils durch einen Phasensprung markiert) lautet (Bild 8.2):

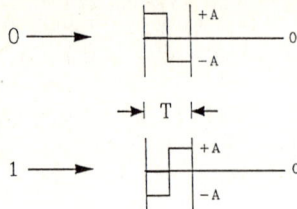

Biphase-L wird verschiedentlich auch als Biphase, Diphase, Dipulse, Split-Phase oder Wal 1 (Walsh 1) bezeichnet. Die geläufigste Bezeichnung ist jedoch **Manchester Code**, unter der er auch Anwendung bei Ethernet (LAN) findet. Die Codiervorschrift des **Biphase-M** (M steht für Mark - die Eins wird durch einen Phasenübergang markiert) lautet (Bild 8.2):

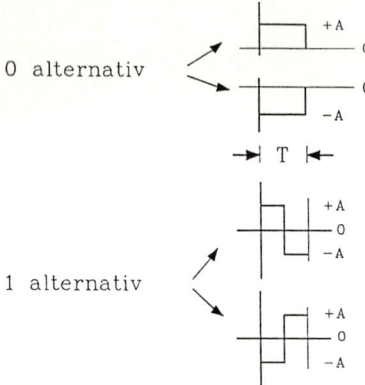

Die Wahl bei der Alternative wird so getroffen, daß stets ein Sprung am Bitanfang entsteht.

Die Codiervorschrift des **Biphase-S** (S steht für Space - die Null wird durch einen Phasenübergang markiert) lautet entsprechend (Bild 8.2):

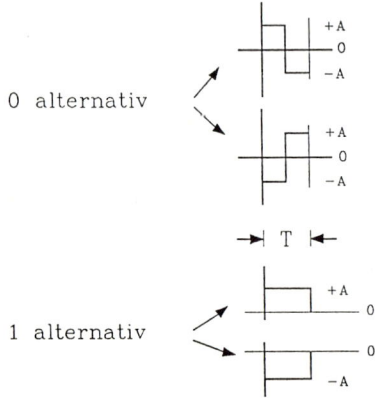

Auch hier wird bei der Alternative die Wahl so getroffen, daß stets ein Sprung am Bitanfang entsteht.

Biphase-M und Biphase-S werden auch als Diphase, conditioned Diphase (d.h. Diphase mit einer Nebenbedingung) oder auch als coded Diphase bezeichnet. Sie werden auch gelegentlich als differentielle Codes bezeichnet, da jeweils eine Eins oder eine Null durch einen Sprung gekennzeichnet wird - eine versehentliche Polaritätsvertauschung führt daher zu keinem Fehler (was beim Biphase-L nicht der Fall ist).

Die Sprünge in der Bitmitte durch die Markierung bzw. durch die Nebenbedingung am Bitanfang führt dazu, daß mindestens ein Übergang pro Bit garantiert wird - das Leistungsdichtespektrum ist entsprechend zu höheren Frequenzen verschoben (Bild 8.3) - es ist gleichstromfrei bzw. hat eine geringe Leistungsdichte bei niedrigen Frequenzen. Biphase-Codes bieten auch eine einfache Fehlererkennungsmöglichkeit, nämlich wenn die garantierten Sprünge (in der Mitte des Bits bei Biphase-L, am Anfang bei Biphase-M und S) fehlen. Sie sind einfach zu implementieren und finden zunehmend Anwendung bei lokalen Netzen und bei magnetischer Speicherung.

Zwei weitere Formen der differentiellen Biphase-Codierung ergeben sich, wenn die Randbedingung "Übergang stets am Anfang des Bits" durch die Randbedingung "Übergang stets in der Mitte des Bits" ersetzt wird und die Markierung (Mark bzw. Space) am Anfang des Bits gesetzt wird. Die so entstandene Markversion mit der Codiervorschrift:

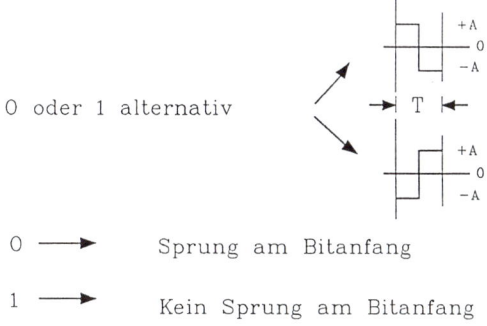

0 oder 1 alternativ

0 ⟶ Sprung am Bitanfang

1 ⟶ Kein Sprung am Bitanfang

wird als **Differential Manchester Code** bezeichnet und im Token-Ring (LAN) verwendet.

Coded Mark Inversion
(CMI)

Der CMI-Code ist den differentiellen Biphase-Codes ähnlich, seine Codiervorschrift jedoch einfacher. Sie lautet (Bild 8.2):

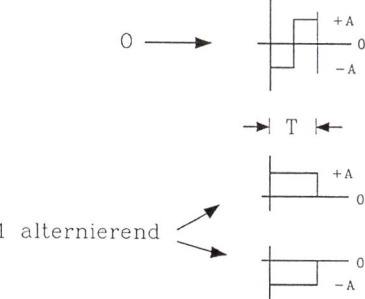

0 ⟶

1 alternierend

Die Eins wird ohne irgendeine Nebenbedingung, d.h. beginnend mit $+A$, fest alternierend codiert. Nach der Codiervorschrift wird also die Null durch einen Sprung in der Bitmitte markiert, die Eins nicht. Es handelt sich also um einen differentiellen Code. Eine versehentliche Polaritätsvertauschung führt daher zu keinem Fehler. Er ist außerdem gleichstromfrei, hat jedoch ein etwas niedrigeres Spektrum und benötigt eine größere Bandbreite als die Biphase-Codes. Er wird häufig für 140 Mbit/s PCM-Systeme verwendet. Außerdem findet er bei Glasfasersystemen mit hohen Bitraten Verwendung, hierbei wird er um die Amplitude A angehoben, um negative Amplituden zu vermeiden.

Miller-Code

Auch der Miller-Code, der gelegentlich als Delay Modulation bezeichnet wird, ist den differentiellen Biphase-Codes ähnlich. Seine Codiervorschrift lautet (Bild 8.2):

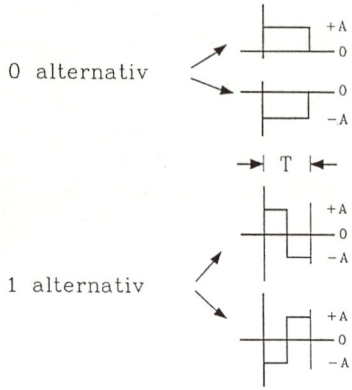

Die Wahl bei den Alternativen wird so getroffen, daß ein Sprung am Bitanfang genau dann entsteht, wenn das zu codierende Bit und sein Vorgänger beide Null sind.

Der Miller Code hat ein schmales Spektrum (Bild 8.3), d.h. er benötigt eine geringere Bandbreite als z.B. die Biphase-Codes. Er hat einen ausreichenden Taktgehalt; er hat nämlich nie mehr als einen Sprung pro Symbol, aber mindestens einen Sprung pro zwei Symbolen. Leider ist er nicht gleichstromfrei, was sich z.B. bei einer wiederholten Signalfolge von 101 zeigt.

Man kann den Miller-Code modifizieren, um die Gleichstromfreiheit zu erreichen. Eine solche Modifizierung besteht in der Kombination des Miller und CMI Codes. Die Codiervorschrift des **Miller + CMI Codes** lautet (Bild 8.2):

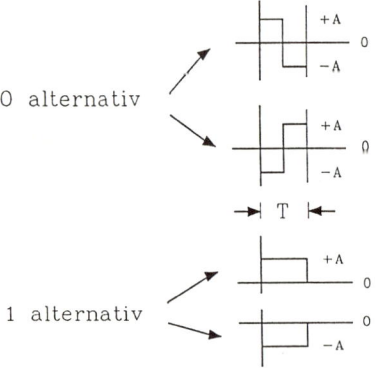

Dabei wird die Wahl bei den Alternativen stets so getroffen, daß die Eins (beginnend mit $+A$) fest alterniert, während die 0 stets so gewählt wird, daß kein Sprung am Anfang auftritt. Das Leistungsdichtespektrum des Miller + CMI kombinierten Codes ist wiederum schmal und nun auch gleichstromfrei.

Eine weitere Form des **modifizierten Miller-Codes**, die gleichstromfrei ist, ergibt sich, wenn man eine Codeverletzung einführt, die garantiert, daß die laufende Digitalsumme (running digital sum rds) auf ±3 begrenzt wird. Die Codiervorschrift ist etwas kompliziert und lautet:

Man kennzeichne die Nullen abwechselnd mit 0_A und 0_B. Zwischen 0_A und 0_B codiere man entsprechend dem Miller-Code. Zwischen 0_B und 0_A auftretende Einsen werden zu Paaren zusammengefaßt und als

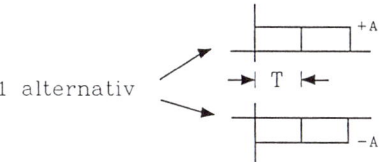

codiert. Die Wahl bei den Alternativen wird so getroffen, daß falls die letzte 0_B als $-A$ codiert wurde, mit ▁▁◻▔◻▁ begonnen wird, falls sie als $+A$ codiert wurde, mit ▔◻▁◻▔ begonnen wird und die Wahl dann fest alterniert. Bei einer ungeraden Anzahl von Einsen zwischen 0_B und 0_A wird die letzte Eins wieder entsprechend dem Miller-Code codiert.

Beispiel 8.3

Wir betrachten im folgenden vier Beispiele für den Miller-Code und den nach der Regel der Codeverletzung modifizierten Miller-Code. Wir kennzeichnen die in den vorgegebenen Symbolfolgen auftretenden Nullen abwechselnd als 0_A und 0_B. Wir betrachten jeweils die laufende digitale Summe (rds) von 0_A einschließlich bis 0_B und das Vorzeichen der 0_A. Für den modifizierten Miller-Code ist die jeweilige Decodierfolge angegeben, wobei die Codeverletzungen durch ↑ v gekennzeichnet sind. Die Vorzeichenänderungen und rds ändern sich in den Beispielen nicht, wenn anstatt zweier Einsen sich eine gerade Anzahl von Einsen zwischen 0_A und 0_B befinden. Es kann gezeigt werden, daß beim modifizierten Miller-Code Vorzeichenwechsel $+ \rightarrow -$ zur rds $+2$ und $- \rightarrow +$ zur rds -2 beitragen.

Top-Hat-Code

Der Top-Hat-Code, auch Wal 2 (Walsh 2) genannt, ist dem Biphase-L ähnlich. Seine Codiervorschrift lautet (Bild 8.2):

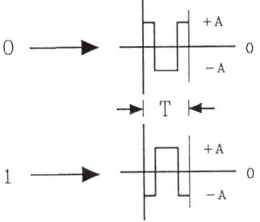

Man kann ihn auch genau umgekehrt codieren. Er hat die Eigenschaft, daß jedes Symbol für sich gleichstromfrei codiert wird. Da jedes Bit zwei Sprünge aufweist, hat er einen hohen Taktgehalt (Bild 8.2) und weist fast keine niederfrequente Komponente unter $fT = 0,2$ (Bild 8.3) auf, so daß man ihn gut für Anwendungen, bei denen Daten über dem Sprachband (Data over Voice) übertragen werden, oder bei denen die Codemultiplextechnik angewandt wird (z.B. gemeinsam mit CMI), einsetzen kann.

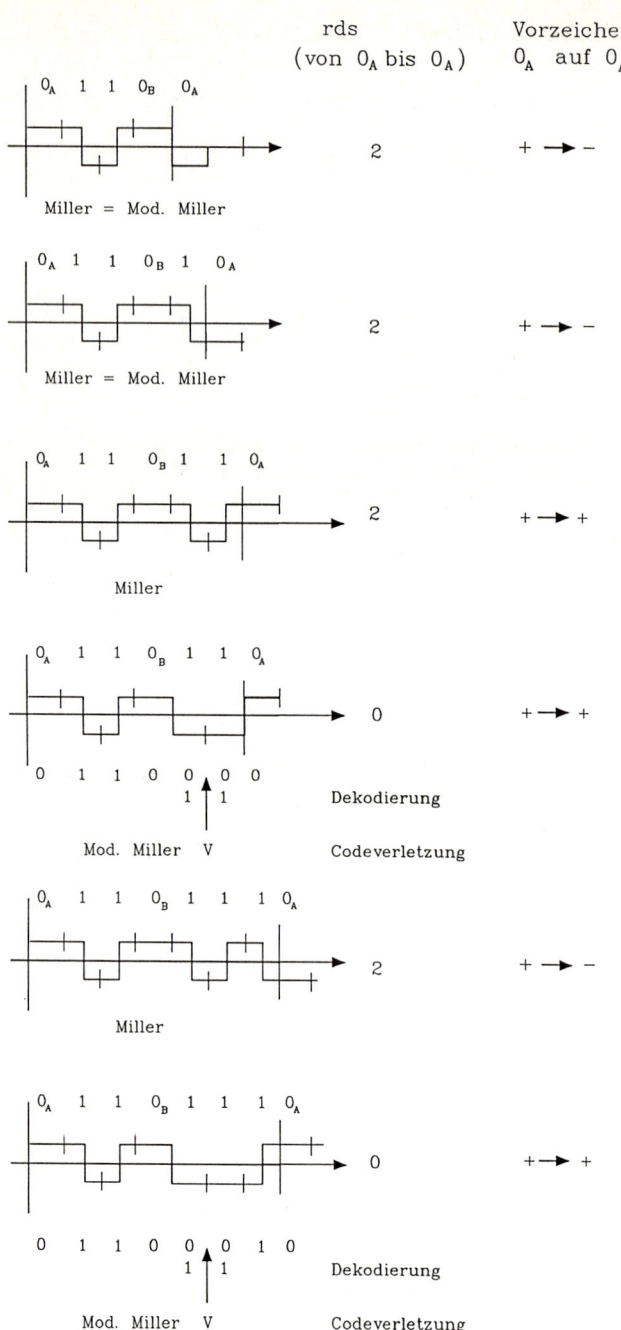

8.3 Ternäre Leitungscodes

AMI-Code

Der AMI-Code (Alternate Mark Inversion), auch AMI-NRZ genannt, hat die Codiervorschrift (Bild 8.4):

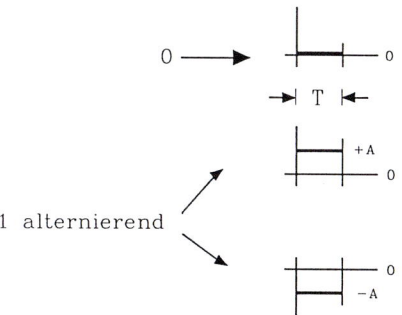

Er gehört zu der Klasse der pseudoternären Codes, d.h. Codes, die dreistufige (ternäre) Signale verwenden, um binäre Signale zu codieren. Sie weisen deshalb stets Redundanz auf, denn ein ternärer Code bietet die Möglichkeit, ld 3 Bit pro Zeichen zu codieren, während z.B. beim AMI-Code lediglich 1 Bit pro Zeichen codiert wird. Seine Effizienz (wir übernehmen den Begriff entsprechend Gl. 6.2, wobei eine optimale Binärquelle vorausgesetzt wird) ist lediglich

$$\frac{1}{\text{ld}\,3} \times 100 = 63\%.$$

Die Redundanz kann häufig verwendet werden, um auftretende Fehler zu erkennen. Beim AMI-Code wird die Eins alternierend als $+A$ und $-A$ codiert, es treten also nie $+A, +A$ oder $-A, -A$ (gegebenenfalls mit Nullen dazwischen) auf. Ein Fehler, der $+A$ in $-A$ oder umgekehrt verwandelt, kann deshalb stets erkannt werden. Der AMI-Code hat keine Gleichstromkomponente und hat im allgemeinen einen ausreichenden Taktgehalt, wenn Nullfolgen vermieden werden. Er wird deshalb häufig mit einem Verwürfler (Scrambler) verwendet. Er wird gelegentlich auch als RZ-Signal codiert - d.h. die Codiervorschrift lautet (Bild 8.4):

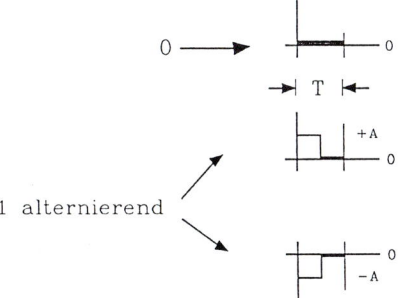

Er wird dann als **AMI-RZ** oder half bauded AMI bezeichnet. Sein Leistungsspektrum wird durch die RZ-Codierung nach höheren Frequenzen hin verschoben.
Der AMI-Code wird bei PCM-Systemen, insbesondere PCM 24 und PCM 30, häufig angewandt. Auch im ISDN wird er auf der S-Schnittstelle (mit umgekehrter Polarität, damit bei logischer Null, z.B. Sprachpausen, stets $\pm A$ gesendet wird) und als AMI-RZ

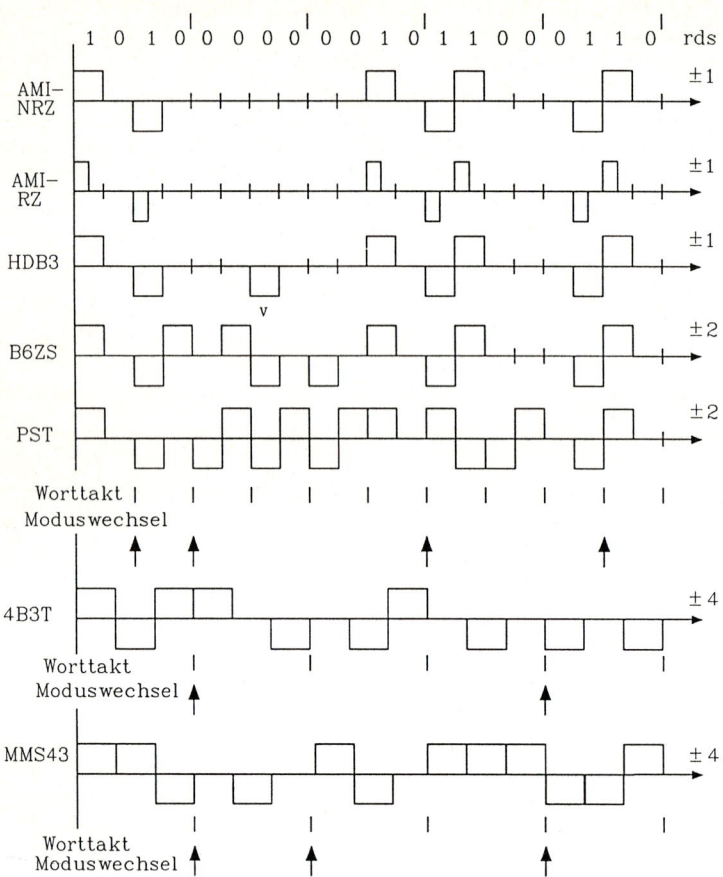

Bild 8.4: Beispiele für ternäre Leitungscodes

rds ≡ running digital sum

mit Verwürfler auf der U_{PO}-Schnittstelle (Ping-Pong-Verfahren des ZVEI) eingesetzt.

HDB$_n$-Codes

High Density Bipolar n-Codes (HDB$_n$) entstehen aus dem AMI-Code durch Coderegel-verletzung. Wenn eine Folge von $(n+1)$ Nullen auftritt, wird diese durch eine Codeverletzung (der Regel, daß ±1 abwechselnd auftreten) an der Stelle der $(n+1)$ten Null in der Nullfolge angezeigt. Nun kann es jedoch vorkommen, daß die Codeverletzung die Gleichstromfreiheit des AMI-Codes vernichtet. Die Stelle, an der die erste Null (der Nullfolge) auftrat, wird deshalb als Ausgleichsbit verwendet (ohne an dieser Stelle die Coderegel zu verletzen). Die Codiervorschrift lautet dann (Bild 8.4):

Zunächst wie beim AMI-Code codieren. Beim Auftreten von $(n+1)$ Nullen in der Nullfolge die erste Null durch

$$\begin{pmatrix} +1 \\ -1 \\ 0 \end{pmatrix} \quad \text{ersetzen, falls die laufende digitale Summe gleich} \quad \begin{pmatrix} -1 \\ +1 \\ 0 \end{pmatrix}$$

ist. Anschließend die $(n+1)$te Null so codieren, daß die Coderegel (± alternierend) hier verletzt wird.

Wegen der Codevorschrift zur Substitution von Nullfolgen im AMI-Code werden HDB_n-Codes auch als Substitutionscodes (zero substitution codes) bezeichnet.

Für die Decodierung ist es erforderlich, $(n + 1)$ Stellen zu speichern bzw. vorzumerken, mit welcher Polarität und an welcher Stelle die letzte Eins auftrat. Das Ausgleichsbit wird mitkorrigiert, falls zwischen den coderegelverletzenden Bits $(n - 1)$ Nullen liegen.

Der HDB_3-Code hat ein Leistungsdichtespektrum, das dem AMI-Code ähnlich ist (Bild 8.5). Die Codier- bzw. Decodiervorschrift ist etwas aufwendiger, ein Verwürfler und Entwürfler wird dafür eingespart. Der HDB_3-Code findet deshalb alternativ zum AMI-Code bei vielen PCM-Systemen Anwendung.

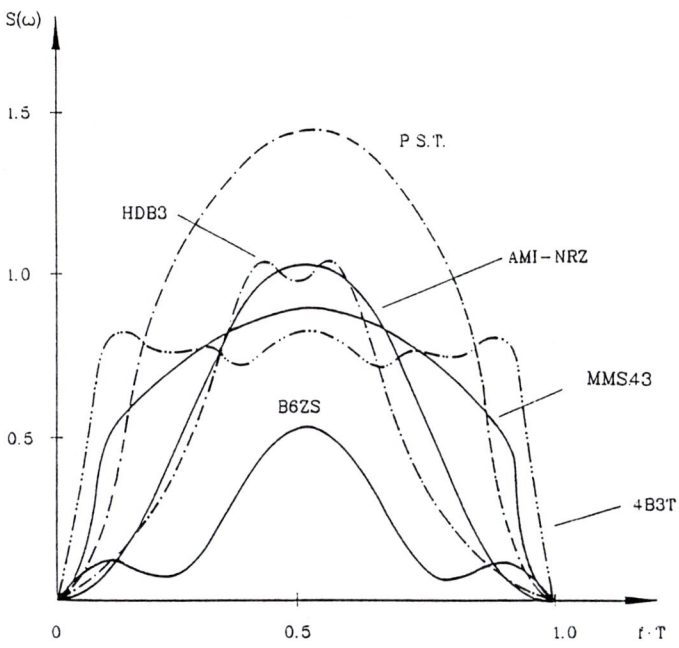

Bild 8.5: Leistungsdichtespektren einiger ternärer Leitungscodes

Die Amplitude des ternären Signals ist auf $A = \dfrac{1}{\sqrt{T}}$ mit T als Schrittdauer genormt.

Beispiel 8.4
Wir codieren die Folge 1010000110000001 nach den AMI, HDB$_2$ und HDB$_3$-Codes.

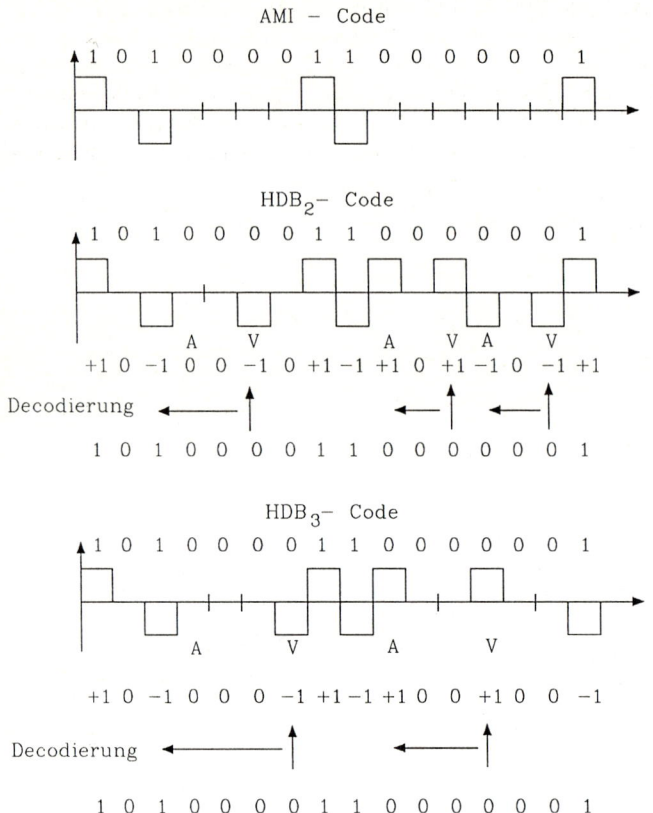

B6ZS-Code
Ein weiterer Substitutionscode ist der B6ZS-Code (Bipolar 6 Zero Substitution). Er entsteht aus dem AMI-Code durch die Substitution von sechs Nullen (Bild 8.4) durch

$$-0 - +0+ \quad \text{falls die letzte Eins eine} + 1 \text{war}$$
$$+0 + -0- \quad \text{falls die letzte Eins eine} - 1 \text{war.}$$

(Wir haben dabei wegen der Übersichtlichkeit $+1$ durch $+$ und -1 durch $-$ gekennzeichnet.) Auch er hat ein dem AMI-Code ähnliches Leistungsdichtespektrum (Bild 8.5), ist gleichstromfrei und wird bei 6 Mbit/s PCM-Systemen eingesetzt.

PST-Code
Der Pair Selected Ternary-Code (PST) gehört zu den Blockcodes, denn bei ihm werden paarweise binäre Zeichen in ternäre Zeichen umgesetzt. Ein Paar binäre Zeichen hat den Informationsgehalt von 2 Bit. Dieser wird in zwei ternäre Zeichen umgesetzt; die Effizienz ist also wie beim AMI-Code 63%. Für die Codierung wird zwischen zwei Modi (Codetabellen) umgeschaltet; die Umschaltung findet nach jeder Kombination 10 oder 01 statt. Die Codiervorschrift lautet (Bild 8.4):

$$00 \rightarrow -+$$
$$\left.\begin{array}{l} 01 \rightarrow 0 + /0- \\ 10 \rightarrow +0/ - 0 \end{array}\right\} \text{Moduswechsel nach jeder 10 oder 01}$$
$$11 \rightarrow +-$$

Gegenüber dem AMI oder HDB$_3$-Code hat er eine etwas größere spektrale Leistungsdichte bei niedrigen Frequenzen. Sein Hauptnachteil jedoch ist, daß ein Worttakt (Identifizierung der Paare) erforderlich wird. Im Bild 8.6 ist die Zustandsdarstellung des PST-Codes angegeben.

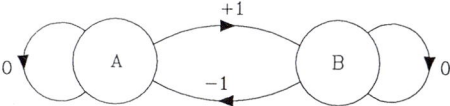

Bild 8.6: Zustandsdarstellung des PST-Codes

Die Übergänge sind mit der Änderung der laufenden digitalen Summe (rds) markiert.

4B3T

Der "4 Bipolar 3 Ternary"-Code (4B3T) ist auch ein Blockcode, bei dem 4 Binärzeichen in 3 Ternärzeichen umgesetzt werden. Auch hier wird zwischen zwei Codetabellen umgeschaltet, wenn die laufende digitale Summe (rds) positiv bzw. negativ wird. In einer Variante lautet die Codetabelle:

Binär	Mode A			Mode B			rds
0000	+	0	−	+	0	−	0
0001	−	+	0	−	+	0	0
0010	0	−	+	0	−	+	0
0011	+	−	0	+	−	0	0
0100	+	+	0	−	−	0	±2
0101	0	+	+	0	−	−	±2
0110	+	0	+	−	0	−	±2
0111	+	+	+	−	−	−	±3
1000	+	+	−	−	−	+	±1
1001	−	+	+	+	−	−	±1
1010	+	−	+	−	+	−	±1
1011	+	0	0	−	0	0	±1
1100	0	+	0	0	−	0	±1
1101	0	0	+	0	0	−	±1
1110	0	+	−	0	+	−	0
1111	−	0	+	−	0	+	0

Das Leistungsdichtespektrum des 4B3T ist annähernd gleichmäßig aufgeteilt. Da 4 Bit auf 3 ternäre Symbole codiert werden, ist seine Effizienz (Gl. (6.2))

$$\frac{4}{3\,\mathrm{ld}\,3} \times 100 = 84 \ \%.$$

Er wird gelegentlich bei PCM-Systemen (z.B. bei 6 Mbit/s) eingesetzt.

MMS43

Der MMS43 (Modified Monitored Sum 43) ist auch ein 4B3T Blockcode, bei dem zwischen vier Codetabellen ($S_1 - S_4$) umgeschaltet wird (Bild 8.4). In einer Variante lauten die Codetabellen:

	S_1				S_2				S_3				S_3		
$t \rightarrow$			S				S				S				S
0001	0	−	+	1	0	−	+	2	0	−	+	3	0	−	+	4
0111	−	0	+	1	−	0	+	2	−	0	+	3	−	0	+	4
0100	−	+	0	1	−	+	0	2	−	+	0	3	−	+	0	4
0010	+	−	0	1	+	−	0	2	+	−	0	3	+	−	0	4
1011	+	0	−	1	+	0	−	2	+	0	−	3	+	0	−	4
1110	0	+	−	1	0	+	−	2	0	+	−	3	0	+	−	4
1001	+	−	+	2	+	−	+	3	+	−	+	4	−	−	−	1
0011	0	0	+	2	0	0	+	3	0	0	+	4	−	−	0	2
1101	0	+	0	2	0	+	0	3	0	+	0	4	−	0	−	2
1000	+	0	0	2	+	0	0	3	+	0	0	4	0	−	−	2
0110	−	+	+	2	−	+	+	3	−	−	+	2	−	−	+	3
1010	+	+	−	2	+	+	−	3	+	−	−	2	+	−	−	3
1111	+	+	0	3	0	0	−	1	0	0	−	2	0	0	−	3
0000	+	0	+	3	0	−	0	1	0	−	0	2	0	−	0	3
0101	0	+	+	3	−	0	0	1	−	0	0	2	−	0	0	3
1100	+	+	+	4	−	+	−	1	−	+	−	2	−	+	−	3

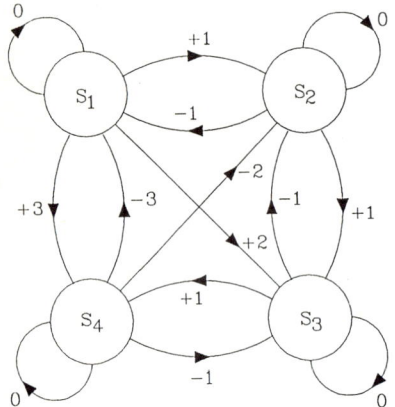

Bild 8.7· Zustandsdarstellung des MMS43 Code
Die Übergänge sind mit der Änderung der laufenden digitalen Summe (rds) markiert.

Nach dem jeweiligen Codewort ist die Codetabelle (S) angegeben, die als nächste verwendet wird. Da alle Codewörter unterschiedlich sind, ist es bei der Decodierung nicht erforderlich zu wissen, in welchem Zustand der Code sich befindet (d.h. welche Codetabelle verwendet wird). Auch das Nullwort 000 wird nicht verwendet, damit der Taktgehalt erhalten bleibt. Im Bild 8.7 ist der MMS43 in seiner Zustandsdarstellung angegeben. Wir haben dabei die Zustände durch die verwendete Codetabelle und die Übergänge durch die Änderung der laufenden digitalen Summe (rds) gekennzeichnet. Man sieht, daß beginnend mit $rds = 0$ und der Codetabelle S_1 die rds (stets nach jeweils einem Codewort betrachtet) maximal 3 werden kann, und sie bleibt stets positiv. Der MMS43-Code ist gleichstromfrei (Bild 8.5), hat einen guten Taktgehalt und eine spektrale Leistungsdichte, die annähernd gleichmäßig aufgeteilt ist. Seine Effizienz liegt (wie bei 4B3T-Codes) bei 83 %. Er wird häufiger eingesetzt, seitdem digitale Schaltungen für die Codierung verfügbar werden. Er findet unter anderem Anwendung auf der ISDN U_{K0}-Schnittstelle (Kompensationsverfahren).

Beispiel 8.5

Wir betrachten die Zustandswahrscheinlichkeiten des MMS43-Code unter der Annahme, daß die zu codierenden Symbole alle gleichwahrscheinlich sind. Aus der Codetabelle zählen wir die jeweils möglichen Übergänge und ermitteln daraus folgende Matrix der (bedingten) Übergangswahrscheinlichkeiten.

$$P(y|x) = \begin{array}{c} x_1 \\ x_2 \\ x_3 \\ x_4 \end{array} \begin{bmatrix} \dfrac{6}{16} & \dfrac{6}{16} & \dfrac{3}{16} & \dfrac{1}{16} \\ \dfrac{4}{16} & \dfrac{6}{16} & \dfrac{6}{16} & 0 \\ 0 & \dfrac{6}{16} & \dfrac{6}{16} & \dfrac{4}{16} \\ \dfrac{1}{16} & \dfrac{3}{16} & \dfrac{6}{16} & \dfrac{6}{16} \end{bmatrix}$$

Wir vergewissern uns, daß die Zeilen der Matrix sich zu Eins aufaddieren, um das sichere Ereignis zu ergeben. Das entsprechende Zustandsdiagramm mit den (auf 16 normierten) Übergangswahrscheinlichkeiten sieht wie folgt aus:

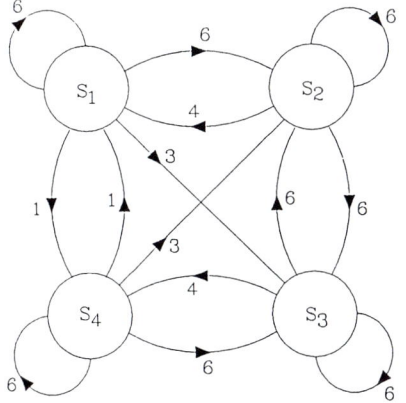

Es seien P_1, P_2, P_3, P_4 die Wahrscheinlichkeiten der Zustände S_1, S_2, S_3, S_4 im stationären Fall. Wir haben dann:

$$P_1 = \frac{6}{16}P_1 + \frac{4}{16}P_2 + 0 \cdot P_3 + \frac{1}{16} \cdot P_4$$

$$P_2 = \frac{6}{16}P_1 + \frac{6}{16}P_2 + \frac{6}{16}P_3 + \frac{3}{16} \cdot P_4$$

$$P_3 = \frac{3}{16}P_1 + \frac{6}{16}P_2 + \frac{6}{16}P_3 + \frac{6}{16} \cdot P_4 \text{ und}$$

$$1 = P_1 + P_2 + P_3 + P_4.$$

oder

$$\begin{bmatrix} -\dfrac{10}{16} & \dfrac{4}{16} & 0 & \dfrac{1}{16} \\[2mm] \dfrac{6}{16} & -\dfrac{10}{16} & \dfrac{6}{16} & \dfrac{3}{16} \\[2mm] \dfrac{3}{16} & \dfrac{6}{16} & -\dfrac{10}{16} & \dfrac{6}{16} \\[2mm] 1 & 1 & 1 & 1 \end{bmatrix} \begin{bmatrix} P_1 \\[2mm] P_2 \\[2mm] P_3 \\[2mm] P_4 \end{bmatrix} = \begin{bmatrix} 0 \\[2mm] 0 \\[2mm] 0 \\[2mm] 1 \end{bmatrix}$$

Die Lösung des Gleichungssystems lautet

$$P_1 = \frac{4}{26}, \quad P_2 = \frac{9}{26}, \quad P_3 = \frac{9}{26}, \quad P_4 = \frac{4}{26}$$

8.4 Symbolinterferenz (Intersymbol Interference)

Wir betrachten jetzt eine Impulsfolge, die über einen Kanal gesendet wird (Bild 8.8). Der Einzelimpuls wird, wie im Bild 8.8a gezeigt, verzerrt. Sendet man nun eine Impulsfolge, wie im Bild 8.8b, so stören die einzelnen Impulsantworten sich gegenseitig. Insbesondere erhält man zu den Abtastzeitpunkten iT Beiträge von vorangegangenen Symbolen. Sind x_i die einzelnen zu übertragenden Codesymbole, so lautet das entsprechende zu übertragende Signal

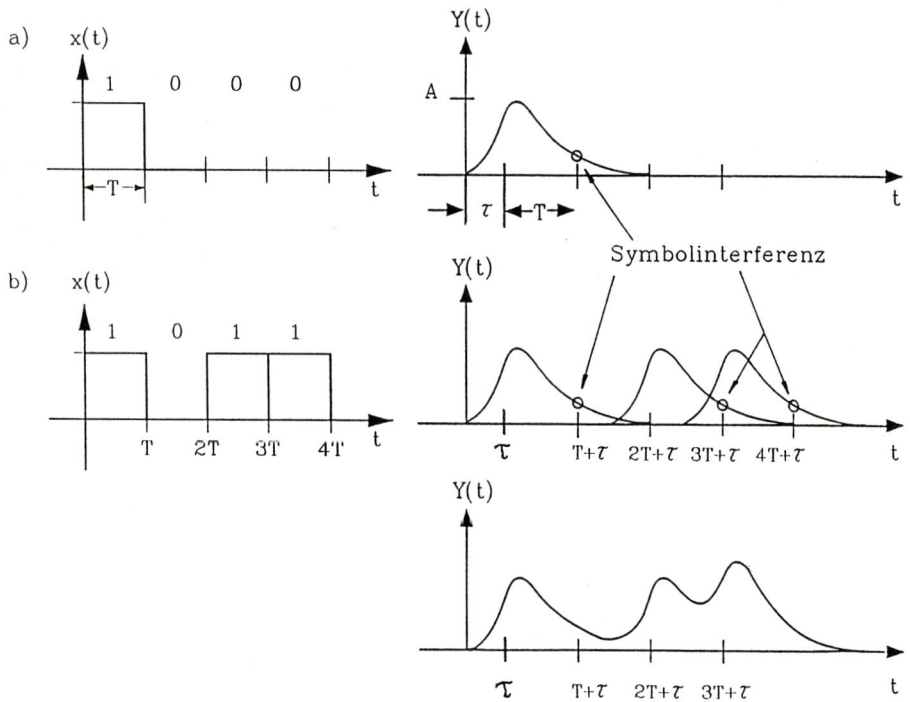

Bild 8.8: Symbolinterferenz (Intersymbol, Interferenz) bei binärer Übertragung

links gesendetes Signal
rechts gesendetes Signal
a)   Einzelimpuls
b)   Impulsfolge erzeugt Symbolinterferenz

$$x(t) = \sum_i x_i \cdot h(t - iT) \tag{8.1}$$

mit

$$h(t) = \begin{cases} 1 \text{ für} & |t| \leq \dfrac{T}{2} \\ 0 \text{ sonst.} \end{cases} \tag{8.2}$$

Wir können dies auch als

$$x(t) = \left[\sum_i x_i \delta(t - iT) \right] * h(t) \tag{8.3}$$

darstellen. Die Fouriertransformierte von $h(t)$ lautet:

$$H(\omega) = \frac{\sin\left(\frac{\omega T}{2}\right)}{\frac{\omega}{2}}. \tag{8.4}$$

Im Bild 8.9 ist ein Basisbandübertragungssystem dargestellt. Am Eingang des Sendefilters haben wir eine Folge entsprechend (8.1) bzw. (8.3). Am Eingang des Entscheiders haben wir eine Folge $y(t)$ mit

$$y(t) = \left[\sum_i x_i \delta(t - iT) \right] * h_{st}(t), \tag{8.5}$$

wobei

$$h_{st} = h(t) * h_s(t) * h_k(t) * h_e(t)$$

oder

$$H_{st}(\omega) = H(\omega) \cdot H_s(\omega) \cdot H_k(\omega) \cdot H_e(\omega). \tag{8.6}$$

Ist der Kanal und der Sendefilter vorgegeben, so besteht die Aufgabe, das Empfangsfilter so zu konstruieren, daß die Symbolinterferenz (die über der gesamten Strecke für $y(t)$ auftritt) minimiert wird. Das symbolinterferenzminimierende Filter, ein **Entzerrer**, wird auch **Equalizer** genannt.

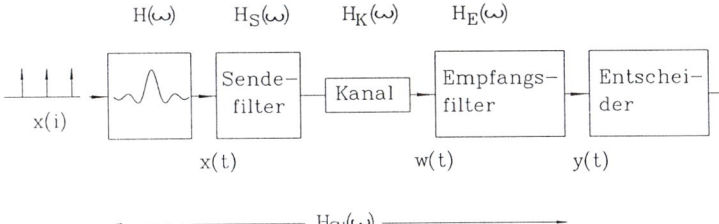

Bild 8.9: Basisbandübertragungssystem

Wir schreiben Gl. (8.5) um und erhalten für $y(t)$,

$$y(t) = \sum_i x_i h_{st}(t - iT). \tag{8.7}$$

Eine hinreichende Bedingung (die **erste Nyquist-Bedingung**), daß keine Symbolinterferenz vorhanden ist, lautet (für $\tau = 0$ im Bild 8.8a)

$$h_{st}(kT) = \begin{cases} C \text{ für} & k = 0 \\ 0 \text{ sonst} \end{cases}$$

(Vergleich Bild 8.8b).
Wie wir im Abschnitt 5.2 gesehen haben, erfüllt die Funktion

$$h_{st}(t) = C \frac{\sin \omega_0 t}{\omega_0 t}$$

diese Bedingung (Bild 5.1d), wobei

$$\omega_0 = \frac{\pi}{T}$$

ist. Somit fordern wir, daß $H_{st}(\omega)$ ein idealer Tiefpaß mit der Grenzfrequenz ω_0 ist. Nun ist einerseits der ideale Tiefpaß nicht kausal, andererseits müssen wir das empfangene Signal $y(t)$ genau zu den Zeitpunkten kT abtasten, denn die Überschwinger der $\frac{\sin \omega_0 t}{\omega_0 t}$ Funktion sind bei einem Versatz Δt nicht klein genug, um vernachlässigt zu werden. Die Funktion (Bild 8.10)

$$h_{st}(t) = C \, \frac{\sin \omega_0 t}{\omega_0 t} \cdot \frac{\cos \omega_0 t}{1 - 4r^2 \frac{t^2}{T^2}} \tag{8.8}$$

hat ebenfalls die gewünschten Nullstellen bei kT, $k \neq 0$ (wobei $T = \frac{\pi}{\omega_0}$ ist), die von dem $\frac{\sin \omega_0 t}{\omega_0 t}$ Term stammen. Der zweite Term drückt den Fehler bei nicht genauer Abtastung weiter herunter und drückt dann auch die Interferenz durch weiter zurückliegende Impulse erheblich herunter (konvergiert mit $\frac{1}{t^2}$ gegen Null). Der Faktor r wird der Roll-Off Faktor genannt und bestimmt die Flanke des Filters (Bild 8.10). Dieser Tiefpaß erfüllt also auch die erste Nyquist Bedingung und hat eine geringere Symbolinterferenz (für $r > 0$) als der ideale Tiefpaß. Allerdings benötigt er auch eine größere Bandbreite.

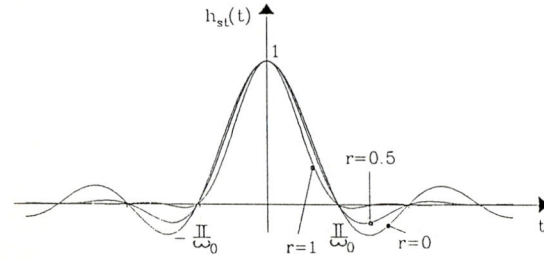

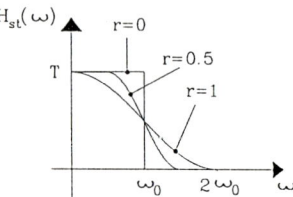

Bild 8.10: Tiefpaß mit verschiedenen Roll-off Faktoren erfüllt auch die 1. Nyquist Bedingung

Beispiel 8.6

Wir wollen zeigen, daß es eine weite Klasse von Funktionen gibt, zu der auch der Tiefpaß mit Roll-Off gehört, die die 1. Nyquist Bedingung erfüllen. Sie werden Nyquist Filter genannt und sind charakterisiert durch eine Fouriertransformierte der Form (s. Bild 8.10):

$$H_{st}(\omega) = \begin{cases} p_{\omega_0}(\omega) & + G(\omega) \\ \\ 0 & \text{sonst,} \end{cases} \tag{$*$}$$

wobei p_{ω_0} als Rechteckfunktion definiert ist (Anhang A.4.a und A.4.2):

$$p_{\omega_0}(\omega) = \begin{cases} 1 \text{ für } \omega_0 \leq \omega \\ \\ 0 \text{ sonst.} \end{cases}$$

$G(\omega)$ ist dabei eine reelle gerade Funktion (d.h. symmetrisch um $\omega = 0$) und antisymmetrisch um ω_0 (d.h. $G(-\omega + \omega_0) = -G(\omega + \omega_0)$ für $|\omega| < \omega_0$). Außerdem ist sie Null für $\omega > 2\omega_0$. Wir wollen somit zeigen, daß $h_{st}(t)$ für $H_{st}(\omega)$ entsprechend Gl. (8.8) Nullstellen bei $\mathbf{k}T$ aufweist, $k \neq 0$, wobei $T = \frac{\pi}{\omega_0}$ ist.

Wir bilden die Fouriertransformierte von $H_{st}(\omega)$ und erhalten

$$h_{st}(t) = \frac{1}{2\pi} \int\limits_{-2\omega_0}^{-\omega_0} G(\omega)e^{+j\omega t}d\omega + \frac{1}{2\pi} \int\limits_{-\omega_0}^{+\omega_0} [1 + G(\omega)]e^{j\omega t}d\omega + \frac{1}{2\pi} \int\limits_{+\omega_0}^{2\omega_0} G(\omega)e^{j\omega t}d\omega.$$

$$= \frac{1}{2\pi} \int\limits_{-\omega_0}^{+\omega_0} e^{j\omega t}d\omega + \frac{1}{2\pi} \int\limits_{-2\omega_0}^{0} G(\omega)e^{j\omega t}d\omega + \frac{1}{2\pi} \int\limits_{0}^{2\omega_0} G(\omega)e^{j\omega t}d\omega.$$

Wir rechnen das erste Integral aus, setzen $\omega' = \omega + \omega_0$ in das zweite Integral und $\omega' = \omega - \omega_0$ in das dritte Integral ein und erhalten:

$$h_{st}(t) = \frac{\sin \omega_0 t}{\pi t} + \frac{1}{2\pi} e^{-j\omega_0 t} \int\limits_{-\omega_0}^{+\omega_0} G(\omega' - \omega_0)e^{j\omega' t}d\omega' + \frac{1}{2\pi} e^{+j\omega_0 t} \int\limits_{-\omega_0}^{+\omega_0} G(\omega' + \omega_0)e^{j\omega' t}d\omega'$$

Wegen $G(\omega' - \omega_0) = -G(\omega' + \omega_0)$ erhalten wir

$$h_{st}(t) = \frac{\omega_0}{\pi} \cdot \frac{\sin \omega_0 t}{\omega_0 t} + \frac{1}{2\pi} e^{-j\omega_0 t} \int\limits_{-\omega_0}^{+\omega_0} -G(\omega + \omega_0)e^{j\omega' t}d\omega + \frac{1}{2\pi} e^{+j\omega_0 t} \cdot \int\limits_{-\omega_0}^{+\omega_0} G(\omega + \omega_0)e^{j\omega t}d\omega$$

$$h_{st}(t) = \frac{\omega_0}{\pi} \cdot \frac{\sin \omega_0 t}{\omega_0 t} + \frac{j}{\pi} \sin \omega_0 t \int\limits_{-\omega_0}^{+\omega_0} G(\omega + \omega_0)e^{j\omega t}d\omega \tag{$**$}$$

Da $H_{st}(\omega)$ eine reelle gerade Funktion ist (d.h. $H_{st}(\omega) = H_{st}^{\star}(\omega)$, wobei $\star$ die konjugiertkomplexe Funktion darstellt), ist auch $h_{st}(t)$ eine reelle Funktion.

Außerdem folgt aus $(**)$, daß $h_{st}(t)$ die gewünschten Nullstellen besitzt bzw. die erste Nyquist Bedingung erfüllt.

Auch ein Filter mit der Charakteristik $(*)$ ist nicht kausal. Durch Hinzufügen einer linearen Phase kann es annähernd kausal gemacht werden.

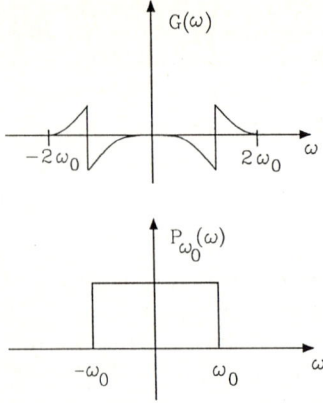

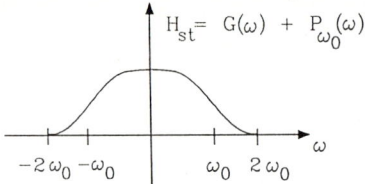

$$H_{st} = G(\omega) + P_{\omega_0}(\omega)$$

Transversalfilter (Bild 8.11) bieten eine einfache Möglichkeit, symbolinterferenzminimie-rende Empfangsfilter $H_E(\omega)$ zu realisieren. Die Koeffizienten des Filters werden so ein-gestellt, daß die erste Nyquist Bedingung für die gesamte Strecke erfüllt ist. Insbeson-dere bei der Datenübertragung über vermittelte Verbindungen werden bei Verwendung eines Transversalfilters die Koeffizienten unmittelbar nach der Verbindungsaufbauphase neu eingestellt. Hierzu wird eine Trainingsfolge, d.h. eine Probefolge zur Einstellung der Koeffizienten gesendet. Filter, die in der Lage sind, laufend während der Datenüber-tragungsphase die Koeffizienten nachzustellen, werden als **adaptive Entzerrer (adaptive Equalizer)**bezeichnet. In der Praxis werden häufig solche adaptive Entzerrer eingesetzt, die anstatt der Symbolinterferenz nach der ersten Nyquist Bedingung den mittleren qua-dratischen Fehler minimieren. Für ein weiteres Studium der adaptiven Entzerrer sei auf die Literatur verwiesen.

Eine hinreichende Bedingung (**die zweite Nyquist Bedingung**), daß Symbolinterferenz genau zwischen zwei benachbarten Impulsen vorhanden ist und bei Bekanntsein des vor-angegangenen Impulses abgezogen werden kann, lautet.

$$h_{st}(kT + \tau) = \begin{cases} C \text{ für } k = 0 \\ C \text{ für } k = 1 \\ 0 \text{ sonst.} \end{cases}$$
(8.9)

W(t)

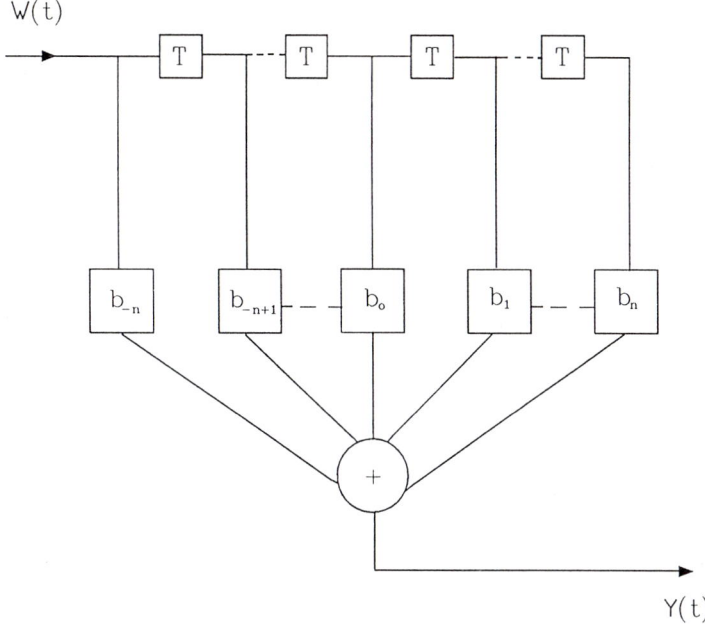

Y(t)

Bild 8.11: Transversalfilter als Entzerrer

Beispiel 8.7

Der Tiefpaß mit dem Roll-off Faktor $r = 1$ erfüllt die zweite Nyquist Bedingung, wenn die Verzögerung $\tau = \frac{T}{2} = \frac{\pi}{2\omega_0}$ beträgt, denn es gilt dann

$$h_{st}(0) = C \quad \text{für } k = 0$$
$$h_{st}(kT) = C \quad \text{für } k = 1$$
und $\quad h_{st}(kT) = 0 \quad \text{für andere } k\text{-Werte.}$

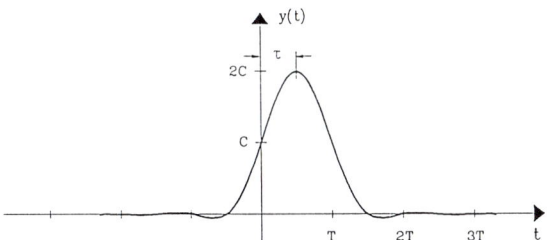

Man beachte, daß nun nicht beim maximalen Wert von $h(t)$ abgetastet wird, sondern beim halben Wert. Für die möglichen Kombinationen der gesendeten Folge erhält man die Abtastwerte als:

Gesendeter Wert	Vorangegangener Wert	Empfangener Wert
0	0	0
1	0	C
0	1	C
1	1	$2C$

Ist der jeweils vorangegangene Wert bekannt, so kann man aus dem empfangenen Wert auf das gesendete Signal zurückschließen. Es wird auch aus der Wertetabelle deutlich, daß es sich um ein pseudoternäres Empfangssignal mit den Amplituden 0, C, $2C$ handelt.

Verfahren, bei denen die Symbolinterferenz kontrolliert zugelassen wird, nennt man **Korrelations-Codierung** oder **partial response Coding**. Es gibt eine Vielfalt solcher Verfahren, die Symbolinterferenz zwischen mehreren hintereinander gesendeten Impulsen zulassen. Wir wollen lediglich zwei solche Verfahren angeben.

Bei der **Duobinären Codierung** wird der Impuls

$$h_{st}(t) = \pi \cdot \cos(\omega_0 t) \cdot \frac{1}{\left(\frac{\pi}{2}\right)^2 - (\omega_0 t)^2} \tag{8.10}$$

mit der Fouriertransformierten

$$H_{st}(\omega) = \begin{cases} \dfrac{1}{\omega_0} \cos\left(\dfrac{\pi\omega}{2\omega_0}\right) & \text{für } |\omega| \le \omega_0 \\ 0 & \text{sonst} \end{cases} \tag{8.11}$$

verwendet (Bild 8.12). Der Impuls der duobinären Codierung erfüllt (mit $T = \frac{\pi}{\omega_0}$) die zweite Nyquist Bedingung.

Bei der **modifizierten duobinären Codierung** wird der Impuls

$$h_{st}(t) = \frac{1}{\pi} \cdot \frac{\sin(\omega_0 t)}{\omega_0 \cdot t} \cdot \frac{2T}{2T - t} \tag{8.12}$$

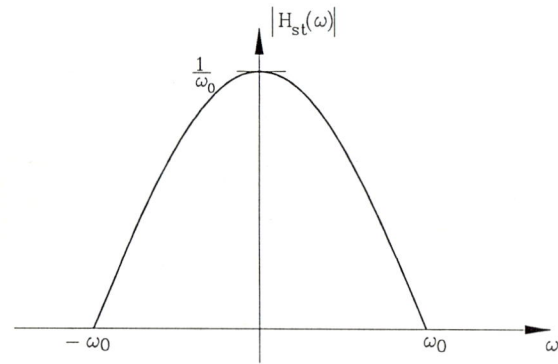

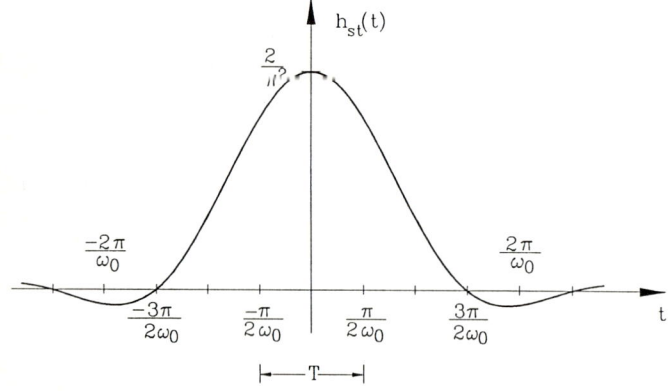

Bild 8.12: Duobinäre Partial Response Signale

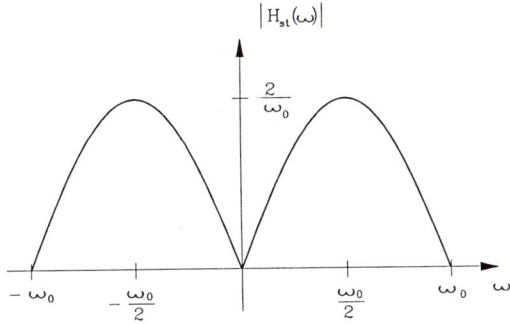

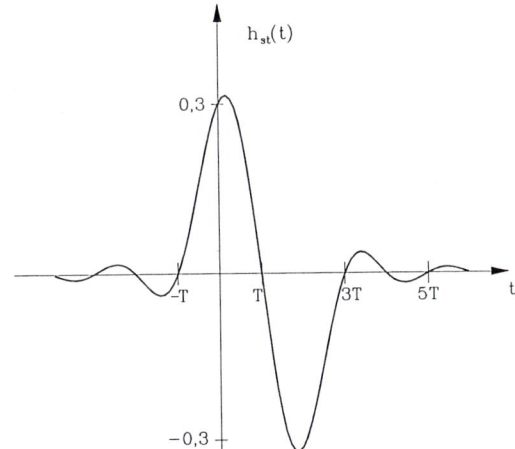

Bild 8.13: Modifizierte Duobinäre Partial Response Signale

mit der Fouriertransformierten

$$H_{st}(\omega) = \begin{cases} (2j e^{-j\omega T}) \cdot \dfrac{1}{\omega_0} \sin\left(\dfrac{\pi\omega}{\omega_0}\right) & \text{für } |\omega| \leq \omega_0 \\ 0 & \text{sonst} \end{cases} \qquad (8.13)$$

verwendet (Bild 8.13). Der modifizierte duobinäre Code hat keine Gleichstromkomponente. Ein Impuls wird durch seinen Vorgänger nicht beeinflußt, dafür aber durch seinen
Vorvorgänger, wie aus Bild 8.13 zu entnehmen ist.

8.5 Aufgaben zu Kapitel 8

Aufgabe 8.1

Bei der Beurteilung, welcher Leitungscode für ein bestimmtes Übertragungssystem verwendet werden soll, wird das Leistungsdichtespektrum als ein Auswahlkriterium herangezogen. Beschreiben Sie eine mögliche Auswirkung, wenn ein großer Teil der spektralen Leistungsdichte des Codes bei hohen Frequenzen auftritt.

Lösung 8.1

Bedingt durch den hohen Frequenzanteil ist die Reichweite stark eingeschränkt, da sich hier im wesentlichen die Frequenzabhängigkeit der Leitungsdämpfung auswirkt.

Aufgabe 8.2

Es gibt verschiedene Arten von binären Leitungscodes.
Erläutern Sie, welcher Art diejenigen Codes sind, die wie folgt bezeichnet werden:
(a) NRZ-Code
(b) RZ-Code
(c) Biphase-Code

Lösung 8.2

(a) Beim NRZ-Code behält das Signal bei unmittelbarer Wiederholung eines Symbols den gleichen Wert für die ganze Dauer.
(b) Beim RZ-Code kehrt das Signal in jedem Intervall zu Null zurück.
(c) Beim Biphase-Code werden Symbole als Phasensprünge codiert.

Aufgabe 8.3

Über eine ISDN-U_{K0}-Schnittstelle (bei dem der $MMS43$ Code verwendet wird) soll die Binärfolge 101001100101 übertragen werden. Bestimmen Sie für die gegebene Folge die entsprechenden ternären Codewörter und berechnen Sie die laufende digitale Summe (rds). Die ersten 4 Bit sollen hierbei mit dem Alphabet $S1$ codiert werden.

Lösung 8.3

Bit 0 - Bit 3 werden mit $S1$ codiert:
$$1010 \rightarrow + + - \quad rds = +1$$
Bit 4 - Bit 7 müssen mit $S2$ codiert werden:
$$0110 \rightarrow - + + \quad rds = +2$$
Bit 8 - Bit 11 müssen mit $S3$ codiert werden:
$$0101 \rightarrow -0\,0 \quad rds = +1$$
Die laufende digitale Summe:
$$rds = +1$$

Aufgabe 8.4

Es werde ein unipolarer Code (NRZ) für die Leitungscodierung einer binären, gleichverteilten Quelle eingesetzt. Die Impulsdauer betrage eine Taktlänge.
(a) Stellen Sie die Impulsfolge, die sich für die binäre Sendefolge 1001101 ergibt graphisch dar.
(b) Bestimmen Sie die Autokorrelationsfunktion dieses Codes und skizzieren Sie diese.
(c) Bestimmen Sie aus der Autokorrelationsfunktion das Leistungsdichtespektrum.

Lösung 8.4

(a)

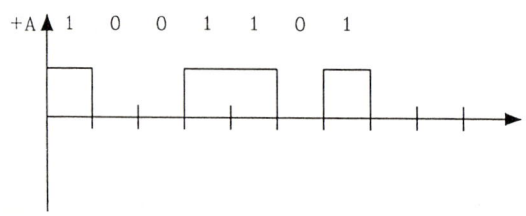

(b) AKF: $R(\tau) = E\{\mathbf{x}(t) \cdot \mathbf{x}(t+\tau)\}$

$$p\{x(t) = A\} = \frac{1}{2}$$

$$p\{x(t) = 0\} = \frac{1}{2}$$

$$E\{\mathbf{x}(t)\} = \frac{1}{2}A + \frac{1}{2}0 = \frac{A}{2}$$

$$E\{\mathbf{x}^2(t)\} = \frac{1}{2}A^2 + \frac{1}{2}0^2 = \frac{A^2}{2}$$

Für $\tau = 0$: $R(\tau) = E\{\mathbf{x}^2(t)\} = \frac{A^2}{2}$

Für $\tau > T$: $R(\tau) = E\{\mathbf{x}(t) \cdot \mathbf{x}(\tau+\tau)\} = E^2\{\mathbf{x}(t)\} = \frac{1}{4}A^2$

Für $0 < \tau < T$ treten vier verschiedene Fälle auf:

$$x(t) = \left\{\begin{array}{c} +A \\ 0 \end{array}\right\} \qquad x(t+\tau) = \left\{\begin{array}{c} +A \\ 0 \end{array}\right\}$$

$$p\{x(t) = A, x(t+\tau) = A\} = p\{x(t) = A\} \cdot p\{x(t+\tau) = A | x(t) = A\}$$
$$= \frac{1}{2}\left(1 - \frac{\tau}{2T}\right)$$
$$p\{x(t) = A, x(t+\tau) = 0\} = p\{x(t) = A\} \cdot p\{x(t+\tau) = 0 | x(t) = A\}$$
$$= \frac{1}{2}\frac{\tau}{2T}$$
$$p\{x(t) = 0, x(t+\tau) = A\} = \frac{1}{2}\frac{\tau}{2T}$$
$$p\{x(t) = 0, x(t+\tau) = 0\} = \frac{1}{2}\left(1 - \frac{\tau}{2T}\right)$$

$$R(\tau) = A \cdot A \cdot \frac{1}{2}\left(1 - \frac{\tau}{2T}\right) + A \cdot 0 + 0 \cdot A + 0 \cdot 0$$
$$R(\tau) = \frac{A^2}{2}\left(1 - \frac{\tau}{2T}\right)$$

Insgesamt ergibt sich somit:

$$R(\tau) = \begin{cases} \dfrac{A^2}{2}\left(1 - \dfrac{|\tau|}{2T}\right) & \text{für } 0 \le \tau \le T \\[2ex] \dfrac{A^2}{4} & \text{für } \tau > T \end{cases}$$

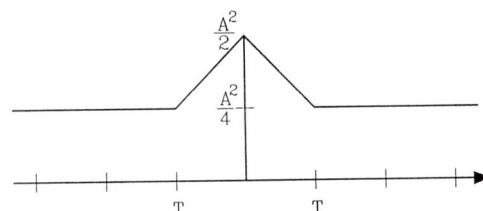

(c) Die AKF besteht aus einem Gleichanteil $R_1(\tau) = \frac{A^2}{4}$ und einer Dreiecksfunktion

$R_2(\tau) = \frac{A^2}{4}\left(-\frac{|\tau|}{T}\right)$ für $-T \le \tau \le T$

Damit ergibt sich für die spektrale Leistungsdichte (s. Anhang A.3)

$$S(\omega) = R_1(\omega) + R_2(\omega)$$
$$= A^2 \left(\frac{\pi}{2}\delta(\omega) + \frac{\sin^2 \omega \frac{T}{2}}{\omega^2 T}\right)$$

Aufgabe 8.5

Mit einem Verwürfler, der durch das Polynom $x^{-7}+x^{-6}+1$ (s. Bild 8.1) beschrieben wird, soll die Bitfolge $a_n = 11100101$ in eine Pseudozufallsfolge b_n umgewandelt werden. Die Reihenfolge der zu verwürfelnden Folge ist hierbei von rechts nach links festgelegt. Nach der Übertragung soll diese Folge dann durch einen Entwürfler in die Empfangsfolge c_n zurückgewandelt werden.

Bestimmen Sie ausgehend von der Bitfolge a_n die Bitfolgen b_n und c_n jeweils bis zum 10. Bit (d.h. für je 10 Taktschritte) und geben Sie ebenfalls die entsprechenden Zählerstände der Schieberegister an.

Zum Startzeitpunkt sind alle Speicherplätze der Schieberegister mit "0" vorbesetzt.

Lösung 8.5

Eingangsfolge a_n: $11100101 \Rightarrow x^{-7} + x^{-6} + x^{-5} + x^{-2} + 1$

Polynom: $x^{-7} + x^{-6} + 1$

$$(1 + x^{-2} + x^{-5} + x^{-6} + x^{-7})/(1 + x^{-6} + x^{-7}) = 1 + x^{-2} + x^{-5} + x^{-8} + x^{-9} \ldots$$

$$\underline{1\ +x^{-6}\ +x^{-7}}$$
$$x^{-2}\ +x^{-5}$$
$$\underline{x^{-2}\ +x^{-8}\ +x^{-9}}$$
$$x^{-5}\ +x^{-8}\ +x^{-9}$$
$$\underline{x^{-5}\ +x^{-11}\ +x^{-12}}$$
$$x^{-8}\ +x^{-9}\ +x^{-11}\ +x^{-12}$$
$$\underline{x^{-8}\ +x^{-14}\ +x^{-15}}$$
$$x^{-9}\ +x^{-11}\ +x^{-12}\ +x^{-14}\ +x^{-15}$$

Sendefolge: $\ldots x^{-9} + x^{-8} + x^{-5} + x^{-2} + 1 \Rightarrow \ldots 1100100101$

Empfangsfolge c_n: 00011100101

Senderegister und Empfangsregister jeweils nach dem

    6.Takt: 1001010
    7.Takt: 0100101
    8.Takt: 0010010
    9.Takt: 1001001
    10.Takt: 1100100

Aufgabe 8.6

Gegeben ist eine zufällige Binärfolge $a_n = 1110\,0001\,0101$, die am Eingang eines Leitungscodierers als NRZ-Signal vorliegt. Stellen Sie ausgehend von der Eingangsfolge die Ausgangsfolgen graphisch dar, wenn es sich um einen

(a) AMI-Codierer

(b) CMI-Codierer

(c) MMS43-Codierer (beginnend mit $S1$)

handelt.

Lösung 8.6

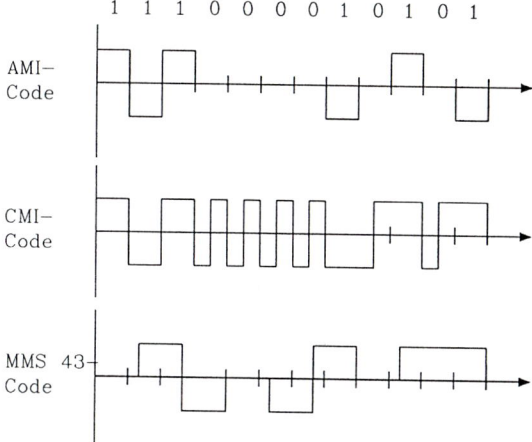

Anhang

A   Fouriertransformation

A.1 Verallgemeinerte Funktionen

1. Eine Funktion heißt **Grundfunktion**, wenn sie beliebig oft differenzierbar ist und zusammen mit allen Ableitungen für alle N eine Funktion der Ordnung $O(\mid x \mid^{-N})$ für $\mid x \mid \to \infty$ ist. [8]

2. Eine Funktion heißt **schwachwachsende Funktion**, wenn sie beliebig oft differenzierbar ist und wenn sie und alle ihre Ableitungen für ein geeignetes N (das vom Grad der Ableitung abhängen kann) Funktionen der Ordnung $O(\mid x \mid^{N})$ sind.

3. Die Ableitung einer Grundfunktion ist eine Grundfunktion. Die Summe zweier Grundfunktionen ist eine Gundfunktion. Das Produkt einer schwachwachsenden Funktion mit einer Grundfunktion ist eine Grundfunktion.

4. Eine Folge $f_n(x)$ von Grundfunktionen heißt regulär, wenn für jede beliebige Grundfunktion $F(x)$ der Grenzwert

$$\lim_{n \to \infty} \int_{-\infty}^{+\infty} f_n(x) \cdot F(x) \, dx \qquad (1)$$

existiert.

5. Zwei reguläre Folgen von Grundfunktionen heißen äquivalent, wenn für jede Grundfunktion $F(x)$ der Grenzwert (1) in beiden Fällen der gleiche ist.

6. Eine **verallgemeinerte Funktion** ist eine reguläre Folge $f_n(x)$ von Grundfunktionen. Zwei verallgemeinerte Funktionen heißen gleich, wenn die entsprechenden regulären Folgen äquivalent sind.
   Eine verallgemeinerte Funktion ist somit eine Klasse äquivalenter regulärer Folgen. Das Integral

$$\int_{-\infty}^{+\infty} f(x) \cdot F(x) \, dx$$

über das Produkt einer verallgemeinerten Funktion $f(x)$ mit einer Grundfunktion $F(x)$ wird durch

$$\lim_{n \to \infty} \int_{-\infty}^{+\infty} f_n(x) \cdot F(x) \, dx$$

definiert.

---

8. Eine Funktion $f(x)$ ist eine Funktion der Ordnung $O(g(x))$ für $\mid x \mid \to \infty$, wenn folgendes gilt: es gibt Konstanten K, L, so daß für $\mid x \mid \geq L$ stets $f(x) \leq K \cdot g(x)$ ist.

7. Die δ-Funktion ist eine verallgemeinerte Funktion, die durch das Integral

$$\int\limits_{-\infty}^{+\infty} \delta(x) \cdot F(x)\, dx = F(0) \tag{2}$$

definiert ist, d.h. die δ-Funktion ist eine reguläre Folge von Grundfunktionen, die für jede Grundfuktion $F(x)$ den gleichen Grenzwert $F(0)$ liefert.

A.2 Fourierintegrale

Für eine Funktion (wir verstehen nunmehr hierunter auch verallgemeinerte Funktionen) $f(t)$ ist die Fouriertransformierte $F(\omega)$ definiert als

$$F(\omega) = \int\limits_{-\infty}^{+\infty} f(t)\, e^{-j\omega t}\, dt \tag{3a}$$

falls das Integral $F(\omega)$ existiert.
Für die ursprüngliche Funktion $f(t)$ gilt dann die Rücktransformation

$$f(t) = \frac{1}{2\pi} \int\limits_{-\infty}^{+\infty} F(\omega)\, e^{+j\omega t}\, d\omega \,. \tag{3b}$$

Wir verwenden das Zeichen $f(t) \longrightarrow\!\!\circ\, F(\omega)$, um zu kennzeichnen, daß $f(t)$ und $F(\omega)$ ein Fouriertransformationspaar entsprechend Gleichung (3 a) und (3 b) bilden.

A.3 Einige Eigenschaften der Fouriertransformation

(a) **Linearität:** Es seien $f_1(t) \longrightarrow\!\!\circ\, F_1(\omega)$ und $f_2(t) \longrightarrow\!\!\circ\, F_2(\omega)$ zwei Transformationspaare, dann gilt

$$f_1(t) + f_2(t) \longrightarrow\!\!\circ\, F_1(\omega) + F_2(\omega) \,. \tag{4}$$

(b) **Symmetrie:** Es sei $f_1(t) \longrightarrow\!\!\circ\, F_1(\omega)$, so gilt

$$F_1(t) \longrightarrow\!\!\circ\, 2\pi f(-\omega) \,. \tag{5}$$

(c) **Gewichtung:** A sei eine reelle Konstante, $f(t) \longrightarrow\!\!\circ\, F(\omega)$ ein Transformationspaar, so gilt

$$f(At) \longrightarrow\!\!\circ\, \frac{1}{|A|}\, F\!\left(\frac{\omega}{A}\right) \tag{6}$$

(d) **Zeitverschiebung:** Es sei $f(t) \longrightarrow\!\!\circ\, F(\omega)$, so gilt

$$f(t - t_0) \longrightarrow\!\!\circ\, F(\omega)\, e^{-j\omega t_0} \,. \tag{7}$$

(e) **Frequenzverschiebung:** Es sei $f(t) \longrightarrow\!\!\circ\, F(\omega)$, so gilt

$$f(t) \cdot e^{j\omega_0 t} \longrightarrow\!\!\circ\, F(\omega - \omega_0) \,. \tag{8}$$

(f) **Ableitung im Zeitbereich:** Es sei $f(t) \longrightarrow\!\!\circ\, F(\omega)$, falls die n-te Ableitung von $f(t)$ existiert, so gilt

$$\frac{d^n f(t)}{dt^n} \longrightarrow\!\!\circ\, (j\omega)^n\, F(\omega) \,. \tag{9}$$

(g) **Ableitung im Frequenzbereich:** Es sei $f(t) \longrightarrow\!\!\circ\, F(\omega)$, falls die n-te Ableitung von $F(\omega)$ existiert, so gilt

$$(-jt)^n \cdot f(t) \longrightarrow\!\!\circ\, \frac{d^n F(\omega)}{d\omega^n} \,. \tag{10}$$

(h) **Multiplikation im Zeitbereich:** Es sei $f_1(t) \multimap F_1(\omega)$ und $f_2(t) \multimap F_2(\omega)$, so gilt

$$f_1(t) \cdot f_2(t) \multimap \frac{1}{2\pi} \int\limits_{-\infty}^{+\infty} F_1(\tilde{\omega}) \cdot F_2(\omega - \tilde{\omega}) \, d\tilde{\omega} \,. \tag{11a}$$

Abkürzend schreiben wir

$$\frac{1}{2\pi} \int\limits_{-\infty}^{+\infty} F_1(\tilde{\omega}) \cdot F_2(\omega - \tilde{\omega}) \, d\tilde{\omega} = F_1(\omega) * F_2(\omega) \tag{12a}$$

und bezeichnen die Operation als Faltung im Frequenzbereich. Somit erhalten wir das Transformationspaar

$$f_1(t) \cdot f_2(t) \multimap F_1(\omega) * F_2(\omega) \,. \tag{11b}$$

(i) **Multiplikation im Frequenzbereich:** Es sei $f_1(t) \multimap F_1(\omega)$ und $f_2(t) \multimap F_2(\omega)$, so gilt

$$\int\limits_{-\infty}^{+\infty} f_1(\tau) \cdot f_2(t - \tau) \, d\tau \multimap F_1(\omega) \cdot F_2(\omega) \tag{13a}$$

Abkürzend schreiben wir

$$\int\limits_{-\infty}^{+\infty} f_1(\tau) \cdot f_2(t - \tau) \, d\tau = f_1(t) * f_2(t) \tag{12b}$$

und bezeichnen die Operation als Faltung im Zeitbereich. Somit erhalten wir das Transformationspaar

$$f_1(t) * f_2(t) \multimap F_1(\omega) \cdot F_2(\omega) \,. \tag{13b}$$

(j) **Parseval'sche Gleichung:** Es sei $f_1(t) \multimap F_1(\omega)$ und $f_2(t) \multimap F_2(\omega)$, so gilt

$$\int\limits_{-\infty}^{+\infty} f_1(t) \cdot f_2(t) \, dt = \frac{1}{2\pi} \int\limits_{-\infty}^{+\infty} F_1(\omega) \cdot F_2^*(\omega) \, d\omega \tag{14a}$$

wobei $F_2^*(\omega) = F_2(-\omega)$.
Für $f_1(t) = f_2(t)$ gilt insbesondere

$$\int\limits_{-\infty}^{+\infty} f_1^2(t) \, dt = \frac{1}{2\pi} \int\limits_{-\infty}^{+\infty} |F_1(\omega)|^2 \, d\omega \,. \tag{14b}$$

Das Integral auf der linken Seite kann als Signalenergie im Zeitbereich, das Integral auf der rechten Seite als Signalenergie im Spektralbereich interpretiert werden. Die Parseval'sche Gleichung für diesen Fall besagt, daß die Signalenergie im Zeitbereich gleich der Signalenergie im Spektralbereich ist.

A.4 Einige Fouriertransformationspaare

In der nachfolgenden Tabelle werden folgende Abkürzungen für besondere Funktionen verwendet.

(a) **Rechteck**
$$p_a(x) = \begin{cases} 1 & \text{für } |a| \le x \\ 0 & \text{für } |a| > x \end{cases}$$

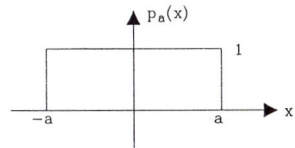

(b) **Dreieck**
$$d_a(x) = \begin{cases} 1 - \dfrac{|x|}{a} & \text{für } |x| \le a \\ 0 & \text{für } |x| > a \end{cases}$$

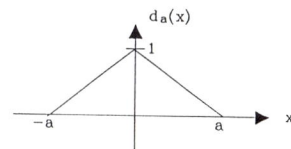

(c) **Sprung**
$$h(x) = \begin{cases} 1 & \text{für } x \ge 0 \\ 0 & \text{für } x < 0 \end{cases}$$

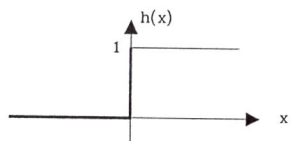

(d) **Signum**
$$\text{Sgn } x = \begin{cases} 1 & \text{für } x \ge 0 \\ -1 & \text{für } x < 0 \end{cases}$$

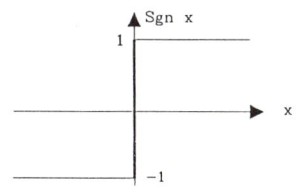

(e) δ - **Funktion**

Verallgemeinerte Funktion mit

$$\int\limits_{-\infty}^{+\infty} \delta(x) \cdot F(x)dx = F(0)$$

für alle Grundfunktionen $F(x)$.

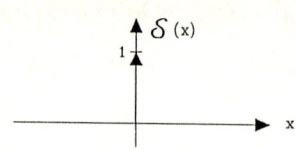

(f) **Abtastfunktion**

$$S_a(x) = \sum_{n=-\infty}^{+\infty} \delta(x - na)$$

δ wie oben definiert.

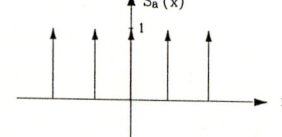

Tabelle: Fouriertransformationspaare

1. $p_T(t)$ ⟶○ $\dfrac{2}{\omega} \sin \omega T$

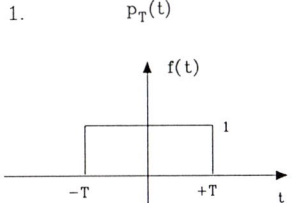 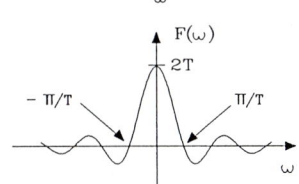

2. $\dfrac{\sin \omega_0 T}{\pi\, t}$ ⟶○ $p_{\omega_0}(\omega)$

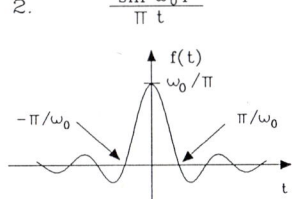 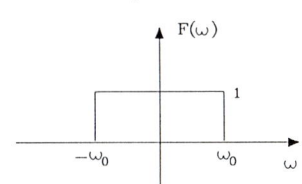

3. $d_T(t)$ ⟶○ $\dfrac{4 \sin^2 \frac{\omega T}{2}}{\omega^2 T}$

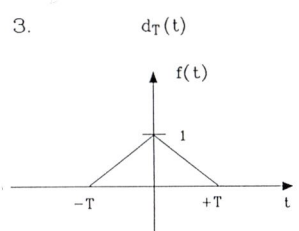 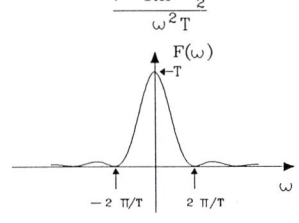

Tabelle: Fouriertransformationspaare (Fortsetzung)

4. $\dfrac{2 \sin^2 \frac{at}{2}}{\pi at^2}$  $d_{\omega_0}(\omega)$

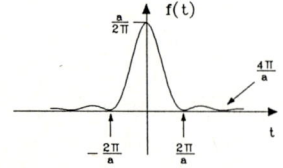
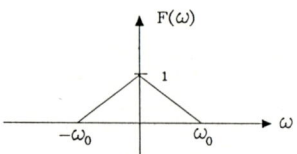

5. $\delta(t)$ ——○ 1

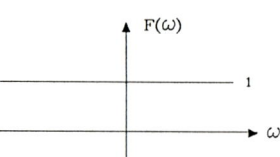

6. 1 ——○ $2\pi \delta(\omega)$

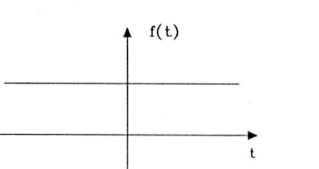
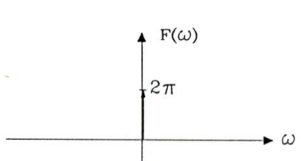

7. $\cos \omega_0 t$ ——○ $\pi [\delta(\omega - \omega_0) + \delta(\omega + \omega_0)]$

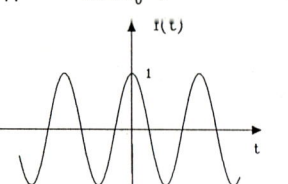
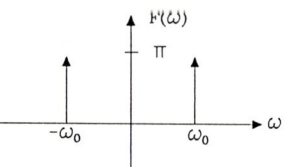

Tabelle: Fouriertransformationspaare (Fortsetzung)

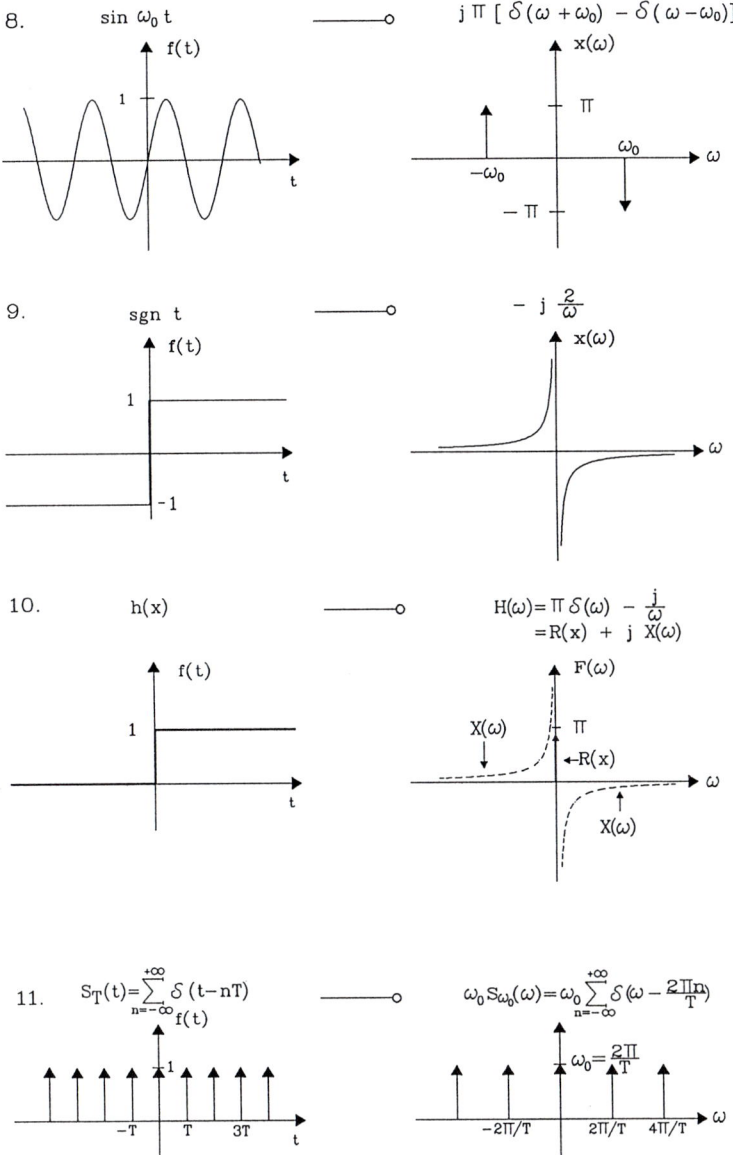

8. $\sin \omega_0 t$ $\longrightarrow\!\circ$ $j \pi [\delta(\omega + \omega_0) - \delta(\omega - \omega_0)]$

9. $\text{sgn } t$ $\longrightarrow\!\circ$ $- j \frac{2}{\omega}$

10. $h(x)$ $\longrightarrow\!\circ$ $H(\omega) = \pi \delta(\omega) - \frac{j}{\omega}$
                                    $= R(x) + j \; X(\omega)$

11. $S_T(t) = \sum_{n=-\infty}^{+\infty} \delta(t-nT)$ $\longrightarrow\!\circ$ $\omega_0 S_{\omega_0}(\omega) = \omega_0 \sum_{n=-\infty}^{+\infty} \delta\left(\omega - \frac{2\pi n}{T}\right)$

Tabelle: Fouriertransformationspaare (Fortsetzung)

12. $e^{-\alpha\,|t|}$ ————o $\dfrac{2\alpha}{\alpha^2+\omega^2}$

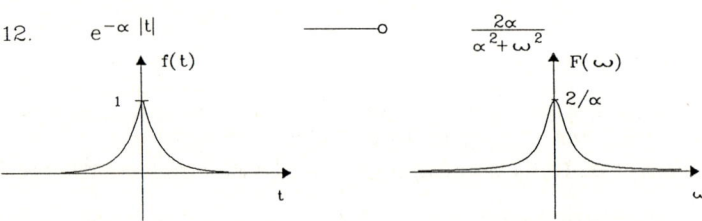

13. $e^{-\alpha t^2}$ ————o $\sqrt{\dfrac{\pi}{\alpha}}\ e^{-\omega^2/4\alpha}$

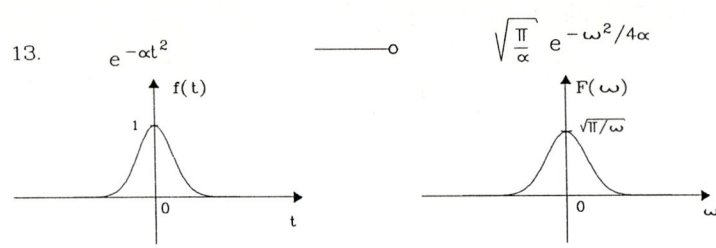

B Lineare Algebra

B.1 Körper, Ringe, Gruppen

Es sei K eine Menge mit mindestens zwei Elementen, und $+$ und $\cdot$ zwei Abbildungen $(K \times K \to K)$, die wir Addition und Multiplikation nennen.

1. Ein **Körper** ist ein Tripel $(K, +, \cdot)$, für das folgende sieben Axiome gelten:

A1 Das Assoziativgesetz:
   $\forall a, b, c \in K$ gilt
$$a + (b + c) = (a + b) + c.$$

A2 Das Kommutativgesetz:
   $\forall a, b \in K$ gilt
$$a + b = b + a.$$

A3 Existenz von Null und Inversen:
   Es gibt ein $n \in K$ mit
   (a) n ist ein neutrales Element (Null),
      d.h. $\forall a \in K$ gilt
$$a + n = n + a = a,$$
   und
   (b) $\forall a \in K$ existiert ein inverses Element,
      d.h. $\forall a \in K \; \exists \, -a \in K$ mit.
$$a + (-a) = (-a) + a = n.$$

Für die Multiplikation:

M1 Das Assoziativgesetz:
   $\forall a, b, c \in K$ gilt
$$a \cdot (b \cdot c) = (a \cdot b) \cdot c.$$

M2 Das Kommutativgesetz:
   $\forall a, b, \in K$ gilt
$$a \cdot b = b \cdot a.$$

M3 Existenz von Eins und Inversen:
   Es gibt ein $e \in K$ mit
   (a) e ist ein neutrales Element (Eins),
      d.h. $\forall a \in K$ gilt
$$a \cdot e = e \cdot a = a,$$
   und
   (b) $\forall a \in K, a \neq n, \exists \, a^{-1} \in K$ mit
$$a \cdot a^{-1} = a^{-1} a = e.$$

Für die Addition und Multiplikation:

D   Das Distributivgesetz:
   $\forall a, b, c \in K$ gilt
   (a) $(a + b) \cdot c = ac + bc,$

(b) $a \cdot (b + c) = ab + ac$ [9].

2. Ein **Ring** ist ein Tripel $(R, +, \cdot)$, für das die fünf Axiome A1–A3 und M1 und D gelten. Gilt zusätzlich M2, so spricht man von einem kommutativen Ring.

3. Eine **Gruppe** ist ein Paar $(M, +)$ (additive Gruppe) oder $(M, \cdot)$ (multiplikative Gruppe), für das die beiden Axiome A1, A3 (additive Gruppe) bzw. M1, M3 (multiplikative Gruppe) gelten. Gilt zusätzlich A2 bzw. M2, so spricht man von einer kommutativen Gruppe.

4. K sei ein Körper mit q Elementen.
   K ist bis auf Isomorphie durch q bestimmt.
   Man nennt K **Galoisfeld** q-ter Ordnung und schreibt auch $GF(q)$.
   Es gibt eine Primzahl p und ein $m \in \mathbb{N}$, mit $q = p^m$.
   p heißt **Charakteristik** von K.

5. Ein Körper $(K, \oplus, \odot)$ heißt **Unterkörper** des Körpers $(L, +, \cdot)$, wenn gilt
   (a) $K \subset L$
   (b) $a \oplus b = a + b$
       $a \odot b = a \cdot b$
         $\forall a, b \in K$

6. $GF(p)$ ist ein Unterkörper von $GF(q)$ genau dann, wenn
   $q = p^m$ für ein $m \in N$.

7. Die **Ordnung eines Elements** α des Körpers K ist definiert als
   $\text{Ordnung}\,(\alpha) = \text{Min}\{\gamma \in \mathbb{N} | \alpha^\gamma = 1\}$.
   Für einen endlichen Körper mit q Elementen gilt $\alpha^{q-1} = 1$.
   Ein Element der Ordnung $(q - 1)$ nennt man ein **primitives Element**.

B.2 Vektorräume

K sei ein beliebiger Körper.

1. Ein **Vektorraum** über K ist ein Tripel $(V, +, \cdot)$, wobei V eine nichtleere Menge und + und · zwei Abbildungen sind,

$$+ : V \times V \to V \text{ Addition von Vektoren,}$$

$$\cdot : K \times V \to V \text{ Skalare Multiplikation,}$$

   für die folgenden vier Axiome gelten:

V1: Das Paar $(V, +)$ ist eine kommutative Gruppe, d.h. es gelten A1, A2, A3 für $(V, +)$.

V2: $\forall a, b \in V$ und $\alpha \in K$ gelten die Distributiv-Gesetze:
$$(\alpha + \beta)a = \alpha a + \beta a$$
$$\alpha(a + b) = \alpha a + \alpha b$$

V3: $\forall \alpha, \beta \in K, a \in V$ gilt das Assoziativgesetz
$$\alpha(\beta a) = (\alpha\beta)a.$$

V4: Für das Einselement $e_K \in K$ und jedes $a \in V$ ist
$$e_K \cdot a = a.$$

---

9. (b) folgt aus M2 und D(a), bräuchte also nicht getrennt gefordert zu werden.

2. $(V, +, \cdot)$ und $(U, \oplus, \odot)$ seien Vektorräume über einem beliebigen Körper K. U heißt **Untervektorraum** von V, wenn gilt:

   U1: $U \subset V$

   U2: $a \oplus b = a + b \quad \forall a, b \in U$

   $\alpha \odot a = \alpha \cdot a \quad \forall a \in U, \ \alpha \in K$

3. Sei V ein Vektorraum, I eine Indexmenge, $(v_i | i \in I)$ eine Familie von Vektoren aus V. Es sei

   $$\langle v_i | i \in I \rangle := \{x | x \in V \quad \text{und es gibt eine endliche Teilmenge } I' \subset I,$$
   $$\text{sowie } \alpha_i \in K \text{ für } i \in I' \text{ mit } x = \sum_{i \in I'} \alpha_i v_i\}.$$

   Es kann gezeigt werden, daß $\langle v_i | i \in I \rangle$ ein Untervektorraum von V ist. $\langle \ \rangle$ wird deshalb der von $(v_i | i \in I)$ erzeugte Untervektorraum genannt und $(v_i | i \in I)$ das **erzeugende System** von U.

4. V sei ein Vektorraum, I eine Indexmenge, $(v_i | i \in I)$ eine Familie von Vektoren aus V. Unter einer **Linearkombination** versteht man jede endliche Summe der Form

   $$\sum_{i \in I'} \alpha_i v_i$$

   mit $I' \subset I$ endlich und $\alpha_i \in K$ für $i \in I'$.

5. Eine Familie $(v_i | i \in I)$ von Vektoren aus V heißt **linear unabhängig** genau dann, wenn sich kein $v_i (i \in I)$ als Linearkombination der Familie $(v_j | j \in I \backslash \{i\})$ darstellen läßt.

6. Eine Familie $(v_i | i \in I)$ von Vektoren aus V heißt eine **Basis** des Vektorraumes V genau dann, wenn $(v_i | i \in I)$ ein erzeugendes System von V ist und $(v_i | i \in I)$ linear unabhängig ist.

7. Folgende Aussagen sind äquivalent:
   (a) $(v_i | i \in I)$ ist eine Basis.
   (b) Jedes $a \in V$ läßt sich eindeutig als Linearkombination der Familie $(v_i | i \in I)$ darstellen.

8. Jeder endlich erzeugte Vektorraum besitzt eine Basis.

9. Ist $V \neq \{0_V\}$ (Nullelement von V) ein endlich erzeugter Vektorraum über K, und ist $(v_1, \ldots v_n)$ eine Basis von V, so definiert man

   $$\dim_K V := n$$

   als die **Dimension** von V bezüglich K.

10. Sei V ein Vektorraum und $n \in \mathbb{N}$.
    Es ist $\dim V = n$ genau dann, wenn es n linear unabhängige Vektoren in V gibt, $n + 1$ Vektoren aus V aber immer abhängig sind.

11. Ist eine Basis eines Vektorraumes gegeben, so erhält man durch **Elementaroperationen** an einer Basis eine neue Basis des Vektorraumes. Elementaroperationen sind: Vertauschen von Basisvektoren, Multiplikation eines Basisvektors mit einem Körperelement $\alpha \in K, \alpha \neq 0_K$, Addition eines mit einem Körperelement multiplizierten Basisvektors zu einem anderen Basisvektor.

12. Sei V ein endlich dimensionaler Vektorraum, in dem zusätzlich ein **Skalarprodukt** $u \cdot v \in K$ für beliebige Elemente $u, v \in V$ definiert ist, U ein Untervektorraum von U. Den Vektorraum

    $$U^d = \{v \in V | v \cdot u = 0 \text{ für alle } u \in U\}$$

nennt man den zu U (bezüglich V) **orthogonalen Vektorraum.**
Es gilt

$$\dim U + \dim U^d = \dim V.$$

B.3 Polynome über endlichen Körpern

1. Ein **Polynom** ist definiert durch

$$p(x) = a_n x^n + a_{n-1} x^{n-1} + \ldots + a_1 x + a_0,$$

wobei $a_i \in K$ sind und x eine Unbekannte ist.
Ist $a_n = e_K$ (Einselement des Körpers), so nennt man $p(x)$ ein **normiertes Polynom.**
Ist $a_n \neq n_K$ (Nullelement des Körpers) der Koeffizient der höchsten Potenz von x,
so nennt man n den **Grad des Polynoms** $p(x)$ und schreibt

$$\operatorname{Grad} p(x) = n.$$

2. $F_q[x]$ ist die **Menge aller Polynome** über einem endlichen Körper mit q Elementen
($GF(q)$).
Die Addition und Multiplikation von Polynomen ist wie üblich definiert.
$F_q[x]$ mit der so definierten Addition und Multiplikation bildet einen Ring - den
Polynomring über $GF(q)$.

3. **Teiler eines Polynoms.**
Es seien $f(x), g(x) \in F_q[x]$.
Wir sagen, $g(x)$ teilt $f(x)$ und schreiben dafür $g(x)|f(x)$ genau dann, wenn es ein
$q(x) \in F_q[x]$ gibt mit

$$f(x) = q(x) \cdot g(x).$$

4. **Division eines Polynoms.**
Es seien $f(x), g(x) \in F_q[x], g(x) \neq 0$.
Es gibt genau ein $q(x) \in F_q[x]$ und ein $r(x) \in F_q[x]$ mit

$$f(x) = q(x) \cdot g(x) + r(x)$$

und

$$\operatorname{Grad} r(x) < \operatorname{Grad} g(x).$$

5. Es seien $f(x), g(x) \in F_q[x], f(x) \cdot g(x) \neq 0$.
Es gibt genau ein normiertes Polynom $h(x) \in F_q[x]$ vom maximalen Grad, so daß

$$h(x)|f(x) \quad \text{und} \quad h(x)|g(x).$$

Wir nennen $h(x)$ den **größten gemeinsamen Teiler** (g g T) von $f(x)$ und $g(x)$.
Es gibt $a(x), b(x) \in F_q[x]$, so daß

$$\operatorname{g g T}(f(x), g(x)) = a(x) \cdot f(x) + b(x) \cdot g(x).$$

6. Wir nennen ein Polynom $p(x) \in F_q[x], p(x) \neq 0$, **irreduzibel** über $GF(q)$ genau
dann, wenn für alle $f(x) \in F_q[x]$ aus

$$f(x)|p(x) \quad \text{folgt, daß } \operatorname{Grad} f(x) = 0$$

oder

$$\operatorname{Grad} f(x) = \operatorname{Grad} p(x) \text{ ist .}$$

$F_q[x]$ enthält irreduzible Polynome von jedem Grad $n \in \mathbf{N}$.

7. Für ein normiertes Polynom $p(x)$ über einem Körper $GF(q)$ mit Grad $p(x) \neq 0$ ist der **Polynomring modulo** $p(x)$ die Menge aller Polynome vom Grad $<$ Grad $p(x)$, für die Addition und Multiplikation modulo $p(x)$ wie üblich definiert sind. Der Polynomring modulo $p(x)$ wird mit $F_q[x]|p(x)$ bezeichnet. Für ihn gelten 3.–6. entsprechende Definitionen und Eigenschaften.
Der Polynomring $F_q[x]$ modulo $p(x)$ ist ein Körper genau dann, wenn $p(x)$ irreduzibel über $F_q[x]$ ist. Wir werden stets annehmen, daß $p(x)$ außerdem normiert ist, um Mehrdeutigkeiten auszuschließen.

8. Sei $p(x) \in F_q[x]$ irreduzibel über $F_q[x]$, Grad $p(x) = k$. Dann gilt
$$p(x)|(x^{q^k} - x).$$
Es gibt k Elemente $\alpha_1, \ldots \alpha_k \in GF(q^k)$, so daß $p(\alpha_i) = 0$ $(1 \leq i \leq k)$, d.h. die Wurzeln von $p(x)$ liegen im Erweiterungskörper $GF(q^k)$ von $GF(q)$.

9. Sei $\alpha \in GF(q^k)$. Das normierte Polynom $p(x) \in F_q[x]$ mit dem kleinsten Grad und mit $p(\alpha) = 0$ heißt **Minimalpolynom** über $GF(q)$ von α.

10. Sei $\alpha \in GF(q^k)$ ein primitives Element. Das Minimalpolynom über $GF(q)$ von α heißt **primitives Polynom**.

11. $p(x) \in F_q[x]$ ist ein primitives Polynom genau dann, wenn
$$p(x)|(x^{q^k-1} - 1)$$
und $p(x)$ teilt $x^i - 1$ nicht für $1 \leq i < q^k - 1$.

12. Einige primitive Polynome aus $F_2(x)$ sind:

Grad	Polynom
1	$x + 1$
2	$x^2 + x + 1$
3	$x^3 + x + 1$
4	$x^4 + x + 1$
5	$x^5 + x^2 + 1$
6	$x^6 + x + 1$
7	$x^7 + x^3 + 1$
	$x^7 + x^6 + x^5 + x^4 + x^3 + x^2 + 1$
8	$x^8 + x^4 + x^3 + x^2 + 1$
9	$x^9 + x^4 + 1$
10	$x^{10} + x^3 + 1$
11	$x^{11} + x^2 + 1$
12	$x^{12} + x^6 + x^4 + x + 1$
13	$x^{13} + x^4 + x^3 + x + 1$
14	$x^{14} + x^{10} + x^6 + x + 1$
15	$x^{15} + x + 1$
	$x^{15} + x^{14} + x^{13} + x^{12} + x^4 + x^3 + x^2 + x + 1$
32	$x^{32} + x^{26} + x^{23} + x^{22} + x^{16} + x^{12} + x^{11} + x^{10} + x^8 + x^7 + x^5 + x^4 + x^2 + x + 1$

C   Die Stirling'sche Formel und eine binomiale Abschätzung

Die Stirling'sche Formel [10] lautet

$$\sqrt{2\pi n}\left(\frac{n}{e}\right)^n < n! < \sqrt{2\pi n}\left(\frac{n}{e}\right)^n \cdot e^{\frac{1}{4n}} .$$

Wir verwenden die Stirling'sche Formel, um eine Abschätzung für die Summe S der Binomialkoeffizienten

$$S = \sum_{i=0}^{m\lambda} \binom{m}{i} \quad \text{für } \lambda < \frac{1}{2}$$

abzuleiten. Wir nehmen an, daß $m\lambda$ eine ganze Zahl ist, andernfalls berechnen wir die Summe bis $[m\lambda]$, der größten ganzen Zahl kleiner oder gleich $m\lambda$. Auch in diesem Fall gilt die folgende Abschätzung. Wir setzen $\lambda > 0$ an. Für $\lambda = 0$ kann die Gültigkeit der Abschätzung direkt gezeigt werden. Es sind

$$S = 1 + \binom{m}{1} + \ldots + \binom{m}{m\lambda}$$
$$= S_0 + S_1 + \ldots + S_{m\lambda}$$

mit

$$S_i = \binom{m}{i} .$$

Wegen $\lambda < \frac{1}{2}$, sind die Terme monoton wachsend, so daß der größte Term $S_{m\lambda}$ ist. Für ihn gilt

$$S_{m\lambda} = \frac{m!}{(\lambda m)!(m-\lambda m)!}$$

oder mit der Stirling'schen Formel

$$S_{m\lambda} \le \frac{m^m \cdot e^{-m}\sqrt{2\pi m} \cdot e^{+\frac{1}{4m}}}{(\lambda m)^{\lambda m}e^{-\lambda m}\sqrt{2\pi\lambda m}(m-\lambda m)^{m-\lambda m} \cdot e^{-(m-\lambda m)} \cdot \sqrt{2\pi(m-\lambda m)}} .$$

Wir fassen die Terme wie folgt zusammen

$$S_{m\lambda} \le \left[\frac{m^m}{m^{\lambda m} \cdot m^{m-\lambda m}}\right] \cdot \left[\frac{1}{\lambda^{\lambda m}(1-\lambda)^{(1-\lambda)m}}\right] \cdot \left[\frac{e^{-m}}{e^{-\lambda m} \cdot e^{-(m-\lambda m)}}\right]$$
$$\cdot \left[\frac{\sqrt{2\pi} \cdot \sqrt{m}}{\sqrt{2\pi} \cdot \sqrt{\lambda} \cdot \sqrt{m} \cdot \sqrt{2\pi}\sqrt{(1-\lambda)m}}\right] \cdot e^{+\frac{1}{4m}} .$$

Wir haben die Terme so zusammengefaßt, daß die erste und dritte Klammer genau 1 ergeben. Nehmen wir den dualen Logarithmus des Nenners der zweiten Klammer, so erhalten wir

$$m\lambda \cdot \mathrm{ld}\,\lambda + m(1-\lambda) \cdot \mathrm{ld}\,(1-\lambda) = -mH(\lambda),$$

wobei

$$H(\lambda) = -\lambda\,\mathrm{ld}\,\lambda - (1-\lambda)\,\mathrm{ld}\,(1-\lambda)$$

ist; die zweite Klammer wird somit $2^{+mH(\lambda)}$. Mit

---

10. siehe Duschek, A., Höhere Mathematik, Bd. 1, S. 246 für einen Beweis

$$C = \frac{1}{\sqrt{2\pi\lambda}\sqrt{1-\lambda}},$$

wird die letzte Klammer gleich

$$C \cdot m^{-\frac{1}{2}}.$$

Wir haben insgesamt nun

$$S_{m\lambda} \le C \cdot m^{-\frac{1}{2}} \cdot e^{+\frac{1}{4m}} \cdot 2^{mH(\lambda)}.$$

Wir schreiben nun

$$S = S_{m\lambda} + \ldots + S_i + \ldots + S_1 + 1$$

und wollen S abschätzen, indem wir die Reihe durch eine geometrische Reihe von oben einschränken. Da für die Binomialkoeffizienten

$$\binom{m}{k} = \frac{m-k+1}{k} \binom{m}{k-1}$$

gilt, läßt sich unsere Reihe S beginnend mit $S_{m\lambda}$ Term für Term durch Multiplikation mit den Faktoren

$$\frac{m\lambda}{m-m\lambda+1}, \quad \ldots, \quad \frac{3}{m-3+1}, \quad \frac{2}{m-2+1}, \quad \frac{1}{m-1+1}$$

berechnen. Als geometrische Reihe wählen wir eine, die mit $S_{m\lambda}$ beginnt und mit dem Faktor

$$q = \frac{m\lambda}{m-m\lambda} = \frac{\lambda}{1-\lambda}$$

abnimmt. Sie hat stets Koeffizienten, die größer sind als die von S. Ihre Summe ist gleich

$$S_{m\lambda} \cdot \frac{1}{1-q} = S_{m\lambda} \cdot \frac{1}{1-\frac{\lambda}{1-\lambda}} = S_{m\lambda} \cdot \frac{1-\lambda}{1-2\lambda}.$$

Wir haben somit

$$S \le \frac{1}{\sqrt{2\pi\lambda}} \cdot \frac{1}{\sqrt{1-\lambda}} \cdot m^{-\frac{1}{2}} \cdot e^{+\frac{1}{4m}} \cdot \frac{1-\lambda}{1-2\lambda} \cdot 2^{mH(\lambda)}.$$

Für $m >$ einem Mindestwert m_0 ist der Faktor vor der Zweierpotenz < 1, so daß für m genügend groß gilt

$$\sum_{i=0}^{m\lambda} \binom{m}{i} \le 2^{mH(\lambda)},$$

wobei

$$\lambda < \frac{1}{2}.$$

Literaturverzeichnis

Kapitel 1. Netze und Dienste

[ALB]   Albensöder, A.
        Telekommunikation
        Netze und Dienste in der BRD
        Deckers Verlag 1987

[AMB]   Ambrosch, W.D.; Mahr, A.; Sasscer, B.
        The Intelligent Network
        Springer Verlag, 1989

[ARN]   Arnold, F.
        Handbuch der Telekommunikation
        Deutscher Wirtschaftsdienst, 1989

[BER]   Bergmann, K.
        Lehrbuch der Fernmeldetechnik
        Band I + II
        Fachverlag Schiele & Schön, 1986

[BES]   Besier, H.; Heuer, P.; Kettler, G.
        Digitale Vermittlungstechnik
        Oldenbourg Verlag, 1981

[BOC]   Bocker, P.
        ISDN - Das diensteintegrierende digitale
        Nachrichtennetz
        Springer Verlag, 1987

[CHA 1] Chadt, E.
        Temex
        Pflaum Verlag München, 1989

[CHA 2] Chadt, E.
        Temex
        Ein neuer Dienst der DBP
        Unterrichtsblätter der DBP
        40/1987, Nr. 7, S. 235-239

[CON]   Conrads, D.
        Datenkommunikation
        Vieweg Verlag, 1989

[DAN]   Danke, E.
        Bildschirmtext: Stand und
        Weiterentwicklung aus Sicht der DBP
        Online 88, Hamburg
        Kongress Symposium 4 16.2

[DAY]   Dayton, R.L.
        Integrating Digital Services
        McGraw Hill, 1989

[DIC]   Dicenet, G.
        Design and Prospects for the ISDN
        Artech House, 1987

[DRI]   Dringhath, R.; Gruner, R.
        Dienste und ihre Anwendungen in einem
        intelligenten Netz
        NTZ, Bd 42 (1989), Heft 10, S. 634-637

[ELB]   Elbert, B.R.
        Private Telecommunication Networks
        Artech House, 1989

[FEL]   Fellbaum, K.
        Elektronische Textkommunikation
        Technik, Einsatz, Erfahrungen
        VDE-Verlag Berlin, 1983

[FRA]   Franck, R.
        Rechnernetze und Datenkommunikation
        Springer Verlag, 1986

[FTZ 1] Datel Handbuch der DBP
        Herausgeber FTZ-Darmstadt

[FTZ 2] Datex-P Handbuch der DBP
        Herausgeber FTZ-Darmstadt

[GAB 1] Gabel, J.
        Temex im Betriebsversuch
        NTZ Bd. 40 (1987), Heft 9, S. 678-680

[GAB 2] Gabel, J.
        "Mehrwert"-Dienste und -Netze im
        Aufbruch
        NTZ Bd. 43 (1990), Heft 3, S. 134-137

[GAR 1] Gabler, H.
        Text- und Datenvermittlungstechnik
        Band 1 - Leitungsvermittlungstechnik
        Band 2 - Paketvermittlungstechnik
        Deckers Verlag, Heidelberg, 1987/88

[GAR 2] Gabler, H.
        Text- und Datenübertragungstechnik
        Deckers Verlag, 1988

[GAR 3] Gabler, H.; Runkel, D.
        Datenpakete im ISDN-Zeitalter
        Datex P-Netz der DBP
        NET 42, Heft 10, 1988

[GEB]   Gebehenne, H.
        Paketvermittlungstechnik
        Unterrichtsblätter der DBP
        43/1990, Nr. 4, S. 167-193

[GER]   Gerke, P.R.
        Neue Kommunikationsnetze
        Springer Verlag, 1982

[HÖR]   Höring, K.; Bahr, K.; Struif, B.;
        Tiedemann,C.
        Interne Netzwerke für die
        Bürokommunikation
        Deckers Verlag, 1983

[JAC]   Jacobs, J.
        Technik der Fernkopierer
        Unterrichtsblätter der DBP, Jg. 36,
        1986, S. 248–253

[JON]   Jonas, C.
        Telebox und X.400
        Fernmeldepraxis, Band 65, Heft 13-14,
        Juli 1988, S. 505–521

[KAH]   Kahl, P.
        ISDN - Das künftige Fernmeldenetz der
        DBP
        Deckers Verlag, 1986

[KAI]   Kaiser, W.
        50 Jahre Telex - Geschichtliche
        Entwicklung
        NTZ Bd. 36, 1983, Heft 5, S. 292–300

[KEI]   Keiser, B.E.; Strange, E.
        Digital Telephony and Network
        Integration
        Van Nostrand Reinhold, 1985

[KRO 1] Kroemer, F.
        50 Jahre Telex in Deutschland
        Unterrichtsblätter der DBP, 37/1984,
        Nr. 3, S. 88–114

[KRO 2] Kroemer, F.
        Teletex als Wegbereiter der offenen
        Kommunikationen
        NET 41 (1987), Heft 9, S. 326–332

[KRO 3] Kroemer, F.
        Telebox
        Unterrichtsblätter der DBP, 41/1988,
        Nr. 2, S. 67–83

[KRO 4] Kroemer, F.
        Der Telefaxdienst
        Unterrichtsblätter der DBP, 43/1990,
        Nr. 3, S. 111–138

[LAU]   Lauer, R.; Unholtz, J.
        Beim Cityruf hat es gefunkt
        ZPF, 1/1989, S. 36–39

[MOR]   Moritz, P.
        Bildschirmtext 1988
        Eine Bestandsaufnahme
        ZPF 6 (1988), S. 14–22

[MUE]   Müller, F.
        Teletex - Technik der Endeinrichtungen
        Teil 1 - Fernmeldepraxis 22/1985,
        S. 847–867
        Teil 2 - Fernmeldepraxis 23/1985,
        S. 887–894

[OHM]   Ohmann, F.
        Kommunikationsendgeräte
        Springer Verlag, 1983

[OHN]   Ohnsorge, H.
        Weltweite Entwicklung der
        Telekommunikationssysteme
        Informatik Fachberichte 111, S. 6–32
        Springer Verlag, 1985

[PLA]   Plank, K. L.
        Grundgedanken zur Gestaltung
        zukünftiger Fernmeldenetze
        Deckers Verlag, 1988

[PUJ]   Pujolle, G.; Seret, D.; Dromard, D.;
        Horlait, E.
        Integrated Digital Communications
        Networks
        Volume 1 & 2
        John Wiley, 1988

[ROS]   Rosenbrock, K.H.; Hentschel, G.
        ISDN Praxis
        Neue Mediengesellschaft, 1989

[RUN]   Runkel, D.
        Datex - P
        The public packet switching network of
        the Deutsche Bundespost after five years
        of experience
        ICCC 1986, S. 441–445, North Holland
        1986

[RUT]   Rutkowski, A.M.
        Integrated Services Digital Networks
        Artech House, 1985

[SCH]   Schwarz-Schilling, C.
        Selbstwählfähiges Glasfasernetz eröffnet
        neue Dimensionen der
        Telekommunikation
        ZPF, 4/1989, S. 4–8

[SIE]   Sieling, G.
        Öffentlicher Funksprechdienst
        Funktelefondienst Netz C
        Unterrichtsblätter der DBP
        Jg. 41 (1988) Nr. 4, S. 183–195

[WOL]   Wolf, K.
        Grundlagen der Fernkopiertechnik
        Unterrichtsblätter der DBP
        43/1990, Nr. 2, S. 90–97

[WÜR]   Würtenberger, W.
        Technik der Telebox
        Taschenbuch der Fernmeldepraxis 1988,
        S. 356–383

[YAK]   Yakubaitis, E.A.
        Local Area Networks and their
        Architectures
        Allerton Press, 1986

[ZWI]   Zwißter, T.
        Der Telefaxdienst
        ZPF 9(1989), S.9–19

Kapitel 2. Kommunikationsmodelle

[AGG]   Aggarwal, S.; Sabnani, K. [Ed.]
        Application of formal techniques to the
        OSI Protocols
        Special Issue Computer Networks and
        ISDN Systems,
        Vol. 18, Nr. 3, April 1990

[AHU]   Ahuja, V.
        Design and analysis of computer
        communication networks
        McGraw Hill, 1982

[BAR]   Bartoli, P.D.
        The Application Layer of the Reference
        Model of OSI
        Proc. IEEE, Vol. 71, No. 12, Dec. 1983,
        S. 1404–1407

[BAU]   Baumgarten, B.
        OSI-Konformitätstest-Methodik
        Online 90, Hamburg, Kongress
        Symposium VII.10

[BER]   Bertsekas, D.; Gallager, R.
        Data Networks
        Prentice Hall, 1987

[BUR 1] Burkhardt, H.J.
        Von "Open Systems Interconnection" zu
        "Open Systems"
        Online 86, Hamburg
        Kongress Symposium 2.Y

[BUR 2] Burkhardt, H.J.; Truöl, K.
        Das ISO-Referenzmodell für die
        Kommunikation offener Systeme
        Arbeitspapier der GMD 198 [Feb. 1986]

[BUT]   Butscher, B.
        OSI: Ein konsequenter Weg zu offenen
        Systemlösungen
        Online 86, Hamburg
        Kongress Symposium 1.Y

[CAL]   Callon, R.
        Internetwork protocol
        Proc. IEEE, Vol. 71, No. 12, Dec. 1983
        S. 1384–1387

[CHA]   Chapin, A.L.
        Connection and connectionless data
        transmission
        Proc. IEEE, Vol. 71, No. 12, Dec. 1983
        S. 1365–1371

[CHO]   Chou, W.
        Computer Communications
        Volume I & II
        Prentice Hall, 1983/85

[CON]   Conrad, J.W.
        Services and protocols of the Data Link
        Layer
        Proc. IEEE, Vol. 71, No. 12, Dec. 1983
        S. 1378–1383

[DAV]   Davies, D.W.; Barber, D.L.A.; Price,
        W.L.; Salomonides, C.M.
        Computer Networks and their Protocols
        John Wiley, 1983

[DAY]   Day, J.D., Zimmermann, H.
        The OSI Reference Model
        Proc. IEEE, Vol. 71, No. 12, Dec. 1983,
        S. 1334–1340

[DIP]   Dippe, J.
        Open Systems Future
        Online 90, Hamburg, Kongress
        Symposium VI.20

[EMM]   Emmons. W.F.; Chandler, A.S.
        OSI - Session Layer: Services and
        protocols
        Proc. IEEE, Vol. 71, So. 12, Dec. 1983,
        S. 1396–1400

[FRA]   Franck, R.
        Rechnernetze und Datenkommunikation
        Springer Verlag, 1986

[FRE]   Freer, J.
        Computer Communications and
        Networks
        Plenum Press, 1988

[GIE]   Giese, E.; Görgen, K.; Hinsch, E.;
        Schulze, G.; Truöl, K.
        Dienste und Protokolle in
        Kommunikationssystemen
        Spinger Verlag, 1985

[GÖR]   Görgen, K.; Koch, H.; Schulze, G.;
Struif, B.; Truöl, K.
Grundlagen der
Kommunikationstechnologie
ISO-Architektur offener
Kommunikationssysteme
Springer Verlag, 1985

[GRE]   Green, P.E.
Computer network architectures and
protocols
Plenum Press, 1982

[HAR]   Hartmann, U.
EWOS (European Workshop for Open
Systems): Stand der Arbeiten
Online 90, Hamburg, Kongress
Symposium VII.03

[HEG]   Hegenbarth, B.
Integration internationaler
Kommunikationsnormen
Online 90, Hamburg, Kongress
Symposium VII.02

[HOL]   Hollis, L.L.
OSI Presentation Layer activities
Proc. IEEE, Vol. 71, No. 12, Dec. 1983,
S. 1401–1403

[KAB]   Kabashima, T.
Current Status and prospective trends
of the OSI Standards
World Teleport Association
Fourth General Assembly, Cologne, Oct.
1988, S. 209–222

[KAU 1]   Kauffels, F. J.
Personal Computer und lokale
Netzwerke
Markt & Technik Verlag, 1986

[KAU 2]   Kauffels, F. J.
Rechnernetzwerksystemarchitekturen
und Datenkommunikation
BI - Taschenbuch, 1987

[KER]   Kerner, H.; Bruckner, G.
Rechnernetzwerke
Springer Verlag, 1981

[KNI]   Knightson, K.G.
The Transport Layer standardisation
Proc. IEEE, Vol. 71, No. 12, Dec. 1983
S. 1394–1396

[KRU]   Kruschel, D.
OSI ist reif für die Praxis
NTZ, Bd. 43 (1990), Heft 3, S. 140–144

[KUO]   Kuo, F.F.
Protocols and Techniques for data
communication networks
Prentice Hall, 1981

[LAN]   Langsford, A.; Naemura, K.; Speth, R.
OSI Management and Job Transfer
Services
Proc. IEEE, Vol. 71, No. 12, Dec. 1983,
S. 1420–1424

[LEW]   Lewan, D.; Long, H.G.
The OSI File Service
Proc. IEEE, Vol. 71, No. 12, Dec. 1983,
S. 1414–1419

[LIN]   Linington, P.F.
Fundamentals of the layer service
definitions and protocol specifications
Proc. IEEE, Vol. 71, No. 12, Dec. 1983,
S. 1341–1345

[LOW]   Lowe, H.
OSI Virtual Terminal Service
Proc. IEEE, Vol. 71, No. 12, Dec. 1983,
S. 1408–1413

[MCC]   McClelland, F.M.
Services and protocols of the Physical
Layer
Proc. IEEE, Vol. 71, No. 12, Dec. 1983,
S. 1372–1377

[SCH]   Schicker, P.
Datenübertragung und Rechnernetze
Teubner Verlag, 1985

[SCN]   Schnupp, P.
Rechnernetze
Walter de Gruyter, 1982

[SCU]   Schumann, M.; Schulz, H.D.
T 400 Empfehlungen: Document
Architecture, Transfer and Manipulation
Taschenbuch der Fernmeldepraxis 1989,
S. 239–255

[SCW]   Schwartz, M.
Telecommunication networks
Addison-Wesley Verlag, 1987

[STÖ]   Stöttinger, K.
Das OSI-Referenzmodell
Datacom Verlag, 1989

[TAN]   Tanenbaum, A.S.
Computer networks
Prentice Hall, 1988

[THO]   Thomsen, O.K.
        Value added file transfer in OSI
        Information Network and Data
        Communication, II
        Proceedings of IFIP TC 6, März 1988,
        S. 277–292
        North-Holland, 1988

[WAL]   Walke, B.
        Datenkommunikation I & II
        Kurs Nr. 2424 / 2425
        Fernuniversität Hagen
        Hütig Verlag, 1987

[WAR]   Ware, C.
        The OSI Network Layer:
        Standard to cope with the real world
        Proc. IEEE, Vol. 71, No. 12, Dec. 1983,
        S. 1384–1387

Kapitel 3. Wahrscheinlichkeitslehre

[CAT 1] Cattermole, K.W.
        Statistical Analysis and Finite
        Structures
        Pentech Press, 1986
        Statistische Analyse und Struktur von
        Informationen
        VCH Verlag, 1988

[DAV]   Davenport, W. B.
        Probability and random processes
        Mc-Graw-Hill, 1970

[FEL]   Feller, W.
        An introduction to probability theory
        and its application
        Vol. I., II.
        John Wiley, 1970

[GAR]   Gardner, W.A.
        Introduction to random processes
        McMillan, 1986

[GRA]   Gray, R.; Davisson, L. D.
        Random processes:
        A mathematical approach for Engineers
        Prentice-Hall, 1986

[HAN 1] Hänsler, E.
        Grundlagen der Theorie statistischer
        Signale
        Springer Verlag, 1983

[HAN 2] Hänsler, E.
        Statistische Signaltheorie
        Fernuniversität Hagen, 1989
        Kurs Nr. 2572

[KRO]   Kroschel, K.
        Statistische Nachrichtentheorie
        Teil I & II
        Springer Verlag, 1973/74

[MOR]   Morgenstern, D.
        Einführung in die
        Wahrscheinlichkeitsrechnung und
        mathematische Statistik
        Springer Verlag, 1968

[PAP]   Papoulis, A.
        Probability, random variables, and
        stochastic processes
        Mc-Graw-Hill, 1984

[THO 1] Thomas, J. B.
        Introduction to probability
        Springer Verlag, 1986

[THO 2] Thomas, J. B.
        An Introduction to communication
        Theory and Systems
        Springer Verlag, 1988

Kapitel 4. Informationstheorie

[ASH]   Ash,R.B.
        Information theory
        John Wiley, New York 1965

[BLA]   Blahut, R.E.
        Principles and practice of information
        theory
        Addison-Wesley, 1987

[FAN]   Fano,R.M
        Transmission of information
        MIT Press, Cambridge, 1963

[FEI]   Feinstein, A.
        Foundations of information theory
        McGraw Hill, New York 1958

[GAL]   Gallager, R. G.
        Information theory and reliable
        communication
        John Wiley, New York 1968

[HEI]   Heise, W.; Quattrocchi, P.
        Informations- und Codierungstheorie
        Springer Verlag 1983

[HEN]   Henze, E.; Homuth, H.H.
        Einführung in die Informationstheorie
        Vieweg Verlag 1970

[JEL]   Jelinek, F.
        Probabilistic information theory
        McGraw Hill 1968

[RAI] Raisbeck, G.
Informationstheorie - Eine Einführung
für Naturwissenschaftler und Ingenieure
Oldenbourg Verlag 1970

[SHA] Shannon, C.E.; Weaver, W.
Mathematische Grundlagen der
Informationstheorie
Oldenbourg 1976
Mathematical Theory of
Communication
Univ. of Illinois Press / Ill. 1949

[SLE] Slepian, D.
Key papers in the development of
information theory
IEEE Press, New York 1974

[TOP] Topsoe, F.
Informationstheorie
Teubner Verlag 1974

Kapitel 5. Abtastung und Quantisierung

[BEN] Bennett, W. R.
Introduction to signal transmission
McGraw Hill, 1970

[COU] Couch, L. W.
Digital and analog communication
systems
MacMillan Publishing, 1987

[FEH] Feher, K.
Advanced Digital Communications
Systems and Signal Processing
Techniques
Prentice Hall, 1987

[FON] Fontolliet, P. G.
Telecommunication systems
Artech House, 1986

[HAY] Haykin, S.
Communication Systems
John Wiley, 1983

[HÖL] Hölzler, E.; Holzwarth, H.
Pulstechnik, Band I. und II
Springer Verlag, 1984 und 1986

[LÜK] Lüke, H. D.
Signalübertragung
Springer Verlag, 1975

[PRO] Proakis, J.G.
Digital communications
McGraw Hill, 1983

[PEY] Peebles, P.Z.
Digital communication systems
Prentice Hall, 1987

[ROD] Roden, M.S.
Digital and Data Communication
Systems
Prentice Hall, 1982

[SCW] Schwartz, M.
Information transmissions, modulation
and noise
McGraw Hill, 1980

[SIN] Sinnema, W.; McGovern, T.
Digital, Analog and Data
Communication
Prentice Hall, 1986

[SKL] Sklar, B.
Digital communications
Prentice Hall, 1988

[SÖD] Söder, G.; Tröndle, K.
Digitale Übertragungssysteme
Springer Verlag, 1985

[STA] Stallings, W.
Data and computer communications
MacMillan Publishing, 1988

[STR] Stremler, F. G.
Introduction to communication systems
Addison-Wesley, 1982

[TAU] Taub, H.; Schilling, D. L.
Principles of communication systems
McGraw Hill 1986

[WOZ] Wozencraft, J. M.; Jacobs, I. M.
Principles of communication engineering
John Wiley, 1965

Kapitel 6 und Kapitel 7. Quellen- und Kanalcodierung

[ABR] Abramson, N.M.
Information theory and coding
McGraw Hill, 1963

[AMM] Ammon, U.V.; Tröndle, K.
Mathematische Grundlagen der
Codierung
Oldenburg Verlag, 1974

[BER 1] Berlekamp, E.R.
Algebraic coding theory
McGraw Hill, 1968

[BER 2] Berlekamp, E.R.
Key papers in the development of
coding theory
IEEE PR VIII., New York, 1974

[BLA]   Blahut, R.E.
Theory and practice of error control
codes
Addison Wesely, 1984

[CAM]   Cameron, R.I.; Lint, J.H. van
Graphs, codes and design
London Math. Soc. Lecture Note Series,
Vol. 43, Cambridge
Cambridge University Press, 1980

[CLA]   Clark, G.C.; Cain, J.B.
Error-Correction Coding for Digital
Communications
Plenum Press, 1981

[FAN]   Fano, R.M.
Transmission of information
John Wiley, New York 1961
Informationsübertragung
Oldenburg Verlag, 1966

[GRA]   Grams, T.
Codierungsverfahren
BI-Taschenbuch, 1986

[HAM]   Hamming, R.W.
Coding and information theory
Prentice Hall, 1980

[HEI]   Heise, W.; Quattrocchi
Informations- und Codierungstheorie
Springer Verlag, 1983

[HEN]   Henze, E.; Homuth, H.H.
Einführung in die Codierungstheorie
Vieweg Verlag, 1974

[HEU]   Heuser, H.; Wolf, H.
Algebra, Funktionalanalysis und
Codierung
Teubner Verlag, 1986

[KAM]   Kameda, T.; Weihrauch, K.
Einführung in die Codierungstheorie
BI-Taschenbuch, 1973

[LIN]   Lint, J.H. van
Introduction to coding theory
Springer Verlag, 1982

[MAC]   MacWilliams, F.J.; Sloane, N.J.A.
The Theory of Error-Correcting Codes
North Holland, 1981

[MAH]   Mahr, C.
Zur Codierung von RS-, BCH- und
Gappa-Codes
VDI-Verlag, 1988

[MAN]   Mansuripur, M.
Introduction to information theory
Prentice Hall, 1987

[MAS]   Massey, I.L.
Threshold decoding
M.I.T. Press, 1980

[MCW]   McWilliams, F.J.; Sloane, N.J.A.
The theory of error-correcting codes
North Holland, 1977

[PET]   Peterson, W.W.; Weldon, E.I.
Error-correcting codes
M.I.T. Press, 1972

[PIR]   Piret, P.
Structure and contructions of cyclic
convolution codes
IEEE Trans. Inf. theory 22, S. 147-155
(1976)

[PLE]   Pless, V.
Introduction to the theory of error
correcting codes
John Wiley, 1982

[ROO]   Roos, C.
On the structure of convolution and
cyclic conv. codes
IEEE Trans. Inf. theory 25, S. 676-683
(1979)

[SHA]   Shannon, C.E.; Weaver, W.
The mathematical theory of
communication
University of Illinois Press, 1949

[SNE]   Schneeweiß, W.
Binäre Codes mit Redundanz
Kurs-Nr. 1735, Fernuniversität Hagen

[SLO]   Sloane, N.J.A.
A short course on error correcting codes
Springer Verlag, 1975

[SWO]   Swoboda, J.
Codierung zur Fehlerkorrektur und
Fehlererkennung
Oldenburg Verlag, 1973

[VIT]   Viterbi, A.; Omura, I.
Principles of digital communication and
coding
McGraw Hill, 1978

[WOL]   Wolfowitz, I.
Coding theorems of information theory
Springer Verlag, 1978

Kapitel 8. Leitungscodierung

[BEL]   Bellamy, J.C.
Digital Telephony
John Wiley, 1982

[BRE]   Brewster, R.L.
        Telecommunications Technology
        Ellis Horwood, 1986

[BRO]   Brooks, R.M.; Jessop, A.
        Line Coding for optical fibre Systems
        Int. J. of Electronics, 1983, Vol. 55,
        No. 1, S. 81–120

[CAT]   Cattermole, K.W.
        Principles of digital line Coding
        Int. J. of Electronics, 1983, Vol. 55,
        No. 1, S. 3–33

[CRO]   Croisier, A.
        Introduction to pseudoternary
        transmission Codes
        IBM J. of research and development,
        1970, Vol. 14, S. 354–367

[FON]   Fontolliet, P.G.
        Telecommunication Systems
        Artech-House, 1986

[KAH]   Kahl, P.
        Digitale Übertragungstechnik I & II
        Deckers Verlag, 1986

[KRA]   Kraus, G.
        Grundlagen und Anwendungen der
        Datenübertragung
        Oldenburg Verlag, 1986

[PEE]   Peebles, P.Z.
        Digital Communication Systems
        Prentice Hall, 1987

[PRO]   Proakis, J.G.
        Digital Communications
        McGraw Hill, 1983

[QUE]   Qureshi, S.
        Adaptive Equalization
        IEEE Comm. Magazine, Vol 20, 1982,
        S. 9–16

[SKL]   Sklar, B.
        Digital Communications
        Prentice-Hall, 1988

[SÖD]   Söder, G.; Tröndle, K.
        Digitale Übertragungssysteme
        Springer Verlag, 1985

[STA]   Stallings , W.
        Data and Computer Communication
        McMillan, 1988

[WAT]   Waters, D.B.
        Line Codes for metallic cable Systems
        Int. J. of Electronics, 1983, Vol. 55,
        No. 1, S. 159–169

Sachregister

R Ü C K G A B E D A T U M

0 1. ...		
0 5. Nov. 1996		
0 9. Mai 1997		
2 2. Mai 1997		
1 5. Juli 1999		
1 2. Okt 00		
0 7. Feb 01		
1 2. Mai 03		
0 7 Feb 07		

Ausgesondert

Fachhochschule
Wü - SW - AB
Abt. BIBLIOTHEK
Schweinfurt